빛나는지단쌤

임대환의

한눈 사로잡는

물리

고전역학·시공간

빛나는 지단쌤 임대환의
한눈에 사로잡는 물리

ⓒ임대환 2013

초판 1쇄 발행일 2013년 5월 10일
초판 3쇄 발행일 2017년 10월 30일

지 은 이   임대환
펴 낸 이   이정원

편집책임   선우미정
편   집   이동하
디 자 인   김정호
마 케 팅   나다연·이광호
경영지원   김은주·박소희
제   작   송세언
관   리   구법모·엄철용

펴 낸 곳   도서출판 들녘
등록일자   1987년 12월 12일
등록번호   10-156
주   소   경기도 파주시 회동길 198
전   화   편집 031-955-7385 마케팅 031-955-7378
팩시밀리   031-955-7393
홈페이지   www.ddd21.co.kr
페이스북   www.facebook.com/bluefield198

I S B N   978-89-7527-670-5(44420)
            978-89-7527-669-9(세트)

빛나는 지단쌤

임대환의

한눈에 사로잡는

물리

고전역학·시공간

임대환 지음

들녘

물리의 바다에 빠져라!

대학에서 학부생들에게 물리를 가르치는 교수님께서 하소연을 하시더라고요.

"학생들이 물리 문제는 잘 푸는데 물리는 몰라."

문제는 잘 푸는데 물리를 모른다. 이게 무슨 말일까요? 문제의 지문 속에서 필요한 단서를 찾아서 정답을 찾아내는 상황에서는 엄청난 재주를 보이는 학생들이 실제 눈앞에서 벌어지고 있는 현상들 앞에서는 그 재주를 전혀 써먹지 못한다는 거예요. 예를 들면 빛이 직진한다는 개념은 알지만 빛의 직진으로 설명할 수 있는 현상을 보여줘도 이게 빛의 직진 때문에 일어나는 현상인지를 알지 못한다는 거지요. 여러 가지 이유가 있겠지만 쌤은 '맥락이 사라진 물리 공부' 때문이라고 생각합니다.

쌤은 대학을 졸업하고 학생들에게 물리를 가르치면서 비로소 물리라는 학문의 재미를 느끼기 시작한 것 같아요. 학생들에게 물리를 쉽고 재미있게 가르치려다 보니 학생들에게 지금 이 순간 이 개념이 왜 등장했고 왜 배워야 하는지를 설명해야 하더라고요. 자연스럽게 물리학의 역사에 관심을 가지게 되었고, 교과서 단원들 사이에 숨어 있는 맥락들을 옛날이야기처럼 스토리텔링 하는 데 관심을 가지게 되었답니다.

올해 5학년이 된 아들 녀석이 잘못한 일이 있으면 간혹 야단을 치게 됩니다. 무턱대고 목소리를 높여서 혼을 내기 시작하면 아들 녀석 얼굴에서 불만스런 표정이 슬금슬금 올라오는 게 느껴집니다. 그러면 쌤은 '아차! 내가 잘못하고 있구나' 하고 생각합니다. 부모들이 자주 하는 실수죠. 아이가 뭔가 잘못을 하는 상황은 그리 단순한 상황이 아니라는 거예요. 아이들 입장에서는 대단히 복잡한 맥락 속에서 고민 끝에 한 행동일 수 있답니다. 부모가 맥락보다 결과를 먼저 보고 아이의 행동을 판단하게 되면 아이는 부모의 화난 목소리에 잠시 움츠리지만 이내 야단맞는 자신의 처지가 부당하다고 느낍니다. 그래서 아이가 무엇인가를 잘못했을 때 아이들 스스로 자신이 왜 그런 행동을 했는지 맥락 속에서 자신의 행동을 설명하도록 하는 것이 중요해요. 야단은 그 이후에 쳐도 늦지 않습니다. 아이들의 생각이 아직 미숙해서 아이가 처한 상황에서 성숙한 판단을 내리지 못할 수 있거든요. 그렇다고 아이가 그런 행동을 할 수밖에 없었던 절박함까지 무시해서도 안 되겠지요.

물리 공부도 마찬가지예요. 학교 시험과 수능 시험에서 맥락은 중요하지 않아요. 토막토막 잘 정리된 물리 개념과 공식들을 사용해서 문제지 속에서만 존재하는 상황에 잘 적용하면 좋은 성적을 받으니까요. 굳이 맥락까지 들여다보면서 물리 공부를 풍성하게 할 필요가 없었던 거지요. 행동의 결과만 보고 아이들을 야단치는 부모처럼, 선생님들도 물리 개념의 바탕에 깔려 있는 흥미로운 이야기는 싹 걷어내고 토막 난 개념과 공식들만 강조하다 보니 물리가 딱딱하고 어려운 과목이 되어버린 것 같습니다.

그런데 요즈음에는 학교 공부를 둘러싼 환경들이 많이 바뀌고 있지요?

정시모집보다 수시모집의 비중이 증가하고, 입학사정관제 전형처럼 과정을 중시하는 전형이 주목을 받으면서 수능시험의 과탐 문제 잘 풀고 물리 올림피아드 문제 잘 푸는 것만이 물리 공부를 잘 하는 것으로 인식하던 시절이 끝나가고 있는 것이죠. 예를 들어 올해부터 서술형·논술형 평가가 큰 비중으로 학생부 교과 성적에 포함되기 시작했어요. 학교 평가에서도 지필시험의 비중은 감소하고 수행평가와 서술형 논술형 평가의 비중이 증가하는 추세이지요. 결과적으로 물리 공부의 방식도 변해야 한다고 생각해요. 시험 문제 풀이만이 전부라고 생각하지 말고 물리 공부를 좀 더 풍성한 내용으로 채우려는 노력이 필요한 거죠.

교과서에 등장하는 여러 가지 물리 개념들이 탄생하기까지 구구절절한 사연들이 얼마나 많았겠어요? 물리 교과서의 단원들 사이에 숨겨져 있는 맥락들을 들추어내기 시작하면 물리 교과서가 백과사전처럼 두꺼워지겠죠. 맥락은 물리학의 역사입니다. 조금 더 정확하게 말하면 물리학자들의 역사이지요. 교과서에 등장하는 물리 개념들이 탄생하게 된 과정을 물리학자들의 고민들로 이어주는 것이 물리학의 역사이고 맥락입니다. 그런데 교과서를 읽어보면 너무 딱딱하고 무미건조해요. 이 개념이 이 순간 왜 등장하는지, 물리학에서 얼마나 중요한 의미를 가지는지가 빈약한 이야기 구조 속에서 학생들에게 공감을 불러일으키지 못하는 거죠. 쌤은 더 이상 물리를 예전처럼 가르치면 안 된다고 생각해요. 선생님들은 학생들에게 닥쳐올 미래를 미리 예측해서 길을 알려줘야 해요. 시험 문제만 잘 풀면 되는 시절은 끝이 보여요. 물론 문제 풀이가 중요하지 않다는 것이 아닙니다. 문제 풀이에서 그치면 안 된다는 거예요. 이제는 물리 개념에 대한 탄탄한 이해를 넘어서 과학사적인 관점, 과학기술에 대한 이해, 사회와 과학기술의 관계 등을 폭 넓게 이해하고 이것들을 말과 글과 행동으로 능동적으로 표현할 수 있는 능력이 중요합니다. 글쓰기, 발표, 창작 등의 방법으로 말이죠.

쌤이 근무하는 학교는 시골 남자 고등학교랍니다. 학력이 높다는 도시 학교에서도 3학년에 물리Ⅱ를 선택하는 반을 찾기가 어려운데 우리 학교에는 자연반 두 반이 모두 물리Ⅱ를 선택했습니다. 대단히 무모한(?) 도전을 하고 있는 녀석들이죠. 그런데 학기 초에 이 녀석들이 한 해 동안 잘 부탁한다면서 한다는 말이 참 재미있습니다.

"아빠가 남자는 물리라고 했어요!"
"물리가 자연과학의 기본이죠!"

물질세계의 모든 것을 설명하기 위한 학문이라는 물리학. 하지만 현실적으로 좋은 점수를 받기 어려운 과목. 그럼에도 불구하고 물리가 필요하다고 생각하는 순박한 녀석들이 기특했죠. 많은 사람들이 이 녀석들의 선택이 현실적이지 못하다고 생각할지 몰라도 쌤의 생각은 다릅니다. 이 아이들은 물리가 필요함에도 불구하고 공부가 어렵고 점수 따기에 불리하다고 포기하지 않았어요. 그래서 쌤은 이 녀석들에게 항상 강조합니다. "너희는 물리를 사랑하는 '대한민국 1%'야"라고요.

이 책에서 쌤은 물리학의 역사를 중심으로 '역학, 상대론, 우주론, 전자기, 빛과 파동' 단원을 스토리텔링으로 엮어보려고 노력했습니다. 교과서 단원들 사이에 숨어 있던 맥락들을 들추어내다 보니 교과서에서 다루고 있는 내용을 다루지 못한 것들도 있고 교과서에 나오지 않는 이야기들이 등장하기도 합니다. 물리Ⅰ과 물리Ⅱ 교과서의 내용이 섞여 있기도 하고요. 이 책이 여러분의 물리 공부를 훨씬 풍성하고 맛깔나게 해줄 거라고 믿어요. 물리 문제를 잘 풀면 물리를 잘하는 것이라는 좁은 시각에서 벗어나서 물리라는 과학의 참모습에 관심을 가져볼 수 있으면 좋겠어요.

이 책은 다양한 목적으로 읽힐 수 있을 것 같아요. 물리를 처음 접하는 학생들에게는 물리라는 과목을 숲을 조망하는 듯 넓은 시야로 공부할 수 있게 도와줄 수 있어요. 과학 논술을 준비하는 학생들에게는 어려운 논술 시험을 준비하기에 앞서 개념의 틀을 잡아줄 수 있는 입문서가 될 수 있습니다. 서술·논술형 평가에 대비하는 학생들에게는 좋은 글감이 될 수 있습니다. 글을 잘 쓰기 위해서는 좋은 글감을 가지고 많이 읽는 연습이 필요하답니다. 학생들뿐만 아니라 중학교에서 물리 단원을 가르치지만 물리학을 전공하지 않은 선생님들께는 물리학에 대한 입문서가 될 수 있을 것 같습니다. 조금 욕심을 부려본다면 물리에 관심이 있는 일반인들에게도 친절한 물리 교양서가 될 수 있을 것 같습니다. 그렇다고 지필시험에 필요한 문제 풀이 능력을 무시하지 않았습니다. 시험에 대비할 수 있는 노하우도 최대한 녹여내려고 노력했습니다.

물리는 어렵습니다. 그래서 많은 사람들이 피해가고 싶어 합니다. 하지만 물리에게 어려운 과목이라는 멍에를 씌운 '평가'가 변하고 있습니다. '평가'가 바뀌면 '수업'도 변하게 마련이지요. 고등학교 공부를 처음 시작하는 17세 여러분은 변화하는 과도기에 온몸으로 맞서야 할 운명이랍니다. 공부에 대한 마인드를 바꾸세요. 문제 풀이가 중요하지 않다는 것이 아닙니다. 문제 풀이에서 그치면 안 된다는 거예요. 풍성하고 탐스런 물리 공부를 위한 무모한 도전을 쌤과 함께 시작해봅시다. 자~ 출발~!!

차례

여러 가지 힘에 의한 운동 ● 138

대폭발 우주론과 물질의 기원 ● 394

야구장에서 만나는 물리

2011년 11월 〈머니볼(Moneyball)〉이라는 제목의 미국 영화가 국내에서 개봉되었습니다. 이 영화는 미국 메이저리그 오클랜드 애슬레틱스의 단장인 윌리엄 라마르 빈(William Lamar Beane)의 실화를 바탕으로 한 영화입니다. 오클랜드 애슬레틱스는 해마다 자유계약[001] 선수로 풀리는 주전 선수들을 돈 많은 부자구단에 빼앗기는 가난한 구단입니다. 빈은 높은 연봉을 받는 실력 있는 선수를 영입하기 위해 돈 많은 구단들과 경쟁하는 것이 현실적으로 불가능하다는 것을 깨닫고 새로운 야구단 운영 방법을 애슬레틱스에 적용합니다. 여러 해 동안 축적된 경기 데이터[002]를 바탕으로 선수의 가치를 판단하는 '세이버메트릭스(sabermetrics)'[003]이론을 바탕으로 기존의 메이저리그 구단들과는 다른 방식으로 팀을 운영했고, 그 결과 메이저리그에

---

001 한 구단에서 일정 기간 선수 생활을 하고 나면 어떤 구단과도 자유롭게 계약할 수 있는 권리를 얻게 된다. FA(free agent)제도라고 한다.
002 투수의 경우에는 이닝당 피안타율(주자가 있을 때, 없을 때), 투구이닝, 볼넷과 삼진 비율 등이 있고 타자의 경우에는 출루율, 장타율, 이닝당 삼진비율, 볼넷 비율 등의 데이터가 프로야구 연맹 차원에서 기록되고 관리된다.
003 극 중에서 빈은 여러 해 동안 축적된 데이터를 바탕으로 선수들의 능력을 재평가하여 상대적으로 낮은 연봉에 저평가된 선수들을 영입하여 메이저리그 최초로 20연승이라는 대기록을 세운다.

서 가장 가난한 구단 중
에 하나였던 애슬레틱스
를 2000년대 이후 거의
매년 포스트시즌에 진출
하는 강팀으로 변모시켰
습니다.

극 중에서 빈이 세이버
메트릭스 이론을 구단 운
영에 적용하는 데는 폴

❶ 오클랜드 애슬레틱스 홈구장 ❷ 극중 '세이버메트릭스' 전문가 및 부단장으로 활약한 '폴 디포데스타' ❸ 영화 〈머니볼〉의 포스터 (출처_ 네이버 영화)

디포데스타(Paul DePodesta)라는 인물의 도움이 컸습니다. 폴은 야구 선수로 뛰어본 경험이 없는 인물입니다. 예일 대학교[004]에서 경제학을 전공한 사람이 었지요. 하지만 그는 야구라는 운동 경기에 경제학에서 사용되는 통계 기법 을 적용시켜 빈에게 야구단 운영에 대한 새로운 비전을 보여줍니다.

이 영화가 흥미로운 이유는, 야구라는 스포츠가 더 이상 야구를 오래한 사람들의 경험에만 의존하는 것이 아니라 다양한 분야의 전문 지식들이 융 합되는 모습을 보여주고 있기 때문입니다. 실제로 국내 프로야구단의 운영 팀에도 경영학, 통계학, 마케팅학을 전공한 사람들과 스포츠과학, 비디오분 석, 심리치료, 재활의학 등과 같은 과학, IT, 의료 분야 전문가들이 참여하고 있답니다.

'지식의 융합'은 학교 밖 세상에서는 요즘 말로 '대세'가 되었습니다. 세상

---

004 폴 디포데스타 역시 실존인물이며 실제로는 하버드 대학교 경제학과를 졸업했다.

에 나갈 준비를 하는 곳이 학교이므로 당연히 학교 공부에서도 거부할 수 없는 흐름이 되었지요. 여러분은 학교에서 수학을 배우고 과학을 배우고 국어를 배웁니다. 과목마다 교과서가 따로 있고 배우는 시간이 구분되어 있어요. 하지만 세상을 살면서 수학에 대한 경험, 과학에 대한 경험, 국어에 대한 경험이 따로 따로 여러분을 찾아오지는 않잖아요? 모든 것이 뒤섞여 있지요. 일일이 나누어서는 문제를 풀 수 없는 '융합'된 상황이 바로 요즘 학생들이 쓰는 말로 진짜 '레알(real)'입니다.

그렇다면 '지식의 융합'이 대세인 시대를 살아가야 할 여러분에게는 어떤 능력이 필요할까요? 답은 '문제 해결력'입니다. 예전에는 학교에서 배우는 교과목에 대한 지식을 많이 알면 자연스럽게 문제 해결력을 가지게 될 거라고 생각했어요. 이것은 공고한 믿음이었습니다. 공부를 열심히 해도 어려운 문제 앞에서 한없이 작아지는 학생들은 자신의 능력이 부족하다고 자책했어요. 하지만 이런 믿음에 조금씩 금이 가기 시작했습니다. 인터넷이 발달하면서 정보의 양이 폭주했고, 많이 아는 것보다 어떤 지식이 가치 있는 지식인지 판별해서 어떻게 사용해야 하는지를 아는 것이 더 중요해진 탓이지요. 그래서 지식의 쓰임새가 주목을 받아 실생활의 문제들이 교과서의 중요한 소재들로 도입되었답니다. **실생활의 문제들이 문제 해결력을 향상시키는 데 도움이 되기 위해서는 학교 공부가, 학교 밖 세상에서 벌어지고 있는 지식의 융합이라는 흐름을 충실하게 따라야 합니다. 그래야 학교에서 배운 내용이 학교 밖에서도 쓸모가 있을 테니까요.** 결국 이 쓸모를 찾는 노력이 바로 문제 해결력을 키우는 과정이라고 할 수 있습니다.

이 책은 고등학교에서 물리를 처음 배우는 학생들을 위한 입문서입니다. 교과서보다는 말랑말랑하고 교양서보다는 정돈된 느낌을 주고 싶어요. 학교 공부의 길잡이가 되는 것을 넘어서 이 책에서 배우는 물리 개념으로 실생활의 문제를 해결할 수 있었으면 좋겠습니다.

본격적인 물리 공부에 앞서 이 책에서 무엇을 배우게 될지 큰 그림을 그려보는 것이 좋겠지요. 야구 이야기에서 출발했으니 드라마틱한 승부의 세계에서 만날 수 있는 물리 현상들을 찾아보면서 물리 공부라는 숲 전체를 바라보는 것도 좋을 것 같습니다.

다음의 기사를 읽어봅시다.

라디오볼(Radio Ball)이라는 말이 있다. 빠른 공을 뜻한다. 공이 너무 빨라 타자가 공은 못 보고 그저 포수 미트에서 나오는 '뻥' 소리만 듣게 된다고 해서 생긴 말이다. 영상이 없고, 음성만 있으니 라디오라는 것이다. '뻥'이 좀 세지만. 괜찮은 조어다. 그렇다면 보통 투수가 던진 공은 몇 초 만에 타자에게 날아갈까?

로버트 캠프 어데어 교수가 쓴 『야구의 물리학』에 따르면 시속 $144km$의 공이 스트라이크 존에 도달하는 시간은 0.4초다. 시속 $152km$ 공은 0.375. 시속 $161km$(100마일)는 0.35초다. $160km$ 정도면 라디오볼이라고 해도 되겠다.

일반적으로 타자는 투수가 공을 던진 뒤 0.2초 만에 스윙을 시작하는데, 그 스윙이 이뤄지는 시간이 0.2초. 총 0.4초가 걸리니, 타자로선 생각하고 말고 할 것이 없다. 미리 생각해놓고 본능적으로 승부해야 하는 것이다.[005]

005 이승욱 기자, 스포츠 서울 2010.2.5

기사를 보면 야구 선수들이 투수가 던진 공이 날아오는 궤적을 보고 판단한 다음 스윙을 하기에는 공이 너무 빠르다는 것을 알 수 있습니다. 그래서 실제 타자들은 공이 투수의 손을 떠난 후에 공을 보고 스윙을 시작하는 것이 아니라 투수의 투구 폼을 보고 타이밍을 맞추는 연습을 수없이 반복한답니다. 예를 들면 "투수가 공을 쥔 손이 글러브에서 빠져나오는 순간부터 하나, 둘, 셋이 되는 순간 스윙을 시작한다"는 식이죠. 그래서 투수와 타자는 서로 타이밍을 뺏고 맞추려는 타이밍 싸움을 하게 되는데요. 아무리 빠르고 위력적인 강속구를 던지는 투수라도 어떤 공을 던질지 타자들이 예상할 수 있다면 투수와 타자 간의 싸움은 타자의 승리로 끝날 가능성이 높습니다.

그렇다면 투수들은 타자들을 압도하기 위해서 어떤 방법을 찾아야 할까요? 자타공인 2011년 국내 프로야구 최고 투수인 기아 타이거즈 윤석민 선수를 예로 들어 설명해보겠습니다.

윤석민 선수의 공을 상대해본 타자들은 "윤 선수의 직구는 마치 날아오면서 솟아오르는 것 같다"고 혀를 내두릅니다. 이 말은 무슨 뜻일까요? 공이 실제로 솟아오르는 걸까요? 아니면 공이 위력적이라는 표현일까요?

투수가 공을 던지면 중력의 영향으로 공은 아래로 떨어지게 마련입니다. 타자들은 여러 투수들을 상대로 타석에 서보면서 투수의 손을 떠난 공이 포수 글러브까지 날아오면서 떨어지는 높이 차에 적응하는 훈련을 합니다. 그런데 윤석민 투수의 공은 [그림1]처럼 일반적인 투수들의 공보다 떨어지는 폭이 작다는 특징이 있어요. 타자들의 입장에서는 공이 떨어지지 않고 쭉쭉 솟아오르는 듯한 위력적인 느낌을 받게 됩니다.

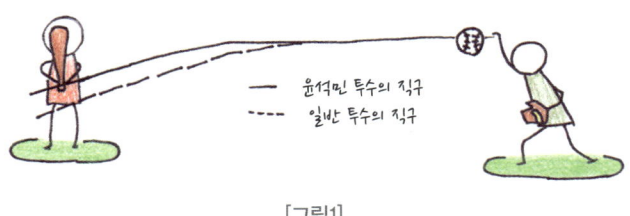

에 대한 범례:
──── 윤석민 투수의 직구
╌╌╌╌ 일반 투수의 직구

[그림1]

그렇다면 윤석민 선수의 공은 왜 떨어지는 폭이 작은 걸까요? 바로 '공의 회전수'에 비밀이 있습니다. 직구는 [그림2]처럼 공이 시계 방향으로 회전하면서 포수를 향해서 날아가는데 이때 공의 회전에 의해 공의 윗부분과 아랫부분에서 공기가 흐르는 속도에 차이가 생깁니다.

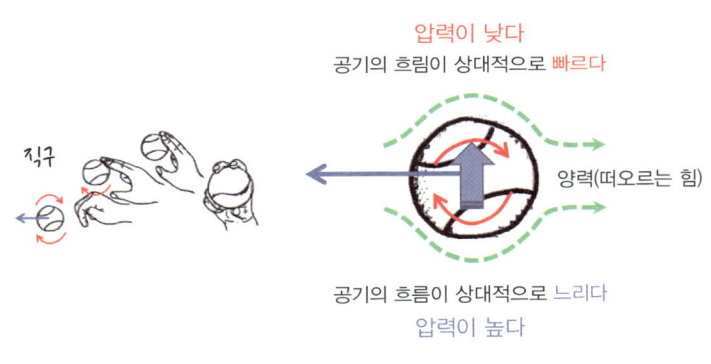

압력이 낮다
공기의 흐름이 상대적으로 빠르다

직구

양력(떠오르는 힘)

공기의 흐름이 상대적으로 느리다
압력이 높다

[그림2]

공의 아랫부분은 공기가 흐르는 방향과 공이 회전하는 방향이 반대 방향이어서 맞바람을 맞는 것과 같은 상황이지요. 그래서 공의 아랫쪽은 위쪽보다 공기의 흐름이 상대적으로 느립니다. 이처럼 공기가 흐르는 속도에 차이가 생기면 공의 윗쪽과 아랫쪽 사이에 압력차가 생기게 되는데, 이러한 현상은 베르누이의 원리로 설명할 수 있습니다. 베르누이의 원리에 따르면 공기와 같이 흐를 수 있는 물질은 흐르는 속도가 빠를수록 상대적으로 압력이 낮아집니다. 그래서 공기가 흐르는 속도가 빠른 야구공의 위쪽이 아래쪽보다 압력이 낮아지게 되는 것이죠. 결과적으로 바람이 고기압에서 저기압으로 불듯이, 압력이 높은 공의 아래쪽에서 압력이 낮은 위쪽으로 힘이 작용하게 됩니다.

즉, 공의 회전에 의해서 중력과는 반대 방향으로 작용하는 새로운 힘이 등장하게 되는 것이죠. 이처럼 중력이 작용하는 반대 방향으로 작용해서 물체를 떠오르게 하는 힘을 '양력'이라고 합니다. 여러분, 공중부양(空中浮揚)이라는 말 아시죠? 뜰 부(浮), 날릴 양(揚)을 써서 몸이 붕 떠서 하늘을 날 수 있게 되는 상태가 공중부양입니다. 야구공은 양력이 부족해서 공이 덜 떨어지게 하는 수준에 그치지만 비행기 날개에 작용하는 양력은 중력보다 커서 비행기가 하늘 위로 날아오를 수 있답니다. 비행기 날개의 단면이 그림처럼 위쪽이 아래쪽보다 볼록한 이유도 양력을 얻기 위해서입니다.

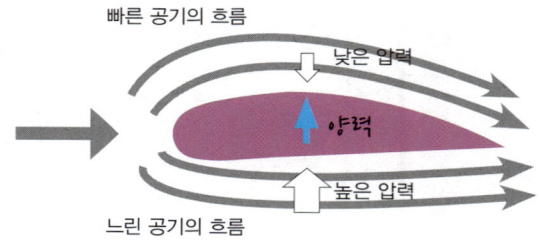

정리하면, 윤석민 투수가 던진 공은 다른 투수들보다 공의 회전수가 많아 공에 작용하는 양력의 크기가 크고, 그래서 윤 선수의 직구는 일반 선수들보다 떨어지는 폭이 작다고 설명할 수 있겠습니다.

커브볼의 경우에는 공을 던질 때 공을 회전시키는 방향이 직구와 반대 방향입니다. 그래서 반대로 떨어지는 힘이 작용하고, 공은 폭포수처럼 큰 낙차로 떨어지게 된답니다.

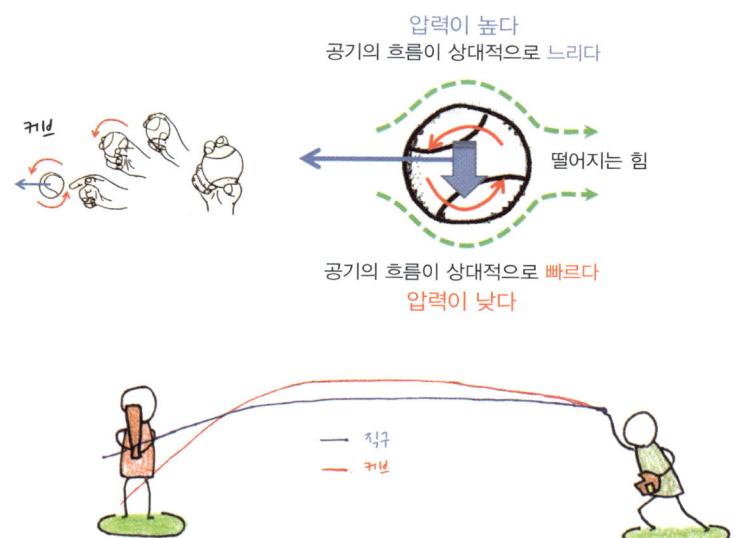

압력이 높다
공기의 흐름이 상대적으로 느리다
떨어지는 힘
공기의 흐름이 상대적으로 빠르다
압력이 낮다

커브

— 직구
— 커브

다른 변화구들도 같은 원리로 설명이 가능합니다. 투수들이 던지는 다양한 변화구들은 공을 쥐는 방법, 공에 회전을 주는 방향 등을 다양하게 변화시켜서 만듭니다. 손끝의 정교한 감각과 강한 악력(공을 쥐는 힘)은 훌륭한 투수가 되기 위한 기본 조건이지요. 프로야구 구단의 1군 투수가 되려면 당연히 피나는 노력을 해야 합니다. 실제로 프로야구 투수들은 손톱이 부러질 정도로 공을 긁어서 강한 회전을 만들어낸다고 하니 정말 대단한 사람들입니다. 하지만 지금 여러분이 정작 대단하다고 느껴야 하는 대상은 프로야구 투수들이 아니라 변화구의 원리를 설명할 수 있는 물리학의 힘이 아닐까요?

자, 이제부터는 시야를 조금 넓혀서 야구라는 경기 전체에서 물리 공부의 소재들을 찾아보겠습니다.

야구는 공을 던지고 방망이로 쳐내는 운동입니다. 따라서 공의 운동을 설명할 수 있어야 합니다. 시간에 따라 공의 위치가 어떻게 변하는지, 얼마의 빠르기를 가지고, 빠르기가 시간에 따라 어떻게 변하는지 등을 설명해야 합니다. 공이 운동하는 동안 공에 작용하는 중력과 공기로부터 받는 저항력이 공의 운동을 어떻게 변화시키는지도 중요한 관심사입니다. 타자가 때린 공이 얼마나 강한 타구가 되는지는 방망이로부터 공에 작용하는 힘의 크기와 방향, 그리고 힘이 작용하는 시간에 영향을 받습니다. 이처럼 "물체의 운동을 지배하는 법칙은 무엇일지? 물체의 운동은 어떻게 설명할 수 있을지?"를 다루는 물리학의 분야를 '역학'이라고 합니다. 중학교와 고등학교에서 물리를 공부할 때 항상 제일 첫 단원으로 만나는 내용이지요. 영어 공부에 비유하면 역학은 물리학의 알파벳이자 기초 문법이라고 할 수 있습니다. 물리학을 공부하다 보면 중력, 전기력, 자기력 같은 여러 종류의 힘을 배우게 되는데, 각 힘들마다 힘을 주고받는 대상과 방식이 조금씩 다릅니다. 하지만 힘의 종류가 바뀌더라도 물체에 힘이 작용했을 때 물체의 운동 상태(속도)가 변하는 규칙은 같습니다. **역학에서는 힘의 종류와 관계없이 힘이 작용했을 때 물체의 운동 상태가 어떻게 변화하는지를 설명하는 일반적인 방법을 배우게 됩니다.** 그래서 "물리학의 기초 문법은 역학이다"라고 하는 것이죠.

투수들은 공을 던지기 전에 손으로 '로진백(rosin bag)'이라는 송진 가루가 담긴 주머니를 만집니다. 특히 더운 여름철에는 손이 땀으로 젖어 실투를 할 가능성이 높습니다. 프로 야구에서는 한 번의 실투로 승부가 뒤집어지는 일이 흔하기 때문에 송진 가루를 묻혀 마찰력을 유지합니다. 마찰력은 손가락 표면의 원자들과 공 표면의 원자들 사이에서 작용하는 전자기력입니다. 풍선을 옷에 문지른 다음 머리에 가져다 대면 머리카락이 풍선에 달라붙는 힘과 근본적으로 동일한 힘이지요.

프로야구 선수들은 국내에서 능력을 인정받아서 일본이나 미국 메이저리

그로 스카우트 되는 것이 꿈이라고 합니다. 국내 프로리그의 수준이 향상되면서 일본과 미국의 스카우터들이 국내 야구장을 찾는 일이 잦아졌습니다. 그들은 선수들의 정보를 수집하기 위해서 스피드건을 사용해서 구속을 측정합니다. 스피드건은 투수가 던진 공에 레이더 전파를 쏜 다음 반사되어 되돌아오는 전파를 분석해서 공의 속력을 측정하는 장비입니다. 도로에서 과속 차량을 단속하는 카메라와 동일한 방식으로 작동합니다. 스피드건이 방출하는 전파는 눈에 보이지 않기 때문에 야간 경기를 위해 비추는 조명탑의 빛과는 달라 보이지만 이 둘을 물리학에서는 **'전자기파'**라고 합니다. 전자기파의 발생은 전기를 띠고 있는 입자들의 운동과 밀접한 관계가 있습니다. 마찰력과 스피드건의 예와 같이 전기를 띠고 있는 입자들이 만들어내는 다양한 상호작용에 대해 공부하는 것이 바로 '전자기학'입니다. 여러분은 중학교와 고등학교에서 '전기와 자기' 단원, '빛과 파동' 단원에서 전자기학과 관련된 내용을 배웁니다.

투수와 타자들은 경기장에서 자신들의 기량을 최대한 발휘하기 위해서 다양한 야구 용품들을 사용합니다. 선수들이 착용하는 내의는 땀을 신속하게 흡수하고 건조시켜주는 본래의 기능 외에도 탄성을 이용하여 부상을 예방하고 운동 능력을 향상시키는 역할도 합니다. 각종 보호 장비는 공에 맞거나 주루 플레이를 하는 과정에서 선수들을 보호합니다. 야구공은 $1m$ $50cm$ 높이에서 대리석 바닥으로 떨어뜨렸을 때 $50 \sim 70cm$ 이내로 튕겨 오르는 탄성을 지녀야 공인구로 인정됩니다. 야구 배트는 하나의 목재로 제작되어야 하며 두 종류 이상의 목재를 접합하거나 압축 가공하여 반발력을 높인 배트는 사용을 금지하고 있습니다. 야구 용품을 만드는 재료의 성질을 이해하려면 물질이 가지는 탄성에 대한 지식이 필요합니다. '탄성'이라는 성질은, 고체 상태에 있는 물질이 변형되었을 때 원래의 모양으로 되돌아가려는 성질인데요, 물질을 구성하는 원자와 분자들이 침대 스프링처럼 서로 결합해 있는 이미지를 연상하면 탄성을 이해하는 데 도움이 될 거예요. 이처럼 고체 물질을 구성하는 수많은 원자와 분자들이 주고받는 상호작용에 의해서 고체 물질이 가지는 여러 성질을 공부하는 물리학의 분야가 '고체 물리학'입니다. 고등학교에서는 고체 물리학을 자세하게 다루지는 않지만 수많은 원자들이 밀집해 있는 고체 상태의 물질이 가지는 전기적 성질(도체, 부도체, 반도체)에 대해서 배우고 분자와 원자 간의 상호작용이 '전자기력'이라는 것을 배웁니다. 그리고 원자 내부의 구조(원자모형)와 물질을 구성하는 작은 입자들(전자, 중성자, 양성자, 쿼크 등)에 대해서도 공부합니다.

• 반발력이 좋은 배트 → 고체 물리학
• 타격 후에 공의 궤적 → 역학
 (중력, 운동량과 충격량, 역학적 에너지 보존, 공기의 저항력 등)

• 공기와 공의 상호작용
 공기 역학 → 항공기·자동차 설계

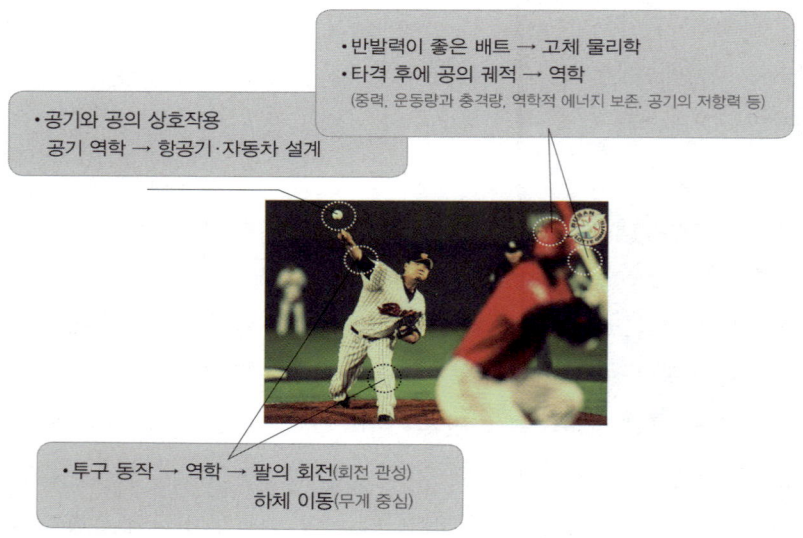

• 투구 동작 → 역학 → 팔의 회전(회전 관성)
 하체 이동(무게 중심)

야구는 공을 때려서 멀리 날려 보내는 운동이기 때문에 경기장을 채우고 있는 공기의 상태에 큰 영향을 받습니다. 바람에 의해 평소에는 외야수가 충분히 잡을 수 있는 공이 홈런이 되기도 하고, 고지대에서는 대기압이 낮아 공기의 저항력이 작기 때문에 변화구가 밋밋해지고[006] 타자가 친 공은 상대적으로 멀리 날아갑니다. 투수들에게는 불리한 조건이지요. 대기압은 공기 분자들의 운동과 관련이 있습니다. 수많은 공기 분자들이 물체의 표면에 충돌하면서 힘을 작용하기 때문에 대기압이 만들어지는데요, 충돌하는 분자들의 수가 너무 많기 때문에 분자들의 운동을 하나씩 추적하는 것은 불가능합니다. 그래서 사용하는 방법이 통계적인 방법입니다. 이와 같이 수많은 분자들의 운동으로 인해 드러나는 현상들을 배우는 물리학의 분야가 '열과 분자운동'과 '열역학의 법칙'입니다.

마지막으로 야구 경기를 중계하기 위해 사용하는 방송 장비들 가운데에는 수많은 반도체 부품이 들어 있습니다. 다양한 반도체 부품의 도움을 받아서 선수들의 경기 영상을 전기 신호로 변환해서 시청자들에게 제공하는 것이죠. 방송과 관련된 수많은 전자장비들과 관련된 전자공학, 정보통신공학들은 모두 전자기학이라는 물리 분야에 기초를 두고 있습니다. 방송 전파를 중계하는 인공위성은 아인슈타인의 상대성 이론에 따라 인공위성 속 시계와 지상의 시계를 동기화시킵니다.

야구장에 가면 교과서에 나오는 대부분의 물리 개념을 만날 수 있습니다. 운동장에서 **직접** 야구를 하면서, 또는 야구장에 가서 야구 경기를 관람하면서 친구들과 함께 배운 물리 개념을 떠올린다면 그것이 바로 '스포츠 과학'이고, 물리 공부의 쓸모를 확인하는 일이 되는 것이지요. 하지만 안타깝게도 여기엔 훈련이 필요합니다. 그렇다면 훈련은 어디서부터 시작해야 할까요?

바로 '역학'입니다. 영어를 배울 때 알파벳부터 익히듯이 물리학의 시작은

---

006 변화구가 밋밋하다는 표현은 투수가 의도한 대로 휘지 않는 변화구에 대한 야구 해설가들의 관습적인 표현. 변화구가 휘지 않으면 느리게 날아오는 평범한 공이기 때문에 타자들이 쉽게 타격할 수 있다.

물리학의 기초 문법인 '역학'에 대한 공부에서 시작합니다. 물리 공부가 쉽지는 않을 거예요. 우리나라에서 창의성 교육을 열심히 연구하시는 대학 교수님이 강연에서 이런 이야기를 하셨어요. 공부 잘하는 방법을 재치 있게 표현해주셨지요.

"공부를 못하는 학생들은 수업이 재미가 없어서 공부를 못한다고 불평합니다. 하지만 실상은 공부를 못하기 때문에 수업에 흥미를 못 느끼는 거예요. 왜냐하면 공부에서 한 번이라도 성공한 경험을 가지지 못했기 때문이죠. 공부를 잘하고 싶다면 공부에서 성공한 경험을 가져보아야 합니다."

물리는 분명히 어렵습니다. 하지만 우리 주변에서 경험할 수 있는 흔한 현상들, 재미있거나 신기한 일들을 물리학의 지식으로 설명할 수 있다면, 여러분, 귀가 좀 솔깃하지 않나요? 쌤은 '물리 공부 성공'의 경험을 이 책을 읽고 있는 여러분에게 나눠주고 싶어요.

이 책을 만나 첫 장을 넘기는 순간부터 마지막 장을 탁! 덮는 그 순간까지 지단쌤(축구를 좀 한다고 해서 학생들이 붙여준 별명입니다.^^)이 함께합니다. 그러니 간혹 어려운 개념이 나온다고 해서 미리 겁먹을 필요는 없겠지요? 쌤이 설명하는 대로 차근차근 물리의 바다를 헤엄치다 보면 어느 순간, "아, 그렇구나!" 하는 즐거운 '아하 경험'을 하게 될 겁니다.

잔소리 하나 추가. 수학도 그렇지만 물리를 공부할 때도 반드시 여러 번 반복해서 외우고 익혀야 할 것들이 있답니다. 쌤이 군데군데 "이것만은 꼭!!"이라고 표기한 부분은 반드시 암기하기 바랍니다. 그래야 나중에 실제로 문제를 풀 때 자신 있게 '슝슝슝!!' 풀 수 있을 테니까요. 그리고 예제로 주어지는 문제들은 두 번째 읽을 때 풀어도 좋습니다. 자신의 이해 수준에 맞게 공부하는 게 최선이니까요.

자, 이제 시작합니다!!

지단쌤과 함께 물리의 그라운드를 힘차게 누벼봅시다.

끝까지, "거침없이 파이팅!!"

제1강

운동의 기술 :
내가 본 것을
너도 보게 될 것이다

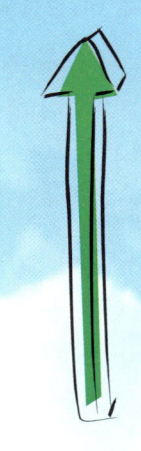

놀이동산에 갔다가 헤어진 일행을 찾지 못해 애먹은 기억이 한 번쯤은 있을 거예요. 그럴 경우, 어떻게 하면 잃어버린 친구들을 쉽게 찾을 수 있을까요? 미아 신고 방송을 하면 확실하겠지만……. 헤어진 일행을 찾는 가장 효과적인 방법은 각자의 위치를 확인하고 만날 장소를 정하는 겁니다.

"나 지금 후룸라이드 매표소 앞에 있어."

자, 이 학생은 지금 자신의 위치를 설명하기 위해 '후룸라이드 타는 곳'이라는 장소를 이야기했지요? 다른 말로 하면 '기준점'이지요. 이처럼 사람들은 대개 자신의 위치를 설명하는 데 꼭 필요한 '기준점'을 찾습니다.

"어, 넌 롤러코스터 앞에 있다고? 여기서 롤러코스터까지는 5분이면 갈 수 있어."

목적지까지 얼마나 걸릴지를 '거리'와 걷는 '속력'을 감안해서 예상할 수 있습니다. 이처럼 우리는 일상생활에서 이미 '운동의 기술'에 필요한 물리 개념들(위치, 변위, 이동 거리, 속력 등)을 익숙하게 사용하고 있어요. 운동을 기술하는 데 필요한 과학 개념들은 모두 상식적인 수준의 개념들입니다. 익숙해지면 충분히 극복할 수 있는 것들이죠.

역학에 대한 공부는 '운동'을 관찰하고 측정하고 기록하는 방법을 배우는 데서 출발합니다. 운동을 기술할 물체들은, 여러분의 감각으로 쉽게 크기를 가늠할 수 있는 것들에서 출발하는 것이 좋겠죠? 원자나 분자, 전자와 같이 매우 작은 알갱이들의 운동은 지금부터 배우는 '역학'으로는 설명이 되지 않는 부분이 있어요. 그래서 이것들은 '양자역학'[001]이라는 좀 어려운 규칙으로 설명해야 합니다.

물체의 운동에 대한 설명은 객관적이어야 합니다. 운동을 직접 보지 못한 사람도 운동에 대한 설명을 듣고 온전하게 이해할 수 있어야 한다는 뜻입니다. 그래서 1장의 제목을 "운동의 기술 : 내가 본 것을 너도 보게 될 것이다"라고 정했답니다. 그렇다면 운동과 관련해서 어떤 것들을 설명해주어야 운동을 온전하게 이해할 수 있을까요? 그리고 어떤 방법으로 설명해야 할까요? 설명하는 방식이 사람들마다 제각각 달라서는 안 되겠지요. 지금부터 우리는 운동을 온전하게 설명하는 데 필요한 것들을 배우고, 이것들을 표현하는 방식에 대한 약속들을 확인합니다.

위치는 어떻게 설명하지?

스마트폰에는 GPS(Global Positioning System)[002] 수신기라는 센서가 내장되어 있습니다. 이 센서는 지구 주변을 도는 GPS 위성이 보내주는 좌표 신호를 수신해서 사용자의 위치가 어디인지 스마트폰에 저장되어 있는 전자지도 위에 표시할 수 있게 도와줍니다. 원래 GPS는 미국이 군사목적으로 개발한 것입니다. 우리나라와 같은 산악 지형에서는 지도와 나침반만 있으면 주변에 있는 눈에 띄는 지형을 이용해서 자신의 위치를 알아낼 수 있습니다. 그런데 만약 여러분이 사막 한가운데 있다고 생각해보세요. 동서남북

---

001 지금부터 배우는 역학은 뉴턴(Newton)이 정립한 역학이다. '양자 역학'과 구분해서 '고전 역학'이라고 부른다.
002 인공위성을 사용한 위치 확인 시스템.

어디를 보아도 같은 모양의 지평선만 보인다면 지도와 나침반만 가지고 위치를 알아낼 방법이 없어요. 그래서 미국은 중동의 사막지대에서 군사작전을 벌일 경우를 대비해서 위성을 이용한 위치 확인 시스템을 개발했지요. 이것은 현재 스스로 목표물을 찾아가는 유도 미사일, 무인 정찰기 등의 첨단 무기에도 사용되고 있답니다.

스마트폰에 GPS 어플리케이션을 설치하면 여러분의 GPS 위치 정보를 좌표로 확인할 수 있어요. 그림을 보면 위치 정보는 다음과 같은 형식으로 출력됩니다.

Latitude(위도) : 37.668579

Longitude(경도) : 126.759704

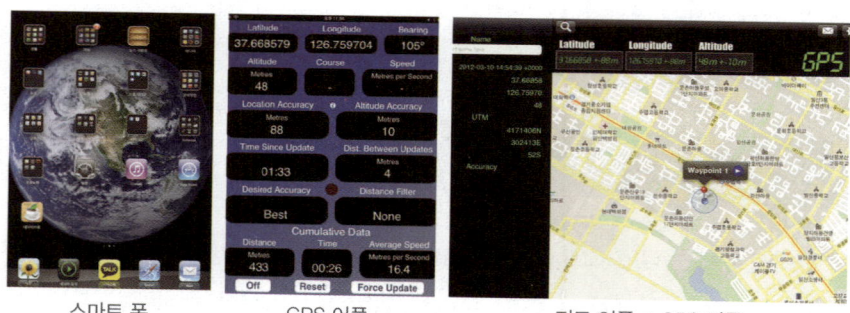

스마트 폰   GPS 어플   지도 어플 + GPS 어플

'위도'와 '경도'는 무엇일까요? 위도(緯度)는 지구상에서 적도를 기준으로 북쪽에 있는지, 남쪽에 있는지를 나타내는 값입니다. 북극점을 나타내는 90° N(북위 90도)부터 남극점을 나타내는 90°S(남위 90도) 사이의 값을 가집니다. 경도(經度)는 지구상의 어떤 기준점으로부터 동쪽에 있는지, 서쪽에 있는지를 나타내는 값입니다. 180°E(동경 180도)부터 180°W(서경 180도) 사이의 값을 가집니다. 위도의 경우에는 적도를 기준점으로 잡는 것이 자연스러운 반면에, 경도의 경우 자연적인 기준이 없기 때문에 하나의 기준점을 정해야 할 필요

가 있었습니다. 이 기준점은 한동안 지역에 따라 달랐으나 1884년의 국제회의에서 남극점-그리니치 천문대[003]-북극점을 잇는 선을 표준으로 삼기로 결정했습니다.

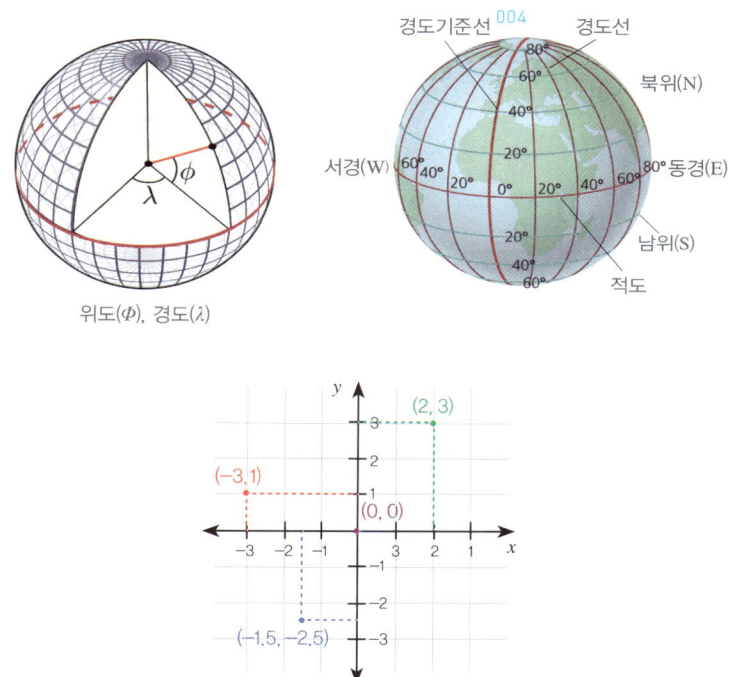

위도(Φ), 경도(λ)

GPS 정보의 위치는 위도가 0도, 경도가 0도인 곳이 기준점입니다. 위치를 설명하려면 먼저 기준점이 어디인지 알아야 합니다. 사람들마다 기준점의 위치를 달리하면 위치 정보를 공유할 수 없습니다. 수학 시간에 x-y 수직 좌표계에서 좌표 값을 나타낼 때는 '(x, y)'라고 표현하지요? 이 좌표계에서는

003 1675년 런던 교외 그리니치에 설립된 천문대
004 이 선을 천구상으로 확대하면 천구의 북극, 남극, 천정을 통과하는 본초 자오선과 만난다.

원점(0, 0)이 기준점입니다. 수학 시간에 배운 수직 좌표계는 물체의 위치를 표현하는 데 유용하게 활용될 수 있는 수학적 도구입니다.

기준점이 정해지면 물체의 위치를 설명하기 위해서 어떤 정보를 추가로 알려주어야 할까요? 앞에서 본 북위 37.7도, 동경 126.8도라는 GPS 위치 정보에는 현재의 위치가 기준점으로부터 북쪽 방향으로 37.7도, 동쪽으로는 126.8도 만큼 떨어져 있다는 정보가 포함되어 있습니다. x-y 수직 좌표계에서 (1, -3)이라는 위치는 수평으로는 원점에서 (+)방향으로 1칸, 수직으로는 원점에서 (-)방향으로 3칸 떨어진 곳에 있다는 정보입니다. 즉, 기준점이 정해지고 나면 기준점으로부터 어느 방향으로 얼마나 떨어져 있는지에 대한 정보를 알려주어야 합니다.

이것만은 꼭!!

물체의 위치를 설명한다는 것은, 위치를 구할 '**기준점**'을 정하고 기준점으로부터 물체가 '**어느 방향**'으로 '**얼마나**' 떨어져 있는지 알려주는 것이다.

개념 넓히기

어떤 좌표계를 사용하는 것이 좋을까?

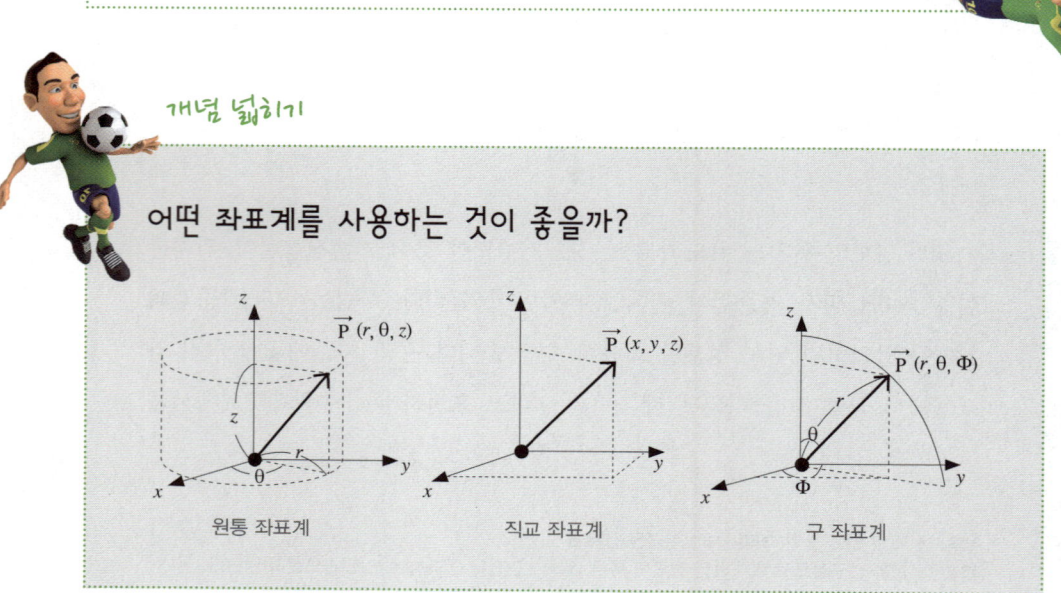

원통 좌표계   직교 좌표계   구 좌표계

지표면 위의 위치를 위도와 경도 값으로 표현하는 것은 어떤 좌표계를 사용해서 위치를 표현한 것일까요? 여러분에게는 수학 시간에 배워서 익숙한 직교 좌표계가 쉽게 느껴지겠지만 좌표계는 운동하는 물체의 위치를 표현하는 데 사용되는 도구이므로 좌표계를 선택하는 기준은 "어떤 좌표계를 사용하는 것이 운동하는 물체의 위치를 가장 쉽고 간단하게 표현할 수 있을까" 하는 것입니다. 그래서 GPS 위치 정보와 별의 위치를 표현할 때는 '구 좌표계'를 사용하는 것이 편리하고, 도로명 주소는 직교 좌표계와 유사합니다.

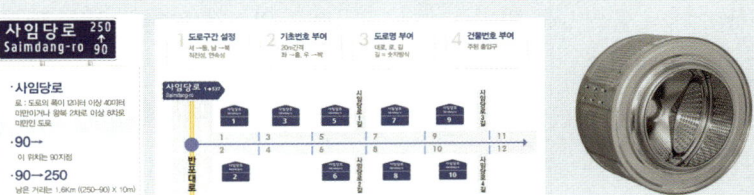

그렇다면 '원통 좌표계'는 어떤 쓸모가 있을까요? 여러분이 세탁기를 만드는 회사의 연구소에 근무한다고 생각해보세요. 세탁기의 성능을 향상시키기 위해서 세탁기 드럼 속에서 만들어지는 물의 흐름을 연구한다면 어떤 좌표계를 사용하는 것이 편할까요?

운동은 위치가 변하는 상황이다

물체가 운동하면 시간이 흐름에 따라 위치가 변합니다. 따라서 '위치의 변화'도 운동을 설명하는 데 필요한 정보입니다. 이번에는 좀 색다른 예를 들어보겠습니다. 여러분이 범죄를 조사하는 '형사 Y'라고 상상해보세요. '용의자 X'는 사건이 일어난 시각에 자신은 범죄 현장에 없었다는 알리바이를 주장합니다. 다음은 '용의자 X'의 진술입니다.

"저는 사건이 일어났던 시각에 정발산역 광장에서 친구를 만났습니다."

　　용의자가 만났다는 친구를 조사한 결과, 사건이 발생한 시각이 17시 20분인데 용의자와 친구가 만난 시각은 17시 10분이었습니다. 친구는 용의자를 만난 후 건너편 백화점에서 물건을 사느라고 헤어졌다가 17시 30분에 다시 같은 장소에서 용의자를 만났습니다. 친구와 용의자가 헤어져 있던 20분 동안 용의자가 범죄를 저질렀다고 추리할 수 있지만 문제는 아래 지도에 점선으로 표시된 길을 따라 범죄 현장에 다녀올 경우 왕복 20분 안에 범죄 현장과 알리바이 현장을 왕복하기에는 시간이 부족하다는 점이었지요.

　　결국 '용의자 X'는 알리바이가 증명되어 풀려나게 됩니다. 용의자가 풀려나서 조사실 문을 열고 나가려는 순간 '형사 Y'는 용의자의 신발에 흙이 묻어 있는 것을 발견합니다. 그 순간 '형사 Y'는 외칩니다. "당신이 범인이야!"
　　'형사 Y'는 왜 '용의자 X'가 범인이라고 생각했을까요? 바로 신발에 묻은 흙을 통해서 용의자가 산을 가로질러 범죄 현장에 다녀왔을지도 모른다는 의심을 하게 된 것이죠. '형사 Y'는 용의자의 신발에 묻은 흙과 범죄 현장

주변의 산에서 채취한 흙을 비교하고 산에 나 있는 등산로를 조사한 결과, 등산로를 지름길로 이용하면 충분히 20분 안에 범죄 현장에 다녀올 수 있다는 결론을 내리게 됩니다.

　'용의자 X'의 위치는 시간이 흐름에 따라 변합니다. 출발점은 알리바이 현장이고 도착점은 범죄 현장입니다. 이 두 점을 오갈 수 있는 방법은 한 가지만 있는 게 아니지요. 무수히 많은 이동 경로가 있습니다. 그리고 각 이동 경로마다 움직인 거리가 다릅니다. 하지만 두 점을 연결하는 최단 거리는 두 점을 직선으로 잇는 단 하나의 경로만 가능합니다. 위의 이야기에서도 알 수 있듯이 문제를 풀다 보면 '실제로 물체가 움직인 거리'가 얼마인지에 관심을 둘 때도 있고, 물체의 위치가 어느 방향으로 얼마나 변했는지가 더 궁금할 때도 있습니다. 그래서 역학에서는 위치가 변하는 상황을 설명할 때 '이동거리'와 '변위'라는 두 가지 개념을 사용합니다.

　'이동거리'는 '물체가 움직인 경로의 길이'를 의미합니다. 반면에 '변위'는 '물체의 위치가 어느 방향으로 얼마나 변했는지'를 의미합니다. 위의 그림에서 형사들은 '용의자 X'의 알리바이를 검증하기 위해서 용의자가 도로를 따라 움직인 경로의 길이인 '이동 거리'에 관심을 둡니다. 그림에서 점선의 이동 경로를 보면 이동하는 동안 수시로 운동 방향이 바뀝니다. 하지만 이동 거리를 구할 때에는 방향이 중요하지 않습니다. 왜냐하면 이동 거리라는 개념의 정의가 '물체가 움직인 거리'이기 때문입니다. **어느 방향을 향하든 총 몇 미터를 움직였느냐에 대한 정보가 필요**할 뿐입니다.

　반면에 두 점 사이의 '변위'를 구할 때는 방향이 중요한 의미를 가집니다. 예를 들어 "나는 처음 위치에서 $4m$ 떨어진 곳으로 위치를 옮겼다"라고 설명한다면, 이 진술만으로는 새로운 위치를 한 점으로 확정할 수 없습니다. 반지름이 $4m$인 원 위의 모든 점이 새로운 위치가 될 수 있으니까요. 따라서 변위를 설명할 때는 기준점에서 '어느 방향'으로 위치가 변했는지에 대한 설명이 필요합니다.

"나는 처음 위치에서 4m 떨어진 곳으로 위치를 옮겼다."	"나는 처음 위치에서 북쪽으로 4m 떨어진 곳으로 위치를 옮겼다."
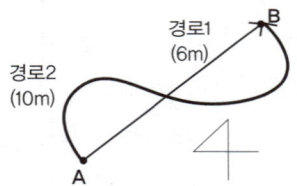 4m 처음 위치	나중 위치 4m 처음 위치
방향에 대한 정보가 없기 때문에 원 위의 어떤 점이 새로운 위치인지 알 수 없다.	'북쪽으로'라는 방향에 대한 정보가 있기 때문에 원 위의 한 점을 나중 위치로 확정할 수 있다.

	A → B	
	경로 1	경로 2
이동 거리	6m	10m
변위	북동쪽(방향)으로 6m(크기)	

경로1 (6m)
경로2 (10m)
B
A

이동 거리와 변위의 표기 예

개념도

위치	시간의 흐름 운동	위치가 바뀜

- 기준점이 어디?
- 기준점에서 어느 방향으로? 얼마나 떨어졌나?

- 얼마나 움직였나? = **이동거리**
- 위치가 **어느 방향으로 얼마나** 바뀌었나? = **변위**

빠르기

'운동한다'라는 표현은 "물체의 위치가 시간이 흐름에 따라 변한다"는 뜻입니다. 하지만 이 문장은 '운동'을 온전하게 설명하지 못합니다. 설명에 포함된 정보가 부족하기 때문이지요. 위치가 빠르게 변할 수도 있고, 느리게 변할 수도 있으니까요. 따라서 '운동'을 온전하게 설명하려면 '빠르다', '느리다'에 대한 개념 정립이 필요합니다.

'빠르다'와 '느리다'라는 단어의 사전적 의미에는 '비교'의 개념이 전제되어 있습니다. '~보다 빠르다' 또는 '~보다 느리다'와 같은 표현의 진위를 확인하려면 비교의 기준이 있어야 합니다. 예를 들면, "동일한 시간 동안 누가 더 많이 움직였는지?" 또는 "동일한 거리를 움직이는 데 누가 더 짧은 시간이 걸렸는지?"처럼 시간 또는 운동한 거리를 동일하게 통제한 후에 거리나 시간을 비교해야만 누가 더 빠른지를 알 수 있지요.

세상에는 빠르기를 비교할 수 있는 방법이 무수히 많습니다. 옛날 뱃사람들은 배의 빠르기를 나타내기 위해 '노트(knot)'라는 단위를 고안했습니다. 일정한 간격으로 매듭을 묶어 놓은 밧줄을 배 밖으로 풀어 내리면 밧줄이 풀려나갑니다. 모래시계로 시간을 재면서 몇 개의 매듭이 풀려나갔는지를 세는 방법으로 배의 속력을 알아냅니다. 노트(knot)가 영어로 매듭이라는 뜻이잖아요. 이처럼 여러분도 새로운 단위를 만들어낼 수 있습니다. 예를 들어, 일정한 시간 간격으로 눈을 깜박일 수 있다고 생각합시다. 눈을 열 번 깜박일 동안 몇 걸음(보폭)을 움직였는지 측정한 다음에 이렇게 표기하는 거죠.

100걸음/10깜박이 = 10걸음/깜박이

"이게 무슨 빠르기를 나타내는 단위가 될 수 있어?"라고 생각할 수 있지만, 시계도 없고 자도 없는 무인도라고 가정하면 꽤 유용한 빠르기 측정법이 될 수 있지 않을까요? 실제로 인류가 만든 여러 가지 도량형들은 대부분 사람의 몸을 기준으로 만들어졌습니다. 예를 들면, 길이는 손가락의 길이나 손바닥의 길이로 한 뼘·두 뼘 이런 식으로 표현하고, 부피는 양손으로 가득히 담을 수 있는 양으로 한 줌·두 줌 등으로 표현하기 시작했을 것입니다. 지금도 사용되는 전통 도량형 중에 '치'라는 것은 약 3.3cm 정도의 길이인데, 성인 남자의 검지 첫 마디 정도의 길이입니다. 그리고 10치가 모이면 '1자'가 되는데 '1자'는 사람의 손에서 팔꿈치까지의 길이 정도입니다. 미국에서 사용하는 '피트(feet)'라는 단위는 성인이 편한 걸음으로 걸을 때의 보폭에 해당합니다.

이처럼 단위는 사람들 간의 약속으로 정할 수 있는 값입니다. 실제로 국제적으로 통용되는 도량형의 기준은, 세계 여러 나라가 참여하는 '국제도량형위원회(International Committee of Weights and Measures)'에서 결정합니다. 그렇다면, 앞에서 이야기한 '10걸음/깜박이'는 왜 빠르기를 설명하는 값으로 부적절할까요? 눈을 한 번 깜박이는 데 걸리는 시간을 의미하는 '깜박이'라는 단위는 일정한 시간 간격을 표현하기에는 부정확하지요. 그리고 보폭을 의미하는 '걸음'도 측정하는 사람에 따라 달라질 수 있습니다.

정리하면, **사람들은 운동하는 물체의 빠르기를 비교하기 위해서 '시간'을 동일한 조건으로 통제해놓고 움직인 거리나 위치가 변한 양을 측정하는 방법을 주로 사용**합니다.

속력과 속도, 어떻게 다르지?

빠르기는 시간의 흐름에 따라 위치가 변하는 상황을 설명하는 데 필요합니다. 그런데 우리는 앞에서 위치의 변화에 대한 정보를 '이동 거리'와 '변위'라는 두 가지 개념을 사용해서 설명할 수 있다고 배웠습니다. 따라서 운동하는 물체의 빠르기를 비교할 때도 다음과 같은 두 가지 설명이 가능합니다.

첫째, 정해진 시간 동안 물체가 얼마를 움직였나?

이것은 정해진 시간 동안 물체들이 이동한 거리를 비교해서 빠르기를 구하는 방법으로 이렇게 구한 빠르기를 '속력(speed)'이라고 합니다.

$$속력 = \frac{이동\ 거리}{걸린\ 시간}$$

만약, 10초 동안 $100m$를 움직였다면 이 운동의 속력은 $10m/s(=\frac{100m}{10s})$입니다. 1초당 $10m$를 움직였다는 것이죠.

둘째, 정해진 시간 동안 물체의 위치가 어느 방향으로 얼마나 변했나?

이것은 정해진 시간 동안 물체들의 변위를 구해서 빠르기를 비교하는 방법으로 이렇게 구한 빠르기를 '속도(velocity)'라고 합니다.

$$속도 = \frac{변위}{걸린\ 시간}$$

만약, 어떤 물체의 위치가 10초 동안 동쪽으로 $100m$ 이동했다면 이 운동의 속도는 동쪽, $10m/s(=\frac{100m}{10s})$입니다. 위치가 1초당 동쪽으로 $10m$씩 변한다는 뜻이죠.

속력과 속도의 차이를 이용하면 조금 유치하지만 재미있는 이야기를 지어낼 수 있습니다. 한번 읽어보고 이 이야기에서 이상한 점을 찾아보세요.

한 육상대회에서 400m 경주가 열렸습니다. 보통 400m 경기는 8명의 선수가 동시에 출발해서 먼저 들어오는 순서대로 등위를 정하는 방식으로 진행됩니다. 그런데 안쪽 코스를 뛰는 선수와 바깥쪽 코스를 뛰는 선수 간에 코스의 유불리가 문제가 되면서 이번 대회에서는 시범적으로 8명의 선수가 각자 혼자서 400m를 뛴 다음 속도를 비교해서 속도가 빠른 순서대로 등위를 정하기로 했습니다. 8명의 선수들은 죽을 힘을 다해 400m를 완주했습니다. 경기를 마친 선수들은 자신들의 기록이 전광판에 나타나기를 기다렸습니다. 그런데 전광판에 나타난 자신들의 기록을 보고는 모두 황당하다는 표정으로 서 있었습니다.

참가번호	속도(m/s)	순위	참가번호	속도(m/s)	순위
100	0	1	104	0	1
101	0	1	105	0	1
102	0	1	106	0	1
103	0	1	107	0	1

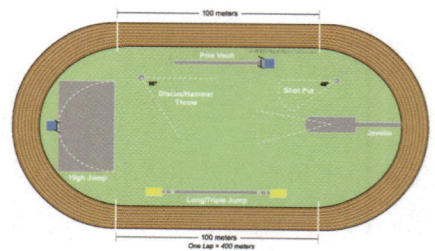

육상 경기장 400m 트랙

모든 선수들의 기록이 0으로 같다니? 모두 공동 1위라니?? 도대체 무슨 일이 벌어진 것일까요? 분명히 선수들마다 400m를 달리는 데 걸린 시간이 각각 달랐는데 왜 속도가 모두 0으로 같을까요?

이 이야기는 속력과 속도의 차이를 알면 쉽게 이해할 수 있습니다. 400m 달리기는 400m 트랙을 한 바퀴 돌아서 출발점으로 되돌아오는 경주입니다. 따라서 경기가 끝난 시점에 모든 선수의 변위는 0입니다. 왜냐하면 출발점으로 되돌아왔으니까 위치의 변화가 없는 것이지요. 따라서 경기를 완주한 모든 선수의 속도는 0이됩니다. 하지만 선수들의 속력은 0이 아니지요. 만약 A선수가 400m를 도는 데 40초가 걸렸다고 합시다. 이 선수의 속력은 얼마일까요? 40초 동안 400m를 움직였으므로 1초당 10m를 움직인 꼴이어서 속력은 10m/s입니다. 결국, 순위를 정하는 기준으로 속도가 아닌 속력값을 사용했다면 아무런 문제가 없었을 테지요. 재미있지 않나요?

자, 이제 속력과 속도의 정의를 잘 외워둡시다.

이것만은 꼭!!

속력 : 단위 시간 동안의 이동 거리

$$속력 = \frac{이동\ 거리}{걸린\ 시간}\ (m/s, km/s, km/h\ 등)$$

→ 단위 시간당 물체가 얼마를 움직이는가?

속도 : 단위 시간 동안의 변위

$$속도 = \frac{변위}{걸린\ 시간}\ (m/s, km/s, km/h\ 등)$$

→ 단위 시간당 물체의 위치가 어느 방향으로 얼마나 변하는가?

여기에서 '단위 시간'이라는 말은, 얼마의 시간 동안 움직인 거리를 가지고 빠르기를 비교할 것인가를 말합니다. 예를 들어 단위 시간이 1초라고 하면 1초 동안 움직인 거리를 비교해서 누가 빠른지를 알아보겠다는 뜻입니다. 단위 시간을 얼마로 할 것인가는 물체의 운동을 보고 판단해야 합니다. 예를 들어 $100m$ 달리기를 하는 육상 선수의 운동은 10초 이내에 끝납니다. 따라서 m/s가 적당하겠죠. 반면에 자동차는 보통 시간(hour) 단위로 타고 다니기 때문에 단위 시간을 시간(hour)으로 하는 게 좋을 거예요. 이처럼 빠르기의 단위는 운동하는 물체의 운동 상태와 설명하려는 상황에 따라 적절한 단위를 사용하면 됩니다. 다만, 단위를 서로 변환할 수 있는 능력은 있어야겠지요(예를 들면, m/s를 km/h로).

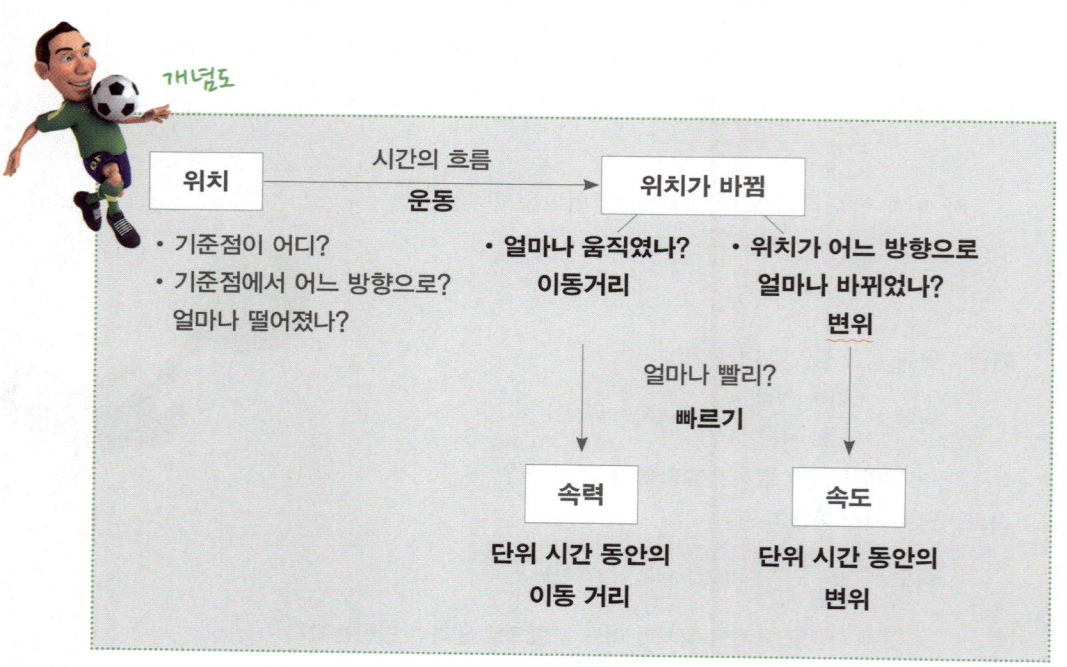

개념도

위치 —시간의 흐름 / 운동→ 위치가 바뀜

- 기준점이 어디?
- 기준점에서 어느 방향으로? 얼마나 떨어졌나?

• 얼마나 움직였나? 이동거리

• 위치가 어느 방향으로 얼마나 바뀌었나? 변위

얼마나 빨리?
빠르기

속력

속도

단위 시간 동안의 이동 거리

단위 시간 동안의 변위

지금까지 우리는 물체의 운동을 온전하게 설명하는 데 필요한 '위치, 위치의 변화, 빠르기'라는 개념을 공부했습니다. 물론 필요한 개념을 다 배운 것은 아닙니다. 빠르기는 시간이 흐름에 따라 변하기도 하니까요. 물체는 빨라지기도 하고 느려지기도 합니다. 빠르기의 변화를 설명하는 개념이 가속도예요. 가속도 개념을 공부하고 나면 물체가 왜 운동하는지? '운동'과 '힘'의 관계를 설명할 수 있게 될 것입니다.

그래프와 친해지자

과학자들은 물체의 운동을 그래프라는 형식을 이용해서 표현하는 것을 좋아합니다. 그래프는 정보를 표현하는 데 매우 유용한 도구입니다. 그래프를 해석하는 능력만 있으면 미국 사람과 한국 사람이 언어의 장벽을 극복하고 물체의 운동에 대한 정보를 쉽게 공유할 수 있습니다. 또한 그래프로 이미지화하면 많은 정보를 축약해서 전달할 수도 있습니다.

하지만 학생들은 그래프를 별로 좋아하는 것 같지 않습니다. 그래프가 등장하는 시험 문제에서 어려움을 겪어본 경험이 많아서 그럴까요? 학생들은 그래프 해석을 어려워합니다. 어떤 친구는 그래프만 보면 머리가 굳는 것 같다고 하소연합니다.

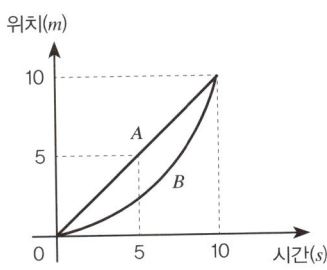

이 그래프는 직선 운동을 하는 어떤 물체의 운동을 기록한 것입니다. 그 래프를 볼 때 가장 먼저 해야 할 일은 그래프의 가로축과 세로축이 어떤 값을 표현하고 있는지를 확인하는 거예요. 가로축은 '시간', 세로축은 '위치'네요. 사용하고 있는 단위는 미터(m)와 초(second)입니다. 그래프에는 두 물체 A와 B가 언제(시간) 어디(위치)에 있었는지가 기록되어 있습니다. 따라서 여러분은 이 그래프에서 물체의 위치가 시간이 흐름에 따라 어떻게 변해왔는지에 대한 정보를 얻을 수 있습니다. 그래프에서 읽어낼 수 있는 정보를 가지고 물체의 운동을 설명해봅시다.

기울기와 운동방향

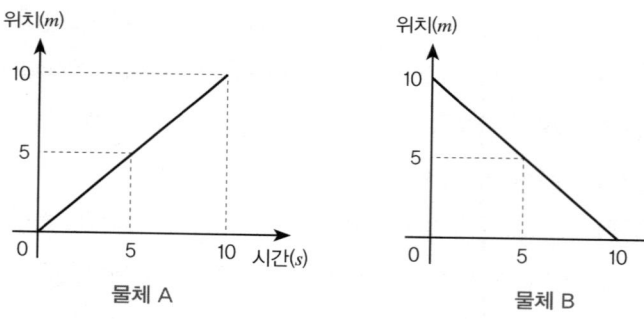

물체 A는 0초일 때 원점(위치가 0인 점)에 있었습니다. 시간이 흐르면 위치가 점점 원점에서 멀어져서 10초가 되면 원점에서 $10m$ 떨어진 곳에 있습니다. 반면에 물체 B는 0초일 때 원점에서 $10m$ 떨어진 곳에 있다가 시간이 흐를수록 원점에 가까워져서 10초가 되면 원점에 도착합니다. 두 물체는 운동방향이 반대입니다. 편의상 A의 운동 방향을 (+)방향, B의 운동 방향을 (−)방향이라고 합시다.

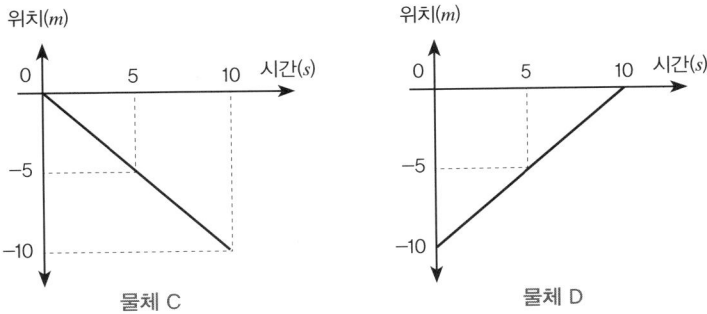

물체 C

물체 D

물체 C와 D의 운동 방향은 어느 방향일까요? C는 시간이 0초일 때 원점에 있다가 5초일 때는 –5m, 10초일 때는 –10m 위치로 이동하는 것으로 보아 (–)방향으로 운동합니다. 반면에 D는 0초일 때 –10m, 5초일 때 –5m, 10초가 되면 원점에 있습니다. 따라서 (+)방향으로 운동합니다.

(+)방향으로 운동하는 물체는 A와 D이고, (–)방향으로 운동하는 물체는 B와 C입니다. 운동 방향이 같은 그래프를 이웃에 배치해봅시다.

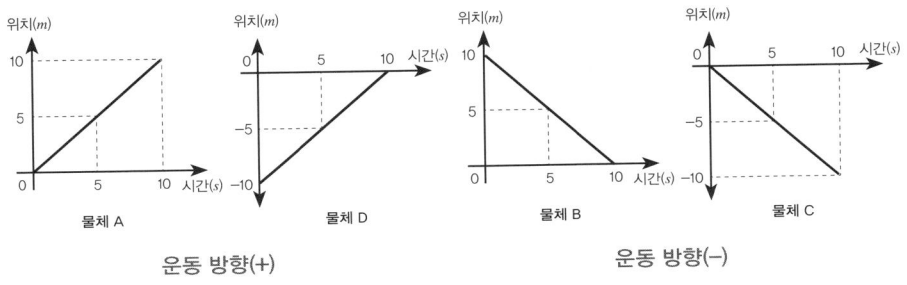

물체 A

물체 D

물체 B

물체 C

운동 방향(+)

운동 방향(–)

그래프가 ↗ 모양이면 (+)방향으로 운동하고, ↘ 모양이면 (–)방향으로 운동하는 것을 알 수 있습니다. 즉, **그래프가 어떤 방향으로 기울어졌는지를 보면 운동 방향을 알 수 있다**는 말이 됩니다.

만약, 그래프가 아래와 같다면, 이 물체는 5초일 때 운동 방향이 (+)방향
에서 (−)방향으로 바뀌었습니다.

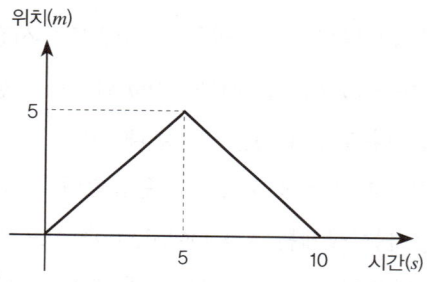

그래프의 $0 \sim 10s$ 구간에서 물체의 '이동 거리'와 '변위'를 구해볼까요? 물
체는 0초에 원점을 출발해서 5초가 되었을 때 (+)방향으로 $5m$ 떨어진 곳
에 있다가 10초가 되면 원점으로 되돌아옵니다. 따라서 10초 동안 총 $10m$
를 움직였으므로 이동 거리는 $10m$입니다. 반면에 물체의 위치는, 10초가 되
었을 때 물체가 원점으로 되돌아왔기 때문에 결과적으로 10초 동안의 위치
변화는 없었습니다. 따라서 변위는 0입니다.

기울기와 빠르기

수학에서 '그래프의 기울기'라는 개념을 배웠을 겁니다.

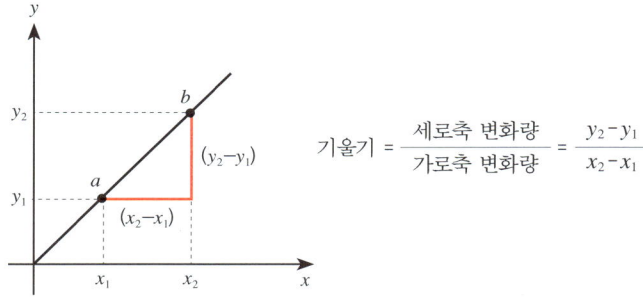

$$기울기 = \frac{세로축\ 변화량}{가로축\ 변화량} = \frac{y_2 - y_1}{x_2 - x_1}$$

그래프 위의 a점과 b점 사이의 기울기는 세로축의 변화량(y_2-y_1)을 가로축의 변화량(x_2-x_1)으로 나눈 값입니다. '기울기'라는 수학적 도구는 두 가지 정보를 표현할 수 있어요.

첫째는 "가로축 값이 변할 때 세로축 값이 얼마나 민감하게 변하는가?"입니다. "기울기가 급하다(↗, ↘)"는 것은 가로축 값이 조금만 변해도 세로축이 많이 변한다는 것을 뜻하지요. 반대로 "기울기가 완만하다(↗, ↘)"는 것은 가로축 값이 변해도 세로축 값의 변화가 상대적으로 크지 않다는 뜻입니다.

두 번째는 "가로축 값이 증가할 때, 세로축 값이 함께 증가(↗)하느냐? 아니면, 오히려 감소(↘)하느냐?"를 표현하는 것입니다.

정리하면, 기울기의 완급(↗, ↘, ↗, ↘)과 부호(↗, ↘)를 통해서 읽어낼 수 있는 정보가 무엇인가에 주목하면 되겠습니다. 이제 기울기 개념을 이용해서 위치-시간 그래프에서 빠르기(속력, 속도)에 대한 정보를 읽어봅시다.

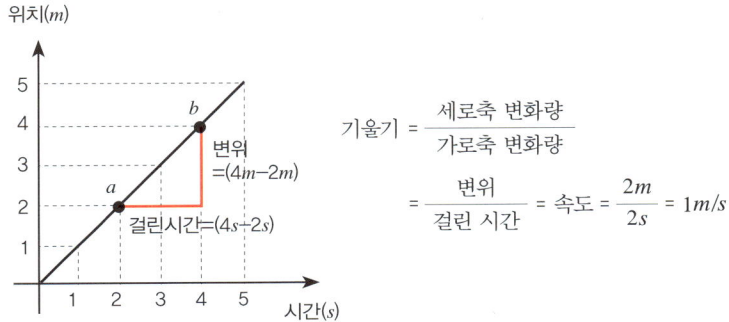

$$기울기 = \frac{세로축\ 변화량}{가로축\ 변화량}$$

$$= \frac{변위}{걸린\ 시간} = 속도 = \frac{2m}{2s} = 1m/s$$

앞 페이지의 그래프에서 기울기를 구해봅시다. 기울기는 '세로축 변화량'을 '가로축 변화량'으로 나눠서 구할 수 있습니다. 위치-시간 그래프에서 세로축이 나타내는 값은 물체의 위치이므로 세로축의 변화량은 위치의 변화량(변위)입니다. 그리고 가로축이 나타내는 값은 시간이므로 가로축의 변화량은 물체가 운동하는 데 걸린 시간이 됩니다. 따라서 위치-시간 그래프에서 기울기 값은 속도(= $\frac{변위}{걸린 시간}$)라는 것을 알 수 있답니다.

위치-시간 그래프에서 그래프의 기울기를 구하면, 운동하는 물체의 속도에 대한 정보를 얻을 수 있는데요. 기울기가 급하다는 것은 위치가 빠르게 변한다(속도가 빠르다)는 의미이고 기울기가 완만하다는 것은 위치가 천천히 변한다(속도가 느리다)는 뜻이죠. 그리고 기울기가 양의 값(↗)이면 위치가 +방향으로 변하고(운동방향이 +방향), 기울기가 음의 값(↘)이면 위치가 −방향으로 변한다(운동방향이 −방향)는 것입니다. 즉, 기울기의 완급(↗, ↘, ↗, ↘)을 보면 속도의 크기(빠르냐, 느리냐)를 알 수 있고, 기울기의 부호(↗ ↘)를 보면 운동 방향(+방향, −방향)을 알 수 있다는 이야기가 됩니다.

이번에는 운동 방향이 변하는 물체의 위치-시간 그래프입니다. 속력과 속도에 대한 정보를 해석해봅시다.

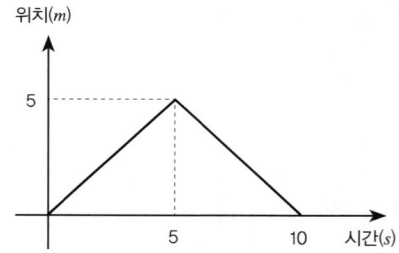

0~5초 구간에서 물체는 (+)방향으로 운동합니다. 속력을 구하면, 5초 동안 5m를 움직였기 때문에 속력은 1m/s입니다. 속도를 구하면, 5초 동안 위

치가 (+)방향으로 5m만큼 변했기 때문에 속도는 1m/s입니다.

반면에, 5~10초 구간에서는 물체가 (-)방향으로 운동합니다. 속력을 구하면, 물체가 어느 방향으로 운동하였든 간에 5m를 움직였으므로 속력은 1m/s로 앞 구간과 동일합니다. 하지만, 이 구간에서 위치는 5초 동안 (-)방향으로 5m만큼 변했기 때문에 속도는 -1m/s입니다.

그렇다면 0~10초 동안의 속력과 속도는 얼마일까요?

10초 동안 물체는 (+)방향으로 5m를 운동한 다음 방향을 바꾸어서 (-)방향으로 5m를 되돌아왔습니다. 결과적으로 10초 동안 10m를 움직인 것이지요. 따라서 속력은 1m/s입니다. 반면에 물체는 10초가 흐른 후 출발한 위치로 돌아왔습니다. 위치가 변하지 않았습니다. 따라서 속도는 0입니다. 그래프에서 0초일 때 물체의 위치와 10초일 때의 위치를 선분으로 이은 다음 기울기를 구해보세요. 기울기는 0입니다. 기울기는 속도를 나타냅니다.

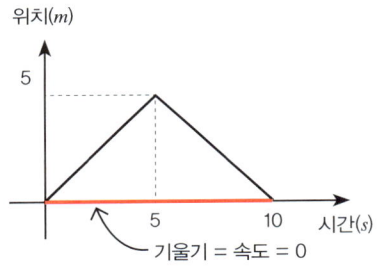

위치-시간 그래프에서 그래프의 **기울기**는 물체의 **속도**이다.

위치-시간 그래프에서 기울기를 구하면 두 가지 정보를 읽어낼 수 있습니다. 기울기의 **완급**(⟋, ⟍, ⟋, ⟍)은 물체의 운동이 "빠르냐? 느리냐?"를 나타내고, 기울기의 **부호**(⟋ ⟍)는 "운동 방향이 (+)방향이냐 (-)방향이냐?"

를 나타냅니다.

속도에는 '운동 방향'에 대한 정보와 '빠르기'에 대한 두 가지 정보가 담겨 있습니다. 위치-시간 그래프의 기울기는 속도를 의미합니다. 기울기의 '부호'에서 '운동 방향'을, 기울기의 '완급'에서 '빠르냐 느리냐'에 대한 정보를 찾아낼 수 있습니다.

그래프라는 낯선 표현 방식을 익히는 가장 좋은 방법은 그래프를 많이 해석해보는 것입니다. 연습이 중요하지요. 아래의 그래프에서 속력과 속도에 대한 정보를 읽어내는 연습을 해보세요.

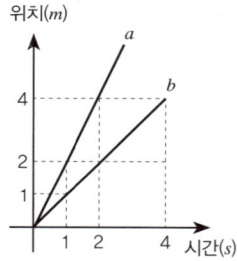

기울기가 급한 a는 빠르고($2m/s$), 기울기가 완만한 b는 느립니다($1m/s$).

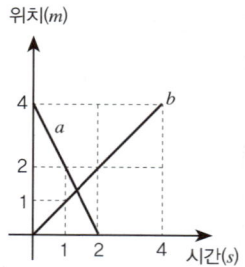

이 그래프에서는 a와 b 중에서 어느 쪽의 속력이 빠른 것일까요? 기울기 값을 구하면 a는 $-2(m/s)$, b는 $1(m/s)$입니다. 1이 -2보다 큰 값이니까 b가 a보다 빠르다고 해야 할까요? 아니지요. a는 0초일 때 $4m$ 위치에 있다가 1초가 지난 후 $2m$ 위치에 있습니다. 따라서 1초 동안 방향이야 어찌 되었든 $2m$를 움직였으므로 속력은 $2m/s$가 되겠네요. 반면에, b는 1초 동안 $1m$를 움직였으므로 속력은 $1m/s$입니다. **기울기의 (+)와 (−)값은 운동 방향을 의미합니다.** a의 속도는 $-2m/s$(1초당 위치가 −방향으로 $2m$씩 변한다)이고, b의 속도는 $1m/s$(1초당 위치가 +방향으로 $1m$씩 변한다)입니다.

운동은 어떻게 측정할까?

사진은 미국의 Vernier社에서 제작한 아이폰/아이패드용 어플리케이션입니다. 만약 농구 선수가 던진 농구공의 운동을 측정하고 싶다면, 일단 스마트폰으로 농구공의 운동을 촬영합니다. 촬영한 운동을 어플리케이션에서 불러온 후 농구공의 위치를 손가락으로 누르기만 하면 화면상에 농구공의 위치가 기록됩니다. 그리고 오른쪽 상단의 그래프 메뉴를 누르면 그래프가 자동으로 그려집니다.

운동 분석 아이폰/아이패드 어플리케이션(Vernier Video Physics)

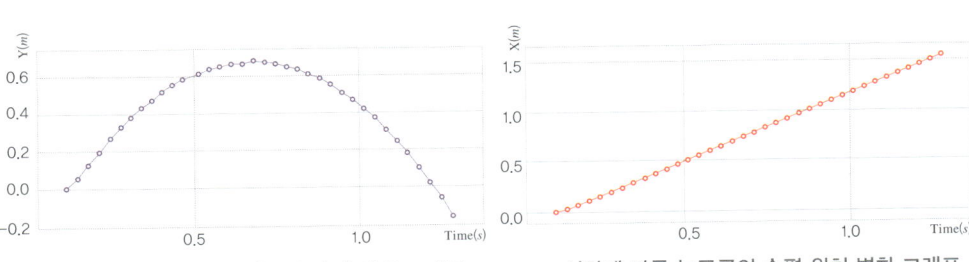

시간에 따른 농구공의 높이(수직 위치) 변화 그래프   시간에 따른 농구공의 수평 위치 변화 그래프

참 쉽죠!! 이쯤 되면 스마트폰은 말 그대로 참 똑똑한 녀석이라고 할 수 있겠네요. 도대체 동영상에는 농구공에 대한 어떤 정보가 저장되어 있기에 간단한 '탭' 몇 번으로 어려운 그래프가 순식간에 그려질까요?

혹시 '플립 북(flip book)'[005] 애니메이션이라고 들어본 적이 있나요? 교과서 모퉁이에 '졸라맨'의 동작을 여러 컷 구분 동작으로 그려 넣은 다음 교과서를 빠르게 넘기면 졸라맨 동영상이 만들어지는데요, 이게 바로 플립 애니메이션입니다. 동영상의 원리는 플립 애니메이션과 같습니다.

동영상은 정지 영상을 아주 빠른 주기로 재생했을 때 잔상 효과에 의해 정지 영상이 매끄럽게 이어져 움직이는 영상으로 보이는 원리를 이용합니다. 동영상의 품질을 나타내는 척도로 사용되는 FPS라는 값은 'Frame Per Second'의 약자입니다. 즉, 1초 동안 정지 영상(frame)이 몇 장이나 화면에 띄워지는가를 나타내는 값이지요. 예를 들어 28fps라고 하면 1초당 28장의 정지 영상이 화면에 나타나고, 한 장당 재생 시간은 1/28초가 됩니다. 즉, 스마트폰으로 농구공의 운동을 촬영하면 1/28초마다 농구공의 위치가 사진으로 기록되는 것이지요. 동영상을 분석할 수 있는 효과적인 도구만 있으면 동영상은 물체의 운동을 기록하는 좋은 도구가 될 수 있습니다.

농구공의 운동을 찍은 화면을 손끝으로 두드릴 때마다 농구공의 수평 위치와 수직 위치가 (x, y)라는 형식으로 기록됩니다. 실제로 이 어플리케이션

---

005 움직임의 한 장면 한 장면을 연속적으로 공통된 규격의 종이에 그리고 그것을 연속적으로 넘겼을 때 그림이 움직이는 것처럼 보이게 하는 애니메이션 기구이다.

을 사용해보면 기준점을 설정하는 작업과 화면상의 두 점 사이가 실제 몇 m인지를 입력해주는 작업이 함께 이루어집니다. 시간에 따른 농구공의 수평 위치와 수직 위치가 기록되고 나면, 위치-시간, 속도-시간, 가속도-시간 그래프는 쉽게 그려집니다. 이처럼 **운동의 기록은, 시간이 흐름에 따라 물체가 어디에 있는지를 기록하는 것**입니다. 빠르기나 가속도는 시간에 따른 위치 변화를 기록한 데이터를 사용해서 계산해낼 수 있습니다.

중학교에서 물체의 운동을 기록하는 방법으로 '시간기록계'를 배웠습니다. 시간기록계에 사용되는 종이테이프를 손톱으로 긁으면 긁힌 부분의 색이 변합니다. 시간기록계의 내부에는 아래위로 진동하면서 바닥을 때리는 진동판이 있는데요, 진동판과 바닥 사이에 종이테이프를 끼우고 시간기록계를 작동시키면 진동판이 종이테이프를 때려서 테이프에 점이 찍히는 거죠. **시간기록계가 물체의 속력을 측정하는 도구로 사용될 수 있는 이유는 진동판이 일정한 시간 간격으로 점을 찍어주기 때문입니다. 점들 사이의 거리는 모두 동일한 시간 동안 움직인 거리이기 때문에 점들 사이의 거리를 비교하면 빠르기를 비교할 수 있습니다.**

시간기록계를 이용한 속력의 측정

종이테이프에 아래 그림과 같은 타점이 찍힌다면 물체는 어떤 운동을 하였을까요?

← 운동 방향

먼저 종이테이프의 왼쪽과 오른쪽 점 중에서 먼저 찍힌 점이 어느 것인지 생각해보세요. 물체가 종이테이프를 매달고 왼쪽으로 움직였으므로 왼쪽의 점이 먼저 찍혔겠죠. 순서를 착각하면 빨라지는 운동을 느려지는 운동으로 해석할 수 있으니 주의하세요. 점들의 간격이 넓어진다는 것은 물체가 점점 빨라진다는 것을 의미합니다. 앞에서 강조했듯이 **점을 찍는 데 걸리는 시간이 일정하니까 점들 사이의 거리는 같은 시간 동안 움직인 거리입니다.**

이번에는 종이테이프를 분석해서 속력 값을 구하는 연습을 해보겠습니다.

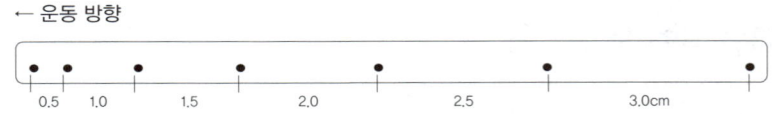

← 운동 방향

0.5 1.0 1.5 2.0 2.5 3.0cm

이 시간기록계를 1초에 10개의 점을 찍어주는 시간기록계라고 가정하겠습니다. 시간기록계는 타점을 찍어주는 작업을 계속 반복합니다. 이렇게 동일한 행동을 반복하는 운동을 '주기운동'이라고 하는데, 주기운동을 설명할 때는 주기와 진동수라는 개념을 사용합니다. '주기'는 동일한 행동을 반복하는 데 걸리는 시간, '진동수'는 1초 동안에 몇 번이나 반복하는지를 의미합니다. 1초 동안에 10개의 점을 찍는 시간기록계이므로 이 시간기록계의 진동수는 10입니다. 그리고 점을 찍고 그 다음 점을 찍는 데 1/10초가 걸리므로 주기는 0.1초입니다. 진동수와 주기 사이의 관계를 보면 서로 역수 관계인 것을 알 수 있어요. 진동수가 크면 주기는 짧습니다. '주기'는 시간을 표현하는 개념이므로 주기의 단위는 [초, second]이고 진동수는 주기와 역수 관계에 있으므로 진동수의 단위는 $[\frac{1}{s}(=s^{-1})]$이 됩니다. $[s^{-1}]$은 [Hz, 헤르츠]라는 단위로 바꾸어서 표시합니다.

　정리하면, 이 시간기록계는 1초에 10개의 점을 찍어주는 10Hz 시간기록계이므로, 점을 찍고 그 다음 점을 찍는 데 1/10초(0.1초)가 걸립니다. 따라서 처음 0.1초 동안에는 0.5cm를 움직였고 그 다음 0.1초 동안에는 1.0cm를 움직였습니다. 이런 식으로 0.1초당 움직인 거리가 점점 길어지므로 물체는 점점 빨라지는 운동이라고 해석할 수 있습니다. 물체의 속력을 다음 식으로 구해봅시다.

$$\text{속력} = \frac{\text{이동 거리}}{\text{걸린 시간}}$$

	첫 번째 타점이 찍힌 시각	두 번째 타점이 찍힌 시각	세 번째 타점이 찍힌 시각				
시간(s)	0	0.1	0.2	0.3	0.4	0.5	0.6
점 사이의 간격(cm) (=이동 거리)		0.5	1.0	1.5	2.0	2.5	3.0	
속력(cm/s)		$\frac{0.5cm}{0.1s}$ $=5cm/s$	10cm/s	15cm/s	20cm/s	25cm/s	30cm/s	

첫 번째 타점(0초)을 찍고
두 번째 타점(0.1초)을 찍는 동안
움직인 거리
= 0.1초 동안 움직인 거리

속력 = 이동 거리/ 걸린 시간

두 번째 타점(0.1초)을 찍고
세 번째 타점(0.2초)을 찍는 동안
움직인 거리
= 0.1초 동안 움직인 거리

이번에는 여러 개의 점을 구간으로 묶어서 거리를 측정하는 경우를 살펴보겠습니다.

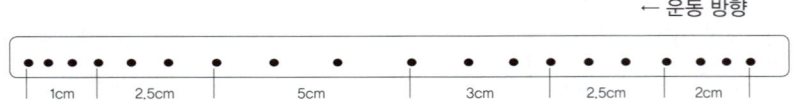

← 운동 방향

여러 개의 점을 하나로 묶어서 분석하는 이유는 무엇일까요? 예를 들어, 이 시간기록계의 진동수가 30Hz라고 합시다. 점과 점 사이의 거리는 1/30초 동안 움직인 거리입니다. 만약 이 운동을 매우 정밀하게 분석하고 싶다면 1/30초 간격으로 찍힌 개별 점들 사이의 거리를 측정해서 속력의 변화를 살펴보면 됩니다. 반대로 물체가 운동한 시간이 길고 정밀한 분석이 필요 없다면 굳이 1/30초 간격으로 많은 수의 데이터를 생산할 필요는 없겠지요? 이 경우에는 3타점[006]을 한 구간으로 묶어서 분석하는 방법을 사용합니다. 그런데 왜 굳이 3타점을 한 구간으로 묶어서 분석할까요? 타점 주기가 1/30초이니까 3타점을 한 구간으로 묶으면 물체가 한 구간을 운동하는 데 걸린 시간이 3/30초(=0.1초)가 됩니다. 나중에 각 구간의 속력을 계산할 때 구간 거리를 걸린 시간으로 나누어야 하는데 나누어주는 시간이 0.1초면 계산이 무척 쉬워집니다. 자릿수만 바꿔주면 되니까요. 만약에 50Hz 시간기록계라면 5타점을 한 구간으로 묶어서 분석하는 것이 편리하겠죠.

---

006 3타점을 한 구간으로 한다는 것은, '3타점을 찍을 동안 이동한 거리'를 '구간 거리'로 설정하고 운동을 분석하겠다는 뜻이다.

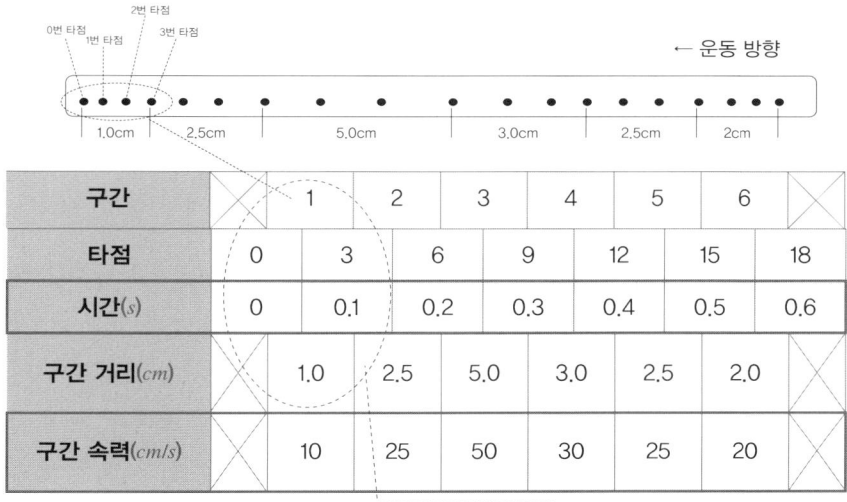

구간		1	2	3	4	5	6	
타점	0	3	6	9	12	15	18	
시간(s)	0	0.1	0.2	0.3	0.4	0.5	0.6	
구간 거리(cm)		1.0	2.5	5.0	3.0	2.5	2.0	
구간 속력(cm/s)		10	25	50	30	25	20	

• 3개의 타점을 찍을 동안 움직인 거리를 1구간의 구간 거리로 측정했습니다.
• 3개의 타점을 찍는 데 $3 \times \frac{1}{30} s (=0.1s)$가 걸렸습니다.

　　표에 기록된 데이터를 그래프라는 형식으로 바꿔서 표현해봅시다. '구간 속력-시간 그래프'를 작성한다고 하면, 표에서 '시간을 기록한 행'과 '구간 속력을 기록한 행'을 가로축과 세로축에 놓고 값들을 대응시켜 그래프에 데이터를 기록하면 됩니다. 결과는 다음과 같습니다.

x축

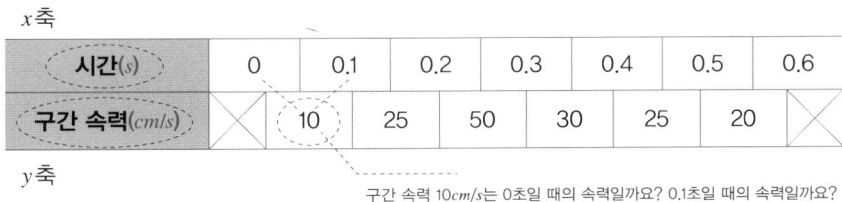

시간(s)	0	0.1	0.2	0.3	0.4	0.5	0.6
구간 속력(cm/s)		10	25	50	30	25	20	

y축

구간 속력 $10cm/s$는 0초일 때의 속력일까요? 0.1초일 때의 속력일까요?

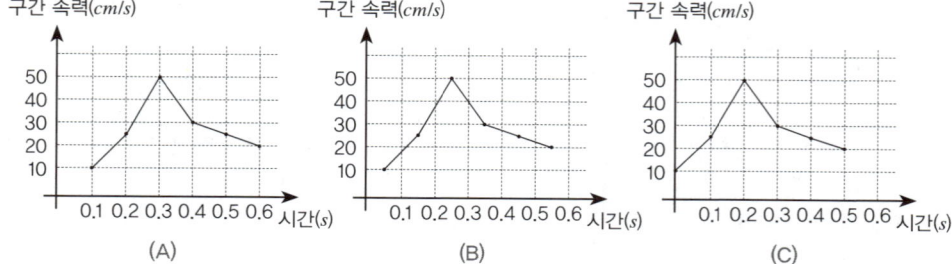

(A)~(C) 그래프 중에서 옳게 작성된 그래프는 어느 것일까요? '구간 속력-시간' 그래프를 그리기 위해서는, 표에서 '시간 값이 기록된 행'과 '구간 속력 값이 기록된 행'에서 서로 대응되는 데이터 쌍을 찾은 후 그래프 위에 점을 찍어야 합니다. 그런데 표를 보면 애매한 문제가 눈에 띕니다. 첫 번째 구간의 속력인 10cm/s는 0초일 때의 속력이라고 해야 할까요? 0.1초일 때의 속력이라고 해야 할까요? **구간 속력은 0~0.1초 구간에서 평균적인 속력 값**[007] **을 의미합니다. 따라서 구간 속력을 0초일 때의 속력, 또는 0.1초일 때의 속력이라고 하면 의미가 왜곡되겠네요.** 그래서 이 경우에는 구간의 대푯값 위에 점을 찍습니다. 0초와 0.1초 구간의 대푯값은 구간의 중앙값인 0.05초입니다. 따라서 옳게 작성된 그래프는 (B)입니다.

이번에는 위의 방법과는 조금 다른 형식으로 속력 값을 구해보겠습니다. 앞에서는 '이동 거리'를 '걸린 시간'으로 나누어서 '1초당 몇 cm를 움직였는지'를 계산하는 방식으로 속력 값을 구했습니다. 단위 시간을 1초로 했을 때의 속력 값을 구한 것이지요. 하지만 앞에서 배웠듯이 단위 시간이 반드

---

007 서울에서 출발한 버스가 경부고속도로를 달려서 부산에 도착한다. 서울에서 부산까지의 거리는 500km이고 총 5시간이 걸렸다면 버스의 속력은 100km/h(속력=이동 거리/걸린 시간)이다. 하지만 서울에서 부산을 가는 동안 항상 속력이 100km/h였던 것은 아니다. 중간에 휴게소에 들르고 톨게이트에서 요금을 내기 위해서 정차하기도 한다. 또는 앞차를 앞지르기 위해서 100km/h보다 더 빠르게 달렸던 적도 있을 것이다. 따라서 100km/h라는 속력은, 버스의 **'평균 속력'**을 의미한다.

시 1초여야 하는 것은 아닙니다. 상황에 따라 속력 값에 대한 단위 시간은 변할 수 있지요. 아래 표를 살펴보세요. 이 표에서 구한 속력 값은 단위 시간이 얼마인가요?

구간		1	2	3	4	5	6
구간 거리(*cm*)		1.0	2.5	5.0	3.0	2.5	2.0
구간 속력(*cm*/구간 또는 *cm*/3타점)		1.0	2.5	5.0	3.0	2.5	2.0

'구간 거리' 값과 '구간 속력' 값이 같은 값입니다. 이 말은 구간 속력의 단위 시간이 '3타점을 찍는 데 걸린 시간(0.1초)'이라는 것을 의미합니다.

빠르기는 단위 시간 동안 물체가 얼마나 움직였는지를 의미합니다. 단위 시간을 1초로 하면, 1초 동안 움직인 거리를 구해서 빠르기[008]를 비교하고, 단위 시간을 1분으로 하면 1분 동안 얼마나 움직였는가를 구해서 빠르기를 비교합니다. 따라서 단위 시간이 얼마인지 알고 싶다면 속력 값이 "얼마의 시간 동안 움직인 거리인지?"를 살펴보면 됩니다.

위의 표에서 '구간 거리' 값과 '구간 속력' 값이 동일하고 구간 속력의 단위는 [*cm*/3타점]입니다. 이 말은 시간기록계가 3타점을 찍는 동안 물체가 움직인 거리를 측정해서 구간 속력 값을 구하겠다는 것을 의미합니다. 따라서 단위 시간은 '3타점을 찍는 데 걸린 시간'이 됩니다. 사용된 시간기록계의 진동수가 30Hz이므로 3타점을 찍는 데는 3/30초(0.1초)가 걸립니다.

학생들은 이런 의문을 가질지도 모르겠습니다. "그냥 익숙하게 사용하는

---

008 단위 시간이 1초가 되면 속력의 단위는 [*m/s*]가 되고, 단위 시간이 1분이 되면 속력의 단위는 [*m/min*]이 된다.

대로 단위 시간을 1초로 하면 될 것을 왜 혼란스럽게 단위 시간을 달리해서 복잡한 상황을 만들어내는 걸까?"

이유는 이렇습니다. 단위 시간을 1초로 할 경우, 속력을 계산하기 위해서는 '구간 거리'를 '걸린 시간'으로 나누어야 하는 계산과정이 필요합니다. 반면에 단위 시간을 '3타점을 찍는 데 걸린 시간(=한 구간을 이동하는 데 걸린 시간)'으로 정해놓으면 '구간 거리' 값을 그대로 속력 값으로 사용할 수 있기 때문에 계산으로 인한 수고를 덜 수 있다는 것이지요. 다만, 단위 시간이 1초인 형식에 익숙해 있는 학생들은 이 방법이 오히려 더 낯설어서 어렵게 느껴질 수도 있을 것 같습니다. 하지만 다양한 방법으로 운동을 기술하는 연습도 중요하기 때문에 이 방법에 익숙해질 필요가 있습니다.

단위 시간을 '3타점을 찍는 데 걸린 시간(= 한 구간을 이동하는데 걸린 시간)'으로 하면, 그래프를 그리는 것도 대단히 쉬워집니다. 그냥 종이테이프를 구간별로 잘라서 수평축을 따라서 나란히 붙여주면 '속력-시간 그래프'가 그려지니까요!

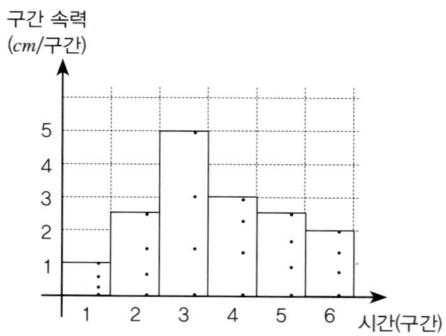

평균 속력과 순간 속력

승용차를 타고 도로를 주행하다 보면 그림과 같은 과속 단속 카메라와 자주 마주치게 됩니다.

과속 단속 카메라가 설치된 도로의 노면을 살펴보면, 카메라가 세워진 곳으로부터 몇 m 앞에 약 1m 간격으로 두 줄의 홈이 도로를 가로질러 나란하게 새겨진 것을 발견할 수 있습니다.

A홈 ←→ B홈
A와 B사이의 거리

두 개의 홈에는 압력을 감지하는 센서가 내장되어 있어서 자동차 바퀴가 A홈을 밟으면 제어부에는 자동차가 A홈을 통과한 시각이 기록되고, 잇달아 바퀴가 B홈을 밟으면 B홈을 통과한 시각이 기록됩니다. 자동차의 속력이 빠를수록 두 홈 사이를 통과하는 데 걸리는 시간이 짧을 것입니다. 제어부에는 도로에서 허용된 최대 속력으로 달릴 경우 두 홈을 통과하는 데 몇 초가 걸리는지에 대한 데이터가 저장되어 있습니다. 도로에서 허용된 통과 시간과 자동차의 통과 시간을 비교해서 허용된 시간보다 짧은 경우 단속 카메라가 작동해서 자동차의 번호판을 촬영합니다. 그리고 다음의 식에 따라 자동차의 속력이 계산되어 규정 속도를 넘긴 경우 과속 범칙금이 부과됩니다.

$$\text{자동차의 속력} = \frac{\text{A홈과 B홈 사이의 거리}}{\text{B홈을 통과한 시각} - \text{A홈을 통과한 시각}}$$

과속 단속 카메라는 과속에 의한 교통사고를 예방하는 데 대단히 중요한 역할을 합니다. 하지만 많은 운전자들이 과속 단속 카메라 앞에서만 속도를 줄이고 카메라가 없는 곳에서는 규정 속도를 지키지 않는 것을 막을 수는 없었습니다. 그래서 고안된 새로운 과속 단속 방법이 '구간 단속'입니다.

경찰청에서는 도로의 주행 환경을 고려하여 과속이 특히 위험한 구간을 '구간 단속' 구간으로 정해서 해당 구간을 통과하는 모든 차량의 번호판을 촬영하고 구간을 통과하는 데 걸린 시간을 측정합니다.

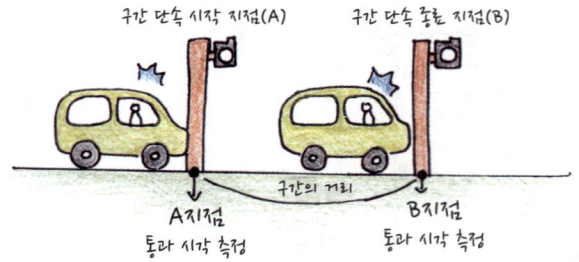

구간 단속이 시작되는 지점을 통과한 시각과 종료 지점을 통과한 시각을 측정해서, 구간을 통과하는 데 걸린 시간을 계산합니다. 계산 결과 단속 구간을 통과하는 데 걸린 시간이 허용된 시간보다 짧은 차량은 과속 범칙금이 부과됩니다.

보통 '구간 단속' 구간의 길이는 수 km 가량 됩니다. 반면에 일반적인 과속 단속 카메라에서 차량의 통과를 감지하는 홈의 간격은 $1m$ 정도로 짧습니다. 그래서 홈 사이를 통과하는 데 걸리는 시간은 대단히 짧습니다. 만약,

구간 단속 카메라에 의해 측정된 속력이 $100km/h$라고 합시다. 이 차는 단속 구간을 통과하는 동안 $100km/h$라는 일정한 속력으로 주행하였을까요? 그것까지는 알 수가 없습니다. 이 속력으로 알 수 있는 정보는, 자동차가 평균 $100km/h$의 속력으로 주행했다는 사실입니다. 매 순간 자동차의 속력이 얼마였는지에 대한 정보는 알 수가 없지요.

반면에 일반적인 과속 단속 카메라는 차량의 속력을 측정하는 구간이 대단히 짧기 때문에 카메라 앞을 통과하는 순간의 속력이 얼마였는지 알려줍니다.

이처럼 운동하는 데 걸린 시간이 상대적으로 길 경우, 측정된 속력은 '**평균 속력**'의 의미를 가집니다. 반면에 상대적으로 시간 간격이 짧을 경우에는 '**순간 속력**'의 의미를 가집니다. 평균 속력과 순간 속력을 구분하는 절대적인 기준은 없답니다. 상황에 따라 가변적입니다.

이번에는 '위치-시간 그래프'에서 평균 속도와 순간 속도에 대한 정보를 찾아내는 방법을 알아보겠습니다. 앞에서 우리는 위치-시간 그래프에서의 '기울기' 값이 '속도'임을 배웠습니다.

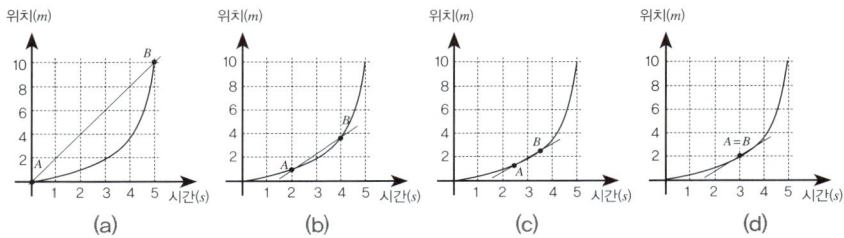

그래프 (a)에서 A점과 B점을 이은 선분의 기울기는, AB 구간에서의 평균 속도입니다. 그래프 (b), (c), (d)로 갈수록 구간의 시간 간격은 점점 짧아지고, A점과 B점을 이은 선분의 기울기는 접선의 기울기가 되는 것을 알 수

있습니다. 결과적으로 3초일 때의 접선의 기울기는 3초일 때의 순간 속도가
됩니다.

이것만은
꼭!!

위치-시간 그래프에서
그래프상의 두 점을 이은 '**선분의 기울기**'는 '**평균 속도**'이고, 그래프상의
한 점에서 그은 '**접선의 기울기**'는 '**순간 속도**'이다.

힘의 작용과 속도의 변화

물체에 힘이 작용하면 물체의 운동은 어떤 변화를 일으킬까요? 물체에
힘이 작용하는 상황은 다음과 같습니다.

• 운동하는 방향과 같은 방향으로 힘이 작용할 경우

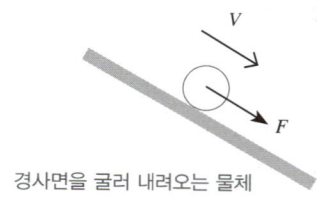

경사면을 굴러 내려오는 물체

• 운동하는 방향과 반대 방향으로 힘이 작용할 경우

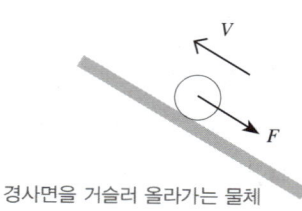

경사면을 거슬러 올라가는 물체

• 운동하는 방향과 힘이 작용하는 방향이 나란하지 않은 경우

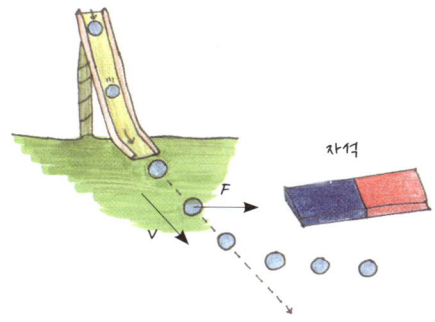

　　운동하는 방향과 같은 방향으로 힘이 작용하면 물체가 빨라지고, 반대 방향으로 힘이 작용하면 느려집니다. 운동하는 방향과 같은 방향으로 힘이 작용할 경우 운동 방향은 변하지 않지만, 운동하는 방향과 반대 방향으로 힘이 작용하면 물체는 점점 느려지다가 결국에는 반대 방향으로 운동합니다. 운동하는 방향과 힘이 작용하는 방향이 나란하지 않은 경우에는 힘이 작용하는 쪽으로 물체의 운동 방향[009]이 틀어집니다. 힘의 작용이 물체의 운동에 끼치는 영향은 다음과 같이 정리할 수 있습니다.

"물체에 힘이 작용하면 속력과 운동 방향이 변한다."[010]

　　위의 표현에서 '속력'과 '운동 방향'을 한 단어로 바꾼다면 어떤 단어가 적당할까요? '빠르냐? 느리냐?'와 '운동 방향'에 대한 정보를 모두 담고 있는 개념이 필요하겠지요? 바로 '속도'입니다. 따라서 위의 문장은 다음과 같이 고쳐 쓸 수 있습니다.

009　운동 방향과 힘의 방향이 수직하면 운동 방향만 변한다(ex, 등속원운동). 운동 방향과 힘의 방향이 비스듬하면 운동 방향과 함께 속력도 변한다.
010　속력만 변하는 경우, 운동 방향만 변하는 경우, 속력과 운동 방향이 모두 변하는 경우 가능.

운동하는 물체에 힘이 작용하면 물체의 **속도**가 변한다.

힘이 작용하면, 물체는 빨라지기도 하고 느려지기도 하며 운동 방향이 바뀌기도 합니다. 속력과 운동 방향이 동시에 변하기도 합니다. 이것뿐일까요? 큰 힘이 작용하면 물체의 속도는 빠르게 변하고, 작은 크기의 힘이 작용하면 속도는 천천히 변합니다.

 즉, 힘이 작용하면, 힘의 방향과 크기에 따라 속도의 변화는 다양한 양상으로 일어납니다. 따라서 힘의 작용으로 인한 운동 상태의 변화를 설명하기 위해서는 다음의 세 가지 내용을 설명할 수 있는 개념이 필요합니다.

- 운동 방향이 어느 방향으로 변하는지?
- 운동이 빨라지는지? 느려지는지?
- 빠르기가 천천히 변하는지? 느리게 변하는지?

우리가 지금부터 배울 '**가속도**'라는 개념은, 이 세 가지 정보를 모두 담고 있는 개념입니다.

가속도

우리는 '가속도'라는 표현을 일상생활에서 종종 사용합니다. 이를 테면, "엄마, 나 요즘 물리 공부에 가속도가 붙었어요!"라거나 "자전거를 타고 언덕을 내려가는데 가속도가 붙어 점점 빨라지는 거예요. 얼마나 아찔하던지!"라고 말하기도 합니다.

'음, 그렇다면 가속도는 속도가 빨라진다는 뜻이로군!'

아마 이렇게 생각하는 친구도 있을 겁니다. 사전은 이 단어를 어떻게 정의하고 있는지 한번 살펴볼까요?

가속도(加速度)

1) 일의 진행에 따라 점점 더해지는 속도. 또는 그렇게 변하는 속도

2) 『물리』 단위 시간에 대한 속도의 변화율

일상생활에서 가속도라는 단어가 일의 진행이 점점 빨라지는 상황에서 사용되는데다가 가속도의 한자 첫 글자가 '더할 가(加)'자인 점 때문에 물체가 가속되는 상황이라고 하면 운동이 빨라지는 상황만을 떠올리는 학생들이 많습니다. 그래서 어떤 학생은 운동이 느려지는 경우에는 감속도(減速度)라고 말해야 하는 것 아닌가 고민하더라고요. 이처럼 일상생활에서 사용하는 의미와 과학에서 사용하는 의미가 달라서 학생들이 물리 개념을 오해하는 일이 종종 벌어집니다.

물리에서 **'물체가 가속된다', '가속도를 가진다'는 말의 의미는 물체의 '속도가 변한다'는 뜻입니다. 그래서 빨라지거나 느려지는 상황 외에도 속력에는 변화가 없지만 운동 방향이 변하는 경우에도 물체는 가속되었다고 이야기합니다.**

위에서 확인하듯 '가속도'란 시간의 흐름에 따른 속도의 변화를 비교하기 위한 개념입니다. 정해진 시간 동안 속도가 얼마나 변하는지를 비교해서 속도가 빠르게 변하는지, 느리게 변하는지를 비교하는 것이지요. 만약, 10초 동안에 속도가 $10m/s$만큼 변한 경우와 4초 동안에 $8m/s$만큼 변한 경우가 있다면, 어느 쪽의 속도가 빠르게 변한 것일까요?

앞에서 우리는 누가 더 빠르게 운동하는지 알고 싶을 때, '이동 거리'를 '걸린 시간'으로 나눈 값을 구해서 비교하는 방법을 사용했습니다. 이동 거리를 시간(시간 단위가 '초'라면)으로 나누면 1초당 몇 m를 움직였는지 알 수 있으니까 이 값을 비교하면 누가 빠른지 쉽게 알 수 있습니다.

동일한 방법으로 누구의 속도가 빠르게 변하는지를 비교해봅시다. '속도의 변화량'을 '걸린 시간'으로 나누어주면 1초당 속도가 몇 m/s나 변했는지 알 수 있고 이 값을 비교하면 누구의 속도가 더 빠르게 변하는지 알 수 있습니다.

개념 비교	속도	가속도
알고 싶은 내용	누가 빠른지? 느린지? 누구의 '위치'가 더 빨리 변하는지?	누구의 '속도'가 더 빠르게 변하는지?
방법	'위치의 변화량'을 '걸린 시간'으로 나눈다. 1초당 위치가 얼마나 변했는지 비교한다.	'속도의 변화량'을 '걸린 시간'으로 나눈다. 1초당 속도가 얼마나 변했는지를 비교한다.
구하는 식	속도 = $\dfrac{변위}{걸린 시간}$ = $\dfrac{나중 위치-처음 위치}{걸린 시간}$	가속도 = $\dfrac{속도의 변화량}{걸린 시간}$ = $\dfrac{나중 속도-처음 속도}{걸린 시간}$
단위	m/s, km/h, km/min	m/s^2, km/h^2, km/min^2

이것만은 꼭!!

가속도는 '**단위 시간당 속도의 변화량**'이다.

$$가속도 = \frac{속도의 변화량}{걸린 시간} = \frac{나중 속도 - 처음 속도}{걸린 시간}$$

즉, 가속도는 1초당 속도가 얼마나 변하는가를 나타내는 값입니다. **가속도가 크면 동일한 시간 동안 속도가 많이 변하고 가속도가 작으면 속도가 적게 변하는 것이지요.** 자동차에 관심이 많은 학생이라면 자동차의 가속 능력을 평가하는 기준으로 많이 활용되는 '제로백'이라는 용어를 알 거예요. 원래는 영어로 'zero to 100'인데 영어와 한국말을 섞어서 제로백이라고 부른답니다. 미국에서는 차량이 출발해서 시속 100마일의 속력에 도달하는 데 걸리는 시간을 의미하지만 우리나라에서는 시속 $100km$에 도달하는 데 걸리는 시간을 의미합니다. 제로백 시간이 짧을수록 가속 능력이 뛰어난 자동차로 불린답니다. 유명한 외국 스포츠카의 경우 제로백이 5초 대에 이르기도 합니다. 우리나라에서 생산한 차들의 제로백 시간은 10초 정도인 것으로 알고 있습니다. 제로백 시간이 짧다는 것은 속력이 0에서 $100km/h$까지 변하는 데 걸리는 시간이 짧다는 뜻입니다. 즉, 짧은 시간 동안에 속력이 크게 변한다는 뜻이지요.

하지만 물체가 가속되는 상황이 운동이 빨라지고 느려지는 경우만을 의미하는 것은 아닙니다. 회전목마와 같이 일정한 속력으로 운동하지만 운동 방향이 수시로 바뀌는 경우도 속도가 변하는 상황, 가속되는 상황입니다. 즉, **물체의 속도**(운동 방향, 속력)**가 변하는 상황이 물체가 가속되는 상황, 가속도를 가지는 상황**입니다.

그래프 해석 : 힘의 작용과 속도 변화

지금부터는 그래프 해석을 통해 운동하는 물체에 작용하는 힘에 대한 정보들을 찾아보겠습니다. 몇 번 연습하면 잘할 수 있을 거예요. 그림은 직선 운동을 하는 물체의 시간에 따른 위치를 기록한 그래프입니다.

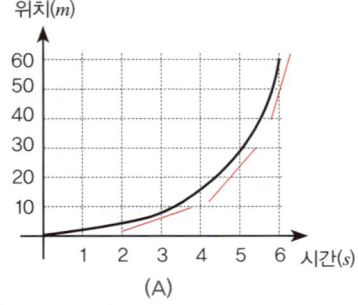
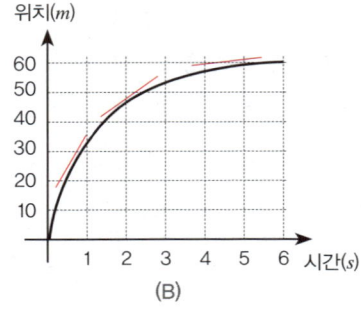

여러분은 앞에서 위치-시간 그래프의 기울기가 의미하는 것이 '**속도**'라는 것을 배웠습니다. 기울기가 '급하냐, 완만하냐'는 물체가 '빠르냐, 느리냐'를 의미하고 기울기가 '양의 값이냐, 음의 값이냐'는 운동 방향을 의미한다고 했죠. '접선의 기울기'는 특정 시각의 '순간 속도'를 의미한다고 배웠지요. (A)그래프를 보면 시간이 흐를수록 접선의 기울기가 증가하는 것을 알 수 있어요. 그리고 기울기는 양의 값을 가집니다. 따라서 이 물체는 양의 방향으로 운동하면서 시간이 흐를수록 점점 빨라지고 있네요. 반면에 (B)그래프의 기울기는 양의 값을 가지긴 하지만 시간이 지날수록 완만해지고 있습니다. 따라서 물체는 양의 방향으로 운동하면서 점점 느려지는 운동을 합니다. 그래프에서 기울기 변화에 대한 정보만 잘 읽어내도 물체의 속도 변화를 쉽게 해석할 수 있답니다. 이제 그래프 해석으로 알아낸 속도 변화에 대한 정보들을 가지고 물체에 작용한 힘에 대한 정보를 읽어봅시다.

　(A)그래프에서는 물체가 점점 빨라졌습니다. 직선 운동을 하고 있는 물체가 점점 빨라졌다면 물체에 작용하는 힘의 방향은 어느 방향일까요? **물체가 빨라졌다는 것은 운동하는 방향과 같은 방향으로 힘이 작용했다는 것을 의미합니다. 반면 (B)에서는 물체가 느려졌습니다. 직선 운동을 하는 물체가 느려졌다는 것은 운동하는 방향과 반대 방향으로 방해하는 힘이 있다는 것이지요.** 이

처럼 속도의 변화를 알면 운동 방향과 힘의 방향 사이의 관계를 쉽게 알아 낼 수 있습니다.

이것만은 꼭!!

운동 방향과 힘의 방향이 일치하면 물체의 속도는 증가한다.
운동 방향과 힘의 방향이 반대 방향이면 물체의 속도는 감소한다.

하지만 위의 그래프에서 찾아낼 수 있는 힘에 대한 정보는 제한적입니다. 힘의 크기를 추론할 수 있는 단서가 부족합니다. 힘의 크기 변화에 대한 단서를 찾아내려면 속도-시간 그래프를 해석할 수 있어야 합니다.

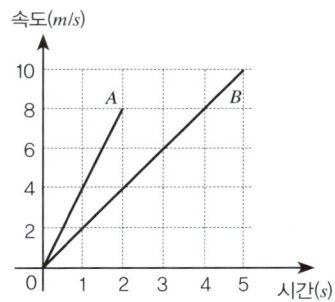

물체 A와 B는 직선 운동을 하고 있습니다. 그래프를 보면 두 물체의 속도 값이 양(+)의 값을 가지므로 운동 방향은 양(+)의 방향입니다. 그리고 두 물체 모두 시간이 지날수록 속도가 빨라집니다. 두 물체 중에서 속도가 빠르게 변하는 것은 어느 것인가요?

앞에서 배운 대로 가속도를 구해봅시다. 속도의 변화량을 걸린 시간으로 나누어보면 되겠네요. A는 0초부터 2초까지의 운동이 기록되어 있는데, 2초 동안 속도가 8m/s만큼 변했습니다. 따라서 A의 가속도는 4m/s^2($a_A = \dfrac{8m/s}{2s} = 4m/s^2$) 입니다. 반면에 B는 0초부터 5초까지 5초 동안 속도가 10m/s만큼 변했습니다. 따라서 B의 가속도는 2m/s^2($a_B = \dfrac{10m/s}{5s} = 2m/s^2$)입니다. A의 가속도가 B보다 두 배 큽니다. 이 말은 동일한 시간 동안 A의 속도가 B보다 두 배 크게 변한다는 뜻입니다.

그래프를 읽고 가속도를 구하는 과정에서, 눈치가 빠른 학생은 위치-시간 그래프 해석을 배울 때와 비슷한 상황이 연출되고 있다는 것을 알 수 있을 거예요. 그래프를 해석할 때 유용하게 사용할 수 있는 도구가 있죠. 바로 '기울기'를 구해보는 것입니다. **기울기라는 것은 가로축 값에 대한 세로축 값의 변화율을 살펴보는 도구입니다. 가로축 값이 변할 때 세로축 값이 얼마나 많이 변하는지, 적게 변하는지를 비교하는 도구라는 것이지요.** 아래 그래프에서 기울기를 구해봅시다.

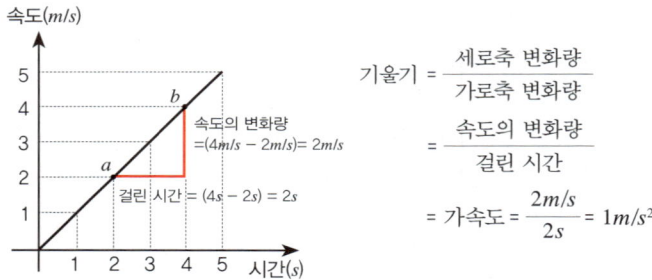

속도-시간 그래프에서 기울기 값을 구하면, 기울기를 구하는 식이 가속도를 구하는 식과 동일함을 알 수 있습니다. 기울기를 비교하면 속도가 빠르게 변하는지 천천히 변하는지를 비교할 수 있습니다. 그리고 속도의 변화에 대한 단서들을 가지고 힘의 작용에 대한 여러 가지 정보들을 추론할 수 있답니다. "기울기가 급하군. 속도가 빠르게 변한다는 뜻이겠지. 그러니까, 큰 힘이 작용했구나!!" 이런 식으로 말이죠.

이번에는 그래프에서 조금 더 다양한 정보들을 찾아봅시다. 이 그래프는 평면 위에서 직선 운동을 하는 A~C 세 물체의 속도를 기록한 것입니다.

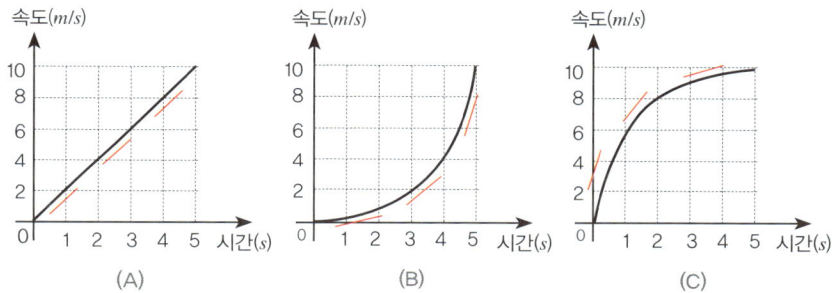

A, B, C 모두 0초일 때 운동을 시작해서 5초가 되면 속도가 $10m/s$가 되었습니다. 그리고 속도 값이 5초 동안 양(+)의 값을 가지므로 운동 방향은 세 물체 모두 양(+)의 방향이고 운동 방향이 바뀐 적은 없습니다.

A는 그래프의 기울기가 일정합니다. 이 말은 5초 동안 가속도가 일정했다는 뜻입니다. 그래프를 1초 간격으로 분석해보면, 매 초마다 속도가 $1m/s$씩 증가하고 있다는 것을 알 수 있죠. 보통 이런 운동을 "속도가 일정한 비율로 변한다", "가속도가 일정하다"라고 설명하고 '등가속도 운동'이라고 부릅니다.

반면에 B의 그래프에서 기울기는 점점 급해집니다. 이 말은 시간이 흐를수록 가속도가 증가했다는 뜻입니다. 그래프를 1초 간격으로 분석해보면, 매 초 속도가 증가하는 폭이 증가하고 있음을 알 수 있습니다. 처음에는 천천히 가속되다가(속도가 천천히 증가) 시간이 흐를수록 빠르게 가속된다고(속도가 빠르게 증가) 설명할 수 있지요.

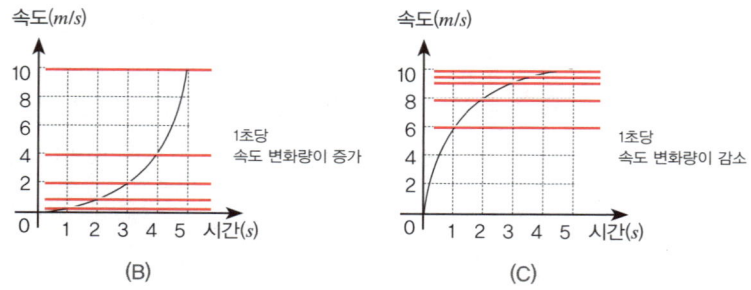

(B)　　　　　　　　　　　　(C)

　　마지막으로 C의 그래프에서 기울기는 점점 완만해집니다. 이 말은 시간이 흐를수록 가속도가 감소했다는 뜻입니다. 그래프를 1초 간격으로 분석해보면, 매 초 속도가 증가하는 폭이 감소하고 있음을 알 수 있습니다. 처음에는 빠르게 가속되다가(속도가 빠르게 증가) 시간이 흐를수록 천천히 가속된다고(속도가 느리게 증가) 설명할 수 있습니다.

　　그래프 해석을 통해서 세 물체의 속도 변화에 대한 다양한 정보들을 찾았습니다. 이제 찾아낸 단서들을 이용해서 세 물체에 작용한 힘의 정보들을 추론해봅시다.

　　힘에 대한 정보는, '힘이 작용하는 방향'과 '크기'로 나누어서 생각할 수 있습니다. 힘의 방향에 대한 정보는, 물체가 빨라지는지 느려지는지를 살펴보면 됩니다. 빨라진다면 운동 방향과 힘의 방향이 일치하고, 느려진다면 운동 방향과 힘의 방향이 반대 반향이라고 설명할 수 있겠지요.[011] 달리기를 하는데 누가 등 뒤에서 달리는 방향으로 밀어주는 경우와 반대 방향으로 잡아당기는 경우를 생각해보면 쉽게 이해될 거예요.
　　힘의 크기에 대한 정보는 물체의 속도가 빠르게 변했는지, 천천히 변했는지에

011　A, B, C가 모두 직선 운동이라는 문제 상황에서만 성립.

대한 정보를 찾아보면 됩니다. 물체에 작용하는 힘이 클수록 물체의 속도가 빠르게 변합니다. 달리기를 하는데 누군가가 등 뒤에서 달리는 방향으로 밀어준다고 생각해보세요. 그런데 점점 세게 밀어준다면 속도는 갈수록 빠르게 증가하겠죠. 찾아낸 단서들로 추론할 수 있는 힘에 대한 정보는 다음과 같습니다.

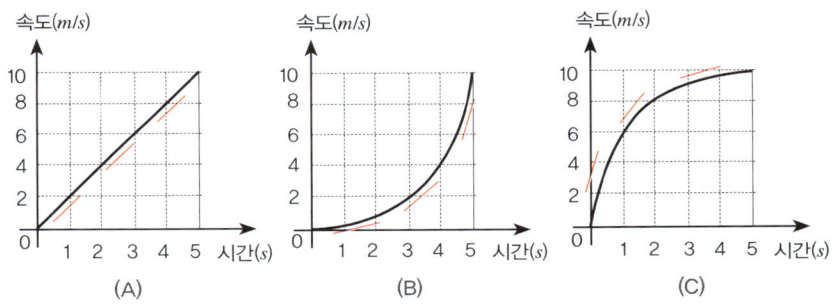

	A	B	C
단서 1	속도가 증가한다. 운동 방향은 양(+)의 방향이다.	속도가 증가한다. 운동 방향은 양(+)의 방향이다.	속도가 증가한다. 운동 방향은 양(+)의 방향이다.
추론 1	속도가 증가하므로 운동하는 방향과 힘의 방향이 동일하다. 따라서 힘은 양(+)의 방향으로 작용한다.	속도가 증가하므로 운동하는 방향과 힘의 방향이 동일하다. 따라서 힘은 양(+)의 방향으로 작용한다.	속도가 증가하므로 운동하는 방향과 힘의 방향이 동일하다. 따라서 힘은 양(+)의 방향으로 작용한다.
단서 2	가속도가 일정하다.	가속도가 증가한다.	가속도가 감소한다.
추론 2	물체의 운동을 도와주는 힘의 크기가 일정하게 유지된다.	물체의 운동을 도와주는 힘의 크기가 증가해서 물체가 점점 빨리 가속된다(속도가 빠르게 증가한다. 가속도가 증가한다).	물체의 운동을 도와주는 힘의 크기가 감소해서 물체가 점점 천천히 가속된다(속도가 천천히 증가한다. 가속도가 감소한다).

이번에는 좀 어렵습니다. 하지만, 필요한 단서들을 하나씩 찾다보면 힘에 대한 정보들이 눈에 보이기 시작할 거예요.

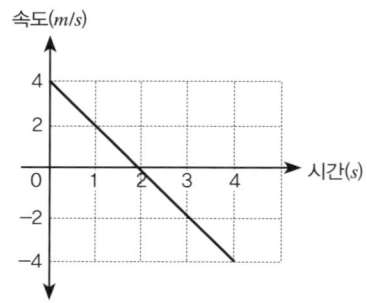

운동 방향에 대한 단서는 속도 값의 부호에서 찾아야 합니다. 속도 값이 양(+)의 값이면 운동 방향은 양(+)의 방향입니다. 반대로 속도 값이 음의 값이면 운동 방향은 음(−)의 방향입니다. 속도가 빠른지 느린지는 속도 값의 크기에서 단서를 찾을 수 있습니다.

물체는 0초일 때 속도가 $4m/s$였는데 점점 감소해서 2초일 때는 속도가 0이 되었습니다. 순간적으로 멈췄다는 뜻이지요. 2초가 넘어서면서 속도 값이 음(−)의 값이 되어 4초가 되면 $-4m/s$입니다. 정리하면, 물체는 양의 방향으로 운동하다가 점점 느려져서 2초에서 운동 방향이 음의 방향으로 바뀐후 점점 빨라지는 운동을 했습니다.

지금까지 찾아낸 운동 방향과 속도의 변화에 대한 단서들을 가지고 물체에 작용한 힘에 대한 정보들을 추론해봅시다.

물체는 0초부터 2초까지는 점점 느려졌습니다. 운동 방향은 속도 값이 양(+)의 값이므로 양의 방향입니다. 따라서 어떤 힘이 운동 방향의 반대 방향으로 방해하고 있다고 해석할 수 있습니다. 따라서 이 구간에서 힘은 음

(-)의 방향으로 작용했다고 설명할 수 있습니다. 2초에서 4초 구간에서 물체의 속도 값이 (-)이므로 운동 방향은 음의 방향입니다. 그런데 물체의 속도는 점점 빨라졌습니다. 따라서 이 구간에서는 운동 방향과 같은 방향으로 도와주는 힘이 작용했다는 것을 알 수 있습니다. 힘의 방향은 운동 방향과 같은 음(-)의 방향입니다. 종합하면, 물체에는 0초부터 4초까지 음(-)의 방향으로만 힘이 작용했습니다. 0초부터 2초까지는 물체가 양의 방향으로 운동하고 있었기 때문에 힘이 운동을 방해해서 속도가 느려져서 2초가 되었을 때 물체는 순간적으로 멈췄다가 2초 이후부터는 운동 방향이 음(-)으로 바뀌면서 속도가 점점 빨라졌습니다.

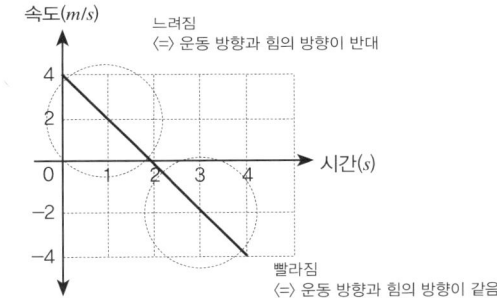

이번에는 그래프에서 기울기를 구해서 물체에 작용하는 힘에 대한 정보를 추론해봅시다.

$$기울기 = 가속도 = \frac{나중\ 속도 - 처음\ 속도}{걸린\ 시간} = \frac{(-4m/s) - 4m/s}{4s} = -2m/s^2$$

가속도는 $-2m/s^2$입니다. 가속도에 붙은 (-)부호는 어떤 의미일까요? 가속도의 부호는 물체가 어느 방향으로 가속되고 있는지를 의미합니다. 쉽게 풀어쓰면, 물체에 힘이 어느 방향으로 작용하고 있는지를 나타냅니다. 여기에서 주의해야 할 것은, 가속도가 $-2m/s^2$라고 해서 속도가 $2m/s$씩 감소한다고 해석하면 안된다는 거예요. 왜냐하면 운동 방향을 고려해야 하기 때문입니다. 운동하는 방향과 힘이 작용하는 방향이 같은 방향이면 물체는 빨라지고 반대 방향이면 느려지잖아요? 가속도가 $-2m/s^2$일 경우 힘이 음(-)의 방향으로 작용하고 있다는 뜻이고, 만약 물체가 음의 방향으로 운동하고 있다면 매 초 속력이 $2m/s$씩 증가하겠지만, 반대로 물체가 양의 방향으로 운동하고 있다면 속력은 매 초 $2m/s$씩 감소합니다.

그래프에서 기울기는 4초 동안 일정한 값을 가집니다. 이 말은 매 초 속도가 변하는 양이 일정하다는 뜻이지요. 즉, 작용하는 힘의 크기가 일정하다고 해석할 수 있습니다.

지금까지 배운 내용을 정리하면 이렇습니다.

이것만은 꼭!!

속도-시간 그래프에서 그래프의 **기울기**는 '**가속도**'이다.

속도-시간 그래프에서 기울기를 구하면 두 가지 정보를 읽어낼 수 있습니다. 기울기의 **완급**(╱, ╲, ╱, ╲)은 "물체가 빠르게 가속되느냐(가속도가 크냐, 큰 힘이 작용했느냐)? 천천히 가속되느냐(가속도가 작으냐, 작은 힘이 작용했느냐)?"를 나타내고, 기울기의 **부호**(╱, ╲)는 "힘의 방향이 (+)방향이냐 (-)방향이냐?"를 나타냅니다.

속도-시간 그래프에서 기울기를 구하면 가속도를 구할 수 있습니다. 가속도는 '힘의 방향'과 '힘의 크기'를 해석할 수 있는 단서를 제공합니다. 기울기의 '부호'에서 '힘의 방향'을, 기울기의 완급에서 '힘의 크기'에 대한 정보를 해석할 수 있습니다.

마지막으로 다음의 그래프를 해석하는 것으로 속도-시간 그래프를 해석하는 공부를 마무리하겠습니다.

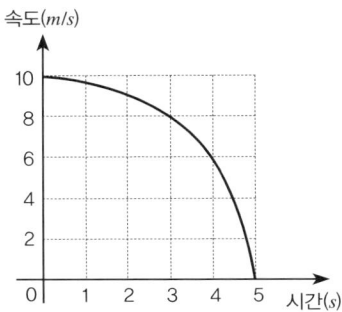

물체는 0초에서의 속도가 $10m/s$였다가 점점 감소하고 5초가 되면 속도가 0이 되었습니다. 하지만 물체의 속도 값은 5초 동안 계속 양(+)의 값이었으므로 운동 방향은 양(+)의 방향이었습니다. 정리하면, 물체는 양의 방향으로 운동하면서 점점 속도가 느려져서 5초가 되자 멈췄습니다.

이번에는 기울기를 구해서 힘의 방향과 크기 변화를 설명해봅시다. 그래프에서 힘의 방향은 기울기의 부호로, 힘의 크기는 기울기의 완급에서 단서를 찾을 수 있다고 했습니다.

기울기의 부호를 살펴보면, 0초부터 5초까지 줄곧 음(-)의 값을 가집니다. 따라서 물체에는 음의 방향으로 힘이 작용하고 있음을 알 수 있습니다. 그래서 운동 방향이 양의 방향인 이 물체는 힘의 방해를 받아서 속도가 느려졌던 것이지요.

기울기의 완급을 살펴보면, 기울기가 시간이 흐를수록 급해집니다. 이 말은 시간이 지날수록 물체가 점점 빠르게 가속된다는 것을 뜻합니다. 즉, 작용하는 힘의 크기가 점점 증가했다는 것을 알 수 있습니다.

지금까지 우리는 물체의 운동을 온전하게 설명하는 데 필요한 개념들을 공부했습니다. 물체의 운동을 온전하게 설명하기 위해서는 다음의 질문들에 답할 수 있어야 합니다.

- 물체가 어디에 있는지(위치)?
- 물체의 위치가 어느 방향으로 얼마나 변했는지(변위)?
- 물체가 얼마를 움직였는지(이동 거리)?
- 얼마나 빠르게 움직였는지(속력, 속도)?
- 빠르기가 어떻게 변했는지(가속도)?

학생들은 가끔 이런 질문을 합니다. "선생님, 물리는 수업 시간에 개념을 공부할 때는 알겠는데, 막상 혼자 문제를 풀려고 하면 잘 안 풀려요!" 쌤은 이런 질문을 받을 때마다 이렇게 되묻습니다. "수학 공식을 배우고 나서 바로 응용문제를 풀면 문제가 쉽게 풀리니?" 학생들은 수학이라는 과목은 개념을 공부한 다음에 문제를 많이 풀어봐야 실력이 향상된다고 생각합니다. 그런데 물리는 개념을 공부한 다음에 바로 문제가 풀리지 않으면 어렵다고 생각합니다. 객관적으로 쉽고 어렵고를 떠나서 과학 과목도 수학과 마찬가지로 꾸준한 연습이 필요하답니다. 지금까지 여러분이 배운 '운동을 온전하게 설명하는 방법'은, 물리 공부의 '구구단'이라고 할 수 있습니다. '구구단'은 의식적으로 기억해내려고 노력하지 않아도 술술 나와야 합니다. 물리 공부도 마찬가지입니다. 지금까지 배운 내용을 여러 번 반복하고 훈련하면 이어지는 물리 공부가 훨씬 수월해질 것입니다.

다음은 직선 운동하는 물체의 시간에 따른 위치 그래프이다.

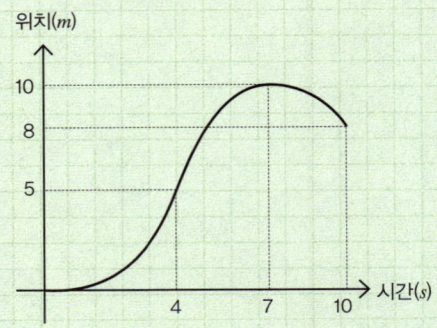

물체의 운동에 대한 〈보기〉의 설명 중에서 옳은 것을 모두 고른 것은?

보기

ㄱ. 0~4s 동안 물체는 점점 빨라졌다.

ㄴ. 7s에서 물체의 운동 방향이 바뀌었다.

ㄷ. 0~10s 동안 물체의 평균 속력은 0.8m/s이다.

ㄹ. 7s에서 물체에 작용하는 힘의 방향이 바뀌었다.

① ㄱ, ㄴ ② ㄱ, ㄷ ③ ㄱ, ㄴ, ㄷ ④ ㄱ, ㄴ, ㄹ ⑤ ㄴ, ㄷ, ㄹ

(풀이)

ㄱ. 위치–시간 그래프에서 기울기는 속도입니다. $0{\sim}4s$ 구간에서 기울기가 점점 급해지므로 속도가 빨라지는 것을 알 수 있습니다. (○)

ㄴ. 위치–시간 그래프에서 기울기의 부호는 운동 방향을 나타냅니다. 7초에서 기울기의 부호가 (+)에서 (−)로 변하므로 운동 방향이 변했습니다. (○)

ㄷ. 물체는 $0{\sim}7s$ 구간에서 (+)방향으로 $10m$를 움직인 다음, $7s$에서 운동 방향이 바뀌어서 $7{\sim}10s$ 구간에서는 출발점을 향해 $2m$를 되돌아와서 출발점으로부터 $8m$ 떨어진 위치에 있습니다. 따라서 $10s$ 동안 총 $12m$를 움직였으므로 평균 속력은 $1.2m/s$입니다. (×)

ㄹ. $4{\sim}7s$ 구간에서 물체는 (+)방향으로 운동하지만 기울기가 감소하는 것으로 보아 점점 느려집니다. 따라서 힘의 방향은 운동 방향의 반대 방향인 (−)방향으로 작용하고 있습니다. $7{\sim}10s$ 구간에서는 (−)방향으로 운동하면서 기울기가 점점 증가하는 것으로 보아 점점 빨라집니다. 따라서 힘의 방향은 운동 방향과 같은 방향인 (−)방향입니다. 따라서 $7s$에서 힘의 방향은 변하지 않았습니다. (×)

(정답)

① ㄱ, ㄴ

① 물체의 위치를 설명한다는 것은 '**기준점**'을 정하고, 기준점으로부터 물체가 '**어느 방향**'으로 '**얼마나**' 떨어져 있는지를 알려주는 것이다.

② 물체의 위치가 시간이 흐름에 따라 변하는 것을 '**운동**'이라고 한다.

③ 운동하는 물체의 '**이동 거리**'는 물체가 '**움직인 경로의 길이**'를 뜻한다.

④ 운동하는 물체의 '**변위**'는 물체의 '**위치**'가 '**어느 방향**'으로 '**얼마나**' 변했는지를 의미한다.

	A → B	
	경로 1	경로 2
이동 거리	6m	10m
변위	북동쪽(방향)으로 6m(크기)	

이동 거리와 변위의 표기 예

⑤ '**위치-시간 그래프**'에서 '**기울기**'는 '**속도**'를 나타낸다. 기울기가 '**급하냐, 완만하냐**'는 '**빠르냐, 느리냐**'를 의미하고, '**기울기의 부호**'는 '**운동 방향**'을 의미한다.

⑥ '**속력**'은 단위 시간(1초) 동안 물체가 몇 m를 움직였는가를 의미한다.

▶ 단위 시간 동안의 이동 거리

$$속력 = \frac{이동\ 거리}{걸린\ 시간} \quad (m/s,\ km/s,\ km/h \cdots)$$

⑦ '**속도**'는 단위 시간(1초) 동안 물체의 위치가 어느 방향으로 얼마나 변했는지를 의미한다.

▶ 단위 시간 동안의 변위

$$속도 = \frac{변위}{걸린\ 시간} \ (m/s,\ km/s,\ km/h\cdots)$$

⑧ '**속력**'은 '**크기**'만을 가지지만, '**속도**'는 '**방향**'과 '**크기**'를 모두 가지는 값이다.

⑨ 시간기록계는 '**일정한 시간 간격**'으로 타점을 찍어서 물체의 위치를 기록해주는 장치이다. 일정한 시간 간격으로 물체의 위치를 기록해주기 때문에 '**타점 간격**'을 비교하면 물체의 '**속력**'을 비교할 수 있다.

⑩ 물체의 '**속도**'(빠르기, 운동 방향)**가 변할 때**' 우리는 "물체가 '**가속**'된다. **가속도를 가진다**"고 말한다.
물체의 속도가 변하는 경우는 다음과 같다.

- 물체의 운동 방향은 변하지 않지만 물체가 빨라지거나 느려지는 경우
- 물체의 속력은 변하지 않지만 운동 방향이 변하는 경우
- 물체의 운동 방향과 속력이 모두 변하는 경우

⑪ '**가속도**'는 단위 시간(1초) 동안 물체의 속도가 얼마나 변했는지를 의미한다. 단위 시간 동안의 속도 변화량.

⑫ 가속도가 크면, 물체의 속도가 빠르게 변하고, 가속도가 작으면, 물체의 속도가 천천히 변한다.

⑬ 속도-시간 그래프에서 '**기울기**'는 '**가속도**'이다. 기울기가 '**급하냐, 완만하냐**'는 물체가 '**빠르게**' 가속되느냐 '**천천히**' 가속되느냐를 나타내고, '**기울기의 부호**'는 '**가속되는 방향**'(힘의 방향)'을 나타낸다.

제 2 강

운동의 법칙 :
How? & Why?

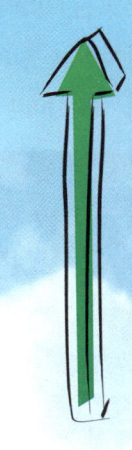

운동의 법칙

"힘 좀 써 봐!"

"이 문제를 해결하려면 우리는 힘을 모아야 해."

"그동안 많이 힘들었지?"

우리는 일상생활에서 힘이라는 말을 자주 사용합니다. 하지만, 과학에서 이야기하는 힘이 무엇인지를 묻는 질문에는 쉽게 답하지 못합니다. **일상생활에서는 힘이라는 말이 다양한 의미로 사용되지만, 과학에서는 아주 좁은 의미로 사용됩니다. 과학에서 힘이 어떤 의미를 가지는지 정확하게 정의한 사람은 '뉴턴**(Newton, Sir Isaac 1642~1727)**'**[001] **입니다.** 뉴턴이 힘과 운동의 관계를 수학적으로 정의하기 전에는 운동의 원인으로서 힘의 존재는 대단히 모호하게 다루어졌습니다. "물체가 운동하는 이유는 힘이 작용하기 때문이다." 그냥 이런 식으로 말이죠. 힘의 작용에 의해 물체의 운동에 대한 다양한 요소들(위치, 속

뉴턴

---

001 영국의 물리학자·천문학자·수학자. 광학 연구로 반사 망원경을 만들고, 뉴턴 원무늬를 발견하였으며, 빛의 입자설을 주장했다. 만유인력의 원리를 확립하였으며, 저서로는 『자연 철학의 수학적 원리*Philosophiae Naturalis Principia Mathematica*』가 있다.

도, 가속도 등)이 어떻게 변화하는지에 대한 **정량적인 설명**[002]들은 이루어지지 않았습니다.

　2강에서는 뉴턴이 '힘과 운동의 관계'를 어떻게 설명했는지 공부하게 됩니다. 힘과 운동의 관계를 밝혀내는 물리학의 분야를 '역학'이라고 합니다. 물론 역학은 뉴턴이 수학적 체계를 갖춰 설명하기 이전에도 존재했지요. 그래서 과학자들은 뉴턴에 의해 정립된 역학을 '뉴턴 역학' 또는 '고전 역학'이라고 하고, 그 이전에 존재했던 힘과 운동에 대한 설명은 뉴턴 역학과 구별하여 '고대 역학'이라고 부릅니다. 아무래도 이 둘 사이에 뭔가 대단한 다른 점이 있나 봅니다. 뉴턴 역학에서 힘과 운동의 관계를 어떻게 설명하는지 알아보기 전에, 우선 고대 역학에서는 힘과 운동의 관계를 어떻게 설명했는지 살펴보겠습니다. 고대 역학에 의한 힘과 운동에 대한 설명은, 물리를 배우지 않은 사람들이 힘과 운동에 대해 가지기 쉬운 '과학적이지 못한 개념'과 대단히 유사합니다. 따라서 물리를 처음 공부하는 학생들이 과학적 개념을 배우는 과정에서 길을 헤매지 않도록 돕는 역할을 할 수 있습니다.

아리스토텔레스가 본 세계

　아리스토텔레스(Aristoteles B.C.384~B.C.322)[003]로 대표되는 고대 그리스 철

---

002 '정량적인 설명'이라는 말은, 구체적인 데이타, 숫자를 가지고 설명할 수 있다는 뜻. 반면에 '정성적인 설명'은 구체적 데이터나 숫자를 사용하지 않고 물리 법칙이 적용되는 경향성이나 양상을 설명하는 방식을 말한다. 예를 들면, '물체가 운동하는 방향으로 힘이 작용했으니 물체의 속도는 점점 빨라질 것이다.' 이런 설명은 정성적인 설명이다. 반면에 정량적인 설명은 '힘이 $1N$ 작용했으니까 물체는 $1m/s^2$의 가속도를 가지게 될 것이다'와 같은 방식으로 이루어진다.
003 고대 그리스의 철학자. 소요학파의 창시자이며, 고대에 있어서 최대의 학문적 체계를 세웠고, 중세의 스콜라 철학을 비롯하여 후세의 학문에 큰 영향을 주었다. 저서에 『형이상학Metaphysica』, 『오르가논Organon』, 『자연학Physica』, 『시학Poetica』, 『정치학Politica』이 있다.

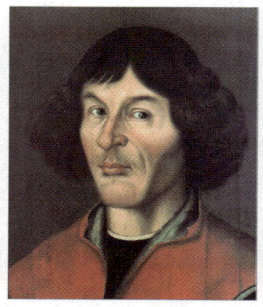

아리스토텔레스   코페르니쿠스   갈릴레이

학자들은, 뉴턴이 새로운 역학을 정립할 때까지 2000년에 가까운 시간 동안 지상과 천체에서 일어나는 운동을 설명하는 데 절대적인 영향을 미쳤습니다. 코페르니쿠스(Copernicus, Nicolaus 1473~1543)[004]와 갈릴레이(Galilei, Galileo 1564~1642)[005]가 지동설을 주장하면서 싸웠던 대상이 바로 천동설의 기반이 되었던 아리스토텔레스의 고대 역학이었습니다.

아리스토텔레스는 지구가 '흙, 물, 공기, 불'이라는 네 가지 원소로 이루어져 있다고 보았습니다. 지상에 있는 모든 물체는 이 4원소가 적절한 비율로 섞여서 만들어지고 4원소는 변화하고 부패하는 성질을 가지고 있어서 지구에서는 계절의 변화와 생물의 생로병사 같은 변화가 일어난다고 생각했습니다.

4원소 중에서 '흙'과 '물'은 무거운 원소이기 때문에 강제로 힘을 가하지

---

004 폴란드의 천문학자. 육안으로 천체를 관측하여 지동설을 제창하였다. 저서에 『천체의 회전에 관하여De revolutionibus orbium coelestium』가 있다.

005 이탈리아 르네상스 말기의 물리학자·천문학자·철학자. 진자의 등시성(等時性)을 발견했고, 물체의 낙하 속도가 무게에 비례한다는 아리스토텔레스의 잘못을 증명하였으며, 물체 운동론을 연구하여 관성의 법칙, 낙하 물체의 가속도가 일정하다는 사실, 탄두가 포물선을 그린다는 사실 등을 밝혔다. 1609년에 망원경을 제작하여 달의 산·계곡 및 태양의 흑점, 목성의 위성 따위를 발견하였으며, 지동설을 주장하여 교황청으로부터 종교 재판을 받았다. 저서에 『천문 대화Dialogo sopra i due massime sistemi del mondo, Tolemaico e Copernicano』, 『신과학 대화Discorsi e dimostrazioni mathematiche, intorno à due nuove scienze』가 있다.

않아도 아래로 향합니다. 반면에 '공기'와 '불'은 가벼운 속성을 가지고 있기 때문에 '위로 향하는 운동'을 합니다. **아리스토텔레스는 이처럼 물체들이 자신의 속성에 따라 아래나 위로 향하는 운동을 '자연 운동'이라고 불렀습니다.** 자연 운동은 굳이 물체에 힘을 가하지 않아도 저절로 일어납니다. 반면에 물체의 속성에 거스르는 운동은 힘이 작용해서 강제로 움직이게 해야 한다고 생각했고, **힘이 작용해야만 일어나는 운동을 '강제 운동'이라고 불렀습니다.** 고대 역학에서는 강제 운동이 계속 유지되려면 힘이 계속해서 작용해야 한다고 보았지요.

자연 운동과 강제 운동	
자연 운동	힘을 가하지 않아도 저절로 이루어지는 운동
강제 운동	힘을 가해 강제로 움직이게 하는 운동

일상 경험에 비추어 보면 이런 설명이 맞는 것 같죠? 운동장에서 공을 차거나 밀면 공의 속력은 차츰 줄어들어 마침내 멈춥니다. 공을 계속 운동하게 하려면 힘을 계속 가해야 합니다. 이처럼 고대 역학은 일상의 경험을 설명하기 위해 탄생한 역학이었습니다. 따라서 물체가 계속해서 움직이려면 힘이 계속 작용해야 한다고 생각한 것도 매우 자연스러운 발상이었지요.

고대의 과학자들은 이 같은 역학 원리를 이용하여 천체의 운동을 설명했습니다. 그들은 **천상 세계가 지상 세계와는 다른 '에테르(ether)'라고 하는 제5원소로 이루어져 있다고 생각했습니다.** 에테르는 지상의 물체와는 달리 순수하고 신비로운 물질로서 영원히 변하지 않기 때문에 하늘의 별도 영원히 변하지 않으며 천상의 운동은 지상과는 전혀 다른 자연 운동을 한다고 생각했던 것입니다. 시작도 끝도 없는 영원한 운동인 '원 운동'을 한다는 것이지요. 반면에 불완전한 존재인 인간들이 사는 공간인 지구는 항상 변화가 많으며 운동도 시작과 끝이 있는 불완전한 운동인 직선 운동이 일어나야 한다고 생각했습니다.

아리스토텔레스는 원을 영원불변과 완벽함의 상징으로 여겼습니다. 우주 만물의 완전함을 원에서 찾으려 한 아리스토텔레스의 이론은, 우주의 모든 천체가 지구를 중심으로 회전한다는 '천동설(지구중심설)'의 이론적 바탕이 됩니다.

	구성 물질	속성	자연 운동
천상(우주)	에테르	영원	원 운동
지상	흙, 물, 공기, 불	변화	직선 운동

아주 오랫동안 사람들은 이런 설명에 만족했습니다. 실제로 천동설은 사람들이 일상적으로 경험하는 세상을 제대로 설명해주었습니다. 태양은 지구를 중심으로 매일 동에서 떠서 서로 졌으며, 행성들도 지구를 중심으로 하늘에서의 위치를 옮겨가며 움직이는 것으로 보였습니다. 천동설은 너무나 상식적인 이론이었습니다. 따라서 사람들은 지구와 행성들이 태양을 중심으로 회전한다고 주장하는 '지동설(태양중심설)'은 상식과 맞지 않는다고 생각했습니다. 그리고 천동설을 주장하는 과학자들은 다음과 같은 질문들을 통해 지동설을 지지하는 과학자들을 곤경에 빠트렸습니다.

- 지구가 움직이고 있다고 느껴지지 않는다.
- 지구가 빠르게 회전한다면 물체가 어떻게 똑바로 떨어질 수 있을까? 물체가 낙하할 동안 지구가 회전할 텐데.
- 지구의 회전 때문에 생길 법한 어지럼증이나 원심력을 조금이라도 느껴본 적이 없지 않은가? 만약 지구가 회전한다면 돌멩이, 코끼리,

건물, 도시 등 모든 것이 허공으로 날아가야 하지 않을까?

지동설이 옳다는 것을 확신했던 갈릴레이는, 지동설이 설득력을 가지기 위해서는 지상에서 일어나는 물체들의 운동을 설명할 수 있는 새로운 역학이 필요하다는 것을 깨닫게 됩니다. 새로운 역학을 통해서 아리스토텔레스의 고대 역학이 지상에서의 운동을 제대로 설명하지 못한다는 것을 보여줌으로써 천동설의 이론적 근거를 흔들어보겠다고 생각한 것이지요.

한편으로는 당시 새로운 발명품으로 사람들의 관심을 끌고 있던 망원경의 성능을 개선해서 천체 관측에 활용하는 방안을 고민했습니다. 망원경을 이용하면 맨눈으로는 보지 못했던 천체에 대한 새로운 정보들을 찾아낼 수 있고, 천동설로는 설명할 수 없는 관측 자료[006]를 발견할 수 있을 것이라고 생각했기 때문입니다.

그때부터 갈릴레이는 장차 뉴턴이 운동의 법칙을 정립하는 데 중요한 바탕이 된, '운동'과 '관성'[007]에 대한 고민들을 정리하기 시작합니다.

갈릴레이의 사고실험

바닥에 놓여 있는 무거운 물체를 두 손으로 힘껏 밀어서 운동시킨 후 손을 떼면 물체는 이내 멈춥니다. 갈릴레이 이전의 고대 역학에서는 물체는 최

---

006 갈릴레이는 망원경을 사용한 관측을 통해서 외행성의 크기 변화, 목성의 위성 발견, 달 표면 관찰, 태양의 흑점 관찰, 금성의 위상 변화 등 천동설로는 설명할 수 없는 관측 자료를 발견하는 데 성공한다.

007 뉴턴 역학에서 '관성'은, 현재의 운동 상태를 유지하려고 하는 성질을 의미한다. 정지해 있는 물체는 외부에서 힘이 작용하지 않으면 계속 정지 상태라는 운동 상태를 유지하려고 한다. 또한 운동하는 물체는 힘이 도와주거나 방해하지 않으면 원래의 운동 상태(운동 방향과 속력)를 그대로 유지한다.

초에 받았던 '힘'으로 운동하고, 그것을 잃어버리면 정지한다고 생각했습니다. 일상생활 속에서 움직이고 있는 것은 시간이 흐르면 정지해버리므로 대단히 자연스러운 생각이라고 할 수 있습니다. 당시에는 운동하는 물체에 작용하는 마찰력이나 공기의 저항력에 대해서는 생각하지 못했지요. 하지만, 갈릴레이는 이 점을 간파합니다. 운동하던 물체가 멈추는 이유는 더 이상 힘이 작용하지 않아서가 아니라 운동을 방해하는 힘이 작용하기 때문이라고 생각한 것이지요. 갈릴레이는 운동하는 물체가 빨라지거나 느려지는 것은 힘이 작용하기 때문이라고 생각했습니다. 결국 그는 물체에 힘이 작용하지 않으면 운동 상태가 변하지 않을 것이라는 결론에 도달하게 됩니다. 하지만 **갈릴레이가 살던 시절에는 운동하는 물체에 마찰이나 저항력이 작용하지 않는 실험 조건을 만들어내기가 어려웠습니다. 그래서 갈릴레이가 고안한 것이 바로 '사고실험**(思考實驗)**'입니다.**

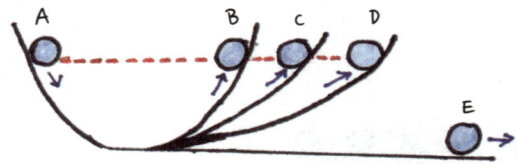

갈릴레이는 마찰이나 저항이 작용하지 않는 가상의 조건을 가정하고 다음과 같은 사고실험을 설계했습니다.

A에서 빗면을 굴러 내려온 구슬은 반대편 빗면을 거슬러 올라가서 처음과 같은 높이(B)만큼 올라갈 것이다. 그렇다면, 빗면의 기울기가 점점 완만해진다면 어떻게 될까? 구슬이 같은 높이에 도달하기 위해서는 구슬이 거슬러 올라가야 하는 빗면의 길이가 길어질 것이며 만약 빗면이 대단히

완만(기울기가 거의 0에 가까운)하다면 상당히 긴 거리를 움직여야 운동을 시작한 높이와 같은 높이에 도달할 수 있을 것이다. 따라서, 만약 빗면의 기울기가 0인 E와 같은 상황이 되면 물체는 멈추지 않고 영원히 운동할 것이다.

갈릴레이는 사고실험을 통해서 "운동하는 물체에 힘이 작용하지 않으면 물체의 운동 상태는 변하지 않는다"는 생각이 옳다고 확신했습니다. 힘이 도와주거나 방해하지 않으면 정지해 있는 물체는 계속 정지해 있고, 운동하던 물체는 그 속도 그대로 등속 직선 운동을 하는 것이지요.

관성에 대한 갈릴레이의 생각은 지금 사람들의 과학 지식으로 보면 당연한 것으로 생각될지 모릅니다. 하지만 당시로서는 대단히 혁신적인 발상이었습니다. 모든 사람들이 당연하다고 생각하는 현상에서 새로운 과학 이론의 단서를 찾아내는 '관찰력과 통찰력', 직접 눈으로 보고 손으로 만져보지 않아도 과학적 추론이 가능하다는 것을 보여준 '사고실험'은 갈릴레이의 천재성을 입증하는 일화라고 할 수 있습니다.

갈릴레이의 천재성은 여기에 그치지 않습니다. 여러분은 '상대성 이론'하면 아마 가장 먼저 '아인슈타인(Einstein, Albert 1879~1955)'[008]을 떠올릴 거예요. 하지만 **아인슈타인의 상대성 이론에 핵심적인 아이디어를 제공한 사람은 갈릴레이**였답니다. 갈릴레이는 이번에도 역시 '사고실험'을 통해서 우리가 느끼는 운동이 관찰자의 운동 상태에 따라 대단히 상대적으로 느껴진다는 것을 간파합니다.

아인슈타인

---

008 독일 태생의 미국 이론 물리학자. '특수 상대성 원리' '일반 상대성 원리,' '광양자 가설,' '통일장 이론' 등을 발표했다. 1921년에 노벨 물리학상을 받았다.

잔잔한 호수 위에 배가 한 척 떠 있습니다. 이 배의 갑판 아래에 있는 선실에는 여러분이 타고 있습니다. 배 안의 선실에는 창이 없기 때문에 배 밖의 상황을 전혀 알 수 없습니다. 배는 호수를 일정한 속력으로 운항하고 배는 전혀 흔들리지 않기 때문에 선실에 있는 사람들은 배가 움직이는지 멈춰 있는지 알 수가 없습니다. 선실에서 공을 머리 위로 수직으로 던졌습니다. 위로 던져진 공은 어디로 떨어질까요? 다시 사람의 머리를 향해 수직으로 떨어질까요? 공이 운동하는 동안 배가 움직이니까 공은 머리에서 조금 비껴난 곳으로 떨어질까요? 이 상황은 마차를 타고 가면서 공을 머리 위로 수직으로 던져보는 실험으로 직접 확인할 수 있습니다. 공은 손을 떠난 위치로 다시 되돌아옵니다. 따라서 배의 선실에서도 같은 결과가 나와야 하므로, 머리 위로 던져진 공은, 배가 정지해 있느냐, 일정한 속도로 운항하고 있느냐에 관계없이 던진 사람의 손으로 되돌아옵니다.

갈릴레이는 사고실험을 통해서 이런 결론을 내립니다.

"관찰자가 선실에서 바깥에 대한 정보를 얻을 수 없는 상황에서는, 배가 등속 직선 운동을 하는지, 정지해 있는지를 선실 내부에서 얻을 수 있는 증거로 알아 낼 수 있는 방법이 없다."

갈릴레이는 사고실험에서 얻은 결론을 이용해서 지구 위에 있는 사람들이 지구의 운동을 느끼지 못하는 이유를 다음과 같이 추론합니다.

"지구가 꽤 큰 원을 그리며 태양 주변을 회전해서, 지구의 운동이 근사적으로 등속 직선 운동에 가깝다고 가정한다면, 지구 표면에서 일어나는 운동들을 가지고 지구가 움직이는지 멈춰 있는지를 알아낼 수 있는 방법은 없다. 즉, 지구

위에서는 지구의 운동을 느낄 수 없다." ⁰⁰⁹

'관성'과 '운동의 상대성'에 대한 개념들은 갈릴레이가 천동설을 지지하는 학자들의 공격으로부터 지동설을 지켜내는 데 든든한 지원군이 되었습니다. 망원경을 이용한 실제 관측 결과와 운동에 대한 새로운 과학 개념들로 무장한 갈릴레이는 『두 우주 체계에 관한 대화』라는 제목의 책을 펴냅니다. 그는 이 책 때문에 교황청으로부터 천동설을 부정하고 신의 권위에 도전한다는 죄목으로 박해를 받을지도 모른다고 걱정했습니다. 그래서 지동설이 옳다는 것을 드러내어 주장하기보다 지동설을 지지하는 사람과 천동설을 지지하는 두 사람이 서로 대화하는 형식으로 책을 구성했지요. 하지만, 지동설에 대한 갈릴레이의 관측 자료와 운동에 대한 개념들이 가지는 과학적 설득력은 숨기려 해도 숨길 수가 없었나 봅니다. 결국 갈릴레이는 이 책으로 인해 종교 재판을 받고 죽을 때까지 가택 연금을 당하게 됩니다.

갈릴레이의 노력에도 불구하고 천체의 운동에 대한 천동설의 견고한 성은 쉽게 무너지지 않았습니다. 천동설은 당시에 단순한 천체 운동에 대한 과학 이론을 넘어서 신의 교리를 뒷받침하는 토대로서 기독교 신앙의 권위를 등에 업고 있었습니다. 또한 갈릴레이가 만들어낸 운동에 대한 이론들이 아무리 과학적으로 튼튼한 논리를 갖추었다고 해도 2000년 동안 사람들의 세계관을 지배한 아리스토텔레스의 고대 역학을 넘어서는 것은 쉬운 일이 아니었을 겁니다. 더군다나 갈릴레이의 운동 이론에는 분명한 한계가 있었습니다. 바로, '왜 운동하는지에 대한 이유'를 설명하지 못했던 것이지요.

---

009 지면 위에서 직선 방향으로 일정한 속력으로 달리기를 하는 경우를 생각해보자. 우리는 이 운동을 등속 직선 운동이라고 한다. 하지만, 실제 지구는 둥글기 때문에 이 운동은 엄밀하게 이야기하면 등속 직선 운동은 아니다. 그럼에도 불구하고 이 운동을 등속 직선 운동이라고 부르는 이유는 지구가 대단히 크기 때문에 지구 위의 매우 좁은 구역에서 일어나는 운동은 근사적으로 직선 운동으로 취급할 수 있다는 가정이 깔려 있는 것이다.

천동설에는 2000년이 넘는 세월 동안 이어져 온, 운동이 일어나는 이유에 대한 설명이 있었습니다. 물체를 놓으면 땅으로 떨어지는 이유는, 지구가 우주의 중심이고 땅이 그 물체의 속성과 어울리는 공간이기 때문이라는 것입니다. 당시 사람들에게는 매우 상식적인 생각이었습니다. 사람들은 갈릴레이에게, 태양이 우주의 중심이라면 지구 위에서 물체를 놓으면 왜 태양을 향해 가지 않고 지구를 향해서 떨어지는지, 지구가 태양을 중심에 두고 운동하는 이유가 무엇인지 등의 질문에 답할 것을 요구했습니다. 하지만 갈릴레이는 이 질문에 답할 수가 없었어요. 너무 지쳐 있었거든요. 가택 연금까지 당한 갈릴레이는 그동안 쌓았던 모든 학문적 업적과 영예가 사람들에 의해 부정되는 것을 세상을 떠나는 순간까지 감내해야 했습니다. 하지만 갈릴레이는 자신의 어깨를 후대의 과학자들이 더 높은 과학적 이상을 좇아 도약하는 데 내어 주었습니다. 후대의 과학자들에게 갈릴레이의 어깨는 거인의 어깨처럼 넓고 높았습니다.

뉴턴은 갈릴레이가 하지 못했던 천체 운동의 이유를 밝혀냅니다. 갈릴레이의 운동에 대한 이론을 체계화하여 '힘과 운동의 법칙'을 정립하고 뛰어난 수학적 능력을 이용해서 천체의 운동을 지배하는 힘을 설명하는 데 적용합니다. 그리고 마침내 모든 천체와 지구 위의 모든 물체들이 서로 주고받는 보편적인 힘의 존재를 수식으로 표현합니다. 뉴턴은 자신의 업적을 다음과 같이 겸손하게 표현했습니다.

"If I have seen further it is by standing on the shoulders of Giants."
"내가 만약 다른 이들보다 더 멀리 볼 수 있었다면, 그것은 바로 거인들의 어깨에 올라섰기 때문이다."

뉴턴의 운동 제1법칙 : 관성의 법칙

관성이란?

쌤이 중학생 때 겪은 일입니다. 추석 명절을 맞아 시골에 사시는 할아버지 댁에 내려갔을 때지요. 또래 사촌들과 함께 삼촌이 운전하는 트럭을 타고 읍내 시장에 다녀오는 길이었어요. 도로공사 때문에 아스팔트 포장이 파헤쳐진

곳을 지나는데 전날 내린 비 때문에 길이 진흙탕이었습니다. 삼촌은 속력을 높여서 빠르게 지나가면 문제가 없을 거라며 진흙탕 길로 트럭을 몰았습니다. 트럭이 진흙길을 잘 빠져나오는가 싶더니 그만 뒷바퀴가 헛돌기 시작했습니다. 쌤은 진흙탕에 빠진 바퀴를 보면서 이런 걱정을 했습니다. '뒤에서 트럭을 밀어야 하나, 명절이라고 새로 산 옷을 입고 왔는데 진흙탕에서 트럭을 밀면 옷이 더러워질 텐데.' 하지만 삼촌은 자주 있는 일이니 걱정하지 말라면서 트럭이 진흙탕에서 빠져나오려면 짐칸에 무거운 걸 실어야 한다고 했습니다. 그리고 우리더러 짐칸으로 옮겨 타라고 한 다음 트럭 옆을 지나가시던 어른들에게도 같은 부탁을 했습니다. '차가 무거워지면 바퀴가 진흙에 더 깊이 빠질 텐데?' 하는 생각이 들었지만 다른 어른들도 삼촌 말씀이 당연하다는 듯 바로 짐칸에 올라탔습니다. 그 모습을 보고 쌤도 삼촌의 말에 따랐지요. 삼촌은 사람들이 짐칸에 탄 것을 확인한 다음 트럭의 가속 페달을 밟았습니다. 그랬더니 놀랍게도 트럭이 진흙탕을 쉽게 벗어나는 게 아닙니까?

트럭을 움직이게 한 힘은 어떤 힘일까요? 엔진의 회전력일까요? 엔진은 연료를 연소시켜서 회전력을 만들어내어 트럭의 바퀴를 돌립니다. 엔진의 회전력이 없다면 트럭이 움직일 리가 없죠. 하지만 트럭을 움직이게 하는 직접적인 힘은 회전력이 아닙니다. 바퀴가 진흙탕에 빠져 있다든지, 트럭이 빙판길에 서 있을 경우 바퀴를 아무리 회전시켜도 헛바퀴만 돌뿐 트럭은 움직일 수가 없죠. 결국 진흙탕과 빙판길에서는 트럭을 움직이게 하는 데 직접적인 원인이 되는 힘이 작용하지 않거나 약해져 있다는 생각을 할 수 있습니다. 이 힘은 무엇일까요? 진흙탕이나 빙판길에서는 크기가 약해지는 바로 이 힘 말입니다.

결과적으로 차를 움직이게 하는 힘은 타이어와 바닥 사이에 작용하는 마찰력입니다. 마찰력은 물체가 다른 물체의 표면과 직접 접촉한 상태에서 움직이려고 하거나 움직이고 있을 때, 물체가 서로 접촉해 있는 면에 나란한 방향으로 작용해서 운동을 방해하는 힘입니다. 즉, 트럭이 움직일 수 있는 것은, 타이어가 회전하면서 바닥을 밀었을 때 바닥도 반대 방향으로 타이어를 밀어내주기 때문인 것이죠. 이때 타이어와 바닥이 주고받는 힘이 바로 마찰력입니다. 마치 우리가 롤러스케이트를 신은 상태로 벽을 밀었을 때 우리 몸이 벽으로부터 밀려나는 것과 같은 상황입니다.

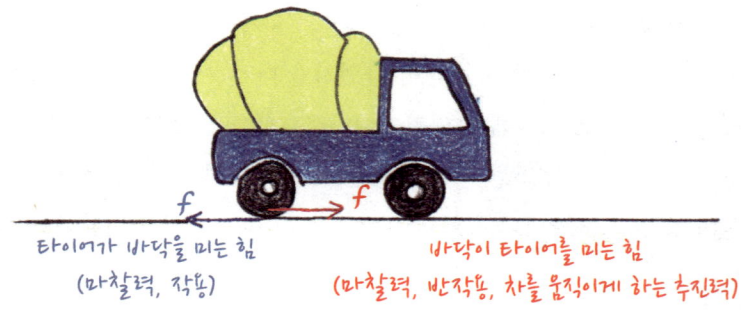

타이어가 바닥을 미는 힘
(마찰력, 작용)

바닥이 타이어를 미는 힘
(마찰력, 반작용, 차를 움직이게 하는 추진력)

트럭의 바퀴가 진흙탕에 빠졌을 때 질퍽거리는 흙은 타이어와 바닥사이의 접촉면을 미끄럽게 하는 역할을 합니다. 문이 뻑뻑해서 잘 열리지 않을 때 경첩에 기름칠을 하는 것과 같은 상황이죠. 진흙탕에서는 마찰력이 약해지고, 무른 진흙 바닥이 타이어를 제대로 받쳐주지 못하니까 자동차도 덩달아 추진력을 제대로 받지 못하게 된답니다.

삼촌이 진흙탕에 빠진 트럭을 빼내기 위해서 짐칸에 사람들을 태운 이유는 무엇일까요? 차를 움직이게 하는 추진력이 곧 마찰력이므로 트럭을 빼내기 위해서는 마찰력을 증가시킬 수 있는 방법[010]이 필요했던 것이지요. 결국 삼촌은 사람들을 짐칸에 태우는 방법이 마찰력을 증가시키는 방법이라고 생각한 거예요. 마찰력은 마찰면의 상태와 물체가 바닥을 누르는 힘의 크기에 영향을 받습니다. 마찰면이 거칠고 물체가 바닥을 세게 누르면 마찰력은 증가하지요. 트럭의 짐칸에 사람들이 올라타면 바퀴가 바닥을 누르는 힘이 증가합니다. 따라서 마찰력이 증가하는 효과를 얻을 수 있습니다.

진흙탕이나 빙판길에 멈춰 있는 자동차가 쉽게 움직이지 못하는 이유는 자동차를 움직이는 데 필요한 힘이 작용하지 않기 때문입니다. 마찬가지로 주행하던 자동차가 빙판길에서 브레이크를 밟아도 멈추지 않는 이유는 자동차를 멈추는 데 필요한 힘이 작용하지 않기 때문입니다. 자동차를 움직이게 하는 힘도, 자동차를 멈추게 하는 힘도 모두 바닥과 타이어 사이에 작용하는 마찰력입니다.

이처럼 정지해 있는 물체를 움직이게 하거나 운동하는 물체를 멈추게 하려면 힘이 작용해야 합니다. 즉, "물체의 운동 상태를 변화시키려면 힘이 작

---

010 차를 빼내는 방법은 한 가지 방법만 있는 것이 아니다. 빠진 바퀴 주변에 마른 흙을 채워주거나 널빤지를 바퀴와 바닥 사이에 밀어 넣어서 바닥을 단단하게 함과 동시에 마찰력을 증가시키는 방법도 있다.

용해야 한다"는 것이지요. 이 말은 이렇게 바꿔 쓸 수 있습니다. **"힘이 작용하지 않으면 물체의 운동 상태는 변하지 않는다."**

　관성의 법칙은 물체의 운동 상태를 변화시키기 위한 조건에 대한 설명임과 동시에 물체에 힘이 작용하지 않을 때의 운동을 설명하는 운동 법칙입니다. 우리는 기존의 방식을 답습하고 변화를 꺼려하는 사람들을 가리켜 "관성에 빠졌다"고 말합니다. '관성'은 변화를 거부하는 속성을 뜻하는데, 운동의 법칙에서도 비슷한 뜻으로 사용됩니다. 힘이 작용해서 물체의 운동에 간섭하지 않으면 물체의 운동 상태는 변하지 않습니다. 정지해 있는 물체는 계속 정지해 있고, 운동하던 물체는 운동 방향과 속력을 바꾸지 않습니다. 이처럼 기존의 운동 상태를 유지하려는 성질을 '관성'이라고 합니다.

관성의 크기

　관성은 운동 상태의 변화에 저항하는 속성입니다. 따라서 관성이 클수록 운동 상태를 변화시키는 데 더 큰 힘이 필요합니다. 물체의 운동 상태를 변화시키는 데 큰 힘이 필요한 상황을 찾아보면, 관성의 크기에 영향을 주는 요인을 알 수 있겠네요.

　브레이크가 고장 난 트럭과 자전거가 동일한 속력으로 경사진 도로를 굴러 내려오는 상황을 가정해봅시다. 질량이 큰 트럭은 감히 앞을 가로막고 세울 엄두를 내지 못하지만, 고장 난 자전거에 만약 어린 아이가 타고 있다면 다치는 것을 각오하고서라도 자전거 앞을 가로 막을 수 있을 것 같습니다.

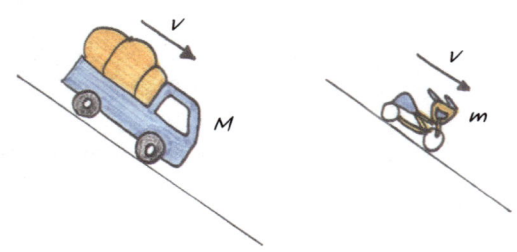

같은 속력으로 운동하지만 질량이 큰 트럭은 질량이 작은 자전거에 비해 운동 상태를 변화시키기가 어렵습니다. **질량이 클수록 물체의 관성이 크기 때문에 트럭을 멈추게 하는 데 큰 힘이 필요**합니다. 그래서 '**질량**'을 '**관성의 크기**' 라고 합니다.

질량이 클수록 물체의 운동 상태를 변화시키기 어렵다.
질량이 클수록 물체의 운동 상태를 변화시키는 데 큰 힘이 필요하다.
➡ **질량이 클수록 물체의 관성이 크다.** (관성의 크기 = 질량)

질량과 관성의 크기에 대한 또 다른 예를 들어보겠습니다. 2008년 3월, 이소연 박사는 한국인 최초로 러시아 우주정거장에 탑승했습니다. 최초의 우주인인 이소연 씨는 우주정거장에서 여러 가지 과학 실험을 했는데요, 그 중 하나가 무중력 상태에서 질량을 측정할 수 있는 저울을 테스트하는 것이었습니다. 땅 위에서는 질량을 알고 있는 물체와 질량을 모르는 물체를 윗접시 저울에 올려놓고 두 물체에 작용하는 중력의 크기를 비교하는 방법으로 질량을 측정합니다. 하지만 우주정거장과 같은 무중력 공간에서는 중력

윗접시 저울

우주 저울

을 이용하는 '윗접시 저울'과 같은 도구로는 질량을 측정할 수 없습니다. **무중력 상태에서 질량을 측정할 수 있는 '우주 저울'**은 한국항공우주연구원의 최기혁 박사가 나사(NASA)의 지원을 받아 제작했습니다. 우주 저울은 용수철에 추를 매달아 등속 원 운동을 시킨 다음 늘어나는 용수철의 길이를 측정하여 추의 무게를 측정하는 원리로 제작되었습니다.

회전 운동은 수시로 운동 방향이 변하는 운동입니다. 따라서 매 순간 운동 상태를 변화시켜주는 힘이 필요합니다. 그림은 깡통에 줄을 매달아 돌리는 장면입니다.

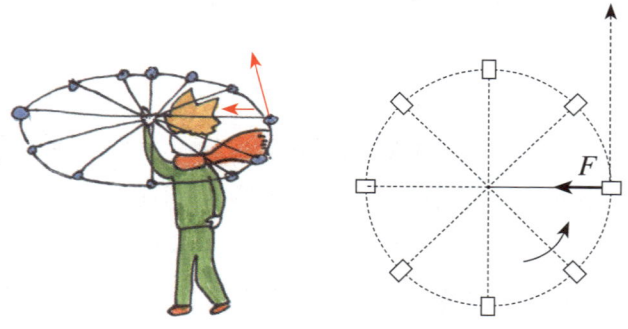

깡통을 돌리다가 줄을 놓아버리면 깡통은 화살표 방향으로 날아갑니다. 결국 깡통이 원 운동을 하는 이유는 깡통이 줄에 묶여 있기 때문입니다. 줄이 깡통을 당겨주는 힘은, 매 순간 깡통의 운동 상태를 변화시켜서 원 운동을 하도록 합니다.

이번에는 무거운 깡통과 가벼운 깡통을 같은 속력으로 회전시키는 상황을 생각해봅시다. 어떤 깡통을 돌리는 데 더 큰 힘이 필요할까요? 실제 실험을 해보면 질량이 큰 깡통을 돌리는 데 더 큰 힘이 필요합니다. 왜냐하면 질량이 큰 물체일수록 관성이 커서 운동 상태를 변화시키는 데 더 큰 힘이 필요하기 때문입니다.

이제 깡통을 묶은 줄을 용수철로 바꾼 다음 무거운 깡통과 가벼운 깡통을 같은 속력으로 등속 원 운동을 시킵니다. 용수철이 늘어난 길이를 비교하면 원 운동을 시키는 데 필요한 힘의 크기를 비교할 수 있고, 회전하는 물체의 질량도 비교할 수 있답니다.

정리하면, 관성은 운동 상태의 변화에 저항하려는 성질이며, 질량이 클수록 큰 관성을 가집니다.

개념정리

뉴턴의 운동 제1법칙 : 관성의 법칙

물체에 작용하는 알짜힘이 0이면, 운동 상태는 변하지 않는다.
관성 : 운동 상태의 변화에 저항하는 성질
질량이 클수록 관성이 크다.
• 질량이 큰 물체는 운동 상태를 바꾸기 어렵다.
• 질량이 큰 물체의 운동 상태를 바꾸기 위해서는 큰 힘이 필요하다.

뉴턴의 운동 제2법칙 : 힘과 가속도의 법칙

'관성의 법칙'이 힘이 작용하지 않는 상황에서 물체가 어떻게 운동하는지에 대한 설명이라면, '힘과 가속도의 법칙'은 힘의 작용이 물체의 운동을 어떻게 변화시키는가를 설명해줍니다. 힘의 작용에 의한 운동 상태의 변화를 설명하려면 먼저 '힘'에 대한 공부가 필요합니다.

힘의 3요소

힘의 작용을 온전하게 설명하기 위해서는, 힘이 '어디에'(작용점)', '어느 방향으로'(힘의 방향)', '얼마만큼의 크기'(힘의 크기)로 작용하는지 설명할 수 있어야 합니다. 보통 힘과 같이 크기와 방향을 모두 가지는 값들은 '화살표'라는 형식을 빌어서 표현합니다. **화살표의 시작점은 작용점**을 의미하고 **화살표의 방향은 힘의 방향, 화살표의 길이는 힘의 크기**를 나타냅니다.

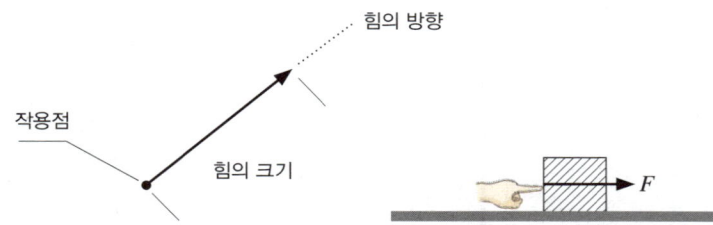

물론 항상 '화살표'라는 형식만을 사용하는 것은 아닙니다. 운동이 일직선상에서 일어나는 경우에는, 가능한 운동 방향이 두 가지밖에 없습니다. 앞뒤, 좌우, 위아래, 이런 식으로 말이죠. 이런 경우에는 (+)·(−)부호와 숫자를 조합해서 힘을 표현합니다. 예를 들어 오른쪽을 (+)방향이라고 잡았다면, '−3N'은 왼쪽으로 3N의 크기로 작용하는 힘이라는 뜻이죠.

'작용점'은 힘이 어디에 작용하는가를 말합니다. 물체에 한 개의 힘만 작용한다면 작용점을 파악하는 것이 어렵지 않지만, 물체에 여러 개의 힘이 동시에 작용하는 상황에서는 어떤 힘이 물체에 작용하고 있는지를 파악하는 것이 중요합니다.

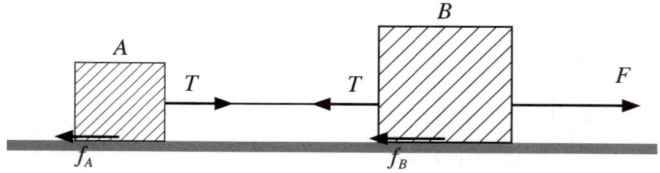

그림을 보면 물체에는 F, 줄이 당기는 힘(T), 마찰력(f_A, f_B)등 여러 가지 힘이 동시에 작용합니다. 각 힘들이 물체의 운동 상태를 어떻게 변화시키는지를 설명하려면, 일단 각 힘들이 어느 물체에 작용하는지(작용점)를 알아야 합니다. 그런 다음 '작용점이 같은 힘들을 합성해서' 힘의 효과를 설명할 수 있습니다.

알짜힘(net force) 구하기 : 힘의 합성

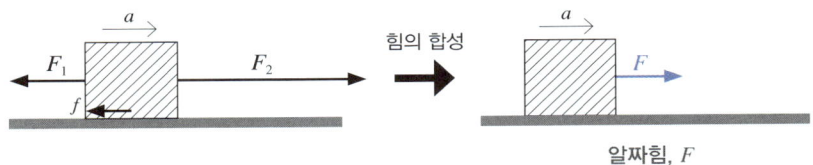

알짜힘, F

정지해 있는 물체에 세 개의 힘(F_1, F_2, f)이 작용합니다. 세 힘의 작용에 의해 물체는 오른쪽으로 a라는 가속도를 가지게 됩니다. **'알짜힘을 구한다' 또는 '세 힘을 합성한다'는 말의 의미는 세 힘이 작용했을 때와 같은 가속도(a)를 가지게 할 수 있는 '한 개의 힘'을 구하는 것**입니다. 알짜힘을 구하면 세 힘이 작용하는 상황을 한 개의 힘이 작용하는 단순한 상황으로 대치할 수 있기 때문에 문제 풀이가 훨씬 쉬워집니다.

알짜힘을 구하려면 작용점이 같은 힘들을 합성하는 방법을 알아야합니다. 앞에서 우리는 물리에서 다루는 값[011]들 중에는 '크기'만 설명해도 온전한 설명이 가능한 값이 있는가 하면 '크기'뿐만 아니라 '방향'에 대한 정보까지 설명해야 하는 값이 있다고 배웠습니다.[012] 예를 들어 '이동 거리'는 물체가 얼마의 거리를 움직였는지 의미하기 때문에 방향에 관계없이 몇 m만 움직였는

---

011 물리에서 다루는 자연 현상과 관련된 값들을 '물리량'이라고 한다.
012 물리에서는 크기만을 가지는 값을 '스칼라', 크기와 방향에 대한 속성을 모두 가지는 값을 '벡터'라고 부른다.

지(크기)만 설명해도 되지만, '변위'는 위치의 변화량이기 때문에 위치가 '어느 방향(방향)'으로 '얼마(크기)'나 변했는지를 설명해야 하므로 방향에 대한 정보도 제공되어야 합니다.

그렇다면 힘은 크기만을 가지는 값일까요, 방향까지 가지는 값일까요. 힘을 온전하게 설명하기 위한 세 가지 요소(작용점, 크기, 방향)에서도 알 수 있듯이 힘은 크기와 방향에 대한 속성을 모두 가지는 값입니다.

물리에서 다루는 값들은 문제의 상황에 따라 더하고 빼는 연산을 해야 할 때가 있습니다. 이때 크기만을 가지는 값과 크기와 방향을 모두 가지는 값은 연산의 방법이 다릅니다. 크기만을 가지는 값인 '질량'을 예로 들어봅시다.

질량 $1kg$인 물체에 $1N$의 힘이 작용했을 때 물체가 얼마의 가속도를 가지는지 구한다고 합시다. 만약 $1kg$ 물체 위에 질량 $1kg$인 물체를 하나 더 올려놓았다면 물체의 질량은 얼마가 될까요? 너무 쉽죠. 답은 $2kg$($1kg+1kg=2kg$)입니다. 크기만을 가지는 값들의 연산은, 여러분에게 익숙한 수의 연산과 같은 방법으로 더하고 빼면 됩니다.

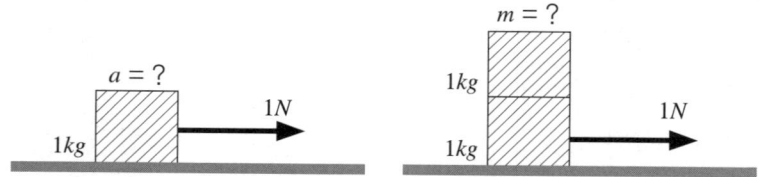

그런데 크기와 방향을 모두 가지는 값의 연산은 좀 다릅니다. 만약 크기 $1N$인 두 힘을 더해서 알짜힘을 구한다고 합시다. 결과는 어떻게 될까요?

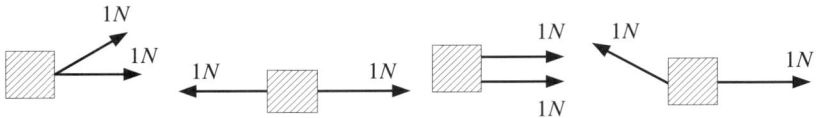

두 힘의 방향에 따라 힘을 더한 결과는 무한대의 가짓수가 나옵니다. 힘의 더하기에서 $1N + 1N$은 $2N$이 될 수도 있고 0이 될 수도 있죠. 그렇다면 힘과 같이 크기와 방향을 모두 가지는 값을 더하는 데 사용할 수 있는 연산법에는 어떤 것이 있을까요?

만약, 두 힘이 같은 방향이나 반대 방향과 같이 서로 나란한 방향으로 작용하는 경우에는, (+) (−) 부호로 힘의 방향에 대한 정보를 표시한 다음, 수의 사칙연산과 같은 방법으로 계산하면 됩니다.

$F_1 = 1N$ ← ▨ → $F_2 = 2N$ $\vec{F_1} + \vec{F_2} = (-1N) + 2N = 1N$

▨ $F_2 = 2N$ → / $F_1 = 1N$ → $\vec{F_1} + \vec{F_2} = 1N + 2N = 3N$

위의 계산에서는 오른쪽을 (+)방향으로 왼쪽을 (−)방향으로 하였습니다. 어느 방향을 (+)방향으로 할지는 전적으로 문제를 푸는 사람의 마음입니다. 대신 어느 방향이 (+)방향인지만 밝혀주면 됩니다.

반면에 두 힘의 방향이 나란하지 않은 경우에는 '평행사변형'법이라는 작도법을 사용합니다. 더해야 하는 두 힘을 화살표로 표현한 다음, 두 화살표

---

013 '크기와 방향을 모두 가지는 값'을 문자로 표기할 때는, '$\vec{F}$'와 같이 문자 위에 '→'를 얹혀주는 방식으로 표기한다.

를 두 변으로 하는 평행사변형을 그린 후 대각선을 그어주면 두 힘을 합한
알짜힘을 구할 수 있습니다.

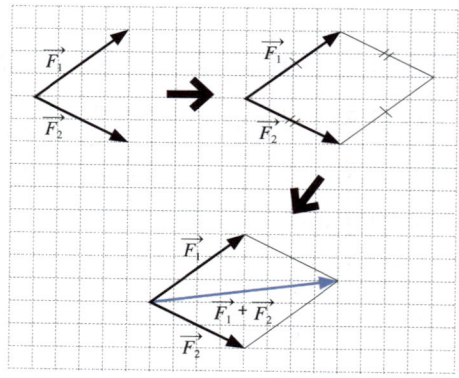

마지막으로 아래 그림의 상황을 이용해서 '알짜힘의 쓰임새'를 정리하겠
습니다.

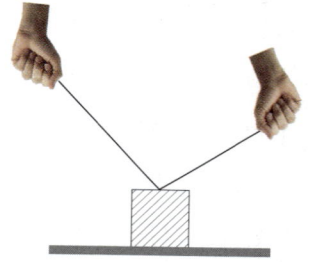

두 사람이 바닥에 놓인 물체에 줄을 연결해서 비스듬한 방향으로 잡아당
깁니다. 여러분은 이 상황에서 물체가 어느 방향으로 움직일지를 알아내야
합니다. 수직하게 올라올까요, 오른쪽으로 또는 왼쪽으로 비스듬하게 올라
올까요? 아니면 움직이지 않을까요? 힘이 여러 개 작용하니까 물체가 어느

방향으로 운동할지를 예측하기가 어렵습니다. 이럴 때 여러 개의 힘을 하나의 알짜힘으로 합성해버리면 힘의 작용을 쉽게 파악할 수 있습니다.

　일단 물체에 작용하는 알짜힘을 구하기 위해서는 물체에 작용하는 모든 힘들을 찾아내야 합니다(이 과정에서 힘의 작용점을 잘 파악하는 능력이 필요한 것이지요). 물체에는 세 가지 힘이 작용합니다. 물체를 비스듬하게 들어 올리는 힘($\vec{F_1}$, $\vec{F_2}$) 2개, 지구가 잡아당기는 중력($\vec{W}$)이 있습니다. 각 힘의 방향과 크기를 측정해서 화살표의 길이와 방향을 결정한 다음 힘을 화살표로 그려보았습니다.

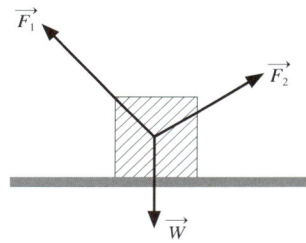

　힘의 방향을 보니 $\vec{F_1}$과 $\vec{F_2}$는 물체를 들어 올리는 데 도움이 되는 힘이고 $\vec{W}$는 방해하는 힘입니다. $\vec{F_1}$과 $\vec{F_2}$의 알짜힘을 구해서 두 힘을 하나의 힘 $\vec{F_3}$로 합성해서 표현합니다.

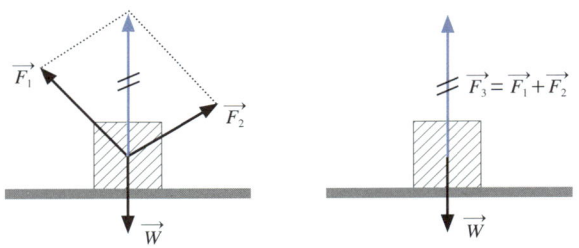

위의 그림에서 $\vec{F_3}$와 $\vec{W}$의 크기와 방향만 비교해도 물체가 어느 방향으로

운동할지 예측할 수 있습니다. $\vec{F_3}$의 방향이 $\vec{W}$와는 반대 방향이고, 화살표의 길이가 더 길기 때문에 물체는 수직하게 윗방향으로 움직일 것입니다.

마지막으로 $\vec{F_3}$와 $\vec{W}$의 알짜힘을 구해서 세 힘을 하나의 힘으로 합성해서 나타냅니다. 결국, 물체가 움직이는 방향은 이 물체에 작용하는 세 힘을 더한 알짜힘의 방향입니다.

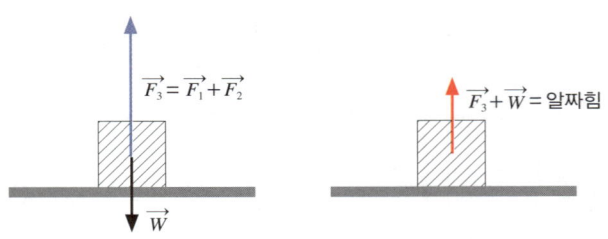

위와 같이 두 개 이상의 힘이 작용하는 복잡한 문제도 알짜힘을 구하면 한 개의 힘이 작용하는 간단한 문제로 바꿀 수 있습니다.

힘의 방향

힘은 운동을 계속하기 위해서 필요한 것이 아니라 운동을 바꾸기 위해서 필요하다는 것이, 뉴턴 역학의 두 번째 법칙인 힘과 가속도의 법칙입니다. 뉴턴이 힘과 운동의 관계를 수학적으로 명확하게 정리함으로써, **힘은 물체의 운동 상태를 변화시키는 원인**이라고 정의할 수 있게 된 것이지요.

다음 그림은 연직 윗방향[014]으로 던져 올린 야구공에 작용하는 힘의 방향을, 고대 역학과 뉴턴 역학의 관점에서 비교한 것입니다. 고대 역학에서는 힘은 운동을 계속하는 데 필요하다고 생각했기 때문에, 힘의 방향은 운동 방

---

014 연직 윗방향은 지면에 수직한 상태로 지면에서 멀어지는 방향.

향과 같아야 한다고 주장했습니다.

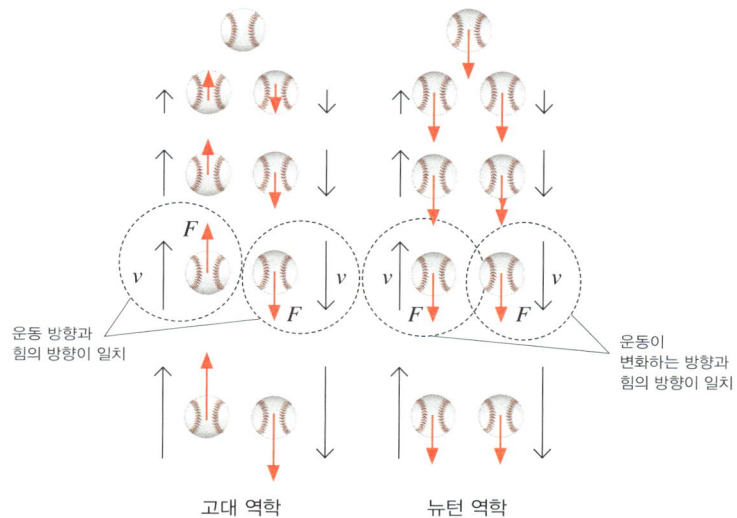

운동 방향과
힘의 방향이 일치

운동이
변화하는 방향과
힘의 방향이 일치

고대 역학   뉴턴 역학

　반면에 뉴턴은 **힘은 운동 상태를 바꾸는 데 필요한 것**이므로 힘의 방향은 운동의 방향과 같은 방향이 아니라, **운동이 변화하는 방향과 같은 방향**이어야 한다고 생각했습니다. 즉, 힘이 작용하는 방향으로 운동 상태(속도)[015]가 변하는 것이지요. 또는 힘이 작용하는 방향으로 가속된다고 표현할 수 있습니다.

　힘의 작용과 운동 상태의 변화에 대한 뉴턴의 생각은 이렇게 정리할 수 있습니다.

015　우리는 앞에서 물체의 운동 상태에 대한 정보를 담고 있는 개념으로 '속도'를 배웠다. 속도는 물체가 어느 방향으로, 얼마나 빠르게 운동하는지에 대한 정보를 담고 있기 때문에 운동 상태를 표현하는 데 적격이다. 그래서 '운동 상태=속도'라고 생각해도 무방하다.

힘은 물체의 운동 상태(속도)를 변화시킨다.

↓

힘이 작용하는 방향으로 물체의 운동 상태(속도)가 변한다.
└ '힘의 방향'과 '속도 변화량'의 방향이 일치한다.

↓

힘이 작용하는 방향으로 물체는 가속된다.
└ '힘의 방향'과 '가속도'의 방향이 일치한다.

개념 넓히기

힘의 방향과 속도 변화량, 가속도의 방향

연직 위로 던져 올린 야구공의 운동에서 속도 변화량과 가속도의 방향을 구하는 방법으로 야구공에 작용하는 힘의 방향을 알아보겠습니다. 좀 어렵지만 한번 도전해 보는 거예요.

속도 변화량과 가속도의 관계는 다음과 같다는 것을 배웠습니다.

$$가속도 = \frac{속도의\ 변화량}{걸린\ 시간} = \frac{나중\ 속도 - 처음\ 속도}{걸린\ 시간}$$

식에 따르면 속도가 변하는 방향(속도 변화량의 방향)은 가속도의 방향과 같습니다. '속도'는 크기와 방향을 모두 가지는 값이므로 앞에서 배운 화살표를 이용한 연산법을 사용해서 '속도 변화량'을 구할 수 있습니다.

자, 그럼 야구공의 운동에서 속도 변화량과 가속도의 방향을 구해봅시다.

먼저 야구공이 연직 위로 올라가는 구간입니다. 야구공은 위로 올라가는 구간에서는 속도가 느려집니다. 속도를 화살표로 나타낸 다음 속도 변화량을 구해봅니다.

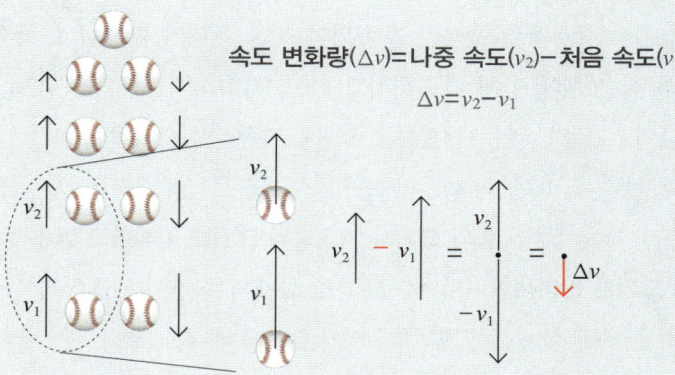

속도 변화량($\triangle v$)＝나중 속도(v_2)－처음 속도(v_1)

$$\triangle v = v_2 - v_1$$

속도 변화량($\triangle v$)이 연직 아랫방향이므로 연직 아랫방향으로 가속도를 가집니다. 따라서 힘의 방향은 연직 아랫방향입니다.

이번에는 야구공이 연직 아래로 내려오는 구간입니다. 야구공이 아래로 내려오는 구간에서는 속도가 점점 빨라집니다.

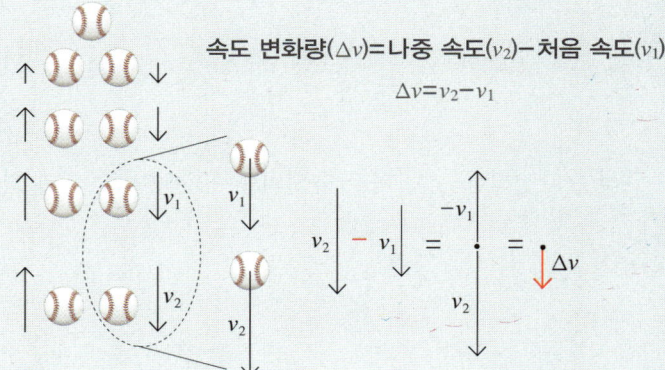

속도 변화량($\triangle v$)＝나중 속도(v_2)－처음 속도(v_1)

$$\triangle v = v_2 - v_1$$

야구공이 내려오는 구간에서도 속도 변화량($\triangle v$)은 연직 아랫방향이므로 연직 아랫방향으로 가속도를 가집니다. 따라서 힘의 방향은 연직 아랫방향입니다.

힘과 가속도의 법칙

물체에 힘이 작용하면 물체는 가속되어 운동 상태가 변합니다. 물체의 질량에 따라 작은 힘에 쉽게 가속되기도 하고, 가속시키는 데 큰 힘이 필요하기도 합니다. 뉴턴의 운동 제2법칙은 물체를 가속시키는 데 영향을 주는 두 요인인 '힘'과 '질량'이 가속도와 어떤 관계가 있는지를 정량적[016]으로 설명해줍니다.

결론부터 이야기하면 **힘의 크기와 가속도의 크기는 비례하고 물체의 질량과 가속도의 크기는 반비례**합니다. 예를 들면, 물체의 질량이 일정하게 유지되는 상황에서, 물체에 작용하는 힘의 크기가 2배, 3배, 4배 증가하면 물체의 가속도도 2배, 3배, 4배 증가합니다.

$$a \propto F \ (단, \ m=일정)$$

그리고 물체에 작용하는 힘의 크기가 일정하게 유지되는 상황에서, 물체의 질량이 2배, 3배, 4배 증가하면, 물체의 가속도는 1/2배, 1/3배, 1/4배로 감소합니다.

$$a \propto \frac{1}{m} \ (단, \ F=일정)$$

이것을 수식으로 정리한 것이 바로 뉴턴의 운동 제2법칙, 힘과 가속도의 법칙입니다.

$$\therefore a \propto \frac{F}{m} \ \rightarrow \ a = \frac{F}{m}, \ F = ma$$

---

016 '정량적'이라는 것은, 힘이 2배 되면 가속도의 크기가 몇 배가 되는지, 질량이 3배가 되면 가속도의 크기가 몇 배가 되는지와 같이 두 변인의 양적 관계를 정확하게 설명할 수 있는 것을 의미한다.

예를 들면, 질량이 $1kg$인 물체를 $1m/s^2$의 가속도를 가지도록 가속시키는 데 $1N$의 힘이 필요하다면 같은 질량의 물체를 $2m/s^2$의 가속도로 가속시키는 데는 얼마의 힘이 필요할까요? 힘의 크기와 가속도의 크기가 비례하기 때문에 2배 큰 가속도로 가속시키려면 2배 큰 힘이 필요합니다. 즉, $2N$의 힘이 필요한 것이지요.

힘과 가속도의 법칙($F=ma$)은 아마도 물리학을 대표하는 법칙이라고 할 수 있을 거예요. 물리라면 몸서리치는 사람들도 '$F=ma$'라는 공식은 다 알고 있더라고요. 그만큼 힘과 가속도의 법칙은 물리 공부의 기초 중에 기초라고 할 수 있습니다. 따라서 힘과 가속도의 법칙을 실험을 통해서 유도하는 과정을 살펴보는 것도 중요합니다. 워낙 중요한 내용이라 지금부터 이어지는 설명들은 시험에도 자주 출제된답니다. 법칙을 유도하는 과정이 좀 복잡하고 어렵더라도 인내심을 가지고 도전해봅시다. 이게 이해된다면 타임머신을 타고 뉴턴이 살던 시절로 가서 뉴턴과 맞짱을 뜰 수 있는 내공을 가지게 되는 셈입니다. 자~ 출발!!

먼저 힘과 가속도 사이의 관계를 알아봅시다.

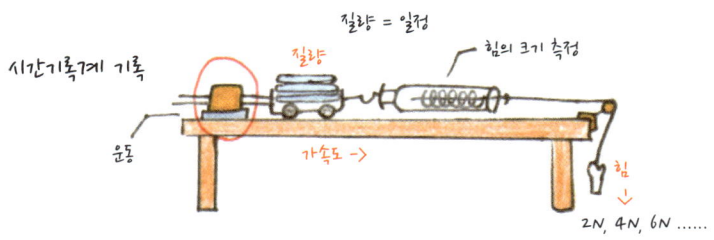

이 실험은 힘과 가속도 사이의 관계를 알아보는 것이 목적입니다. 따라서 수레에 작용하는 힘의 크기를 변화시켜가면서 수레의 가속도를 측정하는 방법으로 설계되었습니다. 이때 실험 목적에 따라 의도적으로 바꿔주는 값을 '조작 변인'이라고 하는데, 이 실험에서는 힘의 크기를 바꿔가면서 가속도를 측정하므로 조작 변인은 '힘의 크기'입니다. 반면에 가속도는 수레에 작용하는 힘의 크기에 따라 이리 저리 변하는 값입니다. 그래서 조작해주는 변인에 종속되어 있다는 뜻에서 '종속 변인'이라고 부릅니다. 이 실험에서는 '가속도'가 종속 변인입니다. 그런데 주의할 점이 있습니다. **가속도는 힘의 크기 변화에 영향을 받음과 동시에 수레의 질량 변화에도 영향을 받습니다. 따라서 힘과 가속도 사이의 관계를 알아보는 실험에서는 힘 외에 가속도에 영향을 줄 수 있는 모든 요인들을 통제해줄 필요가 있습니다.** 이처럼 실험 목적을 달성하기 위해서 일정하게 통제해주는 변인들을 '통제 변인'이라고 합니다. 이 실험에서 통제 변인은 여러 가지가 있을 수 있지만 가장 잘 통제해야 할 변인은 '질량'입니다. 물론 각종 마찰이나 저항과 같이 실험상의 오차를 줄이기 위해서 일상적으로 통제하는 변인들도 있습니다.

힘의 크기와 가속도의 크기가 어떤 관계에 있는지를 알고 싶다면 힘의 크기를 2배, 3배, 4배 변화시켜가면서 가속도의 크기가 어떻게 변하는지 조사해보는 방법을 사용합니다. 만약 힘의 크기가 2배, 3배, 4배 증가했더니 가속도의 크기도 2배, 3배, 4배 증가했다면 힘의 크기와 가속도의 크기가 서로 비례하는 관계에 있다고 결론 내릴 수 있는 것이지요. 하지만 실제 실험을 해보면 아무리 정밀하게 실험 환경을 통제해도 실험한 값들이 정확하게 2배, 3배, 4배 증가하는 것으로 나오지 않습니다. 보통은 실험을 아주 정밀하게 잘 수행할 경우 그래프에 찍힌 값들이 다음 그림과 같이 어떤 경향성을 띠고 배열됩니다.

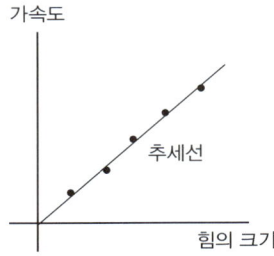

'힘의 크기'와 '가속도' 그래프의 데이터들이 직선 추세선에 근접해서 배열되어 있으므로 두 값은 서로 비례 관계가 성립한다고 해석할 수 있다.

가속도 ∝ 힘의 크기

실험값들이 모두 직선 위에 올라가 있는 것은 아니지만 직선 부근에 대단히 근접해서 배열되어 있는 것을 알 수 있습니다. 이 때 실험값들이 배열된 경향성을 파악하기 위해 그어주는 보조선을 **'추세선'**이라고 합니다. 위의 그래프처럼 추세선이 직선으로 그려질 경우 가로축 값과 세로축 값이 서로 비례 관계에 있다고 실험적으로 해석할 수 있는 것이지요. 추세선은 점과 점을 단순히 선분으로 연결해서 그리는 것이 아닙니다. 점들이 배열된 경향성이 드러나도록 직선 또는 곡선을 그려주는데, 그래프에 찍힌 점들이 최대한 추세선 근처에 분포되어야 합니다.

그림은 실험 결과를 그래프로 정리한 것입니다.

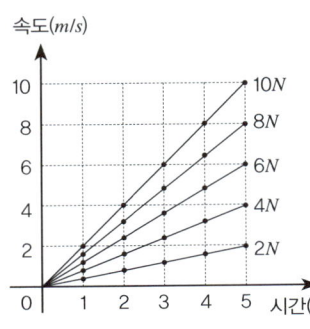

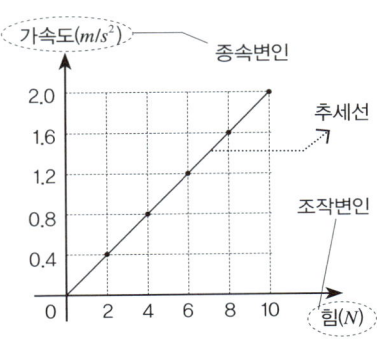

이 그래프에서 기울기를 구하면 힘의 크기에 따른 가속도 값을 구할 수 있습니다. 오른쪽 그래프는 힘의 크기에 따른 가속도의 변화를 나타낸 것입니다.

일반적으로 조작 변인은 그래프의 수평축에 배치하고 종속 변인은 수직축에 배치합니다. 두 변인들 사이의 관계를 알아보는 데에는 그래프에 '추세선'을 그어 경향성을 파악하는 방법을 사용했습니다.

힘-가속도 그래프를 보면, 그래프에 찍힌 점들이 직선 추세선 위에 배열되어 있으므로, 힘과 가속도는 비례 관계에 있다고 해석할 수 있습니다.[017] '비례 관계'란, 힘의 크기가 2배, 3배, 4배 증가하면 가속도 값도 2배, 3배, 4배 증가한다는 것을 의미합니다.

$$a \propto F(단, m=일정)$$

다음으로 질량과 가속도 사이의 관계를 알아봅시다.

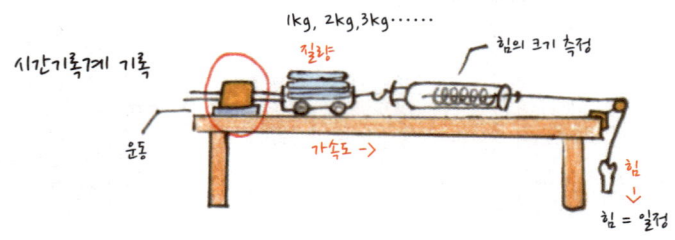

---

017 조작 변인이 증가할 때, 종속 변인이 함께 증가하는 경우 두 변인이 비례 관계에 있다고 성급하게 결론 내리기 쉽다. 비례 관계는 위의 그래프와 같이 두 변인들 간의 데이터가 직선 추세선을 따라 배열될 때에만 사용할 수 있다.

이번에는 질량 값을 변화시켜 가면서 가속도의 변화를 측정하는 방법으로 실험을 수행합니다. 대신, 수레에 작용하는 힘의 크기는 일정하게 통제합니다. 따라서 조작 변인은 '수레의 질량', 종속 변인은 '가속도', 통제 변인은 '힘의 크기'가 되겠습니다.

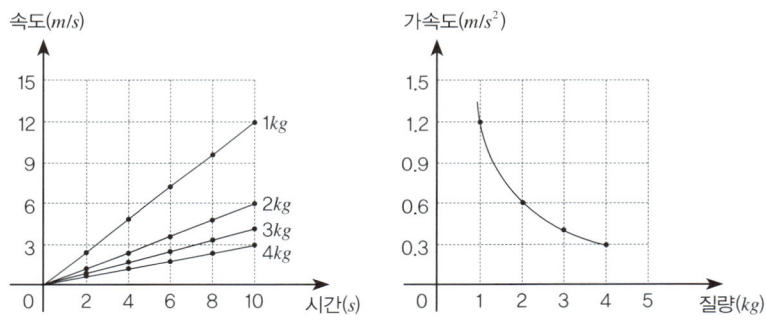

질량-가속도 그래프를 보면 질량이 증가하면 가속도는 감소하는 경향성을 보입니다.[018] 추세선은 곡선으로 그려집니다. 일단, 질량이 증가함에 따라 가속도가 감소하므로 반비례 관계가 의심됩니다. 하지만, 성급하게 반비례 관계라고 결론을 내려서는 안 됩니다. 만약 두 값이 반비례 관계라면, 두 값의 곱이 항상 일정해야 합니다. 반비례 관계는 한 변인이 2배, 3배, 4배 증가할 때 다른 변인은 1/2배, 1/3배, 1/4배가 되는 관계입니다. 따라서 두 변인의 곱은 항상 일정한 값을 가집니다($2 \times \frac{1}{2} = 3 \times \frac{1}{3} = 4 \times \frac{1}{4}$).

위의 그래프에서 질량과 가속도의 곱을 구해보면 항상 같은 값을 가집니다. 따라서 질량과 가속도는 반비례 관계가 맞습니다.

---

018 비례 관계의 해석에서와 마찬가지로 한 변인이 증가할 때 다른 변인이 감소한다고 성급하게 두 변인이 반비례 관계라고 해석해서는 안 된다. 비례 관계, 반비례 관계는 정확한 값들의 추세를 확인한 뒤 해석해야 한다.

$$a \propto \frac{1}{m} \text{ (단, } F = 일정\text{)}$$

이 외에도 질량과 가속도가 반비례 관계에 있다는 것을 알아낼 수 있는 다른 방법이 있습니다. 추세선을 이용하는 방법인데요. '$\frac{1}{질량}$ – 가속도' 그래프를 그려서 '가속도'와 '$\frac{1}{질량}$'이 비례 관계에 있다는 것을 알아내는 것이지요.

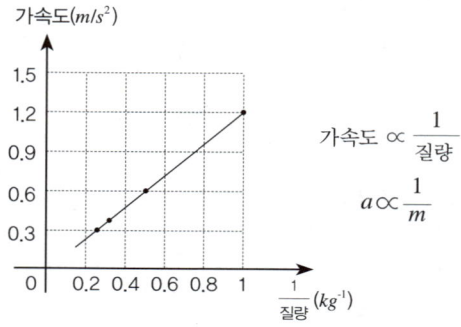

두 실험을 통해 가속도와 힘, 가속도와 질량 사이의 관계를 각각 구했습니다. 이제는 두 비례식을 합쳐서 힘, 가속도, 질량의 관계가 모두 포함된 하나의 식을 유도해봅시다. 실험을 통해 구한 가속도, 질량, 힘의 관계를 하나의 식으로 합쳐보겠습니다.

$$a \propto F \ \& \ a \propto \frac{1}{m} \ \therefore \ a \propto = \frac{F}{m}$$

이 비례식은 적당한 비례 상수만 넣어주면 좌변과 우변이 등호(=)로 연결되는 다음과 같은 관계식으로 바꿀 수 있습니다.

$$a = k\frac{F}{m}$$

이제 비례 상수를 적당한 값으로 결정해주면 뉴턴의 힘과 가속도의 법칙이 완성됩니다. 비례 상수로는 어떤 값이 좋을까요? 식이 간단해지려면 비례 상수가 1이 되는 것이 가장 좋겠죠. 과학자들도 비슷한 생각을 했을 겁니다. 그래서 비례 상수가 1이 되도록 힘의 단위를 결정했답니다. 1N은 질량 1kg의 물체를 1m/s²로 가속시키는 데 필요한 힘으로 말이죠.

$$F = ma, \ [1N] = [1kg \cdot m/s^2]$$

개념정리

뉴턴의 운동 제2법칙 : 힘과 가속도의 법칙

• 물체에 힘이 작용하면, 물체는 알짜힘이 작용하는 방향으로 가속된다.
• 가속도는 힘의 크기에 비례하고, 질량에 반비례한다.

$$a = \frac{F}{m}, \ F=ma$$

뉴턴의 운동 제3법칙 : 작용·반작용의 법칙

쌤에겐 아픈 추억이 있어요. 대학교 신입생 시절에 짝사랑하던 여자 친구 때문이죠. 그때 친한 친구 녀석 하나가 용기를 내 고백해보라면서 이렇게 말해줬던 기억이 납니다.

"네가 그녀를 정말 좋아한다면 가서 고백해. 그녀도 너에게 호감을 가지고 있을지 모르잖아. 절대 그녀가 먼저 너에게 다가오지는 않아! 작용이 있어야 반작용이 있는 거니까. 비록 반작용이 네 가슴을 찔러 아프게 할지라도……. 사랑은 저절로 네 가슴속으로 걸어 들어오지 않아."

　사람과 사람 사이의 관계는 상호작용입니다. 내가 보낸 관심과 배려에 상대방이 화답하는 것이 인간관계의 기본이지요. 인간관계는 쌍방향 소통이랍니다. 이렇게 주고받는 것이 사람 사이의 관계에만 중요한 건 아닙니다. 힘의 작용에서도 '**상호작용**'은 가장 기본적인 규칙입니다.

상호작용(interaction)

　"힘은 외톨이로 작용하지 않는다"는 것이 뉴턴의 운동 제3법칙, 작용·반작용의 법칙입니다. **상대방에게 힘을 작용하여 반드시 상대방으로부터 같은 크기의 힘을 반대 방향으로 되돌려 받는다**는 것이지요. 작용·반작용에 대해 잘 이해하려면 작용점에 대한 개념을 잘 잡고 있어야 합니다.

　그림처럼 빙판 위에서 스케이트를 신은 상태로 벽을 밀면 스케이트를 신은 사람이 벽으로부터 밀려납니다. **사람이 벽을 밀었으므로 이 힘의 작용점은 '벽'입니다. 따라서 벽을 미는 힘은 벽에 작용하는 힘이기 때문에 사람의 운동 상태를 변화시킬 수 없습니다. 사람의 운동 상태를 변화시킬 수 있는 힘은 사람에게 작용하는 힘이어야 합니다.** 즉, 작용점이 사람이어야 합니다. 그림에서 사람이 벽을 밀었음에도 불구하고 사람이 벽으로부터 밀려난다는 것은 사람이 벽을 밀면 벽도 사람을 밀어낸다는 것을 의미합니다.

사람이 벽을 미는 힘 / 벽이 사람을 미는 힘

사람이 벽을 미는 힘을 '작용'이라고 했을 때, 벽도 사람에게 같은 크기의 힘을 반대 방향으로 되돌려 주는데, 이 힘을 '반작용'이라고 합니다. 이처럼 모든 힘은 서로 주고받는 '상호작용'이라는 것이 뉴턴의 운동 제3법칙인 '작용·반작용의 법칙'입니다.

추진력

앞에서 트럭을 움직이게 하는 힘은 무엇인지에 대해 물은 적이 있습니다. 트럭을 움직이게 하는 추진력에 대한 이야기를 작용·반작용의 관점에서 다시 설명해보겠습니다.

일단 트럭이 움직이기 위해서는 엔진이 작동해야 합니다. 엔진에서는 연료를 연소시켜 바퀴를 회전시키는 회전력을 만들어냅니다. 바퀴가 회전하면 타이어와 바닥 사이에 마찰력이 작용합니다. 먼저 바퀴의 회전에 의해 타이어는 바닥을 미는데, 이 힘을 '작용'이라고 합시다. '작용'은 바닥에 작용하는 힘이므로 트럭을 움직일 수 있는 힘이 아닙니다. 트럭을 움직이는 힘은 트럭에 작용하는 힘이어야 합니다. 그렇다면 어떤 힘이 트럭을 움직이게 할까요? 바로, 타이어가 바닥을 밀었을 때, 되돌려 받는 '반작용'입니다. 즉, 타이어가 바닥을 밀 때 되돌려 받는 반작용이 트럭을 움직이게 하는 추진력입니다.

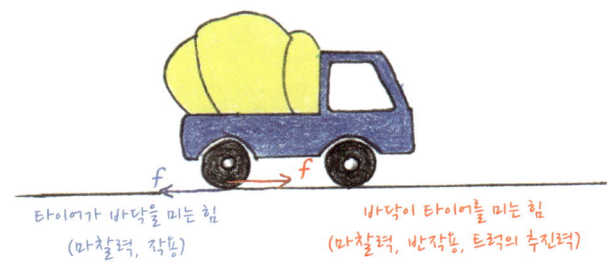

타이어가 바닥을 미는 힘
(마찰력, 작용)

바닥이 타이어를 미는 힘
(마찰력, 반작용, 트럭의 추진력)

물론, 바퀴의 회전력이 없었다면 작용도 없었을 것이고 트럭이 되돌려 받는 반작용도 없을 테니까, 엔진의 회전력을 추진력이라고 하는 것이 전혀 틀린 표현은 아닙니다. 하지만, 작용점의 개념을 적용해서 엄밀하게 이야기한다면, 트럭을 움직이게 하는 추진력은 바닥이 트럭에 되돌려주는 반작용이라고 할 수 있습니다.

반작용이 추진력이 되는 사례는 아주 많습니다. 사진은 단거리 육상경기에서 선수들의 빠른 출발을 도와주는 '스타팅 블록'이라는 것입니다.

출발 총성과 동시에 선수들은 스타팅 블록을 힘차게 찹니다. 발이 스타팅 블록을 밀어내는 힘을 '작용'이라고 하면, 스타팅 블록은 반드시 선수들의 발에 '반작용'을 되돌려줍니다. 스타팅 블록이 선수의 발을 밀어내는 힘이 바로 선수들을 운동하게 하는 추진력이 되는 것이지요.

이것만은 꼭!!

작용 : A가 B에 작용하는 힘(작용점 : B)

반작용 : B가 A에 되돌려 주는 힘(작용점 : A)

힘의 평형과 작용·반작용

앞에서 우리는 한 물체에 두 개 이상의 힘이 작용할 때, 두 힘을 합성해서 알짜힘을 구하는 방법을 배웠습니다. 한 물체에 작용한 두 개의 힘을 합성해서 알짜힘을 구한 결과 알짜힘의 크기가 0이라면, 물체에는 분명히 힘이 작용하고 있지만 물체의 운동 상태는 변하지 않습니다. 정지해 있는 물체는 계속 정지해 있고 운동하고 있던 물체는 등속 직선 운동을 합니다. 이처럼 **물체에 작용하는 힘들이 서로 비겨서 알짜힘이 0인 상태에 있을 때, 물체에 작용하는 힘들은 '힘의 평형'을 이루고 있다고 합니다.**

탁자 위에 물체가 놓여 있습니다. 이 물체에 어떤 힘들이 작용하는지 찾아봅시다. 먼저, 지구가 물체를 끌어당기는 중력이 보입니다. 물체에 중력이 작용하면 물체는 중력이 작용하는 방향으로 운동하려 할 것입니다. 그런데 물체가 움직이려는 방향을 탁자가 가로막고 있어요. 따라서 물체는 탁자를 누를 것입니다. **물체가 탁자를 누르는 힘을 '작용'이라고 하면, 탁자는 물체에게 '반작용'을 되돌려 보낼 것입니다. 이 힘이 바로 탁자가 물체를 떠받치는 힘입니다.**

지금까지 찾아낸 힘들을 정리해봅시다. 먼저, 탁자 위에 놓여 있는 물체에는 두 개의 힘이 작용하고 있습니다. 지구가 물체를 끌어당기는 힘(중력), 바닥이 물체를 떠받치는 힘.

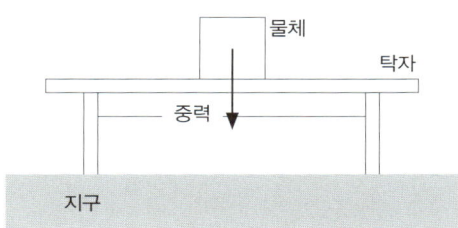

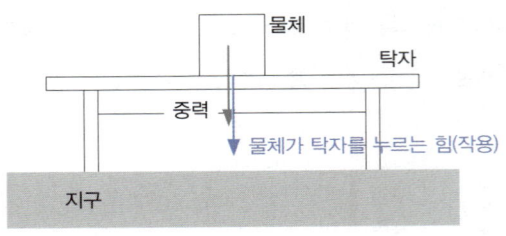

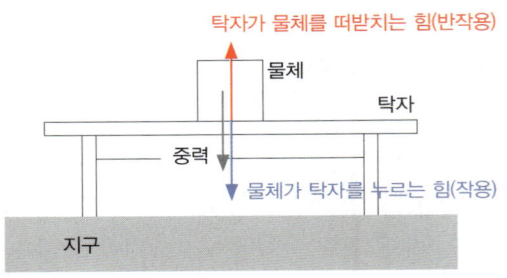

　물체는 탁자 위에 멈춰 있으므로 알짜힘이 0입니다. 따라서 두 힘은 크기가 같고 서로 반대 방향으로 작용합니다. 이처럼 힘의 평형을 이루는 힘들은 다음의 조건을 만족해야 합니다.

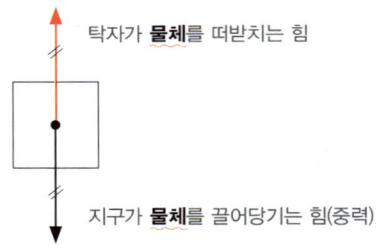

힘의 평형

- 한 물체에 작용하는 힘이어야 한다.(작용점 동일)
- 힘의 방향이 반대이고 크기가 같아야 한다.

반면에, 다음의 두 힘은 '작용·반작용' 관계입니다. 물체가 탁자를 누르는 힘에 대한 반작용으로 탁자가 물체를 떠받치는 힘이 작용했습니다. 두 힘은 크기가 같고 서로 반대 방향으로 작용하는 힘입니다.

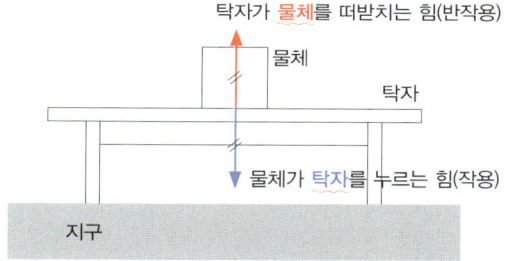

그렇다면, 두 힘은 서로 평형을 이룰 수 있을까요?

두 힘은 평형을 이룰 수가 없습니다. 왜냐하면, 두 힘은 한 물체에 작용하는 힘이 아니니까요. 서로 다른 물체에 작용하는 힘이 어떻게 서로 비길 수 있겠어요? 알짜힘을 구한다는 것 자체가 성립하지 않습니다. 즉 두 힘은 작용점이 다르기 때문에 힘의 평형을 이룰 수 없습니다. 작용·반작용 관계에 있는 힘은 서로 반대 방향으로 작용하고 힘의 크기도 같기 때문에 자칫 평형을 이루는 힘으로 착각하기 쉽습니다. 하지만 '힘의 평형'과 '작용·반작용'은 작용점에 대한 확실한 개념을 잡고 있으면 쉽게 구별할 수 있습니다.

위의 그림에서 '물체가 탁자를 누르는 힘'과 '탁자가 물체를 떠받치는 힘'은 서로 쌍으로 작용하는 '작용·반작용' 관계에 있는 힘들입니다. 그렇다면, **'지구가 물체를 끌어당기는 힘(중력)'의 짝이 되는 힘은 무엇일까요? 중력이 '지구가 물체(작용점)를 끌어당기는 힘'이므로 반작용은 '물체가 지구(작용점)를 끌어당기는 힘'입니다.**

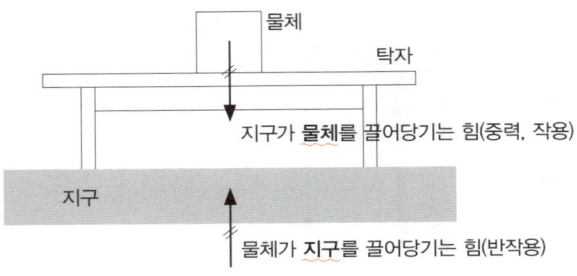

개념정리

뉴턴의 운동 제3법칙 : 작용·반작용의 법칙

• 모든 힘은 서로 쌍으로 작용한다(힘은 상호작용이다).
• '작용'과 '반작용'은 힘의 크기가 같고 서로 반대 방향으로 작용하는 힘이지만 작용점이 다르기 때문에 평형을 이룰 수 없다.

그림과 같이 질량이 2*kg*, 4*kg*인 두 물체 A, B를 맞닿게 놓고 손가락으로 물체 A를 12N의 힘으로 오른쪽으로 밀었다.

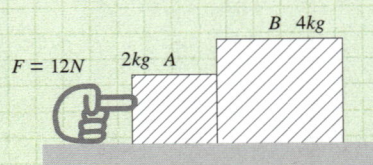

1. 두 물체는 얼마의 가속도로 운동할까?(단, 바닥과의 마찰력이나 공기의 저항력은 무시할 수 있을 정도로 작다)

2. 두 물체에 작용하는 모든 힘을 화살표를 사용하여 표시하고 각 힘에 대해 설명하시오.

1. 두 물체를 손가락으로 밀면 두 물체는 같은 속도 같은 가속도로 오른쪽으로 움직일 것입니다. 따라서 두 물체는 질량이 6*kg*인 한 개의 물체처럼 생각해도 되겠습니다. 힘과 가속도의 법칙에 따르면 물체에 작용하는 힘, 질량, 가속도 사이에는 다음과 같은 관계식이 성립합니다.

$$F=ma, \ a=\frac{F}{m}$$

물체에 작용한 힘의 크기가 12N이고 두 물체의 질량의 합이 6kg이므로 물체의 가속도는 다음과 같습니다.

$$a = \frac{F}{m} = \frac{12N}{(2kg + 4kg)} = 2m/s^2$$

2. 물체 A를 손가락으로 밀면, 물체 A는 오른쪽으로 움직이려 할 것입니다. 그런데 물체 A의 오른쪽을 물체 B가 가로막고 있으므로 물체 A는 물체 B를 오른쪽으로 밀게 됩니다. 작용·반작용 법칙에 따르면 물체 A가 물체 B를 밀면 반드시 이 힘에 대한 반작용을 물체 A는 되돌려 받게 됩니다. 즉, 물체 A에는 물체 B를 민 힘과 똑같은 크기의 힘이 반대 방향으로 작용할 것입니다. 지금까지 설명한 힘들을 화살표로 나타내면 그림과 같습니다.

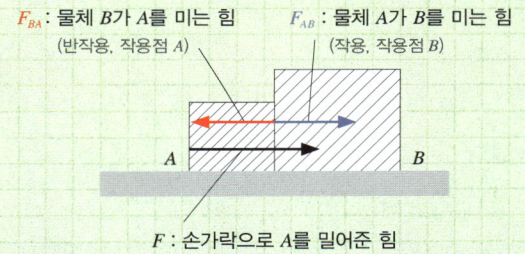

F_{BA} : 물체 B가 A를 미는 힘
(반작용, 작용점 A)

F_{AB} : 물체 A가 B를 미는 힘
(작용, 작용점 B)

A B

F : 손가락으로 A를 밀어준 힘

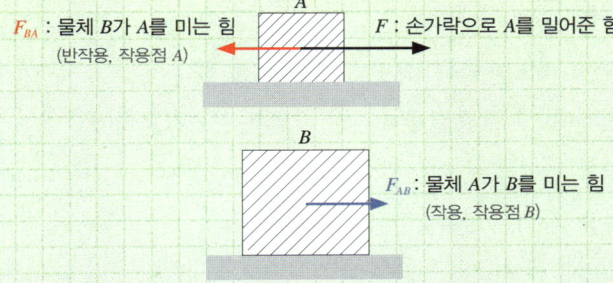

A

F_{BA} : 물체 B가 A를 미는 힘
(반작용, 작용점 A)

F : 손가락으로 A를 밀어준 힘

B

F_{AB} : 물체 A가 B를 미는 힘
(작용, 작용점 B)

① 물체에 힘이 작용하면 물체의 속도가 변한다.

② 물체에 아무런 힘이 작용하지 않거나, 알짜힘이 0이면 물체의 운동 상태는 변하지 않는다.

= 물체의 운동 상태를 변화시키기 위해서는 힘이 작용해야 한다.

→ **관성의 법칙 (뉴턴의 운동 제1법칙)**

③ '**관성**'은 '**운동 상태의 변화에 저항하는 성질**'이며, 질량이 클수록 관성이 크다.(관성의 크기 = 질량)

④ 물체에 **힘이 작용하지 않으면** 물체는 자신의 **운동 상태를 그대로 유지**한다. 정지해 있는 물체는 계속 정지해 있고 운동하던 물체는 등속 직선 운동을 유지한다.

⑤ **힘**은 물체의 **운동 상태**(속도)**를 변화**시킨다. 힘이 작용하는 방향으로 물체는 가속된다.

= 힘의 방향과 가속도의 방향은 같다.

⑥ **가속도**는 물체에 작용하는 **힘의 크기에 비례**하고, **질량에 반비례**한다.

$$a = \frac{F}{m}, \ F = ma$$

→ **힘과 가속도의 법칙 (뉴턴의 운동 제2법칙)**

⑦ 모든 힘은 서로 **쌍으로 존재**한다. = **힘은 상호작용**이다.

> 작용 : A가 B에 작용하는 힘(작용점 : B)
>
> 반작용 : B가 A에 되돌려 주는 힘(작용점 : A)

→ 작용·반작용의 법칙 (뉴턴의 운동 제3법칙)

⑧ **'작용'**과 **'반작용'**은 힘의 크기가 같고 서로 반대 방향으로 작용하는
힘이지만 작용점이 다르기 때문에 서로 평형을 이룰 수는 없다.

제3강

여러 가지
힘에 의한 운동

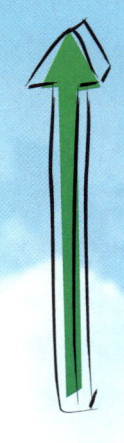

　피아노, 기타, 리코더 같은 악기를 연주해본 사람들을 느낄 거예요. '이번에는 이쪽 건반을 눌러야지', '손가락으로 이 구멍을 막아야지' 이런 생각을 하면서 악기를 연주하지는 않는다는 것을 말이죠. 악기 연주가 익숙해지면 머리가 아니라 몸이 음악을 연주하게 되죠. 공부도 마찬가지랍니다. 생각의 근육을 키워주는 것이 중요합니다. 사람의 뇌는 1000억 개나 되는 신경 세포들이 복잡한 회로를 이루고 있다고 해요. 사람이 생각을 할 때마다 신경 세포들이 서로 연결되면서 새로운 신경 회로들이 만들어지죠. 이 회로가 활성화되어 있는 상태를 우리는 '기억'이라고 부른답니다. 시간이 흐르면 회로는 활기를 잃고 사람들은 '망각'하게 되지요. 그런데 공부한 내용을 복습해주고 다양한 사례에 적용해보는 훈련을 반복해주면 회로에 극적인 변화가 일어난다고 합니다. 처음에 회로가 만들어질 때는 신호의 세기도 약하고 회로가 복잡하게 구성되는 경향이 있어요. 그런데 생각의 훈련이 반복될수록 회로가 단순해지고 뇌세포들이 주고받는 신호의 세기도 강해진다고 합니다. 이런 회로는 시간이 지나도 쉽게 활기를 잃지 않습니다. 단순히 기억이 오래 유지되는 것뿐만 아니라 생각의 질까지 업그레이드된다고 합니다. 생각의 근육이 튼튼해지는 것이죠.

　앞에서 우리는 운동이 무엇인지, 물리에서 운동은 어떻게 설명해야 하는지, 운동을 일으키는 원인은 무엇인지에 대해 배웠습니다. 영어 공부에 비유하면 기초 문법을 배운 셈이지요. 문법을 아무리 열심히 공부하면 뭐 합니까? 외국사람 앞에서 말 한마디 못해서야 문법 공부의 쓸모를 느낄 수가 없겠죠. 그래서 필요한 것이 '실전'이고 '적용'입니다. 힘이 작용하면 어떤 일이 일어나는지 일반 문법을 배웠으니까 이제 배운 문법을 중력이라는 힘, 마찰력이라는 힘에 적용해보고, 빗면에서 운동하는 상황, 도르래로 물체를 들어 올리는 상황, 물체를 하늘 위로 던져 올리는 상황에 적용해보자는 거지요.

이제 3강부터는 우리 주변에서 경험할 수 있는 여러 종류의 힘에 대해서 공부합니다. 그리고 중력, 마찰력, 탄성력과 같은 힘이 작용하는 상황에서 뉴턴의 운동 법칙을 적용해서 여러 문제들을 해결해볼 거예요. 헬스클럽 트레이너들이 항상 하는 말이 있어요. "근육에 무리가 가지 않도록 운동하는 것도 중요하지만, 근육통을 겪지 않고 근육이 강해지는 일은 없다!" 생각의 근육을 키우는 일도 마찬가지입니다. 어느 정도 난이도가 있고 도전적인 문제들을 풀어줘야 생각의 근육이 울퉁불퉁해진답니다.

"쌤, 설명해 주실 때는 알겠는데 막상 수식이랑 그래프, 그림 같은 것들을 보면 머리가 다시 어지러워져요!!"라고 하소연하는 친구들도 보이네요. 하지만 너무 걱정할 필요 없습니다. 무조건 외우지 말고 하나하나 이치를 생각하다 보면, 그래서 작은 이해의 몫들이 차곡차곡 쌓이다 보면 어느 순간 고개를 끄덕이게 될 테니까요. 자, 기운 내고! 다시 출발~!!

등속 직선 운동과 등가속도 직선 운동

'등속 직선 운동', '등가속도 직선 운동'이라고 하니까 말이 참 딱딱하지요. 뭔가 대단히 어려운 내용 같고……. 물리에서 사용하는 무미건조하고 딱딱한 용어 때문에 겁부터 먹을 필요는 없습니다. 스마트폰을 처음 샀을 때

'동기화' 해라, 위치 정보를 '푸쉬' 해라 이런 걸 자꾸 물어보는 통에 이걸 '탭' 해도 되는지 안 되는지 몰라서 허둥댔던 기억이 다들 있을 거예요. 그런데 스마트폰을 며칠만 사용해보면 동기화 별거 아니잖아요? 괜히 말만 어렵지. 그런 거예요. 등속 직선 운동, 등가속도 직선 운동도 별거 아니랍니다.

등속 직선 운동은, 말 그대로 등속, 즉 속력이 일정한 상태로 직진하는 운동입니다. 직선으로 곧장 뻗은 고속도로에서 일정한 속력으로 주행하고 있는 상황이라고 생각하면 될 거예요.

반면에 등가속도 직선 운동은, 말 그대로 등가속도, 즉 가속도가 일정한 상태로 직진하는 운동이라는 뜻이죠. 가속도가 일정한 운동이니까 속력이 일정한 비율로 빨라지거나 느려질 거예요. 예를 들어 1초당 속력이 $1km/h$씩 빨라진다든지 느려지는 경우가 등가속도 직선 운동이죠.

등속 직선 운동은 운동하는 물체에 힘이 전혀 작용하지 않거나 알짜힘이 0일 때 일어납니다. 만약 고속도로에서 등속 직선 운동을 하고 있다면 자동차 엔진이 만들어내는 힘이 공기의 저항력, 도로와의 마찰력 등과 비겨서 알짜힘이 0인 상태이겠죠. 실생활에서 등속 직선 운동을 경험하는 일은 쉽지 않아요. 도로에서는 차들이 가다 서다를 반복하니까 일정한 속력을 유지하기가 어렵죠. 간혹 기차나 지하철의 직선 구간에서는 등속 직선 운동을 경험할 수 있겠네요. 그리고 요즘 생산되는 고급 승용차에는 '크루즈 기능'이라는 게 있더라고요. 이 기능은 일정한 속도를 세팅해두면 가속 페달을 밟고 있지 않아도 일정한 속력으로

자이로드롭

주행하는 기능이랍니다. 직선 도로에서 크루즈 기능을 세팅하면 등속 직선 운동을 경험할 수 있겠습니다.

등가속도 직선 운동은 운동하는 물체에 작용하는 힘의 크기와 방향이 일정하게 유지될 때 일어나는 운동입니다. 대표적인 등가속도 직선 운동이 자유 낙하입니다. 자유 낙하는 공기의 저항력이 작용하지 않거나 무시할 수 있을 정도로 작은 상황에서 오로지 중력에 의해서만 낙하하는 운동을 말합니다. 땅 위에서 손으로 물체를 들고 있다가 놓으면 땅을 향해 자유 낙하하겠죠. 물론 공기의 저항력 때문에 정확한 의미의 자유 낙하라고 할 수는 없지만 사람의 손을 떠나 바닥에 떨어지는 구간은 대단히 짧기 때문에 공기의 저항력은 무시할 수 있습니다. 이 경우 자유 낙하하는 물체에는 일정한 크기와 방향의 중력이 작용합니다. 그래서 낙하하는 물체는 속도가 일정한 비율로 빨라지는 전형적인 등가속도 직선 운동을 합니다. 등가속도 직선 운동을 몸소 체험하고 싶다면 놀이공원에서 수직으로 낙하하는 놀이기구를 타보세요. 개인적으로 쌤은 사람의 오장육부를 콩알만 하게 만들어놓는 이런 종류의 놀이기구를 혐오합니다. 무서워요. 지구가 놀이기구를 끌어당기는 힘이 일정하기 때문에 아주 짧은 구간이지만 놀이기구가 외부로부터 방해 받지 않고 낙하하는 짧은 시간 동안 등가속도 직선 운동을 경험하게 됩니다.

어찌 보면 등속 직선운동과 등가속도 직선 운동은 대단히 통제된 상황

에서만 경험할 수 있는 평범하지 않은 운동입니다. 그럼에도 불구하고 뉴턴의 운동 법칙을 적용하는 훈련을 등속 직선 운동과 등가속도 직선 운동에서 시작하는 이유는 우리가 배운 개념들을 적용하기에 적합한 전형적인 운동이기 때문입니다. 처음부터 운동 방향과 힘의 크기가 수시로 변하는 매우 복잡한 문제를 풀 수는 없잖아요? 등속 직선 운동과 등가속도 직선 운동으로 생각의 근육을 키워가다 보면 실제 상황에 가까운 문제들이 훨씬 쉽게 느껴질 날이 올 거예요.

등속 직선 운동

등속 직선 운동은 속도가 변하지 않는 운동입니다. 운동 방향과 속력이 모두 일정한 상태를 유지하지요. 물체는 원래의 운동 상태를 유지하려는 관성을 가지고 있어요. 그래서 정지해 있는 물체를 움직이게 하거나, 운동하는 물체의 운동 방향이나 속력을 변화시키고 싶으면 힘을 가해야 합니다. **힘이 작용하지 않거나 알짜힘이 0이면 속도가 변하지 않습니다.** 등속 직선 운동을 하는 것이죠.

등속 직선 운동을 시간기록계로 기록하면 종이테이프의 타점 간격이 일정합니다. 시간기록계는 일정한 주기로 종이테이프에 물체의 위치를 기록해주기 때문에 타점 사이의 간격을 비교하면 물체의 속력 변화를 알아낼 수 있습니다. **타점 간격이 일정하다는 것은 속력의 변화가 없다는 것**입니다.

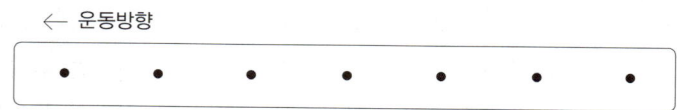

등속 직선 운동의 위치–시간 그래프는 직선으로 그려집니다. 위치–시간 그래프에서 기울기는 '속도'를 나타냅니다. 기울기가 일정하다는 것은 속도가 변하지 않는다는 뜻입니다.

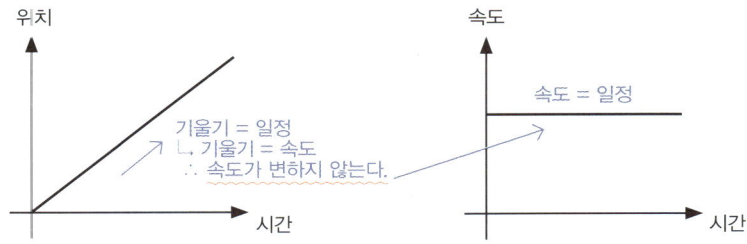

등속 직선 운동의 운동 방정식

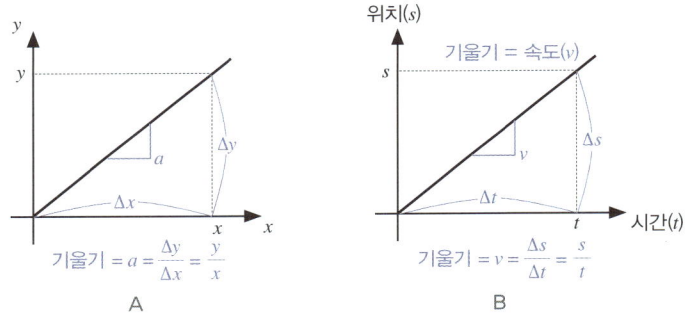

A는 수학 시간에 배운 1차 함수의 그래프입니다. 수학 시간에 익숙하게 다뤄본 내용이기 때문에 x와 y의 관계식이 '$y = ax$'라는 것은 잘 알고 있을 거예요. A와 B는 같은 모양의 그래프이므로 B에서 시간과 위치 사이의 관계식도 A와 같은 꼴일 것입니다.

$$y = ax$$

수직축   기울기   수평축

$$s = vt$$

이번에는 제대로 된 수학적 방법으로 시간과 위치 사이의 관계식을 구해 보겠습니다. 1차 함수의 그래프에서 기울기 a를 구하면 x와 y사이의 관계식 을 구할 수 있습니다.

$$\text{기울기} = a = \frac{\Delta y}{\Delta x} = \frac{y}{x}, \quad y = ax$$

위치-시간 그래프에서도 기울기를 구해보면 시간(t)과 위치(s) 사이의 관계 식을 구할 수 있습니다. 우리는 2강에서 위치-시간 그래프의 기울기가 속도 라는 것을 배웠습니다.

$$\text{기울기} = \frac{\Delta s}{\Delta t} = \frac{s}{t} \ \& \ \text{기울기} = \text{속도}(v)$$

$$v = \frac{s}{t}$$

$$\boxed{s = vt}$$

이 식을 '등속 직선 운동의 운동 방정식'이라고 합니다.

이번에는 위치-시간 그래프에서 '그래프와 시간 축 사이의 면적'을 구해봅 시다. 면적은 'vt'입니다.

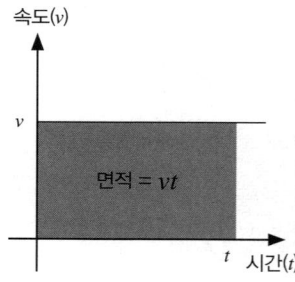

속도(v)에 시간(t)을 곱한 값은 무엇을 의미할까요? 예를 들어 $4m/s$라는 속도가 있다면 초당 $4m$씩 위치가 변한다는 뜻이지요. 여기에 4초를 곱한다는 말은 4초 동안 위치가 얼마나 변했는가를 구하겠다는 뜻입니다. 즉, 위치-시간 그래프에서 '면적'은 '어떤 시간 동안 위치가 얼마나 변했는가(변위)'를 의미합니다.

여기에서 우리는 그래프를 해석하는 데 사용할 수 있는 새로운 도구를 배웠습니다. 속도-시간 그래프에서 '그래프와 시간 축 사이의 면적'은 '변위'라는 것이죠. 이 도구는 속도-시간 그래프에서 기울기가 가속도라는 것과 함께 그래프를 해석해서 운동에 대한 정보를 알아내는 데 유용하게 사용됩니다.

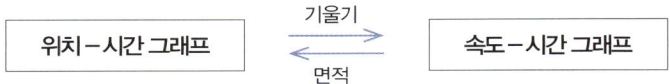

그래프가 나오고 수식이 등장하기 시작하면서부터 슬슬 좌절모드로 접어드는 학생들이 보입니다. 너무 걱정하지 마세요. 운동 방정식을 스스로 유도할 수 있는 수준을 요구하는 것이 아니니까요. 읽어 내려가면서 내용에 대해 고개가 끄덕여진다면 성공입니다. 대신 유도된 운동 방정식들은 완벽하게 암기하고 있어야 해요. 뒤에서 운동 방정식을 사용해서 문제들을 풀다 보면 '운동 방정식도 별거 아니구나' 하고 느낄 거예요.

등가속도 직선 운동

물체에 힘이 작용하면 물체는 가속됩니다. 뉴턴의 운동 법칙은 물체에 작용하는 힘의 크기와 물체의 질량에 따라, 물체가 얼마의 가속도를 가지게 될지를 알려줍니다.

$$F = ma, \quad a = \frac{F}{m}$$

물체에 작용하는 힘의 크기가 증가하면 물체의 가속도는 증가하고 힘의 크기가 감소하면 물체의 가속도는 감소합니다. 이제 뉴턴의 운동 법칙을 그래프 해석과 연결시켜봅시다. 그래프는 직선 운동을 하는 물체의 시간에 따른 속도 변화를 나타낸 것입니다.

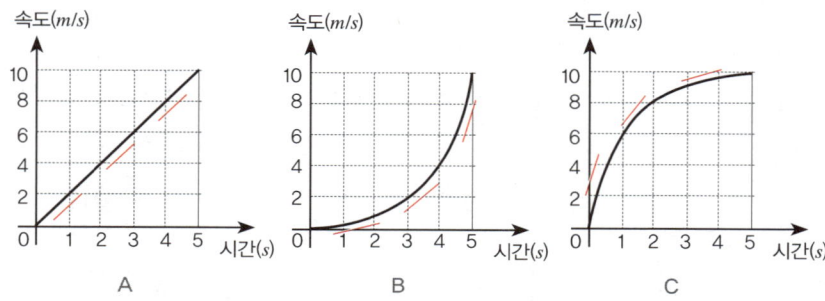

속도-시간 그래프에서 기울기는 가속도입니다. A는 기울기(가속도)가 일정하므로 일정한 크기의 힘이 작용했음을 알 수 있습니다. B는 기울기(가속도)가 증가하였으므로 힘의 크기가 증가했습니다. 마지막으로 C는 기울기(가속도)가 감소하였으므로 힘의 크기가 감소했습니다.

A와 같이 시간이 흐름에 따라 속도가 일정한 비율로 증가하거나 감소하는 운동을 '등가속도 직선 운동'이라고 합니다. 물체가 등가속도 직선 운동을 하기 위한 조건은 다음과 같습니다.

이것만은 꼭!!

물체가 운동하는 방향과 나란한 방향으로 일정한 크기의 힘이 작용할 때 물체는 등가속도 직선 운동을 한다.

등가속도 직선 운동을 기록한 종이테이프는 타점 간격이 일정한 비율로 증가하거나 감소합니다.

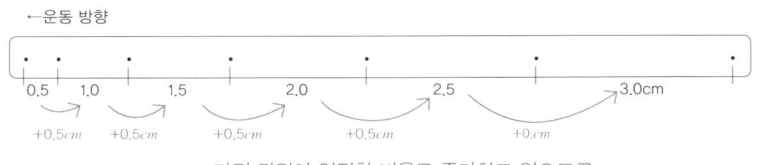

타점 간격이 일정한 비율로 증가하고 있으므로
등가속도 운동이다.

등가속도 직선 운동의 운동 방정식

운동하는 물체와 같은 방향으로 힘이 작용하면 물체의 속도는 빨라지고 반대 방향으로 힘이 작용하면 속도가 느려집니다. 그래서 등가속도 운동의 위치-시간 그래프는 그림과 같이 아래로 또는 위로 볼록한 그래프가 그려집니다.

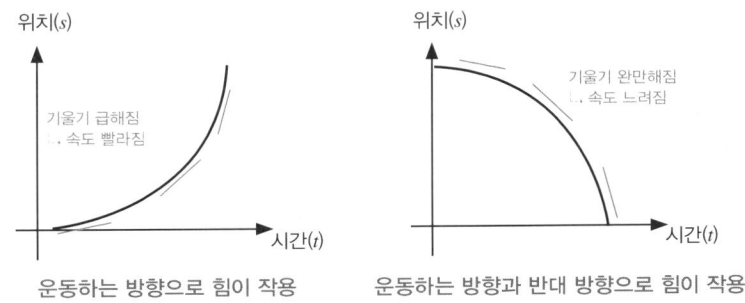

운동하는 방향으로 힘이 작용　　　운동하는 방향과 반대 방향으로 힘이 작용

등가속도 직선 운동은 운동 방향과 나란한 방향으로 일정한 크기의 힘이 작용하기 때문에 물체는 일정한 가속도로 가속됩니다. 따라서 속도-시간 그래프의 기울기는 일정합니다.

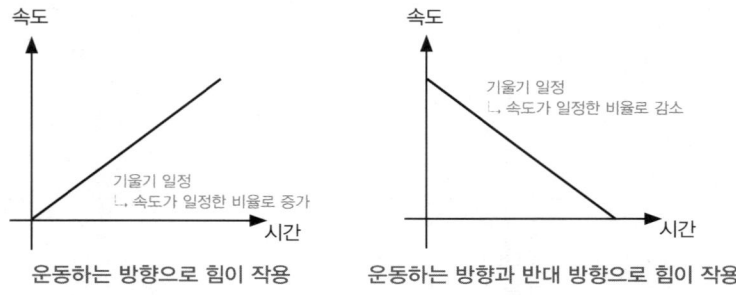

그래프를 이용하여 등가속도 운동의 운동 방정식을 구해보겠습니다.

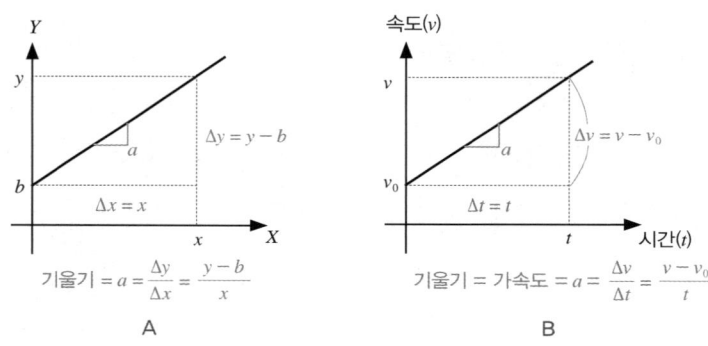

A에서 x와 y 사이의 관계식은 다음과 같습니다.

$$y = b + ax \quad a : 기울기, \ b : y절편$$

A와 B는 둘 다 1차 함수 그래프이므로 B에서 시간과 속도 사이의 관계식도 A와 같은 꼴일 것입니다.

$$y = b + ax$$

수직축 y절편   기울기   수평축

$$v = v_0 + at$$

이번에는 그래프에서 기울기를 구하는 방법으로 시간과 위치 사이의 관계식을 구해보겠습니다.

$$기울기 = a = \frac{\Delta y}{\Delta x} = \frac{y-b}{x}, \ y = b + ax$$

속도-시간 그래프에서도 동일한 방법으로 시간(t)과 속도(v) 사이의 관계식을 구할 수 있습니다.

$$기울기 = 가속도 = a = \frac{\Delta v}{\Delta t} = \frac{v - v_0}{t}$$

$$\boxed{v = v_0 + at} \quad ①$$

v_0 : 처음 속도 v : 시간이 t만큼 흐른 후의 속도 a : 가속도

다음은 속도-시간 그래프에서 변위에 대한 식을 유도해보겠습니다.

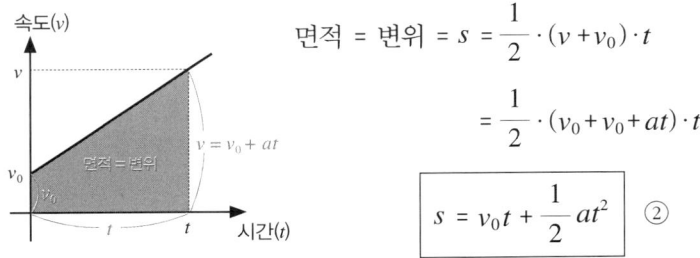

$$면적 = 변위 = s = \frac{1}{2} \cdot (v + v_0) \cdot t$$

$$= \frac{1}{2} \cdot (v_0 + v_0 + at) \cdot t$$

$$\boxed{s = v_0 t + \frac{1}{2} a t^2} \quad ②$$

식①과 식②를 합치면 세 번째 운동 방정식을 구할 수 있습니다.

$$v = v_0 + at \ \rightarrow \ t = \frac{v - v_0}{a} \ \xrightarrow{\text{오른쪽 식에 대입}} \ s = v_0 t + \frac{1}{2} a t^2$$

$$\boxed{2as = v^2 - v_0^{\,2}} \quad ③$$

위의 세 식을 '**등가속도 직선 운동의 운동 방정식**'이라고 합니다. 앞으로 여러분이 힘과 운동에 대한 다양한 문제들을 풀이하는 데 가장 기본이 되는 공식이기 때문에 잘 암기해 두어야 합니다.

등속 직선 운동

- 물체에 힘이 작용하지 않거나 알짜힘이 0이면 물체는 등속 직선 운동을 한다.
- 등속 직선 운동의 운동 방정식

$$s = vt$$

등가속도 직선 운동

- 물체에 크기와 방향이 일정한 힘이 작용하면 물체는 등가속도 직선 운동을 한다.
- 등가속도 직선 운동의 운동 방정식

$$v = v_0 + at$$
$$s = v_0 t + \frac{1}{2} at^2$$
$$2as = v^2 - v_0^2$$

하지만 공식만 외워서는 문제를 풀 수 있다는 자신감이 생기지 않습니다. 쉽고 간단한 문제부터 수능에 출제된 문제까지 공식을 적용해서 문제를 해결해봅시다.

$2m/s$의 일정한 속도로 움직이던 물체에 운동 방향과 같은 방향으로 힘이 작용하여 $2m/s^2$의 가속도로 가속되었다.

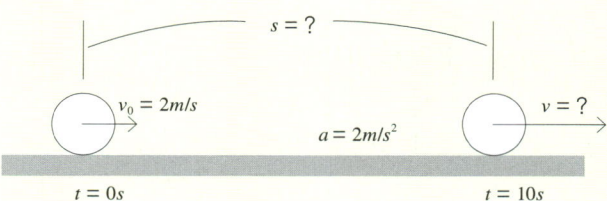

가. 힘이 작용한 후 10초가 지났을 때 이 물체의 속도는 얼마인가?
나. 힘이 작용한 후부터 10초 동안의 변위는?

풀이

물체가 운동하던 방향으로 힘이 작용했으므로 물체는 점점 빨라집니다. 가속도가 $2m/s^2$이므로 속도는 초당 $2m/s$씩 증가해서 10초 동안 속도는 $20m/s$ 증가할 것이고, 10초 후의 속도는 $22m/s$가 됩니다. 이번에는 운동 방정식을 이용해서 문제를 풀어봅시다.

등가속도 운동의 운동 방정식에, 구해야 하는 값(○)과 문제에서 주어진 값 (／)을 표시합니다.

$v_0 = 2m/s$ $v = v_0 + at$ ①

$a = 2m/s^2$ $s = v_0 t + \dfrac{1}{2}at^2$ ②

$t = 10s$ 일 때 $v = ?$ $2as = v^2 - v_0^2$ ③

주어진 조건(v_0, t, a)을 대입해서 10초 후의 속도(v)를 구할 수 있는 식은 ①번입니다.

$$v = v_0 + at = 2m/s + 2m/s^2 \cdot 10s = 2m/s + 20m/s = 22m/s$$

다음은 10초 동안의 변위(s)를 구해봅시다. 주어진 조건들(v_0, v, t, a)을 대입해서 s를 구할 수 있는 것은, ②번과 ③번 식입니다.

$$s = v_0 t + \frac{1}{2}at^2 = 2m/s \cdot 10s + \frac{1}{2} \cdot 2m/s^2 \cdot (10s)^2 = 20m + 100m = 120m$$

$$2as = v^2 - v_0^2 \rightarrow s = \frac{v^2 - v_0^2}{2a} = \frac{(22m/s)^2 - (2m/s)^2}{2 \cdot 2m/s^2} = 120m$$

적용

그림은 수평인 직선 도로에서, 출발선에 정지해 있던 자동차가 다리를 통과할 때까지 등가속도 직선 운동하는 모습을 나타낸 것이다. 출발선에서 다리 입구까지의 거리는 200m이고, 다리 입구에 도착하였을 때 자동차의 속력은 10m/s, 다리 끝에 도달하였을 때 자동차의 속력은 20m/s이다.

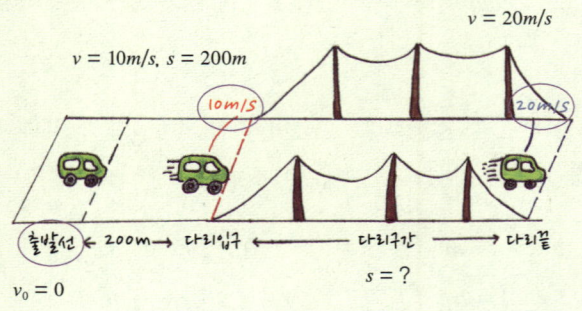

이에 대한 설명으로 옳은 것만을 〈보기〉에서 있는 대로 고른 것은?

보기

ㄱ. 자동차의 가속도의 크기는 $0.25m/s^2$이다.
ㄴ. 자동차가 출발해서 다리 입구에 도달할 때까지 걸린 시간은 20초이다.
ㄷ. 다리 구간의 길이는 $650m$이다.

① ㄱ　　② ㄴ　　③ ㄱ, ㄷ　　④ ㄴ, ㄷ　　⑤ ㄱ, ㄴ, ㄷ

풀이

이 문제는 〈보기〉의 ㄱ, ㄴ, ㄷ 이 옳은 진술인지를 하나씩 검증해보는 방식으로 문제를 풀겠습니다. 먼저 'ㄱ'을 살펴봅시다.

'ㄱ'에 대한 풀이
등가속도 운동의 운동 방정식에, 구해야 하는 값(○)과 문제에서 주어진 값(／)을 표시합니다.

$$v_0 = 0m/s$$
$$s = 200m, v = 10m/s$$

$$v = v_0 + at \quad ①$$
$$s = v_0 t + \frac{1}{2} at^2 \quad ②$$
$$2as = v^2 - v_0^2 \quad ③$$

'출발선'에서 '다리 입구'까지의 구간에서 알고 있는 조건들(v_0, v, s)을 대입해서 가속도(a)를 구할 수 있는 식은 ③번입니다.

$$2as = v^2 - v_0^2 \rightarrow a = \frac{v^2 - v_0^2}{2s} = \frac{(10m/s)^2 - (0m/s)^2}{2 \cdot 200m} = 0.25m/s^2$$

'ㄴ'에 대한 풀이

위에서 알아낸 값들(a, v_0, v)을 ①번 식에 대입하면 다리 입구에 도착했을 때의 시간(t)을 알 수 있습니다.

$$v = v_0 + at \rightarrow t = \frac{v - v_0}{a} = \frac{10m/s - 0m/s}{0.25m/s^2} = 40s$$

'ㄷ'에 대한 풀이

이제는 다리 구간의 길이를 구해봅시다. 주어진 조건을 다시 정리해보면, '다리 입구'를 지날 때의 속도를 처음 속도(v_0), '다리 끝'에 도달했을 때의 속도를 나중 속도(v)로 하고 '다리 입구'에서 '다리 끝'까지의 거리를 s라고 합니다.

$$v_0 = 10m/s \qquad \qquad v = v_0 + at \quad ①$$

$$v = 20m/s \qquad \qquad s = v_0 t + \frac{1}{2} at^2 \quad ②$$

$$a = 0.25m/s^2 \qquad \qquad 2as = v^2 - v_0^2 \quad ③$$

알고 있는 조건들(v_0, v, a)을 대입해서 '다리 구간의 길이(s)'를 구할 수 있는 식은 ③번입니다.

$$2as = v^2 - v_0^2 \rightarrow s = \frac{v^2 - v_0^2}{2a} = \frac{(20m/s)^2 - (10m/s)^2}{2 \cdot 0.25m/s^2} = 600m$$

아직 운동 방정식을 사용해서 문제를 푸는 데 익숙하지 않을 거예요. 운동 방정식도 잘 외워지지 않을 거고요. 중요한 것은 반복 연습이라고 했죠? 다음의 팁을 잘 염두에 두고 문제 풀이에 도전해보세요.

✓ **운동 방정식을 문제지에 써놓고 풀이를 시작한다.**

ex)

$$v = v_0 + at \quad ①$$
$$s = v_0 t + \frac{1}{2}at^2 \quad ②$$
$$2as = v^2 - v_0^2 \quad ③$$

✓ **문제를 꼼꼼하게 읽고 문제에서 '구해야 하는 값'이 무엇인지?, '문제에서 주어진 값'은 무엇인지 찾아서 쓴다.**

ex)

$$v_0 = 0m/s$$
$$s = 200m, \ v = 10m/s$$
$$a = ? \quad t = ?$$

✓ **등가속도 운동의 운동 방정식에 구해야 하는 값(○)과 문제에서 주어진 값 (／)을 표시합니다.**

ex)

$$v_0 = 0m/s$$
$$v = 10m/s$$
$$s = 200m$$
$$a = ? \quad t = ?$$

$$\not{v} = \not{v_0} + \not{a}t \quad ①$$
$$\not{s} = \not{v_0}\, t + \frac{1}{2}\,\textcircled{a}t^2 \quad ②$$
$$2\,\textcircled{a}\,\not{s} = \not{v}^2 - \not{v_0}^2 \quad ③$$

이 방법으로 문제를 여러 번 풀어보고 그래도 어려운 친구들은 문제집에서 기본 개념 확인 문제를 중심으로 풀어보세요. 그리고 유용한 방법 하나! 주변에서 물리 문제를 잘 푸는 친구를 찾아서 문제 푸는 과정을 보여달라고 부탁해보세요. 그 친구가 문제 풀이 과정을 설명해주는 것을 집중해서 들어보세요. 특히 그 친구의 설명 속에서 '문제 제시문을 읽고 어떻게 정보를 찾아내는지', '왜 이 공식을 사용할 생각을 했는지'와 같은 문제 해결 전략을 찾아내야 해요. 때론 선생님보다 또래 친구의 문제 풀이가 여러분에게 더 도움이 될 때도 있답니다.

중력에 의한 운동

'가이아' 이론이라고 들어본 적이 있나요? 영국의 과학자 러브록(Lovelock, James 1919~)은 『지구상의 생명을 보는 새로운 관점』이라는 책을 통해서 지구는 환경과 생물들로 구성된 하나의 생명체라고 주장했습니다. 지구를 생명이 없는 딱딱한 돌덩이로 생각하는 것이 아니라 지구 위에 있는 모든 동물, 식물, 세균, 플랑크톤, 돌, 물, 공기 등이 지구라는 하나의 생명을 유지하기 위해 유기적으로 협력하는 존재라는 것이지요. 몇 년 전에 엄청나게 흥행했던 아바타라는 영화도 가이아 이론에 영향을 받았다고 하네요. 일본의 유명한 애니메이션 작가인 미야자키 하야오의 여러 작품들도 숲과 생물과 지구가 서로 생명의 끈으로 연결되어 있다는 생각을 모티브로 만들어졌다고 합니다.

그래서 일부 천체물리학자들은 이러한 생각을 확장해서 우주 전체가 하나의 생명체라고 주장합니다. 그들이 이런 주장을 하는 데 가장 핵심적인 근거가 되는 것이 바로 중력이라는 힘의 존재입니다. 중력은 질량을 가진 물체들 사이에 주고받는 힘입니다. 앞에서 우리는 작용·반작용의 법칙을 공부하면서 모든 힘은 쌍으로 존재한다는 것을 배웠습니다. 따라서 중력도 항상 '주고받는' 힘이지요. 달이 지구를 잡아당긴다면 당연히 지구 위에 있는 여러분에게도 달의 인력이 미칠 거예요. 그리고 여러분은 지금 이 순간 달을 끌어당기고 있습니다. 눈에 보이지 않을 만큼 멀리 있어도 달과 여러분은 서로 끌리고 있는 것이지요. 달만 그럴까요? 지구 반대편에 있는 이름 모를 소녀와도 여러분은 서로 끌리고 있습니다. 수백만 광년 떨어진 안드로메다 은하의 한 행성에 사는 외계인과도 중력으로 연결되어 있습니다. 이런 식으로 생각을 확장해나가면 우주를 구성하는 모든 질량을 가진 물체들은 서로 거미줄처럼 복잡하게 얽혀서 중력이라는 상호작용을 주고받고 있다고 생각할 수 있습니다.

러브록

미야자키 히야오

그런데 왜 그 힘이 느껴지지 않을까요? 내가 짝사랑하는 여자 친구와의 끌림이 느껴지면 좋겠는데 말이죠. 비록 그 힘이 사랑하는 마음이 아니라 중력이라는 무미건조한 힘이라도 말입니다. 안타깝게도 중력은 대단히 약한 힘입니다. 그래서 내 주변에 있는 물체들로부터 중력을 느끼기가 힘들지요. 하지만 덩치가 엄청나게 큰 파트너를 만나면 중력은 엄청난 위력을 발휘합니다. 지구, 달, 태양 같은 천체들이 그런 것들이죠. 엄청난 질량이 모이면 중력은 비로소 느껴지기 시작합니다. 우주를 구성하는 엄청난 수의 별들과 은하는 서로 중력으로 얽혀 있습니다. 어느 한쪽이 어긋나면 그 영향은 연쇄적으로 퍼져나가겠지요. 그래서 일부 상상력이 뛰어난 과학자들은 우주를 별과 은하들이 유기적으로 연결되어 있는 거대한 생명체라고 생각하는 것이랍니다.

자, 이제~ 내 짝사랑이 나를 끌어당기는 만유인력을 찾아서 여행을 떠나 봅시다. 출발~!!

만유인력의 법칙

야구공을 던지면 공이 포물선을 그리면서 땅을 향해 떨어집니다. 높은 곳에 올라가면 떨어질지 모른다는 두려움이 생깁니다. 또 철봉에 매달려서 턱걸이를 해보면 내 몸의 무게가 만만치 않음을 알 수 있지요. 인공위성을 궤도에 올려놓기 위해서는 엄청난 화염을 뿜어내는 대형 로켓을 발사합니다. 이 모든 일들은 지구가 지구 위에 있는 물체들을 끌어당기기 때문에 일어납니다. 아주 옛날 사람들도 지구가 끌어당기는 힘의 작용을 설명하려고 노력했습니다. 그렇게 탄생한 것이 바로 아리스토텔레스의 '자연 운동'입니다. 아리스토텔레스의 '고대 역학'(2강, '아리스토텔레스가 본 세계', 91쪽)은, 천체의 운동과 지상의 운동이 서로 다른 원리를 따른다고 설명합니다. 이러한 생각은 수천 년 동안 이어졌지요. 뉴턴과 동시대를 살았던 과학자들도 이 생각으로부터 완전히 자유롭지 못했습니다.

하지만 **뉴턴은 행성의 운동에 관여하는 힘과 지상의 운동에 관여하는 힘이 같은 종류의 힘이라고 생각**했습니다. **한쪽은 거대한 행성이고 한쪽은 손에 잡히는 작은 물체이지만, 둘 다 질량을 가진 물체들이고 질량을 가진 물체들 사이에는 서로 끌어당기는 인력이 작용한다고 믿었어요.** 대단히 혁명적인 발상의 전환이었습니다. 질량을 가진 물체들 사이에 작용하는 보편적인 인력에 대한 아이디어는 결과적으로 지구 위에서의 물리 법칙과 태양계의 물리 법칙이 다르지 않다는 것을 뜻합니다. 이처럼 우주 전체를 관통하는 하나의 물리 법칙이 존재할 것이라는 믿음은 물리학자들을 연구에 빠져들게 하는 중요한 동기가 됩니다.

뉴턴은 지상에 있는 물체들의 운동을 설명하는 데 사용했던 운동의 세 가지 법칙[001]을 행성의 운동에 적용했습니다. 케플러(Kepler, Johannes 1571~1630)[002]의 행성 운동의 법칙과 천체 관측 자료들을 종합하여 질량을 가진 물체들 사이에 작용하는 인력이 어떤 규칙에 따라 작용하는지를 수식으로 나타낼 수 있게 되지요. 그의 천재적인 수학적 능력이 없었다면 불가능한 일이었을 겁니다. 이렇게 탄생한 것이 바로 '만유인력의 법칙'입니다.

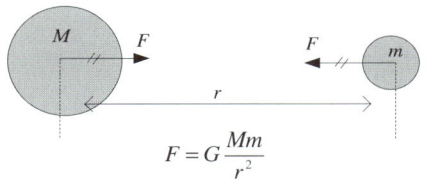

$$F = G\frac{Mm}{r^2}$$

M, m : 물체의 질량, r : 두 물체 사이의 거리

질량을 가진 물체는 서로 끌어당기는 인력을 주고받습니다. 힘의 크기는 두 물체의 질량의 곱에 비례하고, 물체 사이의 거리의 제곱에 반비례합니다. 만약 크기는 같고 질량이 2배인 행성으로 우주여행을 가서 그 행성에서 몸무게를 재면 지구보다 2배 무겁게 측정될 것입니다. 그리고 지구 중심으로부터의 거리가 2배, 3배 멀어지면, 인력의 크기는 1/4배, 1/9배로 약해집니다. '만유인력(萬有引力)'이라는 표현은, (질량을 가진) 모든 물체는 본디 서로 끌어당긴다는 의미가 강조된 표현이고요. 일반적으로 질량을 가진 물체들 사이에 주고받는 인력을 가리키는 용어로는 '중력'이라는 표현을 사용합니다.

---

001 관성의 법칙, 힘과 가속도의 법칙, 작용·반작용의 법칙.
002 독일의 천문학자. 화성에 관한 정밀한 관측 기록을 기초로 화성의 운동이 태양을 중심으로 하는 타원 운동임을 확인하고, 혹성의 운동에 관한 케플러의 법칙을 발견하는 등, 근대 과학 발전의 선구자가 되었다. 저서에 『우주의 신비』, 『광학』 등이 있다.

모든 힘은 '상호작용'이라고 했습니다. 중력도 마찬가지입니다. 만약 여러분의 몸무게가 100N이라면 지구가 여러분을 100N의 힘으로 끌어당기는 것인데요, 여러분도 지구를 같은 크기의 힘으로 끌어당기고 있습니다. 이처럼 '중력'은 서로 끌어당기는 상호작용입니다.

하지만, 중력이 작용한 결과에는 큰 차이가 나타납니다. 뉴턴의 운동 제2법칙에 따르면, 물체의 가속도는 물체의 질량에 반비례합니다. 100N이라는 크기의 힘은 지구 위의 가벼운 물체들을 가속시키기에는 충분하지만, 지구의 질량[003]이 워낙 크기 때문에, 지구를 가속시키기에는 턱없이 부족합니다.

그러나 힘을 주고받는 대상이 달로 바뀐다면 이야기는 달라집니다. 달은 질량이 상당히 크기 때문에 달이 지구를 끌어당기는 힘을 무시할 수 없답니다. 밀물과 썰물이 주기적으로 반복되는 것도 달이 지구를 끌어당기는 인력과 관련이 있습니다.

지표면 부근에서의 중력의 크기

중력은 '지구 중심으로부터의 거리(r)'에 따라 변하는 값이기 때문에, 실제 지표면 근처에서 작용하는 중력의 크기는, 물체의 높이(h)에 따라 변하는 것이 맞습니다. 하지만, 지구의 반지름이 약 6400km로 대단히 크기 때문에, 지표면 부근에서 일어나는 물체의 높이 변화는 무시할 수 있을 만큼 작습니다. 예를 들어 지표면에서 100m 정도 높아져도 지구 중심까지의 거리는 지구 반지름의 $\frac{1}{64000}$ 만큼만 증가할 뿐입니다.

---

003 $5.9736 \times 10^{24} kg$

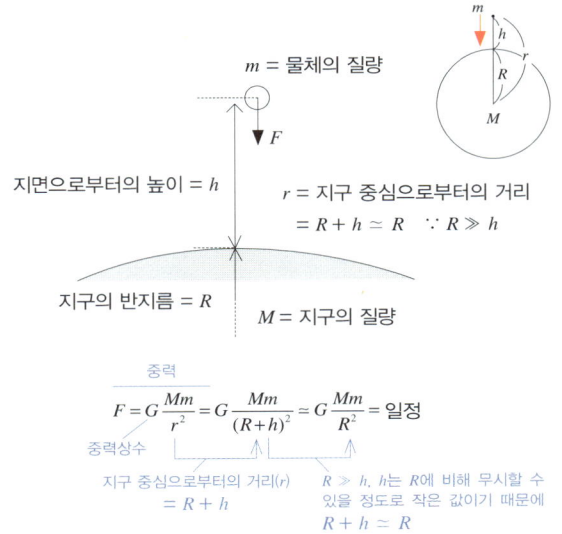

m = 물체의 질량

F

지면으로부터의 높이 $= h$

r = 지구 중심으로부터의 거리

$= R + h \simeq R$ $\because R \gg h$

지구의 반지름 $= R$

M = 지구의 질량

중력

$$F = G\frac{Mm}{r^2} = G\frac{Mm}{(R+h)^2} \simeq G\frac{Mm}{R^2} = \text{일정}$$

중력상수

지구 중심으로부터의 거리(r)
$= R + h$

$R \gg h$, h는 R에 비해 무시할 수
있을 정도로 작은 값이기 때문에
$R + h \simeq R$

위 식에서 중력 상수(G), 지구의 질량(M), 물체의 질량(m)은 일정한 값을 가지고, 지구 중심까지의 거리(r)는 지표면 부근에서 근사적으로 일정한 값 $(r \simeq R)$으로 처리할 수 있습니다. 따라서 **지표면 부근에서 운동하는 물체에는 일정한 크기의 중력이 작용하는 것으로 생각해도 되겠습니다.**

이것만은 꼭!!

• 지표면 부근에서 운동하는 물체에는 일정한 크기의 중력이 작용한다.

중력 가속도

'자유 낙하'는 물체가 정지한 상태에서 출발해서 공기의 저항을 받지 않고 중력만을 받아서 땅을 향해 낙하하는 운동을 뜻합니다. **물체는 중력이 작용하**

는 방향으로 운동을 시작해서 중력에 의해 가속됩니다.

갈릴레이는 피사의 사탑004에서 크고 작은 두 종류의 물체를 낙하시켜서 어떤 물체가 먼저 바닥에 도착하는지 실험했습니다. 당시 사람들은 큰 물체가 더 무거우므로 바닥에 먼저 도착할 것이라고 생각했지만, 실제 실험 결과는 사람들의 예상과 달랐지요. 두 물체가 바닥에 동시에 도착했으니까요!

피사의 사탑

두 물체는 중력에 의해 가속되어 낙하하는 동안 속도가 증가합니다. 두 물체가 바닥에 동시에 도착했다는 것은 시간에 따른 속도 변화가 같았다는 것을 의미합니다. 즉, **두 물체는 같은 가속도로 가속**된 것이지요. 큰 물체에는 작은 물체보다 더 큰 힘이 작용했음에도 불구하고 왜 두 물체는 같은 가속도로 가속된 것일까요?

---

004 이탈리아 서부 토스카나 주의 피사에 있는 피사 대성당의 부속 건물.

뉴턴의 운동 법칙을 낙하하는 물체에 적용해보겠습니다.

중력의 작용에 의해 질량 m인 물체는
얼마의 **가속도**를 가지게 될까?

$$중력(F) = G\frac{Mm}{r^2} = m\,a$$

뉴턴의 운동 법칙

$$\therefore 가속도(a) = \boxed{G\frac{M}{r^2}}$$

가속도는 물체의 질량(m)에 영향을 받지 않는다.
ㄴ 질량(m)이 다른 물체도 **같은 가속도**를 가진다.

위의 식을 보면 **낙하하는 물체의 가속도는 물체의 질량에 영향을 받지 않는다는 결과**가 나옵니다. 즉, 중력에 의해 가속되는 물체들은, 무거운 물체이든 가벼운 물체이든 동일한 가속도로 가속됩니다. 그래서 피사의 사탑에서 무거운 물체와 가벼운 물체를 낙하시켰을 때 바닥에 동시에 도착한 것이지요. 물론, 공기의 저항력을 무시할 수 있을 때만 이런 결과가 나옵니다. 만약 피사의 사탑이 좀 더 높아서 공기의 저항력을 무시할 수 없는 상황이었다면 결과는 달라졌을 거예요.

자유 낙하하는 물체가 질량에 관계없이 동일한 가속도로 낙하한다는 사실은 지금 당장이라도 쉽게 실험으로 확인할 수 있습니다.

책상 위에서 지우개와 종이 한 장을 찾아보세요. 지우개와 종이를 같은 높이에서 낙하시켜 보세요. 어느 쪽이 먼저 바닥에 도착할까요? 지우개가 먼저 도착합니다. 종이는 공기와 접하는 면적이 넓어서 큰 저항력을 받습니다. 그래서 천천히 낙하합니다. 이번에는 종이를 구겨서 지우개와 비슷한 크기로 만들어보세요.

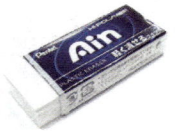  

낙하 실험에 사용할 수 있는 것들

이제는 지우개와 종이에 작용하는 공기 저항력에 큰 차이가 없겠죠? 다시 한 번 지우개와 구겨진 종이를 같은 높이에서 자유 낙하시켜 보세요. 무거운 지우개와 가벼운 종이가 바닥에 거의 동시에 도착하는 것을 확인할 수 있을 거예요. **공기의 저항력이 무시할 수 있을 만큼 작은 상황에서는 물체의 질량과 관계없이 중력에 의해 같은 가속도로 가속**되는 것을 알 수 있습니다.

자, 다시 본론으로 돌아갑시다. 우리는 중력에 의해 가속되는 물체들이 질량에 관계없이 같은 가속도를 가진다는 것을 확인했습니다. 그렇다면 물체들은 얼마의 가속도를 가질까요?

중력의 작용에 의해 얻게 되는 가속도를 '중력 가속도(重力加速度)'[005] 라고 하고 기호로는 'g'로 표기합니다. 지표면 부근의 중력 가속도는 $9.8m/s^2$로 측정됩니다. 물론, 위도와 고도 등에 따라 조금씩 측정되는 값에 차이가 있지만, 일반적으로 지표면 부근에서의 중력 가속도는 $9.8m/s^2$을 사용합니다.

중력(F) = 질량(m) × 중력 가속도(g)

$$F = mg$$

---

005 중력의 작용에 의한 가속도를 '중력 가속도'라고 한다. 중력 가속도는 중력이 작용하는 물체의 질량과 두 물체 사이의 거리에 따라 변하는 값이다. 따라서 지구, 달, 인공위성, 화성 등에서 중력 가속도 값은 다르게 측정된다. 9.8이라는 값은 지구의 지표면 부근에서 측정되는 중력 가속도 값이다.

- 중력의 작용에 의해 물체가 가지게 되는 가속도를 '**중력 가속도**(g)'라고 한다.
- 질량이 다른 물체도 동일한 중력 가속도를 가진다.
- 지표면 부근에서의 중력 가속도는 $g = 9.8m/s^2$이다.
- 중력의 크기 : $F = mg$

중력에 의한 운동

중력에 의해 운동하는 물체들의 운동 상태가 어떻게 변화하는지를 뉴턴의 운동 법칙을 적용해서 설명해봅시다.

적용

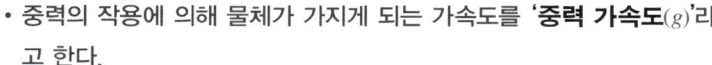

2초 동안 자유 낙하한 물체의 속도는?

$t = 0s$ ⬤ $v_0 = 0$

$t = 2s$ ⬤ $v = ?$

풀이

(step1) 운동 방향 설정 :
보통 물체가 처음 운동을 시작한 방향을 (+)방향으로 정합니다. 따라서 이 문제에서는 연직 아랫방향이 (+)방향이 됩니다.

(step2) 문제 조건 파악

- 자유 낙하하는 물체이므로 정지한 상태에서 출발, 처음 속도(v_0) = 0
- 가속도(a)의 방향과 크기
  - 중력이 작용하는 방향이 연직 아랫방향이므로 가속도의 방향은 연직 아랫방향. 연직 아랫방향은 (+)방향입니다.
  - 낙하하는 동안 중력만 작용하므로, **알짜힘 = 중력 = 일정**

    └ 등가속도 운동

$$F = ma = mg, \therefore a = g = 9.8m/s^2$$

$t = 0s, v_0 = 0$	$v = v_0 + at$ ①
$a = g = 9.8m/s^2$	$s = v_0 t + \dfrac{1}{2}at^2$ ②
$t = 2s, v = ?$	$2as = v^2 - v_0^2$ ③

문제에서 주어진 조건

(step3) 문제 풀이

자유 낙하하는 동안, 중력만 작용하고 중력의 방향과 크기가 변하지 않으므로, 자유 낙하하는 등가속도 직선 운동입니다. 따라서 등가속도 직선 운동의 운동 방정식에 문제에서 주어진 조건을 대입해서 답을 구하면 되겠습니다.

$$v = v_0 + at = 9.8m/s^2 \cdot 2s = 19.6m/s$$

연직 위로 $9.8m/s$의 속력으로 던져 올린 물체의 3초 후의 속도는?

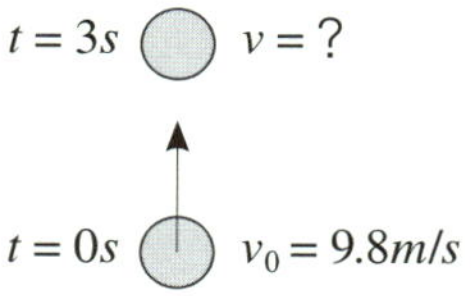

$t = 3s$ ◯ $v = ?$

$t = 0s$ ◯ $v_0 = 9.8m/s$

풀이

(step1) 운동 방향 설정

보통 물체가 처음 운동을 시작한 방향을 (+)방향으로 정합니다. 따라서, 이 문제에서는 연직 윗방향을 (+)방향으로 합니다.

(step2) 문제 조건 파악

- 처음속도 $v_0 = 9.8m/s$
- 가속도(a)의 방향과 크기
  - 중력이 작용하는 방향이 연직 아랫방향이므로 가속도의 방향은 연직 아랫방향. 하지만 연직 윗방향을 (+)방향으로 정하였으므로 중력이 작용하는 방향은 (−)방향이 됩니다. 가속도의 방향도 (−)방향입니다.
  - 낙하하는 동안 중력만 작용하므로, **알짜힘 = 중력 = 일정**
    └ 등가속도 운동

$$F = ma = \ominus mg, \therefore a = \ominus g = \ominus 9.8m/s^2$$

(−)부호는 힘과 가속도의 방향이 (−)방향임을 의미합니다.

$$t = 0s, \; v_0 = 9.8m/s \qquad\qquad v = v_0 + at \;\; ①$$

$$a = -g = -9.8m/s^2 \qquad\quad s = v_0t + \frac{1}{2}at^2 \;\; ②$$

$$t = 3s, \; v = ? \qquad\qquad\qquad 2as = v^2 - v_0^2 \;\; ③$$

문제에서 주어진 조건

(step3) 문제 풀이

$$v = v_0 + at = 9.8m/s + (-9.8m/s^2) \cdot 3s = -19.6m/s$$

$t = 3s$일 때 속도는 $v = -19.6m/s$입니다. 속도가 (−)값이라는 것은 운동 방향이 (−)방향이라는 것을 의미합니다. 연직 윗방향이 (+)방향이므로 (−)방향은 연직 아랫방향을 뜻합니다. 따라서 물체를 연직 위로 $9.8m/s$의 속력으로 던져 올리고 3초가 지나면 물체는 **연직 아랫방향으로 19.6m/s의** 속력으로 운동합니다. 물체가 올라가는 동안에는 운동 방향과 중력의 방향이 반대 방향이기 때문에 초당 $9.8m/s$씩 속력이 느려지고 내려올 때는 운동 방향과 중력의 방향이 일치하기 때문에 초당 $9.8m/s$씩 속도가 빨라지는 것입니다.

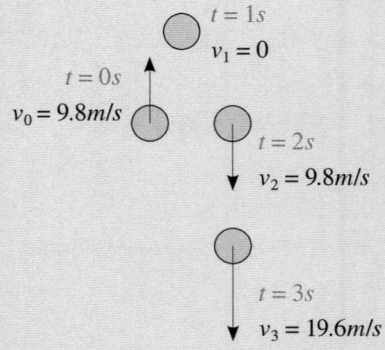

적용

연직 위로 9.8m/s의 속력으로 던져 올린 물체는 몇 초 후에 최고점에 도달할까? 최고점의 높이는?

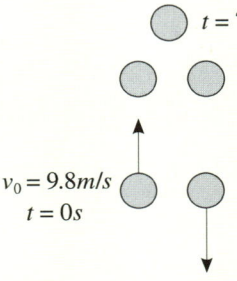

$t = ?$

$v_0 = 9.8m/s$
$t = 0s$

풀이

(step1) 운동 방향 설정

물체가 연직 윗방향으로 운동을 시작하므로 연직 윗방향을 (+)방향, 연직 아랫방향을 (−)방향으로 합니다.

(step2) 문제 조건 파악
- 처음 속도 $v_0 = 9.8m/s$
- 가속도(a)의 방향과 크기
  - 중력은 연직 아랫방향으로 작용하므로 중력이 작용하는 방향은 (−)방향. 따라서 가속도의 방향도 (−)방향입니다.
  - 낙하하는 동안 중력만 작용하므로, **알짜힘 = 중력 = 일정**
    └ 등가속도 운동

$$F = ma = -mg, \quad \therefore a = -g = -9.8m/s^2$$
(−)부호는 힘과 가속도의 방향이 (−)방향임을 의미합니다.

- 최고점의 조건 : 물체가 최고점에 도착하면 어떤 운동 상태가 되는지 연상해 봅니다. 최고점에서는 운동 방향이 바뀌는 과정에서 물체가 순간적으로 멈출 것입니다. $v=0$

$$t = 0s, \ v_0 = 9.8m/s \qquad\qquad v = v_0 + at \ ①$$
$$a = -g = -9.8m/s^2 \qquad\qquad s = v_0 t + \frac{1}{2}at^2 \ ②$$
$$최고점, \ v = 0, \ t = ?, \ h = ? \quad 2as = v^2 - v_0^2 \ ③$$

문제에서 주어진 조건

(step3) 문제 풀이

최고점에 도달했을 때의 시간(t)

$$v = v_0 + at \rightarrow t = \frac{v - v_0}{a} = \frac{0m/s - 9.8m/s}{-9.8m/s^2} = 1s$$

출발 후 1초가 지나면 최고점에 도달합니다. **최고점에서는 물체가 순간적으로 멈춘다는 점을 이용해서 최고점에 도달했을 때의 시간을 구했지요.**

최고점의 높이(h)는 최고점에서의 변위를 구하면 됩니다. 따라서 출발 후 1초 후 또는 $v=0$이 되는 조건을 사용해서 변위를 구해봅시다.

$$s = v_0 t + \frac{1}{2}at^2 = 9.8m/s \cdot 1s + \frac{1}{2} \cdot (-9.8m/s^2) \cdot (1s)^2$$
$$= 9.8m/s + (-4.9m) = 4.9m$$

또는

$$2as = v^2 - v_0^2 \rightarrow s = \frac{v^2 - v_0^2}{2a} = \frac{(0m/s)^2 - (9.8m/s)^2}{2 \cdot (-9.8m/s^2)} = 4.9m$$

A는 자유 낙하를 하고 B는 수평 방향으로 던져 졌다. 두 물체가 동시에 운동을 시작했다면 어떤 물체가 바닥에 먼저 도착할까?

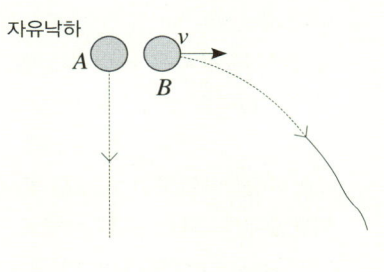

풀이

수평 방향으로 던져진 물체는 물체에 작용하는 힘의 방향과 운동 방향이 일치하지 않아 운동 방향과 속력이 계속 변합니다. 그래서 운동 상태의 변화를 설명하기가 쉽지 않지요. 하지만, 이런 종류의 문제를 쉽게 풀 수 있는 방법이 있습니다.

그림과 같이 수평 방향으로 평행한 빛을 비추고 수직 벽에 그림자가 나타나도록 스크린을 설치한 다음, 물체를 수평 방향으로 던져서 운동시킵니다. 그리고 수직 벽의 스크린에 나타나는 그림자의 운동을 촬영합니다.

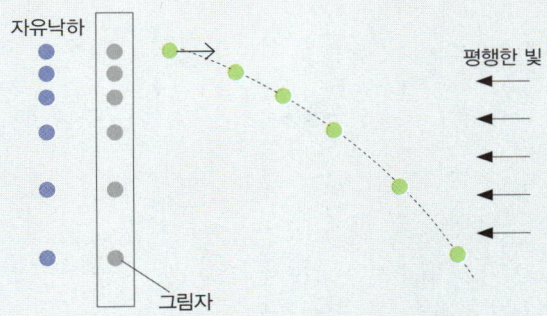

'자유 낙하 운동'과 '수직면에 나타난 그림자의 운동'의 비교

'그림자의 운동'과 '자유 낙하하는 물체의 운동'을 비교해보면, 두 운동이 정확하게 일치한다는 것을 알 수 있습니다. 즉, **수평 방향으로 던져진 물체의 높이 변화는, 같은 높이에서 자유 낙하하는 물체의 운동과 동일하다는 것을 의미하지요.** 따라서 자유 낙하하는 물체 A와, 수평으로 던져진 물체 B는 바닥에 동시에 도착합니다.

또한 **수평 방향으로 던져진 물체는, 얼마의 속도로 던져졌는가와 관계없이 수직 방향으로의 위치 변화는 자유 낙하 운동과 같습니다. 그러므로 같은 높이에서 던져진다면 던져진 속도와 관계없이 모두 바닥에 동시에 도착하지요.**

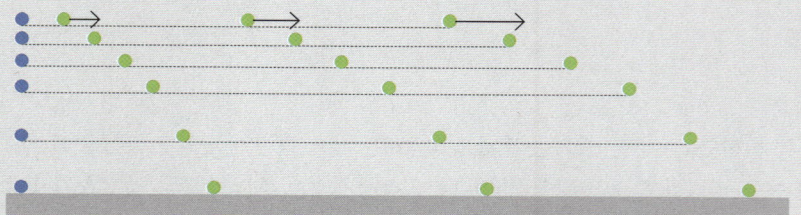

이번에는 수직 방향으로 평행하게 진행하는 빛을 비추고 바닥면에 물체의 그림자가 나타나도록 스크린을 설치합니다. 그리고 물체를 수평 방향으로 던진 다음 바닥에 나타나는 그림자를 촬영합니다.

촬영된 그림자의 운동을 분석해보면 그림자는 **'등속 운동'**을 한다는 사실을 알 수 있습니다.

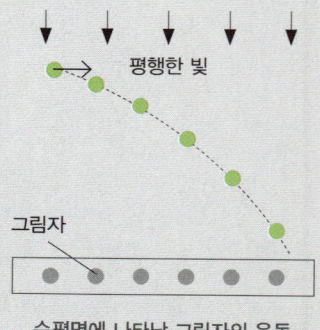

수평면에 나타난 그림자의 운동

지면 부근에서 수평 방향으로 던져진 물체는 2차원 평면 위에서 운동 방향과 속력이 수시로 변합니다. 이러한 운동은, **'중력과 나란한 방향의 운동'과 '중력에 수직한 방향의 운동'으로 나누어서 생각하면 됩니다. 그러면 복잡한 2차원 평면상의 운동이 두 개의 직선 운동으로 단순해집니다.**

예를 들어, 수평 방향으로 $10m/s$로 던져진 물체는 2초 후에 어느 위치에 있고 속력은 얼마일까요? 이 운동을 '수직 방향 운동'과 '수평 방향 운동'으로 분리해서 풀어봅시다.

(수직 방향 운동) 자유 낙하

2초 후의 속력, $v = v_0 + at = 9.8m/s^2 \cdot 2s = 19.6m/s$
2초 동안 낙하한 높이, $s = v_0 t + \dfrac{1}{2}at^2 = \dfrac{1}{2} \cdot (9.8m/s^2) \cdot (2s)^2 = 19.6m$
　　ㄴ 출발 후 2초가 지난 순간 물체의 높이는, 출발점에서 19.6m 낮아졌다.

(수평 방향 운동) 등속 운동

2초 동안 수평 방향으로 운동한 거리, $s = vt = (10m/s) \cdot 2s = 20m$
　　ㄴ 출발 후 2초가 지난 순간 물체는 수평 방향으로 20m를 이동했다.

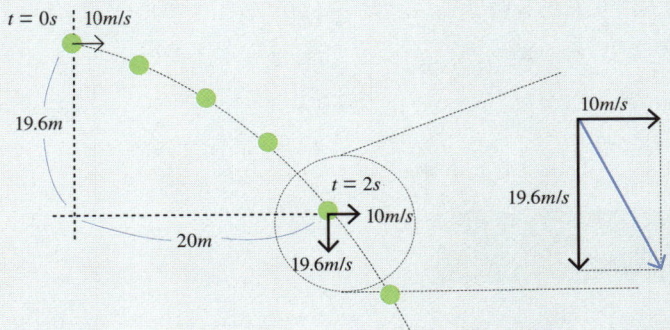

'수직 방향 운동'과 '수평 방향 운동'을 분리해서 각각의 답을 구한 후, 그림과 같이 수평 위치와 수직 위치를 조합하면, 2초가 지난 후의 위치를 알아낼 수 있습니다. 그리고 '수평 방향 속도'와 '수직 방향 속도'를 화살표의 연산을 이용하여 합성하면 2초 후의 속도도 구할 수 있지요.

개념정리

만유인력의 법칙 : 뉴턴의 중력 법칙

• 질량을 가진 물체는 서로 끌어당긴다.
• 힘의 크기는 두 물체의 질량의 곱에 비례하고 거리의 제곱에 반비례한다.

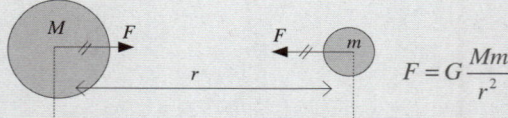

$$F = G \frac{Mm}{r^2}$$

M, m : 물체의 질량 , r : 두 물체 사이의 거리

• 질량이 다른 물체도 동일한 중력 가속도를 가진다.
• 지표면 부근에서의 중력 가속도는 $g = 9.8 m/s^2$ 이다.
• 중력의 크기 : $F = mg$

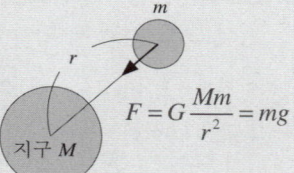

$$F = G \frac{Mm}{r^2} = mg$$

빗면에서의 운동

피사의 사탑에서 갈릴레이는 큰 공과 작은 공을 낙하시키고 어느 공이 바닥에 먼저 도착하는지를 실험했다고 합니다. 하지만 자유 낙하하는 물체

는 매우 빨라서 당시에는 운동을 자세하게 관찰하기가 어려웠습니다. 그래서 갈릴레이는 상대적으로 느리면서 자유 낙하하는 물체의 운동과 비슷한 운동을 찾아보았습니다. 그래서 찾아낸 것이 '빗면에서의 운동'입니다. 과학의 역사를 연구하는 학자들에 따르면, 갈릴레이의 운동에 대한 연구는 대부분 빗면에서의 운동에 대한 관찰을 통해 이루어졌다고 합니다.

무거운 공과 가벼운 공을 같은 높이에서 낙하시키면 두 공은 바닥에 동시에 도착합니다. 갈릴레이는 왜 무거운 공과 가벼운 공의 낙하 운동을 설명하는 데 빗면에서의 운동을 이용했을까요? 갈릴레이는 빗면의 기울기가 점점 가팔라져서 90°에 접근하면 빗면 운동이 자유 낙하 운동이 된다는 것을 간파했습니다. 즉, 무거운 공과 가벼운 공을 빗면에서 굴려보고 어느 공이 바닥에 먼저 도착하는지를 확인해보면 두 공을 자유 낙하시켰을 때 어느 공이 바닥에 먼저 도착할지를 알 수 있다고 생각한 것이지요.

빗면 위에 놓인 물체에 작용하는 힘

빗면 위에 공을 올려놓으면 공은 회전하면서 빗면 아래로 운동합니다. 공의 회전 운동에 대한 내용까지 다루려면 공부할 내용이 여러분에게 벅찰 수 있기 때문에, 육면체 모양을 가진 물체가 빗면을 미끄러져 내려오는 상황으로 빗면에서의 운동을 설명하겠습니다.

빗면을 내려오는 물체의 운동을 설명하려면 먼저 빗면 위에 놓인 물체에 작용하는 힘을 알아야 합니다. 물체에 작용하는 알짜힘을 구해봅시다. 단, 마찰이나 저항력은 작용하지 않는다고 가정합니다.

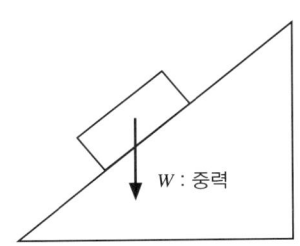

W : 중력

물체에 작용하는 힘들 중에서 가장 먼저 눈에 띄는 힘은 '중력(W)'입니다. 중력을 받은 물체는 지면을 향해 움직이려고 할 것입니다. 그런데, 물체가 움직이려는 방향에 빗면이 가로막고 있습니다. 결국, 물체는 가로막고 있는 빗면을 누르겠지요.

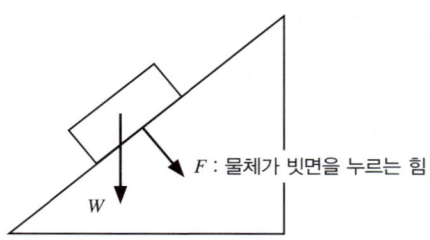

F : 물체가 빗면을 누르는 힘

여러분이 벽을 밀면 벽도 여러분을 미는 것과 마찬가지로 물체가 빗면을 누르면 빗면도 물체를 밀어냅니다.[006]

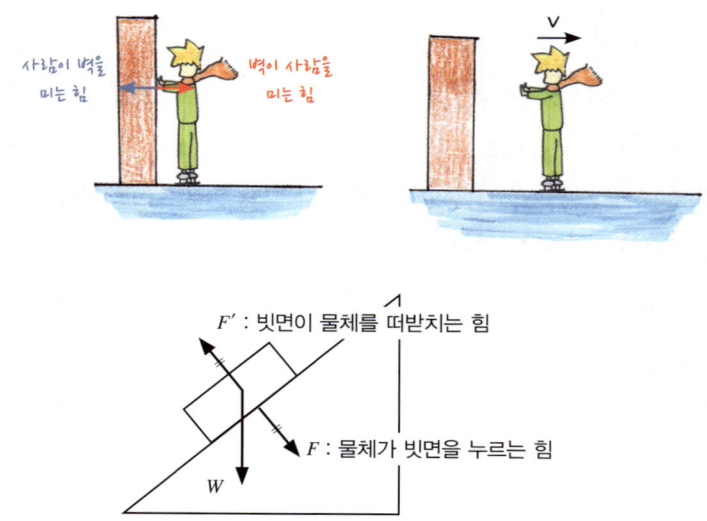

F' : 빗면이 물체를 떠받치는 힘

F : 물체가 빗면을 누르는 힘

---

006 '뉴턴의 운동 제3법칙(작용·반작용의 법칙)'에서 다루었던 내용.

지금까지 파악된 세 개의 힘 중에서 빗면 위에 놓인 물체에 작용하는 힘 (작용점이 물체인 힘)은 W와 F'입니다. 두 힘을 합성해서 알짜힘을 구해봅시다.

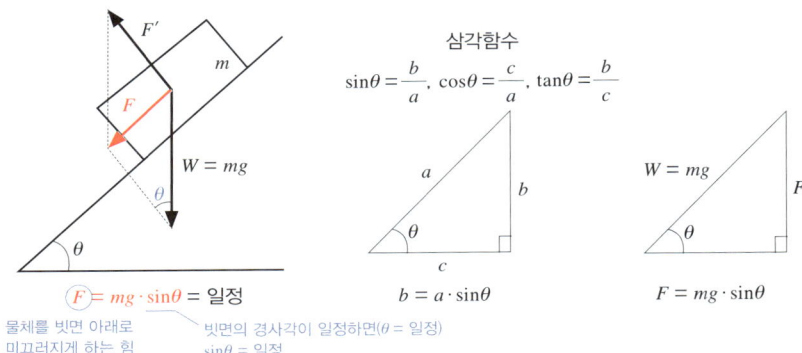

갑자기 어려운 삼각함수가 등장해서 당황했죠? 삼각함수에 대한 내용은 수학 시간에 곧 배울 테니까 걱정하지 말고요! 이 문제에서는 삼각함수가 중요한 요소가 아닙니다. 그림에서 빗면의 기울기는 일정한 상황인데요. 이 경우 $\sin\theta$값은 일정한 상수 값을 가집니다.

따라서 기울기가 일정한 빗면 위에 올려놓은 물체에 작용하는 알짜힘은 다음과 같이 나타낼 수 있습니다.

$$\theta = 일정,\ F = mg \cdot \sin\theta = 상수 \cdot mg$$

- **빗면에 나란하게 아랫방향으로 작용한다.**
- **일정한 크기의 힘이 작용한다. → 등가속도 직선운동**

빗면에서의 운동

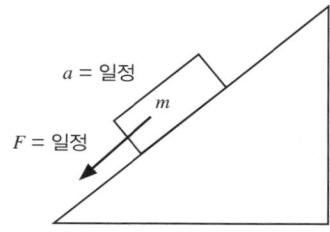

빗면 위에서 운동하는 물체에는 일정한 크기의 힘이 빗면 아랫방향으로 작용하므로 '등가속도 운동'을 합니다. 물체는 빗면 아랫방향으로 일정한 가속도로 가속됩니다.

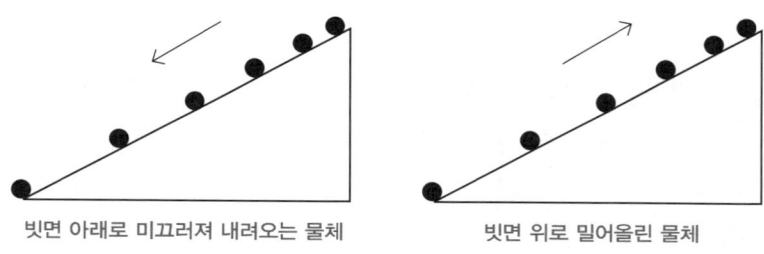

빗면 아래로 미끄러져 내려오는 물체   빗면 위로 밀어올린 물체

따라서, 빗면 아래로 미끄러져 내려오는 물체는 속도가 일정한 비율로 증가하고, 빗면 위로 밀어올린 물체는 속도가 일정한 비율로 감소합니다.

그렇다면, 무거운 물체와 가벼운 물체를 같은 높이에서 빗면 아래로 미끄러뜨리면 어떤 물체가 바닥에 먼저 도착할까요? 어떤 물체가 바닥에 먼저 도착할지는 빗면에서 운동하는 물체의 가속도를 비교해보면 알 수 있습니다. 왜냐하면 더 빨리 가속되는 물체가 바닥에 먼저 도착할 테니까요.

$$F = mg \cdot sin\theta = ma$$

$$a = g \cdot sin\theta = 일정$$

└, 질량(m)이 달라도 가속도는
일정한 값을 가진다는 것을 알 수 있다.

가속도 식을 보면 **가속도가 물체의 질량(*m*)이 얼마인지에 관계없이 일정한 값을 가지는 것**을 알 수 있습니다. 따라서 빗면 위에 무거운 물체와 가벼운 물체를 같은 높이에 올려놓고 운동시키면 두 물체는 같은 가속도로 가속되기 때문에 바닥에 동시에 도착합니다.

갈릴레이가 피사의 사탑에서 무거운 물체와 가벼운 물체를 떨어뜨린 실험은 물리학의 역사에서 일반인들에게 가장 많이 알려진 실험 중에 하나일 것입니다. 하지만 갈릴레이가 이 실험을 통해서 질량이 다른 물체가 바닥에 동시에 도착한다는 사실을 처음 발견했을 것이라고 생각하는 것은 오해입니다. 갈릴레이는 이미 수많은 빗면 실험을 통해서 같은 높이에서 낙하시킨 물체는 질량에 관계 없이 바닥에 동시에 도착한다는 것을 확신하고 있었습니다. 피사의 사탑에서 이루어진 실험은 빗면 실험을 통해 얻은 결론이 사실임을 확인하기 위한 최종 이벤트였다고 보는 것이 과학의 역사를 연구하는 학자들의 일반적인 견해라고 합니다.

개념정리

기울기가 일정한 빗면 위에서 운동하는 물체는
• 등가속도 운동을 한다.
• 질량이 달라도 동일한 가속도로 가속된다.
  └, 무거운 물체와 가벼운 물체를 같은 높이에서 빗면 아래로 운동시키면 바닥에
  동시에 도착한다.

마찰력

사람들은 마찰력 때문에 에너지 효율이 떨어지고 에너지가 낭비된다고 불평합니다. '마찰'이라는 단어가 가지는 언어적 의미에 부정적인 뜻이 강해서일까요? 마찰력은 불필요한 힘이고 마찰은 줄이는 게 좋다는 선입견을 가지고 있는 것 같습니다.

하지만 마찰력은 사람들의 일상에서 대단히 중요한 역할을 합니다. 쌤은 가끔 학생들에게 마찰력이 작용하지 않는 상황을 상상해보라고 제안합니다. 어느 날 갑자기, 지구상에서 마찰력이 사라진다면 어떻게 될까요?

만약, 여러분이 입고 있는 옷에서 마찰력이 갑자기 사라진다면 옷감의 씨실과 날실들이 모조리 풀리면서 순식간에 벌거숭이가 될 거예요. 그리고 여러분의 몸에 작용하는 마찰력이 사라진다면 세포와 세포, 근육과 인대, 뼈와 근육들이 모두 흩어지면서 몸의 형체를 유지하지 못합니다. 마찰력이 사라진 세상에서는 손으로 아무것도 잡을 수 없고 바닥에 서 있을 수도 없습니다. 여러분은 마찰력 덕분에 오늘도 하루를 살고 있습니다.

마찰력의 소중함이 느껴지나요? 소중한 마찰력을 구석구석 꼼꼼하게 공부해봅시다. 마찰력 공부는 마찰력이 작용하는 두 가지 상황에서 시작합니다.

정지 마찰력

마찰력이 작용하는 첫 번째 상황은 '마찰력 때문에 움직이지 못하는 상황'입니다. 바닥에 놓인 무거운 물체를 옮기려고 힘껏 밀어보아도 물체가 꿈쩍하지 않는 상황을 한 번쯤 경험해보았을 거예요. 물체에 힘이 작용해도 운동 상태가 변하지 않으므로 물체에 작용하는 알짜힘은 0입니다. 즉, 물체를 움직이게 하려는 힘과 마찰력이 힘의 평형을 이루어서 물체가 움직이지 않는 상황이 정지 마찰력이 작용하는 상황입니다.

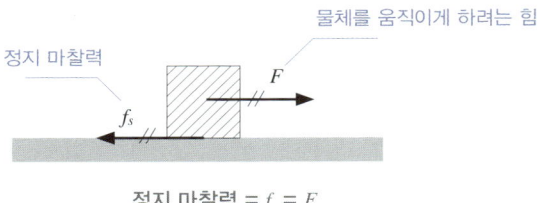

정지 마찰력 = f_s = F

정지 마찰력의 크기는 물체를 움직이게 하려는 힘(F)과 같습니다. 만약, 어떤 물체를 4N의 힘으로 밀었는데 움직이지 않는다면, 물체에는 4N의 정지 마찰력이 작용하고 있습니다.

그렇다면, 마찰력의 방해를 이기고 물체를 움직이게 하려면 어떻게 해야 할까요? 당연히 물체를 더 큰 힘으로 밀어야 합니다. 물체를 미는 힘의 크기를 점점 증가시키다 보면 어느 순간 물체가 움직이기 시작하는데요. 마찰력을 이기고 물체를 움직이게 하려면 얼마의 힘이 필요할까요?

최대 정지 마찰력

그림은 물체를 끄는 힘(F)의 크기를 변화시키면서 물체에 작용하는 마찰력의 크기를 측정하는 실험입니다.

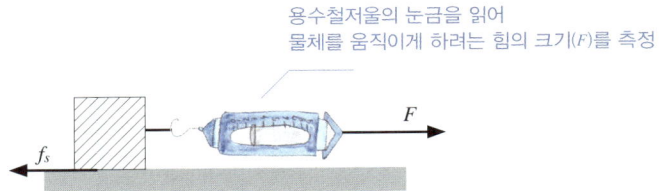

용수철저울의 눈금을 읽으면, 물체를 끄는 힘(F)의 크기를 측정할 수 있습니다. 따라서 물체가 움직이기 시작하는 순간에 저울의 눈금을 읽으면, 물체를 움직이는 데 필요한 힘의 크기를 구할 수 있겠죠. 다음의 그래프는 위

의 실험 결과를 정리한 것입니다.

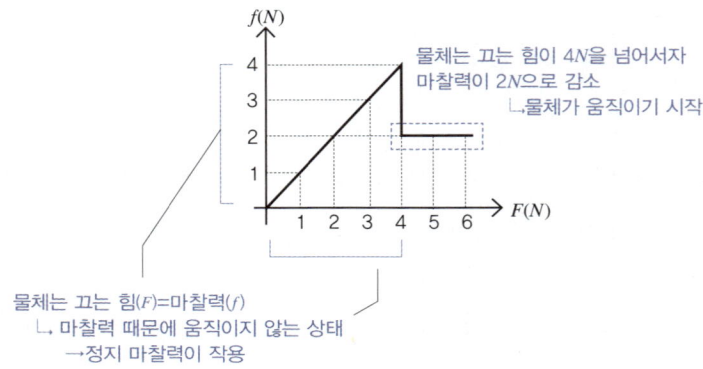

물체는 끄는 힘이 4*N*을 넘어서자
마찰력이 2*N*으로 감소
└물체가 움직이기 시작

물체는 끄는 힘(*F*)=마찰력(*f*)
└ 마찰력 때문에 움직이지 않는 상태
→정지 마찰력이 작용

　물체를 끄는 힘(*F*)이 4*N*보다 작을 때는 물체가 움직이지 않습니다. 물체를 1*N*으로 끌면 마찰력도 1*N*으로 방해하고, 물체를 2*N*으로 당기면 마찰력은 2*N*으로 방해합니다. 이때는 물체를 끄는 힘(*F*)과 마찰력(f_s)의 크기가 같아서 알짜힘이 0인 상태입니다. 그러다가 물체를 끄는 힘(*F*)이 4*N*을 넘어서자 마찰력이 갑자기 2*N*으로 감소합니다. **물체를 끄는 힘(*F*)이 방해하는 마찰력(*f*)보다 커서 물체가 움직이기 시작합니다.**

　이처럼 정지 마찰력이 물체의 운동을 방해하는 데는 한계가 있습니다. 물체가 움직이기 직전에 작용했던 정지 마찰력의 최대값을 '최대 정지 마찰력'이라고 합니다. 물체가 마찰력의 방해를 이기고 움직이기 위해서는 최소한 최대 정지 마찰력 이상의 힘이 필요합니다. 위의 그래프에서 최대 정지 마찰력의 크기는 4*N*입니다. 따라서 물체를 움직이게 하려면 4*N* 이상의 힘이 필요합니다.

　그렇다면 최대 정지 마찰력은 어떤 요인에 따라 결정될까요? 어떤 물체를 움직이는 데 큰 힘이 필요할까요? 어떻게 하면 물체를 작은 힘으로도 움직이게 할 수 있을까요?

최대 정지 마찰력에 영향을 주는 요인으로는 '물체가 바닥을 누르는 힘의 크기'와 '마찰면의 상태'가 있습니다. 바닥을 세게 누를수록 바닥과의 마찰이 심해지는 것은 쉽게 확인할 수 있습니다. 손가락으로 책상을 꾹 눌러서 문질러보세요. 살짝 누를 때보다 마찰이 심하다는 것을 알 수 있습니다. 그리고 마찰면이 거칠수록 마찰은 심해집니다.

최대 정지 마찰력의 크기는 다음과 같습니다.

$$f_s = \mu_s N$$

μ_s = 정지 마찰 계수, N = 수직항력

'마찰 계수'는 마찰면이 매끄러운 정도를 나타내는 값입니다. 계수가 클수록 마찰면은 거칩니다. 마찰 계수는 0과 1 사이의 값을 가집니다.

'수직 항력'은 물체가 바닥을 눌렀을 때 바닥이 물체를 떠받쳐주는 힘입니다. 바닥을 누르는 힘에 대한 반작용이지요. 따라서 수직 항력의 크기와 물체가 바닥을 누르는 힘의 크기는 같습니다. 대체로 무거운 물체일수록 바닥을 큰 힘으로 누르기 때문에 수직 항력 대신에 물체의 무게를 넣어서 다음과 같이 표현하기도 합니다.

$$f_s = \mu_s N = \mu_s mg$$

하지만 수직 항력과 물체의 무게가 같지 않은 상황도 있을 수 있기 때문에 문제의 조건을 잘 살펴서 사용해야 합니다.

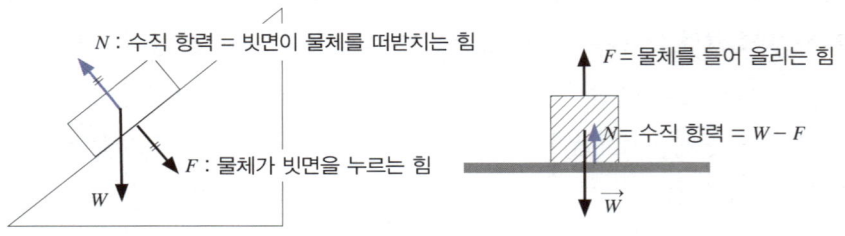

N : 수직 항력 = 빗면이 물체를 떠받치는 힘

F : 물체가 빗면을 누르는 힘

W

F = 물체를 들어 올리는 힘

N= 수직 항력 = $W - F$

$\vec{W}$

수직 항력의 크기가 물체의 무게와 다른 경우

운동 마찰력

마찰력이 작용하는 두 번째 상황은, 운동하는 물체가 받는 마찰력입니다. 물체에 최대 정지 마찰력 이상의 힘이 작용해서 움직이기 시작하면, 마찰력의 크기가 감소합니다. 그리고 운동하는 물체의 속도가 변해도 마찰력의 크기는 변하지 않습니다. 이처럼 마찰하는 면이 서로 움직이는 상황에서 작용하는 마찰력을 '운동 마찰력'이라고 합니다.

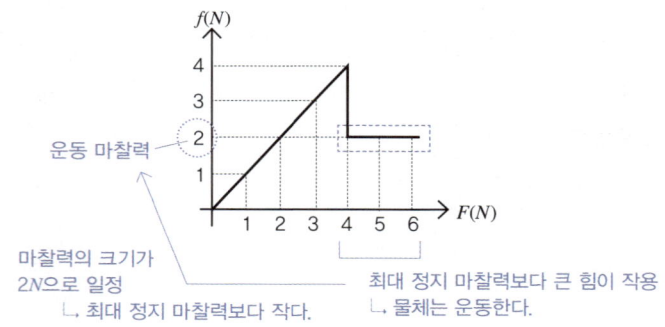

$f(N)$

운동 마찰력

마찰력의 크기가
$2N$으로 일정
└ 최대 정지 마찰력보다 작다.

$F(N)$

최대 정지 마찰력보다 큰 힘이 작용
└ 물체는 운동한다.

그래프에서 물체가 움직이기 시작하면 마찰력은 $2N$으로 감소합니다. 그래프를 보면 운동하고 있는 상태에서는 항상 물체에 $2N$의 운동 마찰력이 작용하고 있음을 알 수 있습니다.

운동 마찰력도 최대 정지 마찰력과 마찬가지로 '물체가 바닥을 누르는 힘의

크기(수직 항력)'와 '마찰 계수'의 영향을 받습니다.

$$f_k = \mu_k N$$

μ_k = 운동 마찰 계수, N = 수직항력

　최대 정지 마찰력과 다른 점이라면, 마찰 계수가 정지 마찰 계수보다 작다는 것입니다.($\mu_k < \mu_s$)그래서 운동 마찰력은 최대 정지 마찰력보다 크기가 작습니다.

　자동차 타이어와 바닥 사이에 작용하는 마찰력은 운동 마찰력일까요, 정지 마찰력일까요? 타이어에 운동 마찰력과 정지 마찰력이 작용하는 상황은 다릅니다. 보통 주행할 때는 타이어의 표면이 바닥과 붙었다 떨어졌다를 반복합니다. 이 경우에는 정지 마찰력이 작용합니다. 반면에 급제동을 하면 타이어가 브레이크에 의해 잠기면서 타이어는 회전하지 않고 멈춘 상태에서 바닥에 끌립니다. 타이어 표면과 바닥이 미끄러지는 상황에서는 운동 마찰력이 작용합니다. 운동 마찰력이 작용할지 정지 마찰력이 작용할지는 면과 면이 상대적으로 미끄러지는가를 확인해보면 쉽게 구별할 수 있습니다.

회전하는 타이어, 정지 마찰력이 작용

미끄러지는 타이어, 운동 마찰력이 작용

　자동차의 제동력을 향상시켜 주는 장치 중에 'ABS(Anti-lock braking system)'라는 것이 있습니다. 주로 미끄러운 빗길이나 눈길에서 제동력을 향상시키

는 목적으로 설치합니다. 자동차가 급제동을 하면 바퀴가 회전을 멈추고 타
이어가 미끄러집니다. **바퀴가 미끄러지면 타이어와 바닥 사이에는 운동 마찰력
이 작용하는데 운동 마찰력은 정지 마찰력보다 크기가 작기 때문에 제동 거리
가 길어집니다.** 또한 자동차가 미끄러지면서 차체가 회전해서 충돌 사고의
위험이 커집니다. ABS는 브레이크가 작동하는 과정에서 바퀴가 미끄러지지
않게 함으로써 바닥과 타이어 사이에 정지 마찰력이 작용하는 상황을 유지
하여 제동 거리를 단축시키고 차체가 운전자에 의해 안정적으로 제어될 수
있게 도와줍니다.

마찰력과 운동

적용

정지해 있는 물체 A에 도르래와 줄을 이용해서 물체 B를 매달았다. 물체 A는 마찰력
을 이기고 움직일 수 있을까?

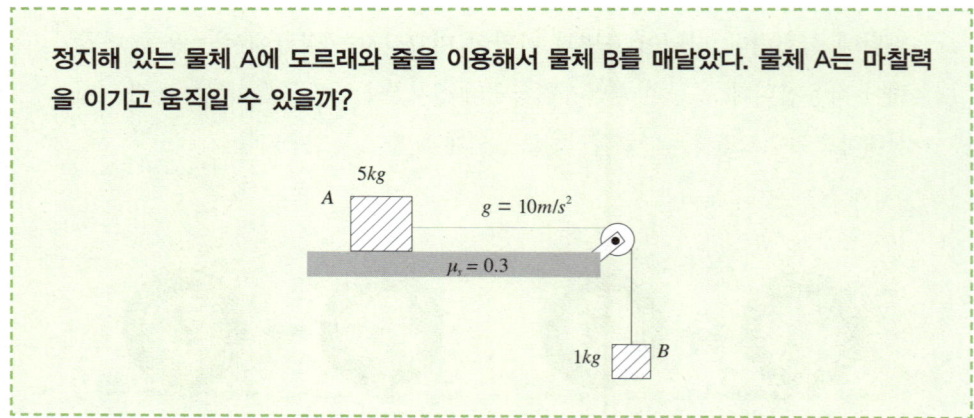

풀이

(step1) 문제 인식

문제에서 물체 A가 마찰력을 이기고 움직일 수 있는 조건을 물어보고 있으므로, 마찰력이 작용하는 조건에서 물체가 움직이기 위한 조건을 알아내는 문제입니다.

물체 A를 움직이게 하려는 힘 〉 최대 정지 마찰력

(step2) 문제 조건

$$m_A = 5kg, \ m_B = 1kg, \ g = 10m/s^2, \ \text{정지 마찰 계수} \ \mu_s = 0.3$$

(step3) 문제 풀이

- **물체를 움직이게 하려는 힘**

  = 물체 B가 줄을 통해 물체 A를 잡아당기는 힘

  = 줄의 장력

  = 물체 B의 무게 $= m_B g = 1kg \cdot 10m/s^2 = 10N$

- **최대 정지 마찰력** $= \mu_s m_A g = 0.3 \cdot 5kg \cdot 10m/s^2 = 15N$

물체 A를 움직이게 하려는 힘 〈 최대 정지 마찰력

∴ 물체 A를 움직이게 하려는 힘이 최대 정지 마찰력보다 작으므로 물체는 움직이지 않습니다.

물체 A를 움직이게 하려면 최소한 $15N$ 이상의 힘이 필요하지요. 따라서 물체 B의 무게는 $15N$보다 커야 합니다. 따라서, 물체가 움직이게 하려면 $1.5kg$보다 무거운 물체를 매달아야 합니다.

트럭과 승용차가 같은 속력으로 주행하다가 브레이크를 밟아서 멈췄다. 트럭과 승용차 중에서 제동 거리가 짧은 쪽은 어디일까?(단, 브레이크를 밟은 후 멈출 때까지 운동 마찰력이 작용하였고 중력 가속도는 $10m/s^2$이다)

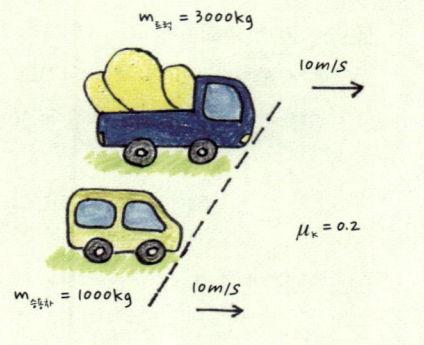

$m_{트럭} = 3000kg$

$10m/s$

$\mu_k = 0.2$

$m_{승용차} = 1000kg$

$10m/s$

풀이

(step1) 문제 인식

트럭과 승용차가 속도를 줄이는 과정에서 운동 마찰력이 작용했습니다. 운동 마찰력의 크기는 차가 멈추는 과정에서 일정한 값을 유지하므로 트럭과 승용차의 운동은 **'등가속도 직선 운동'**이라고 하겠습니다.

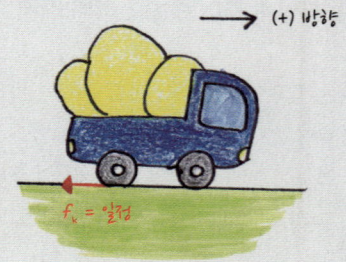

(+) 방향

$f_k = 일정$

따라서, 제동 거리는 등가속도 직선 운동의 운동 방정식을 이용해서 구할 수 있지요. 또한 트럭과 승용차가 오른쪽으로 운동하고 있으므로 오른쪽을 (+)방향으로 합니다. 이때 마찰력은 (–)방향으로 작용하고 있습니다.

문제 조건

$$m_\text{트럭} = 3000kg, \; m_\text{승용차} = 1000kg, \; g = 10m/s^2, \; \text{운동 마찰 계수} \; \mu_k = 0.2$$
$$\text{처음 속도} \; v_0 = 10m/s, \; \text{자동차와 트럭이 멈추면} \; v = 0\,m/s$$

문제 풀이

• 트럭의 제동 거리

트럭의 제동 거리는 등가속도 운동을 하면서 움직인 거리입니다. 따라서 트럭에 작용하는 알짜힘을 파악해서 가속도를 구해야 등가속도 운동의 운동 방정식을 사용해서 제동 거리를 구할 수 있습니다.

물체에 작용하는 알짜힘 = 운동 마찰력

$$m_\text{트럭}a = -f_k = -\mu_k m_\text{트럭} g$$
$$a = -\mu_k g = -0.2 \times 10m/s^2 = -2m/s^2$$

트럭은 가속도와 문제에서 주어진 조건을, 등가속도 운동의 운동 방정식에 대입해서 제동 거리를 계산합니다.

$$v_0 = 10m/s \qquad\qquad v = v_0 + at \;\;①$$
$$a = -2m/s^2 \qquad\qquad s = v_0 t + \frac{1}{2}at^2 \;\;②$$
$$v = 0, \; s = ? \qquad\qquad 2as = v^2 - v_0^2 \;\;③$$

문제에서 주어진 조건

$$2as = v^2 - v_0^2 \rightarrow s = \frac{v^2 - v_0^2}{2a} = \frac{-(10m/s)^2}{2 \times (-2m/s^2)} = 25m$$

트럭의 제동 거리는 25m입니다. 그런데 이 문제를 푸는 과정에서 흥미로운 점이 발견된답니다. 트럭의 가속도를 구하는 식을 보겠습니다.

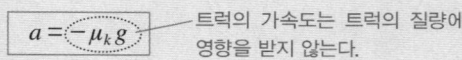

알짜힘 = 운동 마찰력

$$m_{트럭}a = -f_k = -\mu_k m_{트럭}g$$

$$\boxed{a = -\mu_k g}$$ ─── 트럭의 가속도는 트럭의 질량에
영향을 받지 않는다.

트럭의 가속도를 구해보면 **트럭의 가속도는 마찰면의 상태**(μ_k)**와 중력 가속도**(g)**의 영향을 받는 것을 알 수 있습니다. 질량이 크고 작음에는 영향을 받지 않지요.** 따라서 질량이 큰 트럭과 상대적으로 작은 승용차는 같은 가속도로 느려집니다. 결국, 동일한 속도에서 브레이크를 밟았으므로 두 차는 동일한 가속도로 느려져서 동일한 시간에 같은 제동 거리를 운동한 후에 멈추게 됩니다.

  무거운 트럭과 가벼운 승용차의 제동 거리가 같다는 사실은 사람들이 일반적으로 알고 있는 상식과 다른 것 같습니다. 보통은 무거운 트럭의 제동 거리가 더 길다고 생각하지요. 맞습니다. 실제 도로에서 제동 거리를 측정하면 무거운 트럭의 제동 거리가 더 길게 나옵니다.
  다음 표는 교통안전공단 자동차성능연구소에서 실시한 제동 안전성 시험 결과입니다.

구분	제동 거리(m)	비고
승용	43.708	
SUV	45.383	시속 100km에서 급제동
승합	46.967	
화물	48.375	

2006~2009 제동 안전성 시험 결과(교통안전공단 자동차성능연구소)

시험 결과를 봐도 **차량이 무거워질수록 제동 거리가 길어지는 것을 확인**할 수 있습니다. 어떻게 된 일일까요? 우리가 배운 마찰력에 대한 원리로는 설명이 되지 않습니다. **이유는 제동하는 과정에서 마찰면의 상태가 변하기 때문**입니다. 차량이 급제동을 하면 바닥에 타이어 자국이 남습니다. **타이어 자국은 바닥과의 마찰로 발생한 열 때문에 타이어가 녹아서 바닥에 흔적을 남긴 것**이지요.

트럭의 가속도를 다시 살펴봅시다.

$$a = -\mu_k g$$

가속도는 마찰면의 상태(μ_k)가 마찰열로 인해 변하면 달라질 수 있습니다. 하지만 우리는 위의 문제를 풀이할 때 마찰면의 상태는 항상 일정한 상태를 유지한다고 가정하고 문제를 풀었습니다.

비가 오면 제동 거리가 길어지는 이유도 도로가 젖으면 마찰 계수가 감소하기 때문입니다. 물이 고인 도로는 타이어와 바닥 사이에 수막을 만들어서 타이어와 바닥 사이의 마찰력을 감소시키는데요. 그래서 타이어 표면에는 수막을 제거하기 위한 홈이 새겨져 있습니다.

이 외에도 '마찰면의 면적'과 '마찰력의 크기'의 관계도 사람들의 상식과는 어긋나는 결과를 보여줍니다. 사람들은 마찰면의 면적이 넓으면 마찰력이 클 것이라고 생각합니다. 실제로 폭이 넓은 타이어를 설치하면 제동 거리가 짧아집니다. 고속으로 주행하는 F1 머신의 타이어도 폭은 대단히 넓습니다.

광폭 타이어

하지만 마찰면의 면적을 달리하면서 마찰력의 크기를 측정해보면 마찰면의 면적은 마찰력의 크기와 관계가 없다는 것을 알 수 있어요. 우리가 배운 최대 정지 마찰력과 운동 마찰력의 식을 살펴봐도 마찰면의 면적은 마찰력의 크기에 아무런 영향을 주지 않습니다.

$$f_s = \mu_s mg, \ f_k = \mu_k mg$$

그럼에도 불구하고 광폭 타이어를 사용하면 제동 거리가 줄어드는 이유는 무엇일까요? 광폭 타이어의 경우 마찰열이 분산되어 마찰면의 상태 변화가 상대적으로 작아서 제동하는 과정에서 마찰 계수가 적게 감소하기 때문입니다.

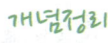

개념정리

마찰력의 크기는 '마찰면의 상태(마찰계수, μ)'와 '물체가 바닥을 누르는 힘의 크기(수직 항력, N)'에 따라 결정된다.

최대 정지 마찰력 $f_s = \mu_s N$

운동 마찰력 $f_k = \mu_k N$

탄성력

우리 주변의 모든 물질은 분자라는 작은 알갱이들이 모여서 만들어진 것입니다. 작은 알갱이들이 서로 결합해서 점점 덩치를 키워나가는 모양은 용수철 모형을 사용해서 쉽게 설명할 수 있습니다.

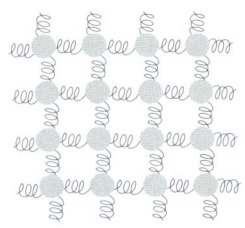

용수철 모형

그림에서 용수철은 분자들을 연결시켜주는 결합 [007]을 의미합니다. 물질을 압축시키면 분자들 사이의 거리가 가까워집니다. 용수철이 압축되면 원래의 길이로 되돌아가려는 힘이 작용하듯이, 분자들 사이의 거리가 가까워지면 분자들이 서로 밀어내는 반발력이 증가합니다. 그래서 물질을 압축하는 힘이 사라지면 분자들 사이의 간격이 원래 상태로 회복되고, 반대로 물질을 팽창시키려는 힘이 작용하면 분자들 사이의 거리는 멀어집니다. 역시 그 힘이 사라지면 분자들 사이의 거리는 원래 상태로 회복되고, 물질은 이전의 모양으로 되돌아갑니다.

이처럼 물질을 변형시키려는 힘에 저항해서 그 힘이 사라지면 원래의 모양으로 되돌아가는 성질을 '탄성'이라고 합니다. **탄성이라는 성질은 분자들 사이의 간격을 일정하게 유지하려는 분자 간 결합에 의한 현상**입니다. 물론, **지나치게 큰 힘으로 압축하거나 늘리면 분자 간의 결합이 깨지면서 부서지거나 늘어나서 원래의 형태를 회복하지 못합니다. 이런 경우 '탄성 한계'를 벗어났다고 합니다.** 모든 물질은 탄성을 가지고 있습니다. 고무처럼 물질 자체의 탄성이 뛰어난 경우도 있고, 스펀지처럼 물질 내부에 작은 빈 공간을 인공적으로 만들어서 탄성을 강화시킨 것도 있습니다. 우리 몸의 가장 바깥을 감싸고 있는 피부

---

007 원자와 분자가 가지고 있는 전하들 사이에 작용하는 전기력이 원자와 분자의 결합을 가능하게 한다.

의 중요한 기능 중 하나도 탄성을 이용해서 외부의 충격으로부터 몸을 보호하는 것입니다. 간혹 심한 충격을 받으면 세포 조직들 간의 결합이 탄성 한계를 벗어나서 조직이 손상되고 출혈이 발생하기도 합니다. 이것을 '멍'이라고 하지요.

탄성력

물체를 변형시키려는 힘을 작용하면, 물체는 이 힘에 저항해서 반작용을 되돌려주는데, 이 힘을 '탄성력'이라고 합니다. 탄성력은 변형에 저항하려는 힘입니다. 예를 들어 용수철을 손으로 잡아당겨서 늘리려고 하면, 용수철도 손을 끌어당깁니다. **용수철을 변형시키려는 힘에 저항해서 용수철이 손에 작용하는 힘을 용수철의 '탄성력'이라고 합니다.**

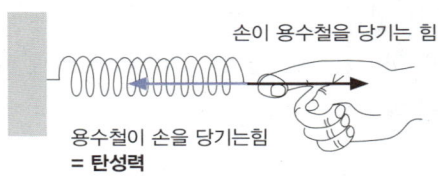

손이 용수철을 당기는 힘

용수철이 손을 당기는힘
= 탄성력

영국의 과학자인 후크(Hooke, Robert 1635~1703)[008]는 용수철에 작용하는 힘과 용수철의 길이 변화에 대한 연구를 통하여, 탄성 한계 내에서는 용수철의 탄성력과 늘어난 길이가 비례한다는 것을 밝혀냈습니다.

---

008 후크는 용수철에 대한 연구 외에도 기계, 현미경, 우주 관측 등 다양한 분야에 박학했다. 자신이 제작한 현미경을 이용하여 코르크에서 세포 구조를 최초로 관찰한 과학자로 유명하다.

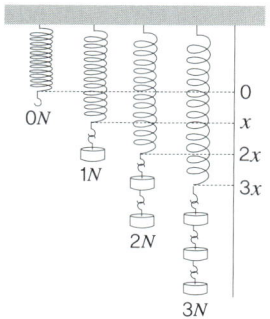

탄성력과 늘어난 길이가 비례

추의 무게를 1N, 2N, 3N으로 증가시키면서 용수철이 늘어난 길이를 측정하면, 늘어난 길이가 추의 무게(=탄성력)에 비례합니다.

따라서 탄성력과 용수철이 늘어난 길이는 다음과 같은 관계식으로 나타낼 수 있습니다.

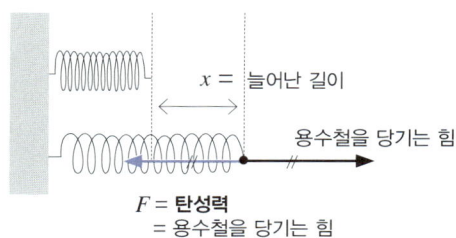

$$탄성력 \propto 늘어난\ 길이$$
$$F \propto x$$

비례식에 적당한 비례 상수(k)를 넣어주면 다음과 같은 관계식을 얻을 수 있습니다.

$$F = kx$$

위 식에서 비례 상수(k, $k = \dfrac{F}{x}$)의 단위는 $[N/m]$입니다. 즉, 비례 상수는 '단위 길이당 작용하는 탄성력의 크기'입니다. 용수철을 $1m$ 늘리는 데 몇 N의 힘이 필요하냐를 의미하지요. 결국, 용수철의 세기를 나타내는 값이라고 할 수 있겠네요. 그래서 비례 상수(k)는 '**용수철 상수**'라고 합니다. 용수철 상수가 크면 용수철을 변형시키는 데 큰 힘이 필요합니다.

적용

용수철에 실과 도르래를 이용해서 무게 $2N$의 물체를 매달았더니 용수철이 $2cm$ 늘어났다. 만약 동일한 용수철을 하나 더 직렬 연결할 경우 각 용수철이 늘어난 길이는 얼마가 될까?

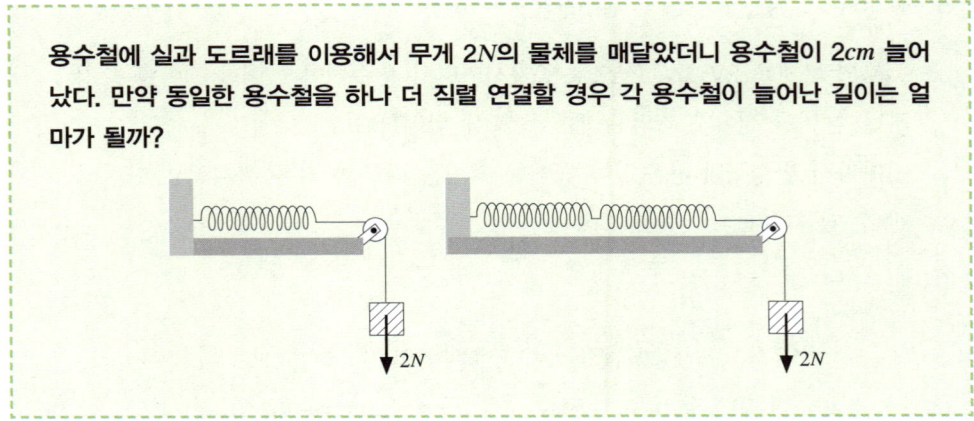

풀이

용수철이 늘어난 길이를 알기 위해서는 용수철에 작용하는 힘을 파악해야 합니다.

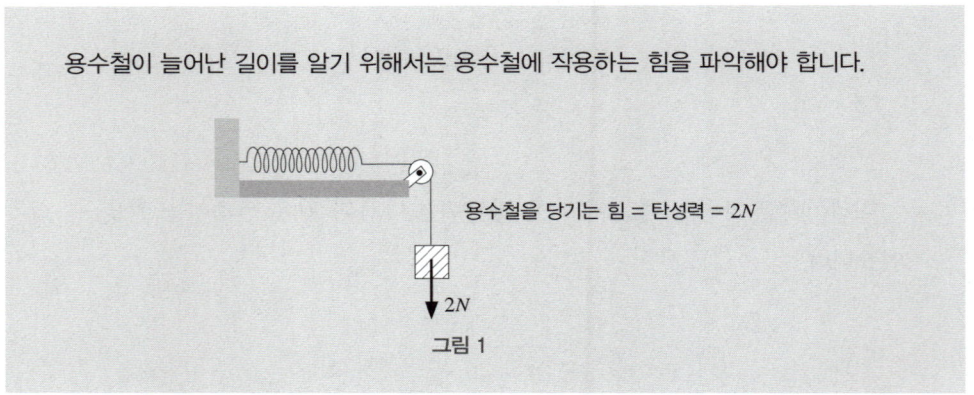

용수철을 당기는 힘 = 탄성력 = $2N$

그림 1

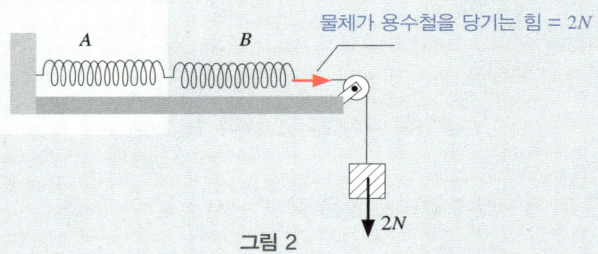

물체가 용수철을 당기는 힘 = 2N

2N

그림 2

• 용수철 B에 작용하는 힘

그림 1에서는 용수철이 벽에 부착되어 있지만, 그림2에서는 용수철 A에 연결되어 있습니다. 하지만, 그림2에서 용수철 A부분을 종이로 가려보면, 용수철 B의 입장에서는 그림1과 그림2의 상황이 동일합니다. 벽이 하던 역할을 용수철 A가 대신하고 있으니까요. 따라서 그림1과 그림2에서 물체가 용수철을 당기는 힘은 같습니다.

용수철 B가 늘어난 길이 = 2cm

• 용수철 A에 작용하는 힘

먼저 용수철 B에 작용하는 알짜힘을 구해봅시다. 용수철 B는 정지해 있는 상태이므로 B에 작용하는 알짜힘은 0입니다. 용수철 B에는 두 개의 힘이 작용합니다. 하나는, '물체가 용수철 B를 당기는 힘'이고 나머지 하나는, 용수철 A가 B를 당기는 힘이지요. 두 힘은 평형을 이룹니다. 따라서 '용수철 A가 B를 당기는 힘'은 2N이 됩니다.

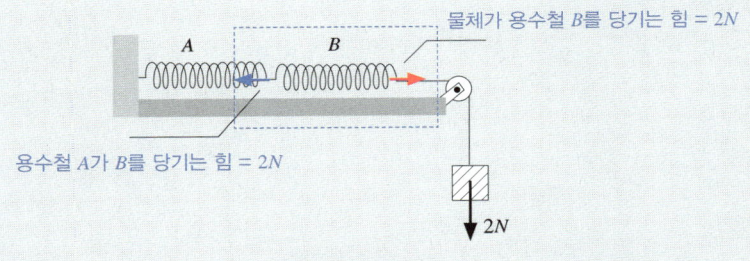

물체가 용수철 B를 당기는 힘 = 2N

용수철 A가 B를 당기는 힘 = 2N

2N

용수철 B에 작용하는 힘

그렇다면, '용수철 B가 A를 당기는 힘'은 얼마일까요? 두 용수철이 주고받는 힘은 서로 작용·반작용 관계이므로 '용수철 B가 A를 당기는 힘'은 2N입니다. 즉, 용수철 A, B에 작용하는 힘의 크기는 같습니다.

용수철 A가 늘어난 길이 = $2cm$

'직렬 연결된 두 용수철에 걸리는 힘은 같다'는 것을 알 수 있지요.

용수철을 직렬 연결하면,

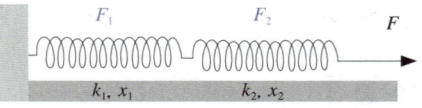

- 각 용수철에 걸린 힘의 크기가 같다.

$$F_1 = F_2 = F$$

- 용수철 상수가 큰 용수철이 작게 늘어난다.

$$F_1 = F_2 \rightarrow k_1 x_1 = k_2 x_2$$

만약 $k_1 \rangle k_2$ 이면, $x_1 \langle x_2$

용수철에 실과 도르래를 이용해서 무게 2N의 물체를 매달았더니 용수철이 2cm 늘어났다. 만약 동일한 용수철을 하나 더 병렬 연결할 경우 각 용수철이 늘어난 길이는 얼마가 될까?

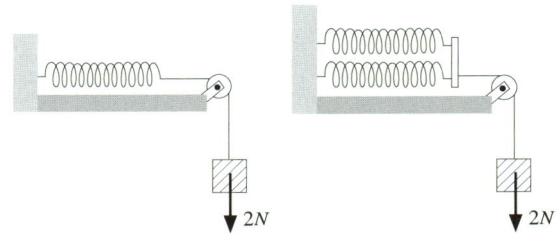

풀이

용수철이 늘어난 길이를 알려면 용수철에 작용하는 힘을 파악해야 합니다. 물체가 용수철을 당기는 힘을 두 개의 동일한 용수철이 나누어서 맡으므로 용수철에 걸리는 힘은 1N입니다. 따라서 용수철이 늘어나는 길이는 절반으로 줄어듭니다.

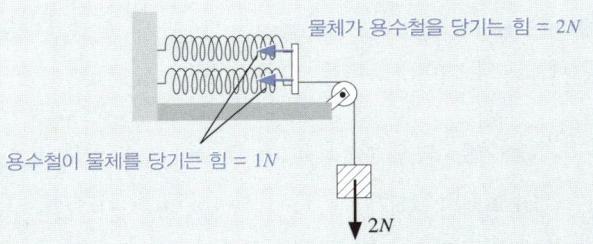

그런데 두 용수철이 동일한 용수철이 아닌 경우에는 어떻게 될까요? 이 경우에도 두 용수철에 같은 크기의 힘이 걸릴까요?
실제 이 실험을 해보면 다음과 같은 결과가 나옵니다.

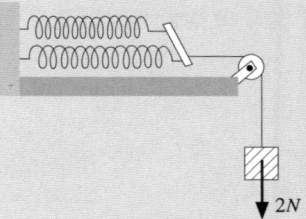

용수철 상수가 작은 용수철이 상대적으로 많이 늘어납니다. 하지만 이 상황은 여러분이 배운 탄성력에 대한 개념을 적용하기가 어렵기 때문에 보통 용수철이 병렬 연결된 상황에서는 두 용수철이 늘어난 길이가 같다고 가정합니다.

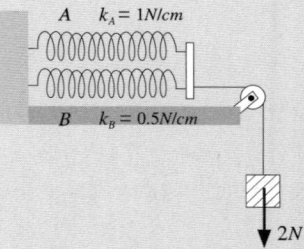

두 용수철이 늘어난 길이는 동일하나, A의 용수철 상수가 두 배 크기 때문에 A의 탄성력이 B보다 두 배 큽니다. 늘어난 길이를 x 라고 하면,

$$\text{용수철 A의 탄성력} = k_A x = 1N/cm \cdot xcm = xN$$

$$\text{용수철 B의 탄성력} = k_B x = 0.5N/cm \cdot xcm = 0.5xN$$

용수철 A의 탄성력 + 용수철 B의 탄성력 = 2N

$$x + 0.5x = 1.5x = 2, \therefore x = \frac{4}{3}$$

병렬 연결된 용수철은 $\frac{4}{3} cm$ 만큼 늘어나지요.

용수철을 병렬 연결하면,

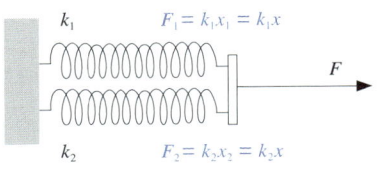

$$F_1 = k_1 x_1 = k_1 x$$

$$F_2 = k_2 x_2 = k_2 x$$

- 늘어난 길이가 같다. $x_1 = x_2$
- 각 용수철에 걸린 힘의 합과 용수철을 당기는 힘의 크기가 같다. $F_1 + F_2 = F$
- 용수철 상수가 큰 용수철에 더 큰 힘이 걸린다. $k_1 > k_2$이면, $F_1 > F_2$

　　문제 풀이를 통해 용수철에 작용하는 탄성력에 대해서 살펴보았습니다. 후크의 법칙이 용수철에만 적용되는 것은 아니고요. 고무줄, 실 등 탄성을 가지고 있는 다양한 물체에도 적용할 수 있습니다. 다만 탄성력과 늘어나거나 압축된 길이가 비례한다는 후크의 법칙은 대단히 제한된 범위에서 성립합니다. 실제로 용수철이나 고무줄을 잡아당기면서 탄성력과 늘어난 길이 사이의 그래프를 그려보면 대략적으로 다음과 같은 그래프가 그려지는데요. 그래프를 보면 ②구간에서만 탄성력과 늘어난 길이가 비례하는 것을 알 수 있습니다. 즉, 후크의 법칙은 ②구간에서만 성립하는 것이지요.

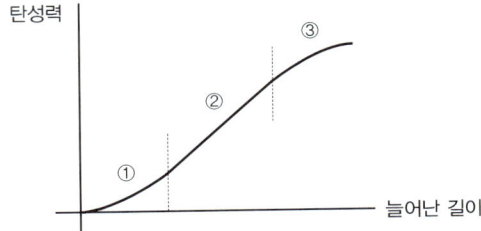

물론 시험에서 문제를 푸는 상황에서는 후크의 법칙이 적용되는 상황을 가정하니까 문제될 게 없습니다. 하지만 실제 세상은 조금 다를 수 있다는 것이지요. 우리가 교과서나 책에서 탄성력과 후크의 법칙을 설명하면서 용수철이나 고무줄을 주로 사용하는 이유는 제한된 범위에서 적용되는 후크의 법칙이 가장 잘 들어맞는 모범적인 사례인 동시에 여러분이 탄성력을 일상생활에서 경험하기 쉬운 매우 흔한 소재이기 때문이랍니다.

이것만은 꼭!!

- **탄성** : 물질을 변형시키려는 힘에 저항해서 그 힘이 사라지면 원래의 모양으로 되돌아가는 성질.
- **탄성력** : 물체를 변형시키려는 외부 힘에 저항하려는 힘. 용수철이나 고무줄에 작용하는 탄성력은 늘어난 길이에 비례한다.

탄성력 $\propto$ 늘어날 길이, $F = kx$

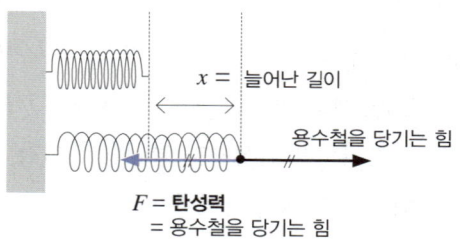

$x =$ 늘어난 길이

용수철을 당기는 힘

$F =$ **탄성력**
= 용수철을 당기는 힘

계를 이룬 물체의 운동

두 개 이상의 물체가 서로 연결되어 함께 운동하는 경우, 물체들이 '계 (system)'를 이루었다고 이야기합니다. 계를 구성하는 물체들 사이에 주고받는 힘을 '내력'이라고 하고 계의 외부에서 물체들에 작용하는 힘을 '외력'이라고 합니다.

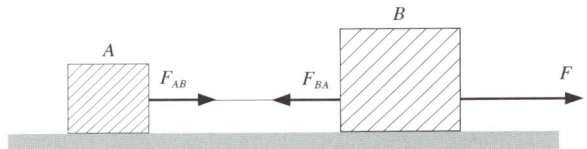

그림은 실로 묶여 있는 두 물체(A, B)를 F라는 힘으로 끌어당기는 상황입니다. 물체 A와 B는 계를 이루고 있으며 힘 F는 계의 외부에서 물체 A와 B의 운동에 간섭하는 '외력'입니다. 그리고 A와 B는 실로 연결되어 서로 힘을 주고받는데요. 실을 통해서 주고받는 힘 F_{AB}와 F_{BA}가 내력입니다.

태양계의 행성 운동도 계를 이룬 운동입니다. 태양계를 구성하는 행성들은 서로 중력으로 연결되어 있습니다. 서로 주고받는 중력은 내력이지요. 태양계 내부에서는 행성들이 공전 운동을 하지만 태양계 외부로 시야를 넓히면 태양계는 우리 은하의 나선팔에서 우리 은하의 중심에 대해서 회전 운동을 합니다. 태양계가 은하의 중심에 대해서 회전 운동을 하는 이유는 태양계 외부의 천체들로부터 중력을 받기 때문입니다. 이 힘은

○ 태양계

나선팔

나선팔

태양계 외부에서 태양계의 운동에 간섭하는 외력입니다.

우리 주변에는 다양한 형태로 계를 이루어서 운동하는 물체들이 있습니다. 어떻게 보면 모든 물체들이 분자로 구성되어 있으므로 모든 물체의 운동은 계를 이룬 물체의 운동이라고 할 수 있겠습니다.

적용

두 물체 A, B가 줄로 연결된 상태에서 물체 B를 오른쪽으로 $12N$의 힘으로 끌어서 움직였다. 두 물체를 연결한 실에 걸리는 장력의 크기는?

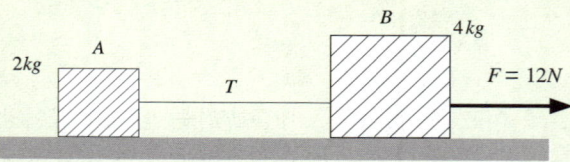

풀이

(step1) 알짜힘 파악하기

두 물체에 작용하는 외력의 알짜힘을 구합니다. 외부에서 두 물체의 운동에 간섭하는 외력은 물체 B를 오른쪽으로 끌어당기는 힘(F)뿐입니다.

$$알짜힘 = F = 12N$$

(step2) 계의 가속도 구하기

알짜힘을 구했으면 뉴턴의 힘과 가속도의 법칙($F = ma$)을 사용하여 계의 가속도를 구합시다.

$$알짜힘 = F = (m_A + m_B)a = 12N$$

$$a = \frac{12N}{(m_A + m_B)} = \frac{12N}{6kg} = 2m/s^2$$

(step3) 계를 구성하는 물체들에 작용하는 알짜힘 구하기

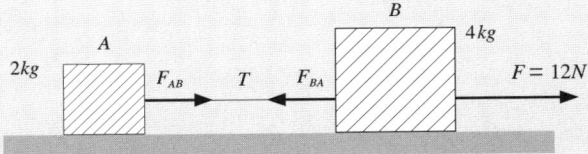

A에 작용하는 힘은, B가 줄을 통해서 A를 끌어당기는 힘($F_{AB} = T$)이 유일합니다.

$$\text{물체 } A\text{에 작용하는 알짜힘} = F_{AB} = T$$
$$= m_A a = 2kg \cdot 2m/s^2 = 4N$$
$$\therefore \; T = 4N$$

B에 작용하는 힘에는 B를 오른쪽으로 끌어당기는 힘(F)과 A가 실을 통해서 B를 끌어
당기는 힘($F_{BA} = T$)이 있습니다.

$$\text{물체 } B\text{에 작용하는 알짜힘} = F - F_{BA} = F - T = 12N - T$$
$$= m_B a = 4kg \cdot 2m/s^2 = 8N$$
$$\therefore \; T = 4N$$

두 물체가 줄로 연결되어 운동하고 있다. 바닥과 물체 A 사이에는 운동 마찰력이 작용하고 있다. 줄에 걸리는 장력의 크기를 구하면?

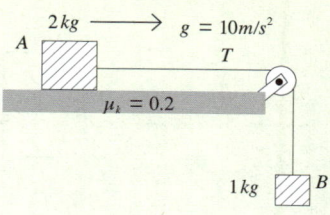

풀이

(step1) 알짜힘 파악하기

두 물체에 작용하는 외력의 알짜힘을 구합니다. 외부에서 두 물체의 운동에 간섭하는 외력은 A에 작용하는 운동 마찰력(f_k)과 B에 작용하는 중력(W_B)입니다. B에 작용하는 중력은 물체의 운동을 도와주는 힘, A에 작용하는 운동 마찰력은 방해하는 힘이지요. 물체가 운동하는 방향을 (+)방향으로 해서 알짜힘을 구합니다.

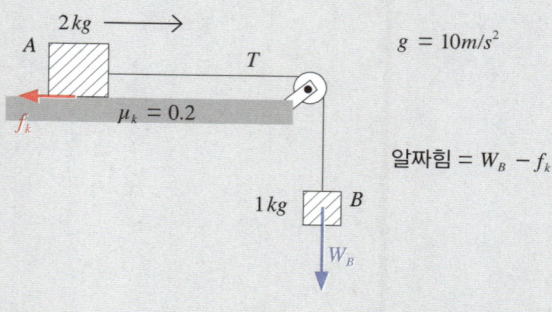

알짜힘 $= W_B - f_k$

$$\text{알짜힘} = W_B - f_k = m_B g - \mu_k m_A g = 10N - 0.2 \times 2kg \times 10m/s^2$$
$$= 6N$$

(step2) 계의 가속도 구하기

알짜힘을 구했으면 뉴턴의 힘과 가속도의 법칙($F = ma$)을 사용하여 계의 가속도를 구합니다.

$$\text{알짜힘} = F = (m_A + m_B)a = 6N$$

$$a = \frac{6N}{(m_A + m_B)} = \frac{6N}{3kg} = 2m/s^2$$

(step3) 계를 구성하는 물체들에 작용하는 알짜힘 구하기

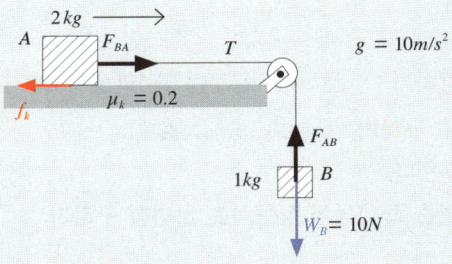

A에 작용하는 힘에는 B가 줄을 통해서 A를 끌어당기는 힘(F_{BA})과 운동 마찰력(f_k)이 있습니다. 줄이 당기는 힘은 (+)방향, 마찰력은 (−)방향으로 작용합니다. 결과적으로 $2kg$인 물체 A가 가속도 $2m/s^2$로 운동하고 있으므로 알짜힘의 크기는 $4N$입니다.

$$\text{물체 A에 작용하는 알짜힘} = F_{BA} - f_k = T - f_k = T - 4N$$
$$= m_A a = 2kg \cdot 2m/s^2 = 4N$$
$$\therefore T = 8N$$

B에 작용하는 힘에는 중력(W_B)과 A가 실을 통해서 B를 끌어당기는 힘($F_{AB} = T$)이 있습니다. 중력은 (+)방향, 줄이 당기는 힘은 (−)방향으로 작용합니다. 결과적으로 1kg인 물체 B가 가속도 2m/s^2로 운동하고 있으므로 알짜힘의 크기는 2N이지요.

$$물체\ B에\ 작용하는\ 알짜힘 = W_B - F_{AB} = W_B - T = 10N - T$$
$$= m_B a = 1kg \cdot 2m/s^2 = 2N$$
$$\therefore\ T = 8N$$

계를 이룬 물체의 운동에 대한 문제를 풀 때에는 다음과 같은 단계를 따르면 됩니다.

- (step1) **알짜힘 파악하기** : 두 물체에 작용하는 외력의 알짜힘을 구한다.
- (step2) **계의 가속도 구하기** : 뉴턴의 힘과 가속도의 법칙($F = ma$)을 사용하여 계의 가속도를 구한다.
- (step3) **계를 구성하는 물체들에 작용하는 알짜힘 구하기**

이것만은 꼭!!

대표 문제

그림은 P 지점에 정지해 있던 비행기가 수평으로 작용하는 일정한 합력 F로 가속되어 Q 지점을 통과하는 모습을 나타낸 것이다.

동일한 조건에서 비행기의 질량이 2배인 경우에 대한 옳은 설명만을 〈보기〉에서 있는 대로 고른 것은?

| 보기 | ㄱ. 가속도는 $\frac{1}{2}$배가 된다.
ㄴ. P에서 Q까지 이동하는 시간은 2배가 된다.
ㄷ. Q를 통과하는 순간의 속력은 $\frac{1}{2}$배가 된다. |

① ㄱ   ② ㄴ   ③ ㄱ, ㄷ   ④ ㄴ, ㄷ   ⑤ ㄱ, ㄴ, ㄷ

ㄱ. 뉴턴의 운동 제2법칙에 따르면 물체의 가속도는 작용하는 힘의 크기에 비례하고 질량에 반비례합니다.

$$a \propto \frac{F}{m}$$

따라서 동일한 힘(F)으로 질량이 두 배인 비행기를 가속시키면 가속도가 $\frac{1}{2}$ 배로 감소합니다.

ㄴ. 비행기는 등가속도 운동을 합니다. 비행기가 처음에 정지해 있었으므로 처음 속도(v_0)는 0입니다. 따라서 비행기가 P에서 Q까지 운동하는 데 걸리는 시간(t)은 등가속도 운동의 운동 방정식으로부터 다음과 같이 구할 수 있습니다.

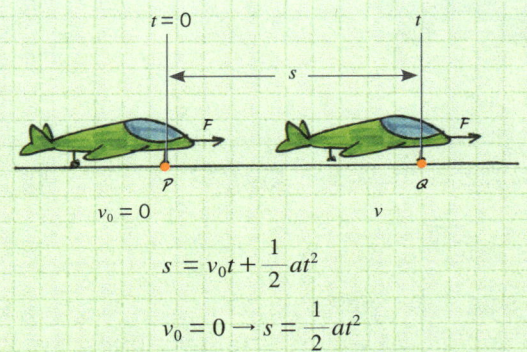

$$s = v_0 t + \frac{1}{2}at^2$$

$$v_0 = 0 \rightarrow s = \frac{1}{2}at^2$$

따라서 가속도가 $\frac{1}{2}$ 배로 감소할 경우 시간은 $\sqrt{2}$ 배 길어집니다.

ㄷ. P와 Q사이의 거리(s)와 Q점에서의 속도(v)사이의 관계는 등가속도 운동의 운동 방정식으로 나타내면 다음과 같습니다(P점에서 비행기의 속도(v_0)는 0입니다).

$$2as = v^2 - v_0{}^2$$

$$v_0 = 0 \rightarrow 2as = v^2 \quad \therefore \ v = \sqrt{2as}$$

따라서 가속도가 $\frac{1}{2}$ 배로 감소할 경우 속도는 $\frac{1}{\sqrt{2}}$ 배로 감소합니다.

① ㄱ

그림 (가)는 자동차가 상자를 싣고 주행하는 것을 나타낸 것이고, (나)는 자동차의 속력을 시간에 따라 나타낸 것이다. 자동차가 운동하는 동안 상자는 자동차의 짐 칸 바닥에서 미끄러지지 않았다.

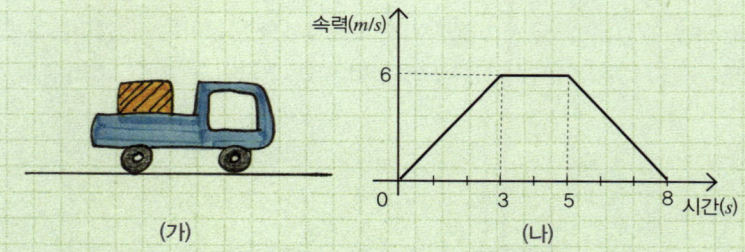

(가)　　　　　　　　　　　(나)

자동차와 상자에 대한 설명으로 옳은 것을 〈보기〉에서 있는 대로 고른 것은?

보기

ㄱ. 상자에 작용하는 마찰력의 크기는 2초일 때가 1초일 때보다 크다.
ㄴ. 4초일 때 상자에 작용하는 마찰력의 방향은 자동차의 운동 방향과 반대이다.
ㄷ. 6초부터 7초까지 자동차에 작용하는 합력은 일정하다.

① ㄱ　② ㄷ　③ ㄱ, ㄴ　④ ㄴ, ㄷ　⑤ ㄱ, ㄴ, ㄷ

ㄱ. 자동차의 짐칸에 실린 상자를 움직이게 하는 힘은 마찰력입니다. 만약 짐칸의 바닥과 상자 사이에 마찰력이 작용하지 않는다면 상자는 미끄러져서 짐칸 밖으로 떨어져버릴 것입니다. 마찰력 덕분에 상자는 짐칸에서 미끄러지지 않고 트럭과 같은 속력, 같은 가속도로 운동합니다. 즉, 이 문제에서 상자에 작용하는 알짜힘은 '마찰력'입니다.

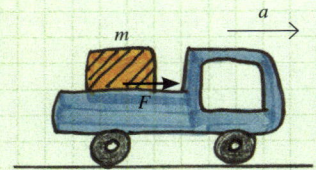

$a = a_{상자} = a_{자동차}$, $m =$ 상자의 질량

$f =$ 마찰력 $= ma_{상자} = ma_{자동차}$

속력 − 시간 그래프의 기울기

따라서 2초와 1초에서 상자에 작용하는 알짜힘의 크기를 구하면 마찰력의 크기를 비교할 수 있습니다. 상자에 작용하는 알짜힘은 상자의 '질량과 가속도의 곱'입니다. 상자는 자동차와 같은 속도, 같은 가속도로 운동하므로 (나)의 그래프에서 자동차의 가속도를 구하면 상자의 가속도를 알 수 있고 상자에 작용하는 알짜힘의 크기까지 비교할 수 있습니다.

(나)의 그래프를 보면 2초와 1초에서 그래프의 기울기(가속도)는 같으므로 2초와 1초에서 자동차의 가속도는 동일합니다. 따라서 2초와 1초에서 상자에는 같은 크기의 마찰력이 작용했습니다.

ㄴ. (나)의 그래프를 보면 자동차는 3초~5초 사이에 등속 운동을 하였으므로 이 구간에서 자동차와 상자에 작용하는 알짜힘(합력)은 0입니다. 따라서 4초일 때 상자에 작용하는 마찰력의 크기는 0입니다.

ㄷ. (나)의 그래프를 보면 6초에서 7초까지 그래프의 기울기(가속도)가 일정하므로 이 시간 동안 자동차와 상자는 등가속도 운동을 했습니다. 상자와 자동차가 등가속도 운동을 하였으므로 자동차와 상자에는 일정한 크기의 알짜힘(합력)이 작용했습니다.

정답

② ㄷ

① **등속 직선운동**

– 물체에 힘이 작용하지 않거나 알짜힘이 0이면 물체는 등속 직선 운동을 한다.

– 등속 직선 운동의 운동 방정식

$$s = vt$$

② **등가속도 직선 운동**

– 물체에 크기와 방향이 일정한 힘이 작용하면 물체는 등가속도 직선 운동을 한다.

– 등가속도 직선 운동의 운동 방정식

$$v = v_0 + at, \quad s = v_0 t + \frac{1}{2}at^2, \quad 2as = v^2 - v_0^2$$

③ 질량을 가진 물체는 서로 끌어당기는 중력을 주고받는다.

④ 중력의 크기는 힘을 주고받는 두 물체의 질량의 곱에 비례하고, 거리의 제곱에 반비례한다.

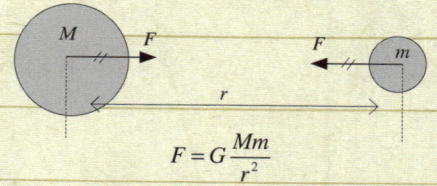

$$F = G\frac{Mm}{r^2}$$

M, m : 물체의 질량, r : 두 물체 사이의 거리

⑤ 지표면 부근에서 운동하는 물체에는 일정한 크기의 중력이 작용한다.

⑥ 중력의 작용에 의해 물체가 가지게 되는 가속도를 '**중력 가속도**(g)'라고 한다. 질량이 다른 물체도 동일한 중력 가속도를 가지며, 지표면 부근에서의 중력 가속도는 $g = 9.8m/s^2$이고, 중력의 크기는 mg이다.

중력의 크기 : $F = mg$

⑦ 기울기가 일정한 빗면 위에서 운동하는 물체는, 등가속도 운동을 하며, 질량이 달라도 동일한 가속도로 가속된다. 즉, 무거운 물체와 가벼운 물체를 같은 높이에서 빗면 아래로 운동시키면 바닥에 동시에 도착한다.

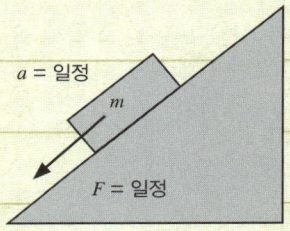

a = 일정

m

F = 일정

⑧ 마찰력의 크기는 '마찰면의 상태(마찰 계수, μ)'와 '물체가 바닥을 누르는 힘의 크기(수직항력, N)'에 비례한다.

최대 정지 마찰력 : $f_s = \mu_s N$

운동 마찰력 : $f_k = \mu_k N$

⑨ '**탄성**'은 물질을 변형시키려는 힘에 저항해서 그 힘이 사라지면 원래의 모양으로 되돌아가는 성질을 말한다.

⑩ '**탄성력**'은 물체를 변형시키려는 외부 힘에 저항하는 힘이다.

⑪ 용수철이나 고무줄에 작용하는 탄성력은 늘어난 길이에 비례한다.

$$\text{탄성력} \propto \text{늘어난 길이}, \quad F \propto kx$$

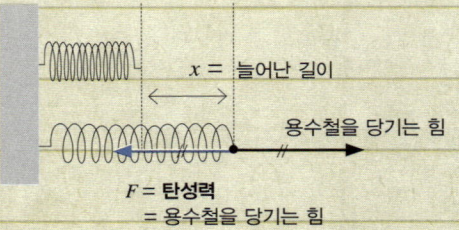

$x = $ 늘어난 길이

용수철을 당기는 힘

$F = $ **탄성력**
$=$ 용수철을 당기는 힘

⑫ 두 개 이상의 물체가 서로 연결되어 함께 운동하는 경우, 물체들이 '계 (system)'를 이루었다고 이야기한다. 계를 구성하는 물체들 사이에 주고 받는 힘을 '내력'이라고 하고 계의 외부에서 물체들에 작용하는 힘을 '외력'이라고 한다.

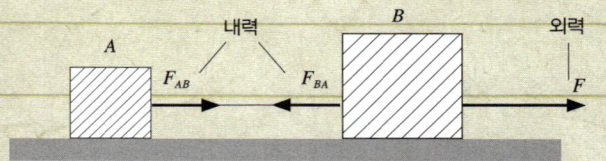

A   내력   B   외력

F_{AB} F_{BA} F

⑬ 계를 이룬 물체의 운동에 대한 문제는 다음과 같은 단계에 따라 풀이한다.

(step1) **알짜힘 파악하기** : 두 물체에 작용하는 외력의 알짜힘을 구한다.

(step2) **계의 가속도 구하기** : 뉴턴의 힘과 가속도의 법칙($F=ma$)을 사용하여 계의 가속도를 구한다.

(step3) **계를 구성하는 물체들에 작용하는 알짜힘 구하기**

"Their is no answer if there is no question."

궁금하고 신기해하는 마음이 없는 사람들의 인생은 얼마나 지루할까요? 호기심은 한 개인의 인생을 드라마틱하게 연출합니다. 낯선 길을 따라 모험을 떠나게 하고 첫눈에 반한 연인에게 자신의 인생을 걸도록 부추긴답니다. 호기심이 있기에 인간은 끊임없이 질문을 던지고 답을 찾습니다. 자연과학, 인문학, 사회과학, 경제학, 공학 등 인간이 탐구하는 모든 학문들은 호기심이 이끄는 질문에 답하는 과정에서 만들어졌답니다.

호기심이 이끄는 길은 잘 닦여진 성공의 길만은 아닙니다. 그럼에도 불구하고 호기심이 이끄는 대로 미지의 길을 떠나는 이유는 무엇일까요? 뉴턴과 아인슈타인의 성공은 물리학의 역사에 이름 한 자 남기지 못한 수많은 물리학자들의 도전이 있었기에 가능했습니다. 비록 뉴턴과 아인슈타인만큼 사람들의 주목을 받지는 못했지만 그들은 자신의 심장을 두근거리게 했던 호기심이 이끈 도전을 충분히 즐겼을 것입니다.

이제 막 물리 공부를 시작한 여러분에게 부탁하고 싶습니다. 질문하지 않으면 답은 없습니다. 시험지와 문제지에 인쇄된 질문들에만 답하지 말고 여러분을 두근거리게 하는 질문을 찾아보는 건 어떨까요?

선생님들은 학생들에게 질문을 많이 받습니다. 그래서 질문에 신속하고 정확하게 답할 수 있는 능력은 교사에게 대단히 중요하지요. 그런데 교사에게는 이보다 더 중요한 능력이 요구되는데요. 그것은 바로 학생들에게 필요한 질문을 찾아낼 수 있는 능력이랍니다. 교사들은 질문을 통해서 학생들이 힘들게 공부한 개념들을 일부러 흔들어주는 주기도 하고, 학생들의 의지와 사고를 깨우는 질문을 화두처럼 던져서 학생들을 변화시키기도 합니다. 이처럼 학생들에게 필요한 질문을 찾아서 던져주고 학생들이 스스로 자신에게 필요한 질문을 찾아낼 수 있도록 이끄는 것이 교사의 전문성이랍니다. 이제 여러분도 다른 사람들이, 문제지가, 시험 문제가 던지는 질문에만 답하려하지 말고 스스로 호기심이 시키는 대로 질문을 만들어보세요. 질문할 수 있는 사람이 새로운 길을, 새로운 답을 찾을 수 있답니다.

ps) 그래서 여러분에게 이야기를 하나 들려주고 질문을 하나 해볼까 합니다. 이 질문은 여러분의 물리학적 상상력을 가늠해볼 수 있는 질문이 될 거예요. 이야기의 제목은 'Physics in Cube'입니다.

나의 이름은 스티브. 나는 큐브(Cube)에서 태어났다. 나는 지금까지 한 번도 큐브 바깥 세상을 본 적이 없다. 큐브에는 창문이 없다. 내가 본 세상은 컴퓨터나 TV 모니터가 보여주는 것이 전부다. 하지만 나는 큐브에서의 생활에 만족하고 있다. Virtual World라는 가상현실 공간이 있기 때문이다. Virtual World에서는 내가 하고 싶은 것들을 다 할 수 있다. 어제 저녁에는 올드 트래포드(Old Trafford)에서 맨유와 첼시의 경기를 봤다. 오늘 아침에는 우주선을 타고 달에 다녀왔다. 달에서 본 지구가 얼마나 아름답던지 잊을 수 없다. 저녁에는 Virtual World의 이탈리안 레스토랑에서 여자 친구를 만나기로 했다. 저녁 식사를 하고 영화를 보기로 했다. 그런데 큐브는 딱 하나 불편한 점이 있다. 내가 사는 큐브는 항상 모든 것이 기울어져 있다. 쥐고 있던 물체를 놓으면 바닥을 향해서 비스듬하게 떨어진다. 탁자 위에 공을 놓으면 공이 굴러서 탁자 아래로 떨어진다. 나는 항상 궁금했다. 왜 큐브를 설계한 사람들은 마치 비탈길에 주차해놓은 자동차처럼 큐브를 기울어지게 만들었을까?

이제 여러분에게 질문을 던집니다. 만약 큐브에서 사는 스티브가 밖으로 나갈 수 있는 철문을 열고 바깥세상을 본다면 어떤 상황이 펼쳐져 있을까요? 스티브가 예상한 것처럼 큐브가 비탈길에 세워져 있을까요? 다른 가능성은 없을까요? 여러분의 상상력과 지금까지 배운 물리학의 지식을 활용해서, 큐브 안에서 스티브가 경험했던 현상들이 일어날 수 있는 큐브 외부의 상황을 상상해보세요.

(답은 들녘블로그에 있습니다. 블로그: http://blog.naver.com/dnteens)

제 4 강

운동량과 에너지

"외부에서 운동 상태를 변화시키는 힘이 작용하지 않는 한, 정지해 있던 물체는 계속 정지해 있고 운동하던 물체는 속력과 방향을 그대로 유지하면서 등속 직선 운동을 한다."

뉴턴의 운동 법칙 중 첫 번째 법칙인 '관성의 법칙'에 대한 설명입니다. 그런데 위의 설명을 곰곰이 생각해보면 이 말은 법칙이라기보다는 '힘의 정의' 또는 '힘이 작용했는지를 알아내는 방법'에 가깝습니다. 무슨 말인고 하니, 힘이 작용했는지, 작용하지 않았는지를 알고 싶으면 물체의 속도가 변하는지, 변하지 않는지만 살펴보면 된다는 거예요. '음~, 저 물체는 시간이 흘러도 계속 정지해 있군. 그러니까 힘이 작용하지 않았거나, 최소한 물체에 작용하는 알짜힘이 0일 거야. 그리고 이 물체는 운동 방향이 계속 변하는 걸 보니 힘이 작용하고 있어.' 이런 식으로 말입니다.

실제로 우리는 많은 경우에서 힘이 작용하는 것을 직접 볼 수 없고 어떤 물체의 운동 상태가 변하는 것을 보고서야 힘이 작용했다는 것을 알아챌 수 있습니다. 예를 들어, 태양 주위를 도는 행성에 작용하는 힘이나 원자핵 주위를 도는 전자에 작용하는 힘은 아무리 들여다봐도 볼 수 없어요. 그렇다면 우리는 이들에게 힘이 작용한다는 것을 어떻게 알 수 있을까요? 과학자들은 이들의 속도가 변하는 것을 보고 힘이 작용한다는 사실을 알아낸답니다.

마치 산타할아버지가 선물을 주고 가는 것을 아무도 보지 못하지만 산타

할아버지가 두고 가신 선물을 보고 산타할아버지가 다녀가신 것을 아는 것과 비슷합니다. 힘이 작용하는 것을 보지는 못하지만 물체의 운동에 일어난 변화를 보고 물체에 힘이 작용했음을 알아내는 것이지요.

우리는 일상생활에서 이런 말을 많이 합니다. "힘이 부족해, 나는 더 많은 힘을 가지고 싶어. 내게는 힘이 필요해." 마치 힘이라는 것을 누군가가 가질 수 있고 사람의 내부에 쌓아놓을 수 있는 것처럼 말이지요. 하지만 자연의 세계에서 힘은 어떤 물체가 가질 수 있는 것이 아닙니다. 힘은 물체들의 운동 상태를 변화시키는 그 무엇이지만 힘의 작용에 의해 물체가 가지게 되는 것은 힘이 아니라는 말이죠. 그렇다면 물체는 힘의 작용에 의해 무엇을 가지게 될까요? 이 질문에 대한 답을 찾는 것이 4강에서 우리가 해야 할 일입니다. 눈치가 빠른 친구들은 답을 벌써 알아챘을 것 같은데요. 4강의 제목을 보세요. '운동량'과 '에너지'이지요. 힘의 작용에 의해 물체가 가지게 되는 두 가지 양, 바로 '운동량'과 '에너지'입니다.

3강까지 공부하느라 힘들었죠? 3강을 마치고 한숨 돌릴 수 있을까 했더니만 이름부터 생소한 '운동량'이랑 '에너지'가 턱하니 여러분의 앞길을 가로막고 있군요. 하지만 힘내세요! 운동량과 에너지에 대한 공부를 마치고 나면 역학에 대한 문제들을 훨씬 쉽고 간단하게 풀 수 있는 날개를 달게 될 테니까요.

지금까지 여러분은 뉴턴의 운동 법칙으로 등속 직선 운동과 등가속도 직선 운동을 설명하는 방법을 공부했습니다. 그런데 실제 우리가 실생활에서 접하게 되는 운동들은 훨씬 복잡합니다. 예를 들어, 야구공이 날아와서 벽에 부딪힌 후 튕겨 나가는 상황을 생각해봅시다. 야구공이 벽과 충돌하는 짧은 순간 동안 야구공에 작용하는 힘의 크기는 계속 변합니다. 그래서 매 순간 변하는 힘을 분석해서 야구공의 운동이 어떻게 변할지를 설명하는 것은 정말 복잡하고 어렵습니다. 하지만 운동량과 에너지에 대한 공부를 마치고 나면 야구공이 벽에 충돌한 후에 어떤 운동 상태를 가질지 아주 쉽고 간단하게 설명할 수 있답니다.

한 소년이 짝사랑하는 소녀 앞에 서 있습니다. 소년이 소녀를 얼마나 사랑하는지 알아내기 위해서 소년과 소녀가 주고받는 대화를 조사하고 편지를 분석할 필요가 있을까요? 그냥 소년의 얼굴이 얼마나 환하게 웃고 있는지, 행복한 표정을 짓고 있는지만 봐도 소년이 소녀를 얼마나 사랑하는지 알 수 있을 거예요. 운동도 마찬가지랍니다. 힘이 물체의 운동을 변화시키는 과정을 돋보기로 자세하게 들여다보지 않아도 됩니다. 대신 힘이 작용하기 전과 후에 물체의 운동량과 에너지만 살펴보면 물체의 운동 상태가 어떻게 변할지를 쉽게 예상할 수 있답니다.

무슨 말인지 감이 잡힐 듯 말 듯 하지요? 쌤이 하고 싶은 말의 핵심은 "운동량과 에너지를 공부하고 나면 물리 공부가 한결 쉬워질 거야"랍니다. 그러니 쌤을 믿고 조금만 힘을 냅시다. 역학 공부의 마지막 언덕이 저기 보입니다. 자 힘차게 출발~!!

조금은 낯선 개념 : 운동량과 충격량

우리는 일상생활에서 '힘과 에너지'라는 말을 자주 사용합니다. 하지만 '운동량'이라는 말은 조금 생소하게 들리지요? 우리가 일상생활에서 운동량이라는 말을 사용할 때는 보통 이런 경우입니다. "다이어트를 위해서는 식사량을 줄임과 동시에 적절한 운동량이 필요하다. 오늘 점심때 축구를 너무 격하게 해서일까 운동량이 많았던 탓에 오후 수업이 너무 힘들었다." 이처럼 일상생활에서 사용하는 '운동량'이라는 말은 오히려 '에너지'와 비슷한 의미로 사용되고 있다는 것을 알 수 있습니다. 하지만 물리에서 사용하는 운동량이라는 개념은 일상생활에서 사용하는 의미와는 전혀 다른 의미를 가집니다. 일단 물리에서 사용하는 운동량이라는 개념이 어떤 의미를 가지고 있는지부터 살펴봅시다.

운동량과 힘

사람들은 고전역학을 보통 뉴턴역학이라고 부릅니다. 그만큼 뉴턴이 힘과 운동의 원리를 밝혀내는데 큰 역할을 했다는 것이지요. 뉴턴의 공이 크다고 해서 뉴턴 이전에는 힘과 운동에 대한 연구가 전혀 없었다고 생각해서는 곤란합니다. 뉴턴의 공이라고 한다면 모호하게 다뤄지던 힘과 운동에 대한 개념들을 명확하게 정의하고 개념들 간의 관계를 수식으로 정의한 것이라고 할 수 있습니다.

우리는 물리 교과서에서 먼저 힘을 배운 후에 운동량을 배웁니다. 하지만 물리학의 역사를 살펴보면 오히려 운동량에 대한 개념이 정의된 후에 힘에 대한 정확한 정의가 이루어졌다고 보는 것이 맞는 것 같아요. 다음은 운동량과 힘에 대한 뉴턴의 생각들을 이야기 식으로 꾸며본 거예요. 한 줄 한 줄 읽어 내려가다 보면 운동량과 힘에 대한 개념들이 손에 잡히기 시작할 거예요.

"아리스토텔레스 같은 자연철학자들은 물체에 힘이 계속 작용해야만 운동이 유지된다고 생각했어. 물체에 힘이 작용하지 않으면 운동은 금세 멈춰버리기 때문에 물체가 운동하기 위해서는 힘이 계속 작용해야 한다고 본 거지. 하지만 이건 틀렸어. 아리스토텔레스는 운동을 방해하는 마찰력과 저항력을 생각하지 못했던 거야. 마찰력이 약한 빙판 위를 미끄러지는 물체를 생각해봐. 마찰이나 저항이 없어지니까 살짝 밀고 손을 뗀 후에도 물체는 멈추지 않고 계속 운동하잖아. 물체는 힘이 없어도 운동할 수 있어."

"반면에 갈릴레이는 물체는 스스로 운동을 유지하려는 성질을 가지고 있다고 믿었어. 힘이 계속 작용해야 운동을 유지할 수 있는 것이 아니라 힘이 방해하지만 않으면 물체는 영원히 멈추지 않는다고 생각한 거지. 결과적으로 힘이 하는 역할은 운동을 유지시키는 것이 아니라 운동을 변화시키는 거야. 정지해 있는 물체를 움직이게 하거나, 운동하는 물체를 멈추게 또는 더 빠르게 운동시키고 싶을 때 힘이 필요한 거지."

"이것은 마치 물체들이 운동을 유지할 수 있는 어떤 양을 물체 스스로 가지고 있고, 힘이 간섭하지만 않으면 이 양은 변하지 않는다고 본 거지. 이 양이 바로 '운동의 양', '운동량'인거야. 그리고 힘이 작용하면 물체가 가지는 운동량이 증가하거나 감소해. 힘이 작용하지 않으면 물체가 가지는 운동량이 변하지 않는 거고."

뉴턴은 '힘'을 정의하기 위해서는 먼저 '운동량'을 정확하게 정의하는 것이 필요하다고 생각했습니다. 운동량이란 것이 무엇인지도 모르는데 운동량을 변화시키는 힘에 대해 이야기할 수는 없었던 것이지요.

뉴턴은 '운동량'을 '질량과 속도의 곱'으로 정의했습니다. 운동량을 질량과 속도의 곱으로 나타낼 수 있다는 아이디어는 뉴턴의 독창적인 아이디어는 아닙니다. 이미 뉴턴 이전의 많은 과학자들이 물체가 가지는 운동량을 물체의 '질량'과 '속도'의 곱으로 나타낼 수 있다고 생각하고 있었답니다.

운동량을 질량과 속도의 곱으로 나타낼 수 있다는 아이디어는 여러분도 쉽게 추론해낼 수 있습니다.

먼저 운동량이 크면 아무래도 운동을 계속 유지하는 데 유리할 것이라고 생각할 수 있습니다. 따라서 어떤 경우에 운동이 오래 지속되는지를 생각해보면 운동량의 크기를 결정하는 요소가 무엇인지 알아내는 데 도움이 되겠네요.

"**빠른 속도**로 운동하는 물체는 쉽게 멈추지 않는다."

"**질량이 큰 물체**는 작은 물체보다 멈추기 어렵다."

이번에는 운동량이 크면 아무래도 충돌했을 때 상대방에게 큰 충격을 줄 것 같습니다. 마찬가지로 이런 상황을 한 번 생각해봅시다.

"총알은 질량은 작지만 매우 **빠른 속도**로 운동하기 때문에 사람을 다치게 할 수 있다."

"누군가가 나에게 **무거운 볼링공**을 던진다면 공이 느리더라도 받아낼 엄두가 나지 않는다."

운동을 유지하는 데 유리하고, 충돌할 때 상대방에게 큰 충격을 줄 수 있는 상황을 나열해보면 두 상황에서 공통된 요소들을 찾을 수 있습니다. 바로 '**질량**'과 '**속도**'입니다. 질량이 크고 속도가 빠를수록 운동이 오래 지속되고 충돌할 때 상대방에게 큰 충격을 줍니다. 따라서 **운동량은 '질량'과 '속도'라는 두 요소를 가지고 정의할 수 있을 것 같습니다.**

이번에는 그림과 같은 실험 상황을 생각해봅시다.

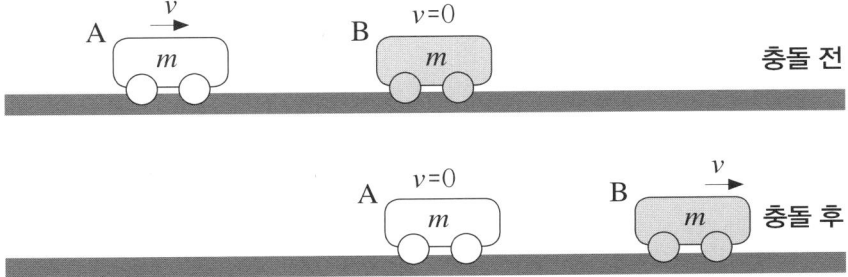

질량이 같은 두 수레가 충돌합니다. 수레 B는 정지해있고 수레 A는 수레 B를 향해 v의 속도로 접근합니다. 두 수레가 충돌하고 나면 수레 A는 멈추고 수레 B는 v의 속도로 운동합니다.[001]

충돌한 후에 수레 A가 멈췄기 때문에 A는 운동량이 없습니다. 따라서 수레 A가 충돌 전에 가지고 있던 운동량을 수레 B가 그대로 가지게 되었다고 가정해봅시다. 자 이제 수레 A와 B의 질량과 속도의 곱을 충돌 전과 충돌 후로 나누어서 구한 다음 두 값을 비교해보세요. 어떤가요? 두 값은 같습니다.

수레	충돌 전	충돌 후
	질량×속도	질량×속도
A	mv	0
B	0	mv
합	mv	mv

실험 결과를 보면 충돌 전에 수레 A가 가지고 있다가, 충돌 후에는 수레 B가 가지게 되는 어떤 양(운동량)이 '질량과 속도의 곱'으로 표현할 수 있는 양이라고 생각하는 것이 타당해 보입니다.

이번에는 조금 더 복잡한 상황입니다. 질량이 $2m$인 수레 A가 정지해 있는 질량이 m인 수레 B와 충돌하는 상황입니다. 충돌한 후에 두 수레는 모두 오른쪽으로 운동합니다.

---

001 마찰이나 저항을 무시할 수 있을 정도로 매끄러운 수평면에서, 두 수레가 충돌하는 면에 같은 극의 자석을 부착해서 수레가 부딪히지 않고도 서로 밀어낼 수 있도록 수레를 제작하면 그림과 같은 결과를 얻을 수 있답니다.(이러한 충돌을 '탄성충돌'이라고 합니다.)

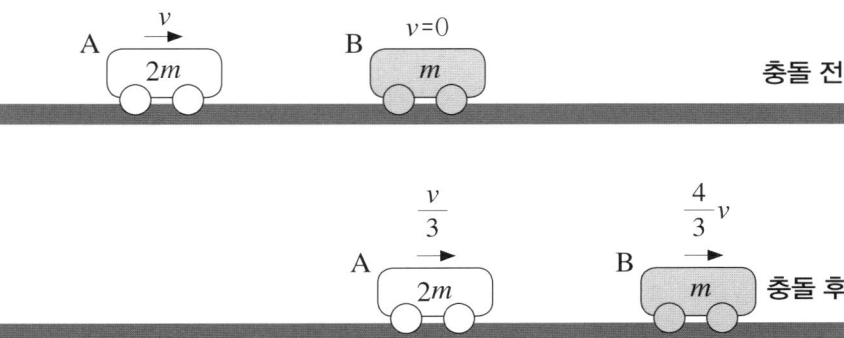

이 경우에도 충돌 전에 수레 A가 가지고 있던 운동량을 충돌 후에 두 수 레가 나누어 가진다고 가정해 봅시다. 앞에서와 마찬가지로 수레 A와 B의 질량과 속도의 곱을 충돌 전과 충돌 후로 나누어서 구해보세요. 표를 보면 충돌 전 후에 '질량과 속도의 곱'으로 표현할 수 있는 양이 변하지 않는다는 것을 알 수 있습니다. 이 결과까지 더하면 운동량을 질량과 속도의 곱으로 정의할 수 있다는 것은 확실해 보입니다.

수레	충돌 전	충돌 후
	질량×속도	질량×속도
A	$2mv$	$\dfrac{2}{3}mv$
B	0	$\dfrac{4}{3}mv$
합	$2mv$	$2mv$

운동량(p) = **질량**(m) × **속도**(v)

운동량[002]은 물체의 질량과 속도의 곱으로 정의할 수 있습니다. 물체의 운동에 간섭하는 힘이 없으면 물체는 자신의 운동량을 그대로 유지하면서 등속 직선운동을 합니다. 반면에 외부에서 힘이 작용해서 물체의 운동을 간섭하면 물체의 운동량은 변합니다.

- '물체의 질량'과 '속도'의 곱을 '운동량'이라 한다.
- 물체에 힘이 작용하면 물체가 가지는 운동량이 변한다.

지금까지 여러분은 운동량을 어떻게 정의할 수 있을지를 살펴보았습니다. 운동량을 질량과 속도의 곱으로 정확하게 정의하였으므로 이제는 운동량을 변화시키는 원인인 '힘'을 정의할 차례인 것 같습니다. 아마도 뉴턴은 힘과 관련해서 다음과 같은 생각을 했을 것입니다.

"우리는 경험적으로 큰 힘이 작용하면 운동량이 빠르게 변하고, 작은 힘이 작용하면 운동량이 천천히 변하는 것을 알고 있어."
"그렇다면 힘의 크기를 '시간에 따른 운동량의 변화율'이라고 정의할 수 있을 것 같아."

뉴턴은 큰 힘이 작용하면 단위시간당 운동량의 변화량이 크고, 작은 크기의 힘이 작용하면 단위시간당 운동량의 변화량이 작다는 것을 간파했고

---

002 운동량은 속도에 비례하는 값이기 때문에 운동량은 속도와 마찬가지로 크기뿐만 아니라 방향까지 가지는 값입니다. 운동량의 방향은 속도와 같은 방향입니다. 즉, 운동량의 방향은 물체가 운동하는 방향입니다.

'**힘의 크기**'를 '**시간에 따른 운동량의 변화율**'로 정의할 수 있다고 생각했어요.

$$F = \frac{\Delta p}{\Delta t} = \frac{\Delta mv}{\Delta t} = m\frac{\Delta v}{\Delta t} = ma$$

위의 수식을 보면 힘을 시간에 따른 운동량의 변화율로 정의한 수식으로부터 여러분들이 뉴턴의 운동 제2법칙(힘과 가속도의 법칙)에서 배웠던 $F = ma$ 라는 공식이 유도되는 것을 알 수 있습니다.

• 힘은 운동량을 변화시킨다.
• 힘은 '시간에 따른 운동량의 변화율'이다.

충격량

앞에서 우리는 운동량의 정의가 무엇인지를, 그리고 힘이 작용하면 물체의 운동량이 변한다는 사실을 배웠습니다. 따라서 이제는 힘이 작용하면 물체의 운동량이 얼마나 변할지 공부할 차례입니다. 예를 들면, 물체에 4N의 힘이 10초 동안 작용하면 물체는 얼마의 운동량을 가지게 될지 알아보자는 말이지요.

야구 경기 이야기로 잠깐 화제를 돌려봅시다. 야구 중계방송에서 해설가들은 슬럼프에 빠진 타자를 가리키며 "자기 스윙을 하지 못하고 배트에 공을 맞추는 데 급급하다"고 표현합니다. 타자에게 좋은 타격이란, 배트로 때린 공을 멀리 날려 보내는 것입니다. 공이 날아가는 동안 공에는 공기의 저항력이 작용합니다. 그래서 공이 가지고 있는 운동량은 점점 감소해서 결국에는 운동을 멈추게 되지요. 따라서 공을 멀리 날려 보내려면 야구공이 큰 운동량을 가져야 합니다.

일반적으로 타자들이 좋은 타격을 하는 방법에는 2가지가 있습니다. '배트 스피드를 향상시키는 방법'과 '배트로 공을 때린 이후에도 타격 자세가 흐트러지지 않도록 하는 방법'(이것을 야구 용어로 '팔로우스윙'이라고 합니다)입니다. 배트 스피드를 향상시키면 배트가 공과 충돌할 때 공에 큰 힘을 줄 수 있습니다. 그리고 배트로 공을 때리는 과정에서 스윙 자세가 흐트러지지 않으면 공과 배트가 접촉하는 시간이 길어져서 힘이 작용하는 시간을 길게 할 수 있습니다. 보통 자기 스윙을 하지 못하는 타자들은 배트 스피드도 부족하고 공을 맞추는 데 급급해서 공에 힘을 작용하는 시간이 짧습니다.

야구의 예를 통해서 우리는 **물체의 운동량을 크게 변화시키기 위해서는 작용하는 '힘의 크기'와 '힘이 작용한 시간'이 중요**하다는 것을 알 수 있습니다. **큰 힘이 작용하고, 힘이 작용하는 시간이 길면 물체의 운동량은 크게 변합니다.**
야구 경기에서 경험적으로 파악한 내용을 이번에는 뉴턴의 운동 제2법칙(힘과 가속도의 법칙)을 이용해서 수식으로 명확하게 확인해보겠습니다.

$$\text{가속도}(a) = \frac{\text{속도의 변화량}(\Delta v)}{\text{걸린 시간}(\Delta t)} \rightarrow F = ma = m\frac{\Delta v}{\Delta t}$$

양변에 Δt를 곱해서 좌변을 힘(F)과 힘이 작용한 시간(Δt)의 곱으로 바꿔봅니다.

$$F \cdot \Delta t = \Delta(mv)$$
$$\uparrow(\text{증가}) \qquad \uparrow(\text{증가})$$

식을 보면 '힘(F)과 힘이 작용한 시간(Δt)의 곱'이 '운동량의 변화량($\Delta (mv)$)'과 일치하는 것을 알 수 있습니다. 즉, **힘과 힘이 작용한 시간의 곱만큼 운동량이 변한다**는 것이지요. 이 식은 야구공에 큰 힘이 작용하고 힘이 작용하는 시간이 길수록 야구공이 큰 운동량을 가지게 된다는 것을 성공적으로 설명해줄 뿐만 아니라 힘의 크기와 힘이 작용한 시간에 따라 야구공이 얼마만큼의 운동량을 가지게 되는지도 설명해줍니다.

과학자들은 위의 식에서 '힘'과 '힘이 작용한 시간'의 곱을 '충격량'이라고 부르기로 했습니다.

✓ **물체에 작용하는 힘과 힘이 작용한 시간의 곱을 충격량이라고 한다.**
충격량 $= F \cdot \Delta t$

그리고 충격량과 운동량의 관계를 다음과 같이 정리했습니다.

✓ **물체가 받은 충격량만큼 물체의 운동량이 변한다.**
물체가 받은 충격량 = 운동량의 변화량
$$F \cdot \Delta t = \Delta (mv)$$

운동량과 충격량의 관계식($F \cdot \Delta t = \Delta(mv)$)은 앞 장에서 배웠던 운동 방정식과 함께 역학에 대한 문제를 푸는 데 쉬운 해법을 제공합니다. 다음 문제를 운동량과 충격량의 관계식을 사용해서 풀어봅시다.

2초 동안 자유 낙하한 물체의 속도는?
(단, 물체의 질량은 $1kg$이다.)

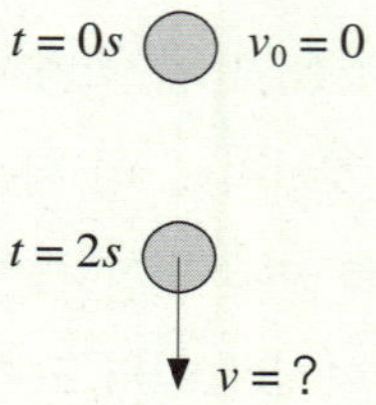

$t = 0s$ $v_0 = 0$

$t = 2s$

$v = ?$

풀이

이 문제는 앞 장에서 등가속도 운동의 운동 방정식으로 풀었던 문제입니다.(169쪽) 이 번에는 충격량과 운동량의 관계를 이용하여 이 문제를 풀어보겠습니다. 어떤 방법이 더 쉽고 간단한 풀이를 제공하는지 비교해봅시다.

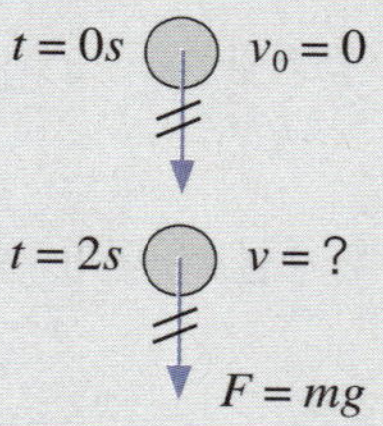

$t = 0s$ $v_0 = 0$

$t = 2s$ $v = ?$

$F = mg$

낙하하는 물체에는 일정한 크기의 중력이 작용하고 있습니다. 물체의 질량이 $1kg$이므로 물체에 작용하는 중력의 크기는 $9.8N$입니다.

$$F = mg = 1kg \cdot 9.8m/s^2 = 9.8N$$

따라서 물체가 낙하하는 2초 동안 물체가 받은 충격량은 다음과 같습니다.

$$충격량 = F \cdot \Delta t = 9.8N \cdot 2s = 19.6Ns$$

물체가 받은 충격량만큼 운동량이 변하므로 다음의 식을 만족합니다.

$$F \cdot \Delta t = \Delta(mv) = mv_{나중} - mv_{처음}$$

물체가 정지한 상태에서 출발했으므로 물체의 처음 운동량($mv_{처음}$)은 0입니다. 따라서 식은 다음과 같이 정리됩니다.

$$F \cdot \Delta t = mv_{나중} \rightarrow v_{나중} = \frac{F \cdot \Delta t}{m}$$

문제에서 주어진 조건들을 위의 식에 대입하면 자유 낙하 후 2초가 지난 시각의 속도를 구할 수 있습니다.

$$v_{나중} = \frac{19.6\,Ns}{1kg} = \frac{19.6\,kg \cdot m/s^2 \cdot s}{1kg} = 19.6\,m/s$$

$$1N = 1kg \cdot m/s^2$$

- 물체에 작용하는 힘과 힘이 작용한 시간의 곱을 **충격량**이라고 한다.

$$충격량 = F \cdot \Delta t$$

- 물체가 받은 충격량만큼 물체의 운동량이 변한다.

$$물체가 받은 충격량 = 운동량의 변화량$$
$$F \cdot \Delta t = \Delta(mv)$$

운동량 보존의 법칙

뉴턴의 운동 제3법칙(작용·반작용의 법칙)에 따르면 모든 힘은 상호작용으로 존재합니다. 그래서 **상대방에게 힘을 작용하면 반드시 동일한 크기의 힘을 되돌려 받습니다.** 작용·반작용의 법칙은 물체가 충격량을 주고받는 상황에서도 중요한 의미를 가집니다. 왜냐하면 충격량이라는 것이 결국 힘의 작용에 의해서 전달되는 것이기 때문이지요.

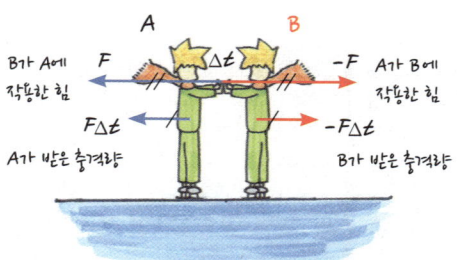

그림에서 A와 B는 같은 크기의 힘을 주고받습니다. 두 사람의 손이 닿아 있는 시간(Δt) 동안 힘이 작용할 것이므로, 두 사람에게 힘이 작용한 시간은 같습니다. 따라서 **두 사람은 같은 크기의 충격량을 서로 반대 방향으로 주고받 습니다.**

그렇다면, 충격량을 주고받은 후 두 사람은 얼마의 운동량을 가지게 될까요? 두 사람은 서로 밀기 전에는 정지해 있었으므로 두 사람이 처음에 가지 고 있던 운동량은 0입니다.

A는 $F\Delta t$만큼의 충격량을 받았으므로 A의 운동량은 $F\Delta t$가 됩니다. 반면에 B는 $-F\Delta t$만큼의 충격량을 받아 B의 운동량은 $-F\Delta t$가 됩니다. **충격량은 힘과 시간의 곱**이고 **운동량은 질량과 속도의 곱**이므로, 힘과 속도가 크기와 방향을 모두 가지듯이 충격량과 운동량도 크기와 방향을 모두 가집니다. 따라서 충격량과 운동량의 부호는 방향을 나타냅니다. 그림에서 왼편이 (+)

방향이고 오른편이 (–)방향이므로 A는 왼쪽으로 $F\Delta t$만큼의 충격량을 받았고 B는 오른쪽으로 $F\Delta t$만큼의 충격량을 받았습니다.

여기에서 재미있는 결과를 발견할 수 있습니다. 충격량은 항상 서로 반대 방향으로 같은 크기만큼 주고받기 때문에, 충격량을 주고받아도 두 사람이 가지고 있는 '운동량의 합'은 변하지 않는다는 사실입니다. A의 운동량이 $F\Delta t$만큼 변하는 동안 B는 $-F\Delta t$만큼 변했으므로 운동량의 합을 구하면, 변화량이 서로 상쇄되어 운동량의 합은 변하지 않습니다.

밀기 전
운동량의 합 = 0

밀고난 후
운동량의 합 = $m_A v_A + m_B v_B = F\Delta t + (-F\Delta t) = 0$

이처럼 서로 힘을 주고받기 전과 후의 운동량의 합이 변하지 않는 것을 '운동량 보존의 법칙'이라고 합니다. **운동량의 합이 보존되는 이유는 서로 같은 크기의 충격량을 서로 반대 방향으로 주고받기 때문**입니다. 단, 운동량의 합이 보존되기 위해서는 두 물체 사이에 주고받는 힘(내력) 외에는 **'외부에서 두 물체의 운동에 간섭하는 힘**(외력)**이 작용하지 않아야** 합니다.

마찰이 없는 빙판 위에 정지해 있던 두 사람이 서로 손을 맞대고 밀어서 좌우로 움직이기 시작했다. 현재 B가 오른쪽으로 $0.5m/s$의 속력으로 운동하고 있다면 A는 얼마의 속력으로 운동하고 있을까?

$v_A=?$

$v_B=0.5m/s$

$m_A=50kg$

$m_B=100kg$

풀이

두 사람은 같은 크기의 힘과 충격량을 서로 반대 방향으로 주고받았기 때문에 서로 반대 방향으로 같은 크기의 운동량을 가지게 됩니다.

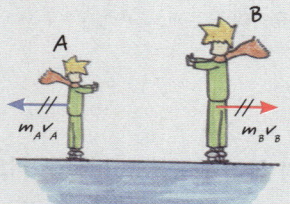

$m_A v_A$

$m_B v_B$

$$|m_A v_A| = |m_B v_B|$$
$$50kg \times v_A = 100kg \times 0.5m/s$$
$$\therefore v_A = 1m/s$$

두 사람은 처음에 정지해 있었으므로 운동량의 합은 0이었습니다. 서로 밀어낸 다음 두 사람의 운동량의 합을 구해보면 마찬가지로 0이라는 것을 알 수 있어요. 따라서 운동량의 합은 보존되었습니다.

$$m_A v_A + m_B v_B = 50kg \times (-1m/s) + 100kg \times 0.5m/s = 0$$

앞에서 쌤이 이런 말을 했지요. 운동량과 충격량에 대한 공부를 마치고 나면 역학 문제를 훨씬 쉽게 풀 수 있는 날개를 달게 될 것이라고. 위의 문제에서 두 사람이 주고받는 힘의 크기는 매순간 변합니다. 그래서 이 문제를 운동 방정식을 가지고 풀려고 하면 대단히 어려운 문제가 됩니다. 우리는 일정한 크기의 힘이 작용하는 등가속도 운동에 대한 운동 방정식만을 배웠는데 힘의 크기가 수시로 변하는 운동을 어떻게 해결할 수 있겠습니까? 하지만 운동량 보존의 법칙을 적용하니까 문제가 아주 간단하게 풀렸습니다. '서로 밀기 전과 후의 운동량의 합이 같다'라는 간단한 조건만 적용하면 두 사람이 헤어진 후에 얼마의 속도를 가지게 될지를 구할 수 있습니다. 이처럼 운동량과 에너지 개념은 복잡한 문제를 아주 간단하게 해결할 수 있는 쉬운 해법을 제공합니다.

충돌과 충격량

몇 해 전입니다. 운동량과 충격량 단원의 수업을 막 시작하려는 시기였던 것 같아요. 수업을 시작하기에 앞서 학생들이 '충돌'과 관련해서 어떤 개념을 가지고 있는지 궁금했습니다. 그래서 충돌과 관련해서 몇 가지 질문을 하고 빈도가 높은 답들을 정리해본 적이 있지요.

- 대형차가 소형차보다 충돌 시 안전하다.
- 자동차의 범퍼는 탄성이 뛰어나서 충돌 시 잘 부서지지 않아야 운전자를 보호할 수 있다.

위의 답들 중에는 옳은 것도 있고 틀린 것도 있습니다. 지금까지 여러분이 배운 운동량과 충격량에 대한 개념들만 잘 이용하면 여러분의 답이 과학적으로 옳은지 그른지를 충분히 판단할 수 있답니다.

대형차가 소형차보다 충돌 시 안전하다.

모든 충돌의 상황에서 두 물체는 같은 크기의 충격량을 반대 방향으로 주고 받습니다. 따라서 **두 차량이 주고받는 충격량의 크기는 같고 두 차량에서 일어 나는 운동량의 변화량은 동일**합니다.

$$|m_{승용차}\Delta v_{승용차}| = |m_{트럭}\Delta v_{트럭}|$$

하지만 충돌의 결과가 모든 면에서 동일하지는 않습니다. 왜냐하면 승용 차는 트럭보다 질량이 작기 때문입니다. 예를 들어 아래 그림과 같이 트럭이 승용차보다 질량이 3배 무겁다고 합시다.

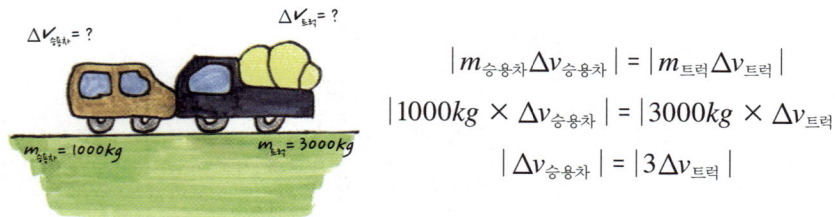

$$|m_{승용차}\Delta v_{승용차}| = |m_{트럭}\Delta v_{트럭}|$$
$$|1000kg \times \Delta v_{승용차}| = |3000kg \times \Delta v_{트럭}|$$
$$|\Delta v_{승용차}| = |3\Delta v_{트럭}|$$

승용차의 속도 변화량은 트럭의 3배입니다. 즉, 물체가 충돌할 때 질량이 큰 쪽보다 작은 쪽의 속도가 많이 변한다는 것을 알 수 있습니다. 이제 운전 자가 받는 충격량을 구해봅시다. 운전자가 받는 충격량은 운전자의 운동량 이 얼마나 변했는지를 구해보면 알 수 있습니다.

$$F \cdot \Delta t = \Delta(mv) = m \Delta v$$

두 차량에서 운전자의 몸무게가 같다고 가정하면, 승용차 운전자의 속도 변화량이 트럭 운전자보다 3배가 컸기 때문에, 승용차 운전자는 트럭 운전자보다 3배 큰 충격량을 받습니다.

$$승용차\ 운전자가\ 받은\ 충격량 = m \cdot 3\Delta v = 3m\Delta v$$
$$트럭\ 운전자가\ 받은\ 충격량 = m\Delta v$$

결론은, 대형차 운전자가 소형차 운전자보다 사고가 발생했을 때 상대적으로 작은 크기의 충격량을 받기 때문에 더 안전합니다. 학생들이 가지고 있는 상식이 옳다는 것이 증명되었습니다.

충돌할 때 트럭과 승용차 전체가 받는 충격량의 크기는 같지만 트럭은 전체 질량이 크기 때문에 전체 질량에서 운전자가 차지하는 비중이 작습니다. 그래서 트럭이 받은 전체 충격량에서 운전자에게 가해지는 몫이 작은 것이죠. 반면에 승용차는 트럭과 같은 크기의 충격량을 받지만 전체 질량이 상대적으로 작기 때문에 운전자가 전체 질량에서 차지하는 비중이 높고 결과적으로 운전자에게 가해지는 충격량의 몫이 큰 것이죠.

자동차의 범퍼는 탄성이 뛰어나서 충돌 시 잘 부서지지 않아야 운전자를 보호할 수 있다.

앞 문제에서 차의 안정성은 충돌 사고가 발생했을 때 운전자에게 가해지는 '충격량'이나 '충격력'을 줄여주는 것이 중요하다는 것을 배웠습니다. 이 문제는 범퍼의 탄성이 뛰어날 경우 운전자의 안전에 도움이 되는지를 살펴보는 문제입니다.

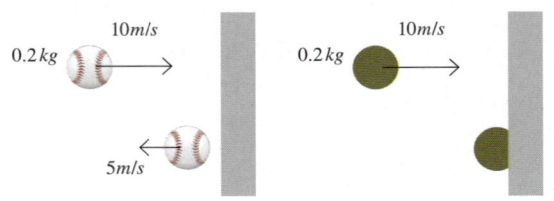

벽에 충돌한 후 튕겨 나온 경우   충돌 후 벽에 붙은 경우

야구공은 탄성이 좋아서 벽에 충돌한 후에 잘 튕겨 나옵니다. 하지만 벽에 던진 찰흙더미는 충돌한 후 벽에 붙어버립니다. 야구공과 찰흙 중에서 벽으로부터 더 큰 충격량을 받은 쪽은 어느 쪽일까요?

두 물체 모두 벽으로부터 받은 충격량만큼 운동량이 변합니다. 따라서 벽으로부터 받은 충격량의 크기를 알고 싶다면 벽에 충돌한 물체들의 운동량의 변화량을 구하면 됩니다.

- 야구공의 운동량의 변화량 = 나중 운동량 − 처음 운동량
$$= 0.2kg \cdot (-5m/s) - 0.2kg \cdot 10m/s$$
$$= -3kg \cdot m/s$$

- 찰흙의 운동량의 변화량 = 나중 운동량 − 처음 운동량
$$= 0.2kg \cdot (0m/s) - 0.2kg \cdot 10m/s$$
$$= -2kg \cdot m/s$$

결과를 보면, 야구공이 받는 충격량이 찰흙보다 크다는 것을 알 수 있습니다. 즉, 탄성이 커서 벽에서 잘 튕겨 나가는 물체가 벽으로부터 받는 충격

량이 더 크다는 것이지요. 따라서 자동차 범퍼의 경우에도 탄성이 커서 잘 튕겨 나가는 것은 오히려 운전자에게 더 큰 충격량이 작용해서 운전자의 안전을 해칠 수 있습니다. 범퍼는 충돌이 발생했을 때 충격을 흡수해서 잘 부서지는 것이 안전에 오히려 도움이 된다는 것이죠. 이제부터는 경미한 사고에도 범퍼가 파손된다고 불평해서는 안되겠습니다. 범퍼가 충격을 흡수해서 부서져야 차에 탄 운전자가 보호를 받으니까요!

힘과 힘이 작용한 시간

야구 선수들은 포지션에 따라 조금씩 다른 모양의 글러브를 사용합니다. 특히 포수가 사용하는 글러브의 모양은 확연하게 다릅니다.

포수용 글러브   투수·야수용 글러브

포수용 글러브가 두툼한 모양을 하고 있는 것은 아무래도 투수가 던지는 빠르고 강한 공을 경기 내내 받아야하기 때문입니다. 그렇다면 포수 글러브는 어떤 과학적 원리로 강속구로부터 포수의 손을 보호할까요? 포수 글러브는 충격량을 감소시켜주는 것일까요, 아니면 글러브에 작용하는 힘의 크기를 덜어주는 것일까요?

먼저 글러브가 받는 충격량을 살펴봅시다.

모든 충돌의 상황에서 충돌하는 두 물체가 주고받는 충격량의 크기는 같습니다. 따라서 글러브가 받는 충격량과 공이 받는 충격량은 같은 크기입니다.

그리고 충격량을 받은 만큼 운동량이 변하기 때문에, 야구공이 받는 '충격량'은 야구공의 '운동량의 변화량'과 같습니다.

|글러브가 받은 충격량| = |공이 받은 충격량|
= |공의 운동량의 변화량|
= $|mv|$

mv

$v = 0$

　투수가 던진 공은 포수 글러브에 도착하면 운동을 멈춥니다. 그런데 포수가 두툼한 포수용 글러브를 착용할 때나 일반 야구용 글러브를 사용할 때나 심지어는 맨손으로 야구공을 받아도 투수가 던진 공이 포수의 손에서 멈추는 것은 마찬가지입니다. 즉, 야구공의 운동에서 운동량의 변화량은 동일합니다.

　결론은 포수가 어떤 글러브를 착용하느냐에 관계없이 포수의 손에 가해지는 충격량이 같다는 것입니다. 따라서 두툼한 포수 글러브가 손에 가해지는 충격량을 줄여주는 역할을 하지는 않습니다.

　이번에는 포수 글러브에 작용하는 힘의 세기를 살펴봅시다. 포수 글러브가 받는 충격량을 다음과 같이 수식으로 나타내보겠습니다.

$$F\Delta t = \Delta(mv) = \text{일정}$$

　어떤 글러브를 사용하든지 손에 가해지는 충격량이 변하지는 않습니다. 따라서 손에 작용하는 힘(F)의 크기를 줄이려면 힘이 작용하는 시간(Δt)을 길게 늘려야 한다는 것을 알 수 있습니다.

$$F \cdot \Delta t = F \cdot \Delta t$$

같은 크기의 충격량이 가해지더라도 힘이 작용하는 시간이 짧아지면 큰 힘이 작용하고,
힘이 작용하는 시간이 길어지면 약한 힘이 작용한다.

포수용 글러브에는 내부에 두툼한 솜이 들어 있어서 공이 멈추는 데 상대적으로 긴 시간이 걸립니다. 그래서 손에 작용하는 힘(F)의 크기가 약해지는 것이죠. 동일한 크기의 충격량을 작은 크기의 힘으로 긴 시간에 걸쳐서 전달하는 것이 포수용 글러브가 손을 보호하는 과학적 원리입니다.

비슷한 원리로 충돌할 때 발생하는 충격을 완화시켜주는 물건들을 생각해봅시다. 어떤 것들이 있을까요? 차에는 범퍼와 에어백이 있습니다. 범퍼와 에어백은 충돌하는 데 걸리는 시간을 길게 함으로써 작용하는 힘의 크기를 줄여주는 방법으로 자동차와 승객을 보호합니다. 여러분의 몸을 감싸고 있는 피부는 몸에 가해지는 충격으로부터 몸의 내부를 보호하고, 머리카락은 두피를 보호합니다. 신발 바닥의 부드러운 아웃솔(쿠션)과 인솔(깔창)도 힘이 작용하는 시간을 길게 함으로써 충격력을 감소시키는 원리로 발을 보호합니다.

같은 충격량이 가해지더라도 힘이 작용하는 시간에 따라 물체에 가해지는 충격력의 크기는 달라집니다. 충격력의 크기를 크게 하고 싶다면 짧은 시간 동안에 힘이 작용하도록 하고, 충격력의 크기를 줄이고 싶다면 긴 시간 동안 힘이 분산되도록 하는 게 좋습니다.

적용

다음은 자동차 충돌 실험에서 에어백이 있는 경우와 에어백이 없는 경우에 운전자에게 작용하는 충격력이 시간에 따라 어떻게 변하는지를 나타낸 그래프이다.

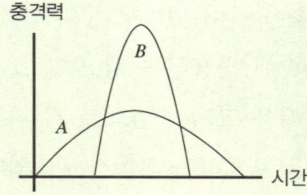

그래프에 대한 〈보기〉의 설명 중에서 옳은 것을 있는 대로 고른 것은?(단, 자동차 충돌 실험의 조건은 에어백의 유무와 관계없이 일정하게 통제되었다.)

보기
ㄱ. A는 에어백이 장착된 실험이다.
ㄴ. A와 B는 그래프와 시간축 사이의 면적이 동일하다.
ㄷ. 에어백이 있는 경우 운전자에게 작용하는 충격력이 감소한다.

① ㄱ   ② ㄱ, ㄴ   ③ ㄱ, ㄷ   ④ ㄴ, ㄷ   ⑤ ㄱ, ㄴ, ㄷ

풀이

자동차 충돌 사고가 발생하면 운전자는 안전벨트에 의해 고정되거나 핸들에 몸이 부딪히면서 운동을 멈추게 됩니다. 에어백이 있는 경우에는 에어백의 탄성에 의해 운전자가 멈추는 데 걸리는 시간이 길어지는 효과가 나타납니다. 운전자가 운동을 멈추는 과정에서 운전자에게는 충격력이 작용하는데 결과적으로 에어백이 있는 경우에는 충격력이 작용하는 시간이 길어진다고 할 수 있습니다.

ㄱ. 에어백이 있는 경우에는 운전자에게 충격력이 작용하는 시간이 길어집니다. 따라서, 충격력-시간 그래프에서 힘이 작용한 시간이 긴 A 그래프가 에어백이 작동하는 경우입니다.

ㄴ. 충격량-시간 그래프에서, 그래프와 시간축 사이의 면적은 물체가 받은 충격량의 크기와 일치합니다. 따라서 A, B 두 실험에서 운전자가 받는 충격량의 크기를 비교하면 그래프의 면적이 같은지를 알아낼 수 있습니다.
운전자가 받는 충격량의 크기는 운동량의 변화량과 같습니다. 따라서 충돌 전후에 두 운전자에게 일어난 운동량의 변화량을 비교해보면 두 운전자가 받은 충격량의 크기를 비교할 수 있습니다. 에어백의 유무와 관계없이 운전자는 충돌이 끝난 후 운동을 멈추기 때문에 A, B 두 실험에서 운전자에게 일어난 운동량의 변화량은 같습니다. 따라서, 두 운전자가 받은 충격량의 크기는 동일하며 충격량-시간 그래프에서 그래프와 시간축 사이의 면적은 A와 B 실험에서 같을 것입니다.

ㄷ. 그래프 A, B에서 그래프와 시간축 사이의 면적은 같습니다. 하지만 에어백이 있는 경우(A)에는 힘이 작용하는 시간이 길기 때문에 작용하는 힘의 크기는 상대적으로 작을 수밖에 없습니다.

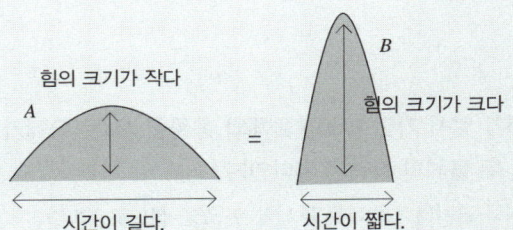

정답 ⑤ ㄱ, ㄴ, ㄷ

운동량이라는 개념이 유용한 이유

물체에 작용하는 힘의 크기와 힘이 작용하는 시간을 알면, 힘과 가속도의 법칙을 이용해서 물체가 어떻게 움직이는지를 예측할 수 있습니다. 그러나 생각처럼 쉽지는 않답니다. 충돌은 아주 짧은 시간 동안 발생하는데요, 그 짧은 시간 동안 작용하는 힘의 크기는 수시로 변하거든요. 그러니 충돌할 때 작용하는 힘의 크기를 구해서 운동의 변화를 예측하는 것은 현실적으로 어렵습니다.

충돌 중인 두 물체 사이에,
매순간 얼마의 힘이 작용 했는지를 알아내는 것은 어렵다.

충돌 전   충돌 중   충돌 후

충돌 전의 운동량의 합 = 충돌 후의 운동량의 합 $mv = mv' \rightarrow v' = v$

하지만 물체 사이에 작용하는 힘을 다루는 대신에, 충돌 전후에 보존되는 운동량을 이용하면 문제는 매우 쉽게 풀린답니다.

적용

질량이 1kg인 물체가 앞서 가던 2kg의 물체와 충돌한 후 두 물체가 한 덩어리가 되어 운동한다. 충돌 후 두 물체의 속력은 얼마인가?

(단, 바닥과의 마찰이나 공기의 저항력은 무시할 수 있을 정도로 작다.)

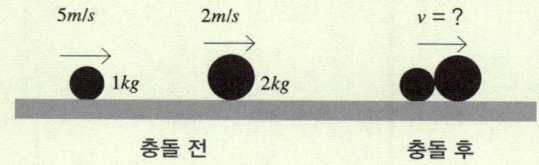

충돌 전   충돌 후

충돌 과정에서 운동량 보존의 법칙이 성립해야 합니다. 따라서 충돌 전에 두 물체의 운동량의 합과 충돌 후의 운동량의 합은 같습니다.

충돌 전의 운동량의 합 = 충돌 후의 운동량의 합

$$1kg \cdot 5m/s + 2kg \cdot 2m/s = (1kg \cdot 2kg) \cdot v$$

$$v = \frac{9kg \cdot m/s}{3kg} = 3m/s$$

두 물체는 충돌 후에 한 덩어리가 되어 3m/s의 속력으로 운동합니다.

에너지 : 일을 할 수 있는 능력

추를 실에 매달아서 흔들어주면 추는 일정한 주기로 좌우를 왕복합니다. 그리고 실에 매달린 추와 같이 **주기적으로 진동하는 물체를 '진자'**라고 합니다. 진자의 운동은 수시로 변합니다. 낮은 곳을 향할 때는 빨라지다가 좌우 끝을 향해 올라갈 때는 느려집니다. 운동 방향도 수시로 바뀌지요. 우리는 뉴턴의 운동 법칙에서 힘이 작용하면 물체의 운동 상태가 변한다고 배웠습니다. 그렇다면 진동하는 진자에는 어떤 힘이 작용하고 있을까요?

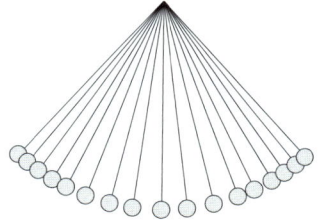

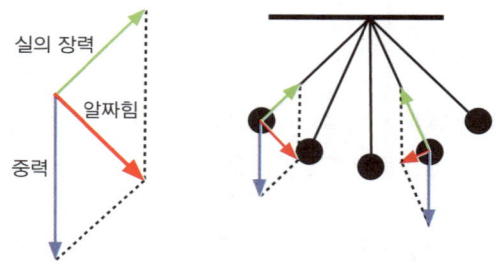

　　진자에는 '중력'과 '실의 장력'이 작용합니다. 진자에 작용하는 '중력'과 '실의 장력'을 더한 알짜힘의 크기와 방향은 수시로 변합니다. 이처럼 물체에 작용하는 힘이 위치에 따라 연속적으로 변하는 경우에는, 물체에 작용하는 힘을 알아내서 물체의 운동이 어떻게 변하는지 분석하는 것이 상당히 복잡한 작업이 될 수밖에 없습니다.

　　그렇다면 좀 더 쉬운 방법은 없을까요? 물리학자들은 진자의 운동을 보다 쉽게 예측할 수 있는 방법을 찾아냈답니다. 바로 에너지를 이용하는 방법입니다.

　　예를 들면, 진자가 ①의 위치에서 운동을 시작해서 ②의 위치에 왔을 때 얼마의 속도를 가질지를 구해야 한다고 합시다.

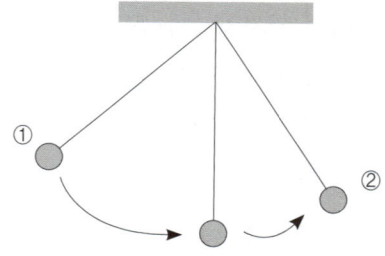

　　이 문제에서 매 순간 크기와 방향이 변하는 힘을 알아내서 물체의 속도가 매 순간 어떻게 변할지를 분석하는 것은 대단히 어렵습니다. 하지만 진자

가 ①에서 ②로 움직이는 동안 일어나는 에너지의 전환(운동 에너지와 퍼텐셜 에너지의 상호 전환) 관계를 이용하면 아주 간단하게 ②의 위치에서 진자의 속도가 얼마가 될지를 구할 수 있습니다. 에너지 개념을 이용하면 복잡한 문제를 쉽게 풀 수 있는 파워풀한 해법을 가질 수 있습니다.

물리에서는 일을 할 수 있는 능력을 에너지라고 합니다. 우주를 구성하는 모든 알갱이들은 서로 에너지를 주고받습니다. 내가 가진 에너지를 소비해서 상대방에게 일을 해주면 상대방의 에너지는 증가합니다. 반대로 상대방이 나에게 일을 해주면 상대방으로부터 에너지를 얻을 수도 있습니다. 지금부터 일과 에너지의 관계를 한 번 살펴보겠습니다.

일과 에너지

운동하는 물체는 운동을 유지할 수 있는 '운동 에너지'를 가집니다. 중력이 작용하는 공간에서 물체를 높은 곳에서 놓으면 지구를 향해 운동하면서 점점 빨라집니다. 물체는 낙하하면서 처음에는 가지고 있지 않던 운동 에너지를 가지게 됩니다. 마치 어디에 숨겨져 있던 에너지가 불쑥 나타나는 것처럼 말이죠. 결과적으로 정지해 있던 물체는 장차 운동 에너지로 전환될 수 있는 어떤 형태의 에너지를 숨기고 있었다고 생각할 수 있습니다. 이 에너지를 물리학자들은 '잠재된 에너지(potential energy)'라고 이야기합니다. 잠재된 에너지는 우리말로 번역되는 과정에서 '퍼텐셜(위치) 에너지'라는 이름으로 불리게 되었습니다.

운동 에너지는 상황에 따라 퍼텐셜 에너지로 전환될 수도 있고 반대로 퍼텐셜 에너지가 운동 에너지로 전환될 수도 있습니다. 역학에서는 운동 에너지와 퍼텐셜 에너지를 가리켜 '역학적 에너지'라고 합니다.

에너지는 물체가 운동을 할 수 있는 원천이 됩니다. 그렇다면 물체는 어떻게 에너지를 가지게 될까요? 지구로부터 아주 멀리 떨어져서 중력의 영향이 거의 미치지 않는 우주선을 생각해봅시다. 이 우주선 내부에서는 물건을 놓으면 중력이 작용하지 않기 때문에 낙하하지 않고 둥둥 떠다닙니다. 만약 우주선에서 진자를 좌우측 최고점에서 가만히 놓으면 어떻게 될까요? 지상에서와 달리 진자는 그 자리에 가만히 정지해 있습니다. 지상에서처럼 좌우를 오가면서 진동하지 않습니다. 우주선에서 진자는 진동 운동을 할 수 있는 능력을 잃었다고 이야기할 수 있습니다. 그렇다면 지상과 우주선에서 달라진 것은 무엇일까요? 바로 중력의 작용입니다. **중력의 작용이 있어야만 진자는 진동 운동을 할 수 있는 능력, 에너지를 가집니다.**

운동을 할 수 있는 능력인 에너지는 힘과 관련이 있습니다. 우리는 지금부터 에너지와 힘을 연결시켜주는 익숙하면서도 낯선 개념을 배웁니다. 그것은 바로 '일'이라는 개념입니다. 일은 힘과 에너지를 연결시켜 주는 중요한 다리 역할을 합니다. '일'이라는 말은 일상생활에서 자주 사용하는 단어입니다. 가만히 앉아서 생각하는 것도 일이라 부르고, 무거운 물건을 들고 있는 것도 일이라고 합니다. 그러나 과학에서 사용하는 '일'이라는 용어는 일상생활의 그것과는 다른 의미를 가집니다. **물리학에서는 힘이 작용해서 물체에 일을 해주면, 해준 일의 양만큼 물체가 가지는 운동에너지가 증가 또는 감소한다고 설명합니다.**

$$W = \Delta E_k$$

W : 힘이 한 일의 양, ΔE_k : 운동에너지의 변화량

물체에 작용한 힘이 물체의 속도를 증가시켰다면 해준 일은 물체의 운동에너지를 증가시킨 것이지요. 반면에 물체에 힘이 작용해서 물체가 느려졌다면 물체에 해준 일이 물체의 운동에너지를 감소시킨 것이랍니다.

이처럼 물리학에서는 물체가 운동하는 방향과 나란한 방향으로 작용해서 물체의 운동에너지를 증가 또는 감소시키는 경우에만 힘이 물체에 일을 해주었다고 합니다. 옆의 그림처럼 무거운 물체를 들고 서 있는 경우, 일상생활에서는 일을 하고 있다고 말하지만 물리에서는 일을 하지 못했다고 합니다.

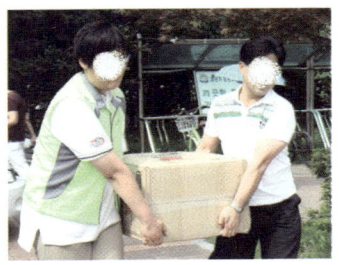

'일'은 '힘의 크기'에 '힘이 작용하는 방향으로 움직인 거리'로 정의합니다.

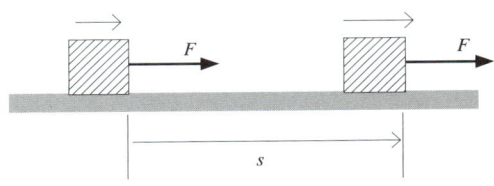

$$W = F \cdot s$$

F : 힘의 크기, s : 힘이 작용한 방향으로 움직인 거리

일은 힘과 거리의 곱이므로 일의 단위는 $[N \cdot m]$이고, 줄여서 J(줄, $1N \cdot m = 1J$)이라는 단위를 사용합니다. $1J$은 $1N$의 힘으로 $1m$의 거리를 움직였을 때 한 일의 크기를 나타냅니다.

그렇다면 물체가 운동하는 방향에 비스듬하게 힘이 작용하는 경우에는 어떻게 될까요? 이 경우에는 물체에 가한 힘 중에서 물체가 움직이는 방향으로 작용한 힘의 성분만 일을 하게 됩니다.

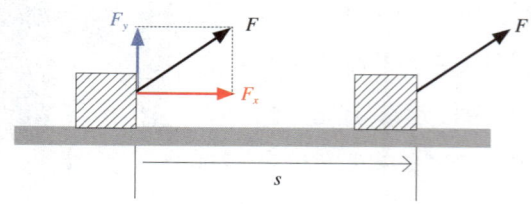

그림에서 운동 방향에 수직한 방향으로 작용하는 힘(F_y)은 물체에 일을 하지 못하고 운동하는 방향과 나란한 방향으로 작용하는 힘(F_x)만 물체에 일을 할 수 있습니다. 그래서 힘 F가 물체에 한 일의 양은 다음과 같습니다.

$$W = F_x \cdot s$$

F_x : 힘 F의 수평 성분의 크기, s : 힘이 작용한 방향으로 움직인 거리

다음으로 운동하는 방향과 반대 방향으로 힘이 작용하는 경우에는 어떻게 될까요?

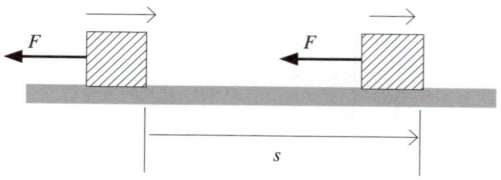

힘이 물체가 운동하는 방향과 반대방향으로 작용하면 물체는 느려집니다. 힘이 운동을 방해해서 운동에너지를 잃어버린 것이지요. 이 경우에 힘은 물체에 음(−)의 일을 했다고 합니다. 물체가 음의 일을 받으면 받은 일의 양만큼 운동에너지를 잃어버리게 되지요.

$$W = (-F) \cdot s = -Fs$$
$$\therefore \Delta E_k = W = -Fs < 0$$

이번에는 물체에 두 개 이상의 힘이 작용하는 경우를 살펴봅시다. 그림처럼 정지해 있던 물체를 사이에 두고 두 사람이 오른쪽으로 12N, 왼쪽으로 10N의 힘으로 끌어당겼습니다. 만약 물체가 오른쪽으로 4m만큼 이동했다면, 물체가 가지게 되는 운동에너지는 얼마일까요?

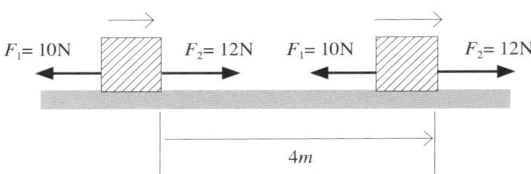

두 개 이상의 힘이 작용해서 물체에 일을 해 주는 상황에서는, 각 힘이 한 일의 양을 더하면 물체가 얻게 되는 운동에너지를 구할 수 있습니다. 왼쪽으로 작용하는 힘(F_1)이 한 일의 양(W_1)이 $-40J$이고 오른쪽으로 작용하는 힘(F_2)이 한 일의 양(W_2)은 $48J$이므로, 두 힘이 한 일의 양을 더하면 $8J$이 됩니다. 따라서 이 물체는 $8J$의 운동에너지를 얻게 됩니다.

$$W_1 = F_1 \cdot s = (-10N) \cdot 4m = -40J$$
$$W_2 = F_2 \cdot s = (12N) \cdot 4m = 48J$$
$$W = W_1 + W_2 = -40J + 48J = 8J$$
$$\therefore \Delta E_k = W = 8J$$

운동하는 방향과 같은 방향으로 작용하는 힘이 한 일은 물체의 운동에너지를 증가시키고, 운동하는 방향과 반대 방향으로 작용하는 힘은 물체의 운동에너지를 감소시킵니다.

이 경우처럼 물체에 두 개 이상의 힘이 작용하는 복잡한 상황일 때, 물체가 가지게 되는 운동에너지를 보다 쉽게 구할 수 있는 방법이 있습니다. 바로 '일-운동에너지 정리'라는 것인데요. 물체에 작용하는 힘들이 해주는 일의 양을 각각 계산하는 대신에 알짜힘이 한 일의 양을 구해서 물체가 가지게 되는 운동에너지를 구하는 방법입니다.

'일-운동에너지 정리'는 '알짜힘이 한 일의 양만큼 물체는 운동에너지가 변한다'는 개념입니다.

$$W_{알짜힘} = \Delta E_k$$

그럼 앞에서 풀었던 문제 상황에 일-운동에너지 정리를 적용해봅시다.

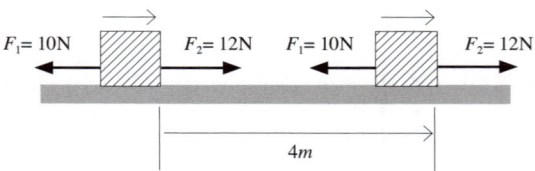

물체가 가지게 되는 운동에너지를 구하려면 알짜힘이 한 일의 양을 구해야 합니다. 알짜힘이 한 일의 양은 알짜힘의 크기에 물체가 움직인 거리를 곱하면 되겠네요. 힘이 작용한 물체를 사이에 두고 두 사람이 오른쪽으로 12N, 왼쪽으로 10N의 힘으로 끌어당기고 있으므로 알짜힘은 2N이고, 알짜힘이 작용하는 방향으로 4m를 움직였습니다. 계산해보면 알짜힘이 한 일의 양이 8J입니다.

$$W_{알짜힘} = F_{알짜} \cdot s = 2N \cdot 4m = 8J$$
$$F_{알짜} = F_1 + F_2 = (-10N) + (12N) = 2N, \ s = 4m$$

물체는 처음에 정지해 있었으므로 처음에 가지고 있던 운동에너지는 0입니다. 따라서 물체가 $4m$를 움직인 후에 가지게 되는 운동에너지는 $8J$이 됩니다.

$$W_{알짜} = \Delta E_k = E_{k\,(나중)} - E_{k\,(처음)}$$
$$= E_{k\,(나중)} = 8J$$

두 개 이상의 힘이 작용하는 것과 같이 복잡한 문제 상황에서는 각각의 힘이 하는 일을 따로 구하는 것보다 알짜힘을 구해서 일-운동에너지 정리를 사용하는 것이 훨씬 쉽습니다.

지금까지 공부한 내용을 정리해봅시다.

일은 물체의 운동에너지를 변화시킵니다. 물체에 힘이 작용하고 그 힘이 일을 해주면 물체의 운동에너지는 받은 일의 양만큼 변합니다. 쌤이 '증가'한다는 표현을 쓰지 않고 '변화'한다는 표현을 쓰는 이유는 무엇일까요? 힘은 물체의 운동을 도와줄 수도 있고 방해할 수도 있습니다. 물체의 운동을 도와주는 힘은 일을 해서 운동에너지를 증가시키겠지만 물체의 운동을 방해하는 힘은 일을 통해 운동에너지를 감소시키기 때문입니다. 또한 에너지에는 공짜가 없습니다. 수입과 지출이 딱 맞아떨어집니다. 무슨 말인가 하면, 내가 상대방에게 일을 해줘서 상대방의 에너지를 증가시키면 반드시 상대방에게 해준 일의 양만큼 나의 에너지는 감소합니다. 결과적으로 수입과 지출이 정확하게 일치하는 게 에너지를 주고받는 사건의 속성입니다. 다음 박스에 정리된 내용은 앞으로 일과 에너지에 대한 문제를 푸는 데 중요한 역할을 할 개념들입니다. 잘 익혀두세요.

- 물체에 일을 해주면 물체가 가진 운동에너지가 변한다.

$$W = \Delta E_k$$

- 물체에 일을 해주면 물체의 운동에너지가 증가할 수도 있고 감소할 수도 있다.
- 누군가에게 일을 해주면 해준 일의 양만큼 나의 에너지는 감소한다.

운동 에너지

마찰이나 저항이 없는 매끄러운 수평면 위에 물체가 정지해 있습니다. 이 물체에 수평 방향으로 힘이 작용하면 물체는 힘이 작용하는 방향으로 운동 하면서 속도가 빨라질 것입니다. 이때 물체에 작용한 힘이 해준 일(W)은 모 두 물체의 운동 에너지(E_k)로 바뀝니다.

$$W = \Delta E_k$$

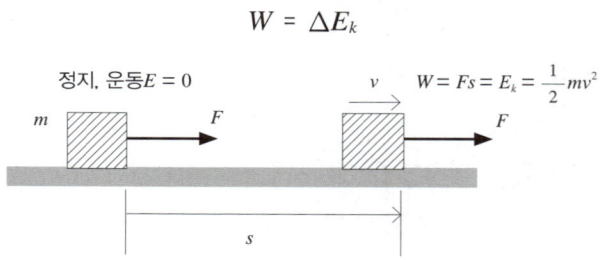

물체가 가지는 운동 에너지는 물체의 질량에 비례하고 속력의 제곱에 비 례합니다.

$$E_k = \frac{1}{2}mv^2$$

물체에 해준 일이 물체의 운동 에너지를 항상 증가시키는 것은 아닙니다.

힘은 물체의 속도를 증가시킬 수도 있고, 감소시킬 수도 있습니다. 흔하게 찾아낼 수 있는 예가 운동하는 물체가 마찰력에 의해 운동 에너지를 잃고 멈추는 경우입니다.

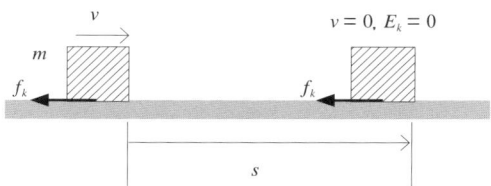

물체에는 운동하는 방향과 반대 방향으로 일정한 크기의 운동 마찰력(f_k)이 작용합니다. 이처럼 **물체의 운동 방향과 반대 방향으로 작용하는 힘은 물체에 음**(-)**의 일을 하게 됩니다.**

$$W = -f_k \cdot s \langle 0$$
$$W = \Delta E_k, \, W \langle 0 \rightarrow \Delta E_k \langle 0$$

따라서 물체에 음의 일을 해준다는 것은, 힘이 물체에 한 일의 양만큼 물체의 운동 에너지가 감소한다는 뜻입니다.

시속 30km로 달리던 트럭이 브레이크를 밟아서 30m를 미끄러진 후에 정지했다. 만약 트럭의 속력이 시속 60km였다면 트럭의 제동 거리는 몇 m가 될까?

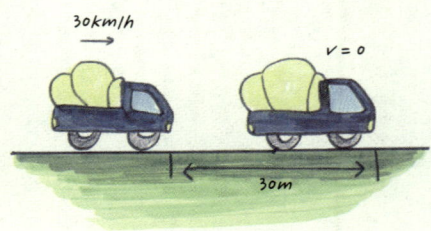

풀이

이 문제는 일정한 크기의 운동 마찰력이 작용하는 상황이므로 등가속도 직선 운동의 운동 방정식을 사용해서 제동 거리를 구할 수 있습니다. 하지만 일과 에너지의 개념을 사용하면 훨씬 쉽고 간단하게 답을 구할 수 있지요.

이 문제는 마찰력이 한 일의 양만큼 물체가 운동 에너지를 잃어버리고 결국에는 멈추게 되는 상황입니다.

$$W = \Delta E_k \rightarrow -f_s \cdot s = 0 - \frac{1}{2}mv^2$$

$$제동거리, s = \frac{mv^2}{2f_s}$$

$$m = 상수, \quad f_s = 상수(\because 운동마찰력 = 일정)$$

$$\therefore s \propto v^2$$

트럭의 속력이 2배 빨라지면 트럭의 운동 에너지는 4배 증가합니다. 따라서 마찰력은 이전보다 4배 많은 양의 일을 해야 합니다. 작용하는 운동 마찰력의 크기는 변함이 없으므로 마찰력이 4배 많은 양의 일을 하기 위해서는 4배 긴 거리를 이동하는 동안 일을 해야 하지요. 따라서 제동 거리는 30m의 4배인 120m가 됩니다.

중력에 의한 퍼텐셜 에너지

이번에는 물체를 높이 들어 올리는 경우를 생각해봅시다. 물체를 h만큼 들어 올리는 동안 힘(F)이 한 일의 양(W)은 얼마일까요? 물체가 일정한 속력으로 움직였으므로 물체에 작용하는 알짜힘은 0이고 물체를 들어 올리는 힘(F)의 크기는 mg입니다. 따라서 물체를 들어 올리는 힘(F)이 한 일의 양은(W)은 다음과 같습니다.

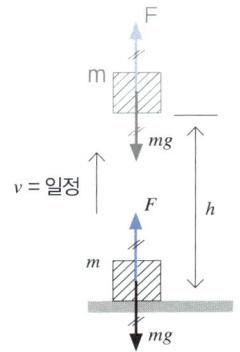

$$W = F \cdot h = mgh$$

그런데 이상한 점이 발견됩니다. 분명히 힘(F)은 물체에 일을 해주었는데 왜 물체의 운동 에너지는 변하지 않을까요? 힘(F)이 해준 일은 어디로 갔을까요?

이번에는 h만큼 들어 올린 물체를 다시 낙하시켜봅시다. 물체는 바닥에 도착할 때 얼마의 운동 에너지를 가지게 될까요? 물체가 바닥에 낙하하는 동안 물체는 중력에 의해 가속되므로 낙하하는 동안 중력이 한 일의 양을 구하면 물체가 얻게 되는 운동 에너지를 알 수 있습니다.

$$W = mg \cdot h = \Delta E_k = E_k$$

물체가 낙하해서 원래 위치로 돌아오는 동안 얻게 되는 운동 에너지가 물체를 들어 올리면서 해준 일의 양과 일치한다는 것을 알 수 있습니다. 마치 물체를 들어 올릴 때 해준 일이 어디에 숨어 있다가 낙하하는 과정에서 그대로 다시 나타나는 것 같습니다.

이처럼 중력을 이기고 물체에 일을 해주었을 때 물체가 가지게 되는 에너지를 '중력에 의한 퍼텐셜 에너지'라고 합니다. 지표면 근처에서 중력의 크기가 일정하다고 가정하면, 지면을 기준으로 높이 h에 있는 물체가 가지는 중력에 의한 퍼텐셜 에너지(E_p)는 'mgh'입니다.

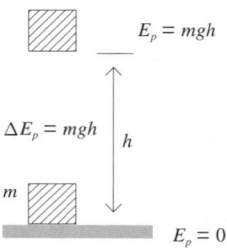

퍼텐셜 에너지는 상대적인 양이어서 기준을 어느 곳으로 잡느냐에 따라 달라집니다. 하지만 중요한 것은 두 점의 퍼텐셜 에너지 차이입니다. 왜냐하면 중력에 의해 물체가 가속될 때, 퍼텐셜 에너지의 차이만큼이 운동 에너지로 전환되기 때문입니다. 따라서 **문제 상황에 따라 적절한 위치를 퍼텐셜 에너지의 기준점으로 잡으면 됩니다.** 예를 들어 3층에 있는 교실에서 교실 바닥을 향해 물체를 자유 낙하시키면서 퍼텐셜 에너지가 운동 에너지로 전환되는 과정을 실험한다고 합시다. 이때 굳이 1층 바닥을 기준으로 퍼텐셜 에너지를 계산할 필요가 없다는 말입니다. 왜냐하면, 물체의 운동은 3층 바닥에서 끝날 테니까요. 그래서 3층 바닥을 퍼텐셜 에너지가 0인 기준점으로 설정하고 자유낙하 문제를 다루는 것이 편리합니다.

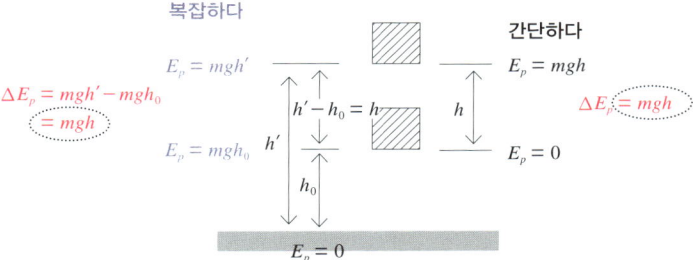

복잡하다

$E_p = mgh'$

$\Delta E_p = mgh' - mgh_0$
$= mgh$

$E_p = mgh_0$

$h' - h_0 = h$

h'

h_0

$E_p = 0$

간단하다

$E_p = mgh$

h

$E_p = 0$

$\Delta E_p = mgh$

지면으로부터 $5m$ 높이에 있는 교실에서 철수는 교실 바닥에 있던 질량 $1kg$인 물체를 $1m$ 들어 올려 교탁 위에 놓았다.

가. 교실 바닥을 기준으로 할 때 물체의 퍼텐셜 에너지는 몇 J인가?

나. 지면을 기준으로 할 때 물체의 퍼텐셜 에너지는 몇 J인가?

다. 교탁 위에 있던 물체가 교실 바닥까지 떨어지는 동안 중력이 물체에 해준 일의 양은 몇 J인가?

풀이

가. 교실 바닥을 기준으로 할 경우 교탁 위에 놓여 있는 물체의 높이는 $1m$입니다. 따라서 교실 바닥을 기준으로 한 중력에 의한 퍼텐셜 에너지는 $9.8J$입니다.

$$m = 1kg,\ g = 9.8m/s^2,\ h = 1m$$
$$E_P = mgh = 1kg \cdot 9.8m/s^2 \cdot 1m = 9.8N \cdot m = 9.8J$$
$$(1kg \cdot m/s^2 = 1N,\ 1N \cdot m = 1J)$$

나. 지면을 기준으로 하면 물체의 높이는 교실 바닥의 높이에 교탁의 높이를 더해서 $6m$ 가 됩니다. 따라서 지면을 기준으로 한 중력에 의한 퍼텐셜 에너지는 58.8J입니다.

$$m = 1kg, \; g = 9.8m/s^2, \; h = 6m$$
$$E_P = mgh = 1kg \cdot 9.8m/s^2 \cdot 6m = 58.8N \cdot m = 58.8J$$
$$(1kg \cdot m/s^2 = 1N, \; 1N \cdot m = 1J)$$

다. 중력이 해준 일의 양은 다음의 식으로 구할 수 있습니다.

$$중력이 \; 한 \; 일의 \; 양 = 중력 \times 낙하한 \; 거리$$
$$W = mg \cdot h$$
$$W = mg \cdot h = 1kg \cdot 9.8m/s^2 \cdot 1m = 9.8J$$

물체가 중력에 의해 교실 바닥까지 낙하하는 동안 중력은 물체에 9.8J의 일을 해줍니다. 중력이 해준 일의 양을 구하는 식(mgh)을 보면 중력에 의한 퍼텐셜 에너지의 식과 같음을 알 수 있습니다. 즉, 물체가 낙하할 때 중력이 물체에 일을 해줌으로써 퍼텐셜 에너지가 운동 에너지로 전환된다는 것을 알 수 있습니다.

탄성력에 의한 퍼텐셜 에너지 : 탄성 에너지

용수철에 물체를 연결한 상태에서 물체를 잡아당겨서 늘립니다. **물체를 손으로 잡고 있는 상태에서는 물체가 정지해 있기 때문에 물체가 운동 에너지를 가지고 있지 않습니다.** 이제 물체를 잡은 손을 놓아봅시다. 물체는 용수철로 부터 탄성력을 받아 점점 빨라집니다. 용수철이 원래의 길이로 돌아가는 동안에는 점점 빨라지다가 반대로 용수철이 압축되기 시작하면 물체는 느려집니다. 물체는 용수철에 매달려 빨라졌다 느려졌다를 반복하면서 좌우로 진동합니다.

그림은 용수철이 길이 x만큼 늘어나 있던 위치에서 원래의 길이를 회복한 위치($x = 0$)까지의 운동을 나타낸 것입니다. 물체를 손으로 잡고 있을 때는 물체가 정지해 있었기 때문에 운동 에너지를 가지고 있지 않았습니다. 그런데 물체를 잡은 손을 놓자마자 어디에 숨어 있었는지 물체는 운동 에너지를 가지기 시작합니다. 이 에너지는 대체 어디에 숨어 있었던 것일까요?

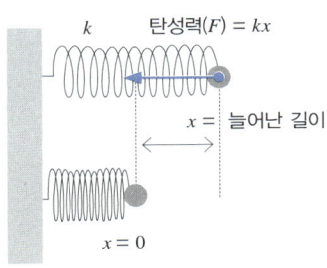

이것은 지표면에서 중력을 거슬러서 물체를 들어 올리면서 해준 일이 중력에 의한 퍼텐셜 에너지로 저장되는 상황과 유사합니다. 용수철이 원래의 길이를 회복하면서 물체가 얻게 되는 운동 에너지는 용수철에 저장되어 있던 '탄성력에 의한 퍼텐셜 에너지'입니다. **물체를 잡아당겨서 용수철을 늘리는 과정에서 물체에 해준 일은 고스란히 용수철에 퍼텐셜 에너지의 형태로 저장되어 있다가 물체가 탄성력에 의해 움직일 수 있는 상황이 되자 저장되어 있던 퍼텐셜 에너지가 운동 에너지로 전환됩니다.** 용수철에 저장되어 있던 '탄성력에 의한 퍼텐셜 에너지'는 줄여서 '탄성 에너지'라고도 부릅니다. 하지만 쌤은 탄성 에너지가 일종의 퍼텐셜 에너지라는 개념이 익숙해질 때까지 의식적으로 '탄성력에 의한 퍼텐셜 에너지'라고 부를 것을 권장합니다.

이제 용수철이 늘어난 길이(x)와 탄성력에 의한 퍼텐셜 에너지(E_p)의 크기 사이에는 어떤 관계가 있는지 알아봅시다.

위에서 용수철을 늘리는 동안 물체에 해준 일이 용수철에 탄성에너지의 형태로 저장되어 있다고 했습니다. 그리고 용수철이 원래의 길이를 회복하는 과정에서, 용수철이 물체에 일을 해주면 저장되어 있던 탄성 에너지가 물체의 운동 에너지로 전환되지요. 따라서 용수철에 저장된 탄성력에 의한 퍼텐셜 에너지가 얼마인지 알고 싶다면, 용수철이 원래의 길이를 회복한 위치($x=0$)에서 물체가 가지게 되는 운동 에너지를 구하거나, 용수철이 원래의 길이를 회복하는 동안 탄성력이 물체에 해준 일의 양을 구하면 됩니다.

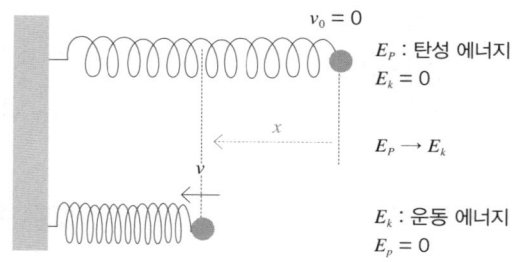

$v_0 = 0$

E_P : 탄성 에너지
$E_k = 0$

x

$E_P \rightarrow E_k$

v

E_k : 운동 에너지
$E_p = 0$

용수철에 저장된 탄성 에너지(위치 x) = 물체가 가지는 운동 에너지($x = 0$)

= 탄성력이 물체에 한 일의 양

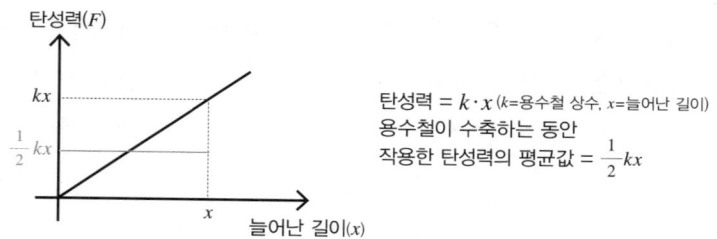

탄성력(F)

kx

$\frac{1}{2}kx$

x

늘어난 길이(x)

탄성력 = $k \cdot x$ (k=용수철 상수, x=늘어난 길이)
용수철이 수축하는 동안
작용한 탄성력의 평균값 = $\frac{1}{2}kx$

용수철의 탄성력은 용수철이 원래의 길이를 회복하는 동안 일정한 비율로 감소합니다. 그래서 용수철이 물체에 해준 일의 양($W = F \cdot s$)을 구할 때, 힘의 크기(F)에는 용수철이 수축하는 동안 작용한 탄성력의 평균값($1/2kx$)을 대입하고 움직인 거리(s)에는 용수철이 늘어난 길이(x)를 대입합니다.

$$\text{탄성력이 한 일의 양}(W) = \text{탄성 에너지}(E_P)$$

$$W = F_{\text{평균}} \cdot s = \frac{1}{2}kx \times x = \frac{1}{2}kx^2$$

$$\therefore E_{\text{탄성}} = \frac{1}{2}kx^2$$

k : 용수철 상수, x : 용수철이 늘어난 길이

용수철에 저장된 탄성력에 의한 퍼텐셜 에너지는 늘어난 길이의 제곱에 비례합니다. 용수철의 길이를 2배로 늘리면 용수철에 저장된 탄성 에너지는 4배 증가합니다.

'일의 크기'는, '힘-이동거리' 그래프에서 그래프와 수평축 사이의 면적을 계산해서 구할 수도 있습니다. 우리가 앞에서 배운 일의 양을 구하는 공식($W = F \cdot s$)은 실제로는 '힘-이동거리' 그래프에서 그래프와 수평축 사이의 면적을 구하는 것과 같은 작업이었음을 확인할 수 있습니다.

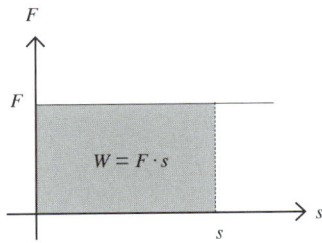

그래프를 이용해서 일의 크기를 구하는 방법은, 힘의 크기가 변하는 문제 상

황에서 유용합니다. '탄성력이 한 일의 양'을 '탄성력-늘어난 길이' 그래프에서 면적을 계산하는 방법으로 구해보면 동일한 탄성 에너지 공식을 얻을 수 있습니다.

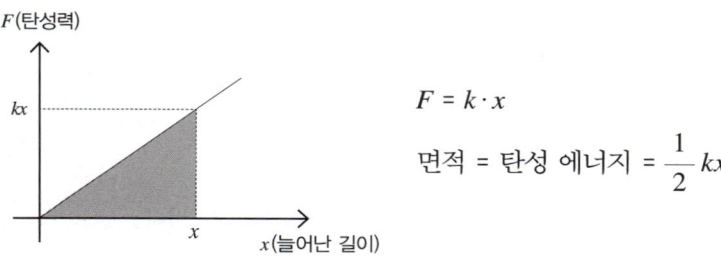

$$F = k \cdot x$$

$$면적 = 탄성 에너지 = \frac{1}{2} k x^2$$

적용

아래 그림과 같이 질량이 2kg인 추를 높이 0.5m인 경사면에 가만히 놓았더니 경사면을 따라 굴러 내려가서 용수철을 압축한 뒤 다시 튕겨 나왔다. 용수철이 최대로 압축된 길이는 몇 cm일까? (단, 용수철 상수 k는 500N/m, 중력 가속도는 10m/s^2이고, 모든 마찰은 무시할 수 있을 정도로 작다.)

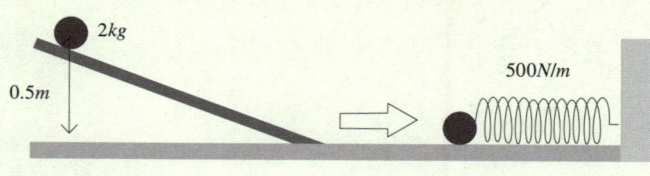

이러한 유형의 문제를 풀 때는 운동을 에너지의 전환에 따라 몇 개 구간으로 나누어서 살펴보는 것이 좋습니다. 이 운동은 크게 2개 구간으로 나누어서 에너지의 전환을 살펴볼 수 있습니다.

1구간 : 경사면을 굴러 내려오는 상황

이 구간에서는 퍼텐셜 에너지가 운동 에너지로 전환됩니다. 물체가 경사면을 완전히 통과한 순간 물체가 처음 가지고 있던 퍼텐셜 에너지는 모두 물체의 운동 에너지로 전환됩니다. 따라서, 에너지의 전환식은 다음과 같습니다.

$$E_k = |\Delta E_P|$$

감소한 퍼텐셜 에너지만큼 운동 에너지를 얻는다.

경사면 위에서 물체가 가지고 있던 퍼텐셜 에너지가 모두 운동 에너지로 전환되었다.

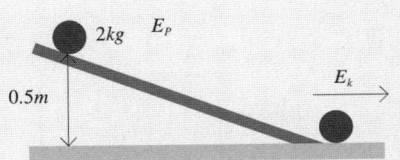

$$E_k = |\Delta E_P| = mgh = 2kg \cdot 10m/s^2 \cdot 0.5m = 10J$$

경사면을 굴러 내려온 물체는 10J의 운동 에너지를 가지고 용수철에 충돌합니다.

2구간 : 물체가 용수철을 압축하는 구간

이 구간에서 물체는 가지고 있던 운동 에너지를 써서 용수철에 일을 해줍니다. 물체가 용수철에 해준 일은 고스란히 용수철의 탄성 에너지로 전환되지요. 물체가 용수철을 최대로 압축했을 때 물체가 가지고 있던 운동 에너지는 바닥나고 용수철은 최대로 압축됩니다. 따라서 용수철이 최대로 압축되었을 때의 에너지 전환식은 다음과 같습니다.

$$E_p = |\Delta E_k|$$

$$E_p = \frac{1}{2}kx^2 = 10J$$

감소한 운동 에너지만큼 탄성 에너지를 얻는다.

물체가 가지고 있던 운동 에너지가 모두 용수철의 탄성 에너지로 전환되었다.

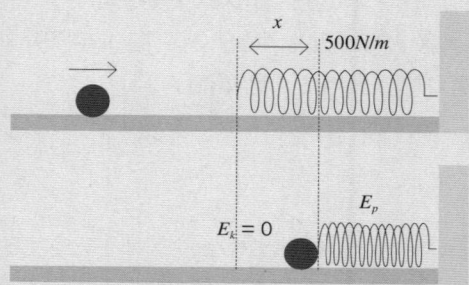

$$E_p = \frac{1}{2}kx^2 = 10J \;\rightarrow\; x = \sqrt{\frac{2 \cdot 10J}{500N/m}} = \sqrt{0.04m^2} = 0.2m = 20cm$$

$$(1\frac{J}{N/m} = 1\frac{N \cdot m}{N/m} = m^2)$$

물체가 용수철을 20cm만큼 압축시켰을 때 물체는 운동 에너지가 0이 되어 더 이상 용수철을 압축할 수 없게 됩니다. 즉, 용수철이 최대로 압축된 길이는 20cm입니다.

역학적 에너지의 보존

우리는 진자의 운동을 소재로 에너지에 대한 공부를 시작했습니다. 지금까지 공부한 '운동 에너지, 퍼텐셜 에너지, 일의 개념'을 가지고 진자의 운동을 어떻게 설명할 수 있을까요?

진자를 진동시키려면 우선 추를 들어 올려야 합니다. 추를 들어 올리는 과정에서 추에 일을 해 주게 되는데요, 해준 일이 추의 퍼텐셜 에너지로 저장됩니다.

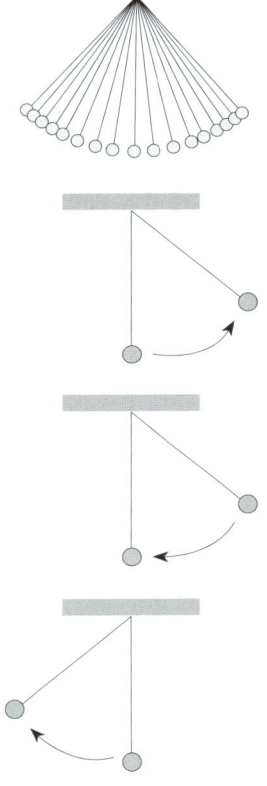

추를 놓으면 추가 가지고 있던 퍼텐셜 에너지는 추의 운동 에너지로 바뀌기 시작합니다. 추가 가장 아래쪽에 오면 운동에너지가 최대가 됩니다.

추는 가장 낮은 지점에서 정지하지 않고 운동을 계속하여 반대편의 가장 높은 위치까지 올라갑니다. 그동안에는 운동 에너지가 감소하고 퍼텐셜 에너지가 증가합니다. 최고점에서는 퍼텐셜 에너지가 최대가 됩니다.

만약, 마찰이나 저항이 없는 상황이라면 진자는 좌우로 같은 높이를 오가면서 영원히 진동할 것입니다. 좌우의 최고점을 향해 운동할 때는 운동에너지가 퍼텐셜 에너지로 전환되고, 최저점을 향할 때는 퍼텐셜 에너지가 운동에너지로 전환되는 과정을 영원히 반복하는 것이죠. 이처럼 중력외에는 어떤 힘도 일을 하지 못하는 상황에서는 진자가 가지는 중력에 의한 퍼텐셜 에너지와 운동 에너지의 합은 항상 일정하게 유지됩니다. 진자의 역학적 에너지가 보존되는 것이죠. 이것이 바로 '역학적 에너지 보존의 법칙'입니다.

마찰이나 저항이 없이 중력만이 일을 할 수 있는 상황에서는 역학적 에너지가 보존되기 때문에 진동의 매순간 퍼텐셜 에너지와 운동 에너지의 합은 일정한 값을 가집니다.

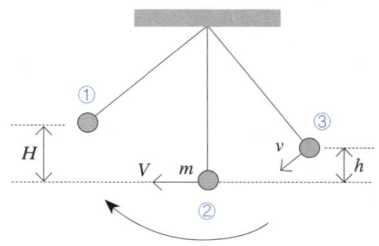

역학적 에너지 = 운동 에너지 + 퍼텐셜 에너지

$$\underset{①}{mgH} = \underset{②}{\frac{1}{2}mV^2} = \underset{③}{\frac{1}{2}mv^2 + mgh} = 일정$$

충돌이나 마찰로 인해 역학적 에너지의 일부가 열에너지나 다른 형태의 에너지로 바뀌는 경우에는 역학적 에너지 보존 법칙이 성립하지 않습니다.

출발점까지는 외부 동력에 의해서 열차가 움직인다.

출발점부터는 중력에 의해 움직인다.

출발점

롤러코스터는 놀이공원에서 가장 인기 있는 놀이기구 가운데 하나입니다. 롤러코스터를 보면 출발하는 곳이 가장 높다는 것을 알 수 있습니다. 롤러코스터가 운동하는 동안 마찰과 저항에 의해 역학적 에너지의 일부가 손실되기 때문에 손실되는 에너지를 고려해서 출발점의 높이를 충분히 높게 설계한 것이지요.

우리는 에너지를 소모한다는 말을 자주 사용합니다. 만약 에너지가 보존된다면 에너지가 소모된다는 말은 틀린 말일까요? 에너지가 보존된다는 것은 에너지가 소모되어 없어질 수 없는 양이라는 것을 뜻합니다. 그런 의미에서 에너지가 소모된다는 표현은 틀린 표현이죠. 에너지는 다양한 형태로 전환됩니다. **사람들이 에너지가 소모되었다고 표현하는 이유는, 쓸모가 많은 에너지가 쓸모가 적은 에너지로 바뀌기 때문**입니다. 역학적 에너지는 열에너지보다 쓸모가 많은 에너지입니다. 그런데 역학적 에너지는 마찰이나 저항에 의해서 수시로 열에너지로 바뀌지요. 하지만 역학적 에너지는 사라진 것이 아니라 발생한 열을 흡수한 주변의 공기 분자나 물질 분자들의 분자 에너지로 바뀐 것뿐입니다. 다만, 역학적 에너지는 언제라도 모두 열에너지로 바꿀 수 있지만 열에너지는 100% 역학적 에너지로 바꾸는 것이 불가능하기 때문에 사람들에게는 에너지가 사라졌다는 느낌을 주는 것입니다. 우리 주변에는 열에너지를 역학적 에너지로 바꿔주는 장치들이 많이 있습니다. 가장 쉽게 찾을 수 있는 것이 자동차의 엔진이죠. 자동차의 엔진은 아무리 최첨단의 기술력을 이용해 만든다고 해도 에너지 효율이 30%를 넘지 못합니다. 100만큼의 열에너지를 엔진에 공급하면 기껏해야 역학적 에너지로 바뀌는 양은 30에 불과하다는 뜻이지요.

연직 위로 9.8*m/s*의 속력으로 물체를 던져 올렸다. 물체가 올라가는 최고점의 높이는?(단, 모든 마찰과 저항은 무시할 수 있을 정도로 작다.)

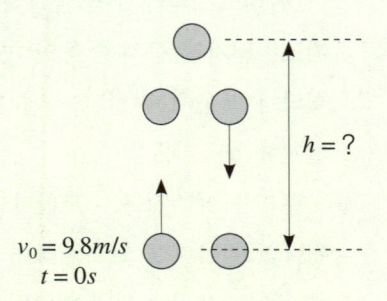

$h = ?$

$v_0 = 9.8m/s$
$t = 0s$

풀이

이 문제는 3강에서 등가속도 운동의 운동 방정식으로 풀었던 문제입니다(173쪽). 같은 문제를 역학적 에너지 보존 법칙을 이용해서 풀어보도록 하겠습니다. 앞 장의 풀이와 비교해보면 역학적 에너지 보존 법칙을 이용한 풀이가 얼마나 간단한 해법을 제공하는지 알 수 있을 거예요.

마찰이나 저항이 무시할 수 있을 정도로 작으므로 물체가 가지는 역학적 에너지는 물체가 운동하는 동안 항상 일정한 값으로 보존됩니다. 즉, 출발하는 순간의 역학적 에너지와 최고점에 도달했을 때의 역학적 에너지는 같은 값을 가집니다.

출발점에서의 역학적 에너지 = 최고점에서의 역학적 에너지

$$(E_k + E_p)_{출발점} = (E_k + E_p)_{최고점}$$

출발점에서는 퍼텐셜 에너지가 0이고, 최고점에서는 운동 에너지가 0이므로

$$(E_k)_{출발점} = (E_p)_{최고점}$$

$$\frac{1}{2}mv_0^2 = mgh$$

$$h = \frac{1}{2} \cdot \frac{v_0^2}{g} = \frac{1}{2} \cdot \frac{(9.8m/s)^2}{9.8m/s^2} = 4.9m$$

물체가 올라가는 최고점의 높이는 $4.9m$입니다. 역학적 에너지 보존 법칙을 사용하면 운동 방정식을 사용해서 문제를 푸는 것보다 훨씬 풀이 과정이 간단하다는 장점이 있습니다.

일과 도구

사람들은 일을 쉽게 하려고 여러 가지 **기계와 도구**들을 사용합니다. 이러한 도구들은 대체로 두 가지 원리로 작동합니다. **하나는 물체가 운동하는 동안에 발생하는 마찰이나 저항을 줄여서 사용하는 에너지를 절약하는 것이고, 다른 하나는 일을 하는 데 드는 힘을 작게 해서 지치지 않고 많은 양의 일을 하도록 하는 것**입니다. 앞에서 우리는 에너지 보존의 법칙을 배웠습니다. 마찰이나 저항을 줄여서 불필요한 에너지 손실을 줄이는 것도 일의 효율을 높이는 데 도움이 되지만 근본적으로 에너지 보존의 법칙이 존재하는 한 에너지를 쓰지 않고 일을 할 수 있는 방법은 없습니다. 다만 같은 양의 일을 하더라도 작은 힘으로 일할 수 있는 방법을 찾으면 지치지 않고 오랫동안 일할 수 있기 때문에 결과적으로 더 많은 양의 일을 할 수 있는 효과를 거둘 수 있습니다.

산의 정상에 오르기 위해 어떤 등산 코스를 선택할지 지도를 펼쳐 보면, 어떤 길은 경사가 완만하지만 등산로의 길이가 길고, 어떤 길은 경사는 급하지만 등산로가 짧습니다. 모든 사람들이 원하는 완만하면서 짧은 코스를 만나기는 매우 힘들지요.

역학적 에너지의 측면에서 보면 어느 코스를 통해서 정상에 오르든지 출발점과 도착점이 같기 때문에 정상에 올랐을 때 얻게 되는 퍼텐셜 에너지는 동일합니다. 하지만 실제 등산을 해보면 급한 코스를 선택하면 체력 소모가 커서 쉽게 지칩니다. 실제 우리 몸이 사용하는 생체 에너지는 선택하는 등산 코스에 따라 달라지는 것이죠. 아마도 그 이유는 경사가 급한 코스를 오를 경우 상대적으로 큰 근력이 필요하기 때문일 겁니다. 근육에 피로가 누적되어 몸의 에너지 효율이 떨어지는 것이죠.

다음 그림은 동일한 높이만큼 물체를 옮기는 두 가지 방법을 나타낸 것입니다. 왼편은 완만한 경사면을 통해서 물체를 옮기는 방법이고 오른편은 물체를 연직 방향으로 들어서 옮기는 방법입니다. 두 경우에 물체를 옮기는 데 필요한 힘의 크기와 물체에 해주는 일의 양을 비교해봅시다.

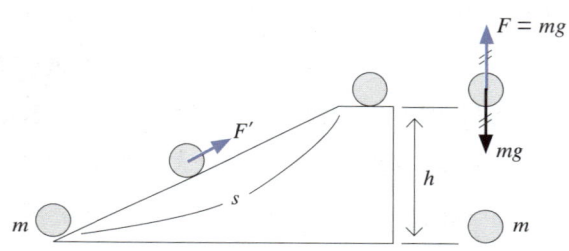

물체를 빗면을 이용해서 옮기든지, 연직 위로 바로 들어 올리든지, 물체에 해준 일이 전부 물체의 퍼텐셜 에너지로 전환되는 것은 마찬가지입니다. 두 경우에 움직인 경로는 다르지만 최종적으로 도달한 높이가 같기 때문에 물체가 가지게 되는 퍼텐셜 에너지의 양은 같습니다. 결과적으로 두 힘이 물체에 해준 일의 양이 서로 같다는 것이지요. 따라서 다음의 식이 성립합니다.

- 빗면에서 물체에 해준 일의 양 = 연직 위로 들어 올리면서 해준 일의 양
$$F' \cdot s = F \cdot h$$
- 빗면에서 움직인 거리(s) 〉 연직 위로 움직인 거리(h)
$$s > h$$
- 따라서, 빗면에서는 물체를 작은 크기의 힘으로 올려놓을 수 있습니다.
$$F' < F$$

즉, 빗면을 이용해서 물체를 옮기면 상대적으로 긴 거리를 움직여야 하는 단점은 있지만 물체를 옮기는 데 필요한 힘의 크기는 줄어드는 것이죠.

이 외에도 일을 하는 데 필요한 힘의 크기를 덜어주는 여러 가지 장치나 기계들은 많습니다. 장치의 종류들은 다양하지만 모두 에너지 보존의 법칙을 만족시켜야 하기 때문에 도구를 사용한다는 이유로 해야 할 일의 양이 줄어들지는 않습니다. 다만, 도구를 사용하면 작은 크기의 힘으로 일할 수 있다는 장점이 있습니다.

빗면의 원리가 적용되어 있는 나사못은 망치로 두드려서 박는 못보다 적은 힘으로 못을 박을 수 있습니다. 하지만 나사못을 박는 데 사용하는 에너지와 망치로 못을 박는 데 사용하는 에너지는 같습니다. 일에는 이득이 없다는 것이지요. 마찬가지로 도르래를 사용하면 물체를 적은 힘으로 들어 올릴 수 있지만 도르래를 사용하는 경우와 사용하지 않는 경우에 물체를 들어 올리기 위해 하는 일의 양은 같습니다. 도구를 사용한다고 해서 도구를 사용하지 않을 때보다 해야 하는 일의 양이 줄어드는 것은 아닙니다. 하지만 같은 양의 일을 보다 작은 크기의 힘으로도 할 수 있다는 장점이 있죠.

적용

도르래를 사용해서 질량이 10kg인 물체를 들어 올린다. 물체는 일정한 속력으로 바닥으로부터 4m 높이까지 움직이며 도르래와 실의 무게, 마찰이나 저항은 무시할 수 있을 정도로 작다.

가. 물체를 들어 올리는 데 필요한 힘은 얼마인가?(단, 중력
　　가속도는 10m/s^2으로 한다.)
나. 사람이 줄을 당겨서 물체에 해주는 일의 양은 얼마인가?

10kg　　　F

4m

도르래는 일을 하는 데 사용되는 유용한 도구 중의 하나입니다. 우리는 "도구를 사용하면 작은 크기의 힘으로 일을 할 수 있지만 일을 하는 데 필요한 에너지를 절약할 수는 없다(일에는 이득이 없다는 말과 같은 의미)"고 배웠습니다. 이 문제를 통해서 도구의 장점과 도구의 한계를 파악해봅시다.

가. 물체를 일정한 속력으로 들어올리기 때문에 물체에 작용하는 알짜힘은 0이어야 합니다.(물론 처음 물체가 움직이기 시작하는 시점에는 짧은 순간이지만 윗방향으로 알짜힘이 존재했을 테지만 일반적으로 무시하고 문제를 풉니다.)

물체에는 2개의 힘이 작용합니다. 도르래와 물체를 연결한 실을 통해서 물체를 들어 올리는 힘(F')이 작용하고 반대 방향으로는 중력(mg)이 작용합니다. 물체에 작용하는 알짜힘의 크기가 0이므로 두 힘은 물체에서 힘의 평형을 이룹니다.

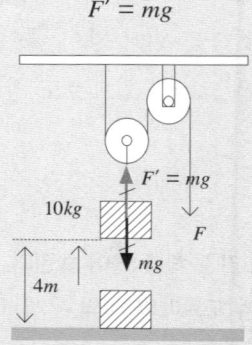

물체의 질량이 10kg이므로 중력(mg)의 크기는 100N입니다. 따라서, 도르래와 물체를 연결한 실을 통해서 물체를 들어 올리는 힘(F')의 크기는 100N임을 알 수 있습니다.

$$F' = mg = 10kg \cdot 10m/s^2 = 100N$$

우리가 구해야 할 값은 도르래의 롤러에 감겨져 있는 줄에 걸리는 힘(F)입니다. 이 힘의 크기를 구하기 위해서는 도르래에 작용하는 힘을 살펴볼 필요가 있습니다.

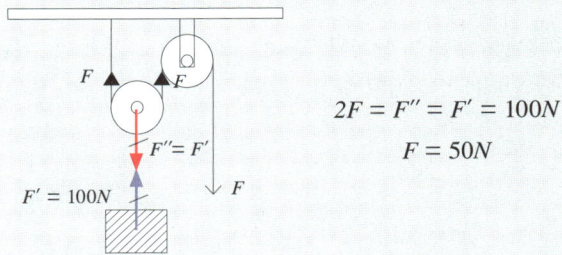

$$2F = F'' = F' = 100N$$
$$F = 50N$$

도르래에는 3개의 힘이 작용하고 있습니다. 도르래의 롤러에 감겨져 있는 두 가닥의 줄이 도르래를 들어 올리는 힘(F)이 2개 작용하고, 반대 방향으로 물체가 도르래를 아래로 당기는 힘(F'')이 있습니다.

물체가 도르래를 당기는 힘(F'')은 앞에서 구했던 도르래가 물체를 당기는 힘(F')과 작용·반작용 관계입니다. 따라서 물체가 도르래를 아래 방향으로 당기는 힘(F'')의 크기는 100N입니다.

$$F'' = F' = 100N \ ①$$

물체가 등속 운동을 하는 것과 마찬가지로 물체와 줄로 연결되어 있는 도르래도 물체와 같은 속력으로 등속 운동을 합니다. 따라서 도르래에 작용하는 세 힘은 서로 평형을 이루고 알짜힘의 크기는 0입니다.

$$2F = F'' \ ②$$

②에 ①을 대입하면 도르래의 롤러에 감겨져 있는 줄에 걸리는 힘(F)의 크기가 50N임을 알 수 있습니다.

$$F = \frac{F''}{2} = 50N$$

나. 사람이 줄을 당겨서 물체에 해주는 일의 양(W)은 얼마인지를 구하기 위해서는 줄을 당기는 힘(F)의 크기와 줄을 당기는 길이(s)를 알아야 합니다.

$$W = F \cdot s$$

앞에서 사람이 줄을 당기는 힘(F)의 크기는 구했으므로 이 문제는 줄을 몇 m나 당겨야 하는지만 알아내면 해결할 수 있습니다.

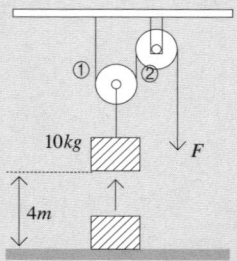

그림에서 도르래에 연결된 물체를 $4m$만큼 들어 올리기 위해서는 도르래도 $4m$만큼 윗방향으로 움직여야 합니다. 따라서 줄을 잡고 있는 사람은 도르래에 감겨져 있는 좌(①), 우(②) 줄이 각각 $4m$씩 짧아지도록 줄을 총 $8m$만큼 잡아당겨야 할 것입니다.

따라서, 사람이 줄을 당겨서 물체에 해주는 일(W)의 크기는 400J입니다.

$$W = F \cdot s = 50N \cdot 8m = 400Nm = 400J$$

다음 그림은 도르래를 사용하지 않고 사람이 직접 물체를 들어 올리는 경우를 나타낸 것입니다. 이 경우에 사람이 물체에 해주는 일의 크기를 구해봅시다.

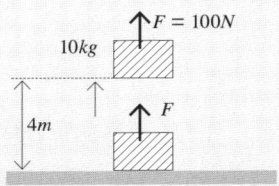

$$W = F \cdot s = 100N \cdot 4m = 400J$$

사람은 물체를 들어 올리기 위해서 100N의 힘이 필요하고, 총 400J의 일을 해주게 됩니다. 이제 도르래를 사용한 경우와 비교해봅시다.

	도르래를 사용한 경우	도르래를 사용하지 않은 경우
힘의 크기	50N	100N
이동 거리	8m	4m
일의 양	400J	400J

결과를 비교해보면 도르래를 사용한다고 해서 해주는 일의 양이 달라지지 않는다는 것을 알 수 있습니다. 다만 작은 크기의 힘으로 동일한 양의 일을 할 수 있는 것이 도르래와 같은 도구를 사용하는 이유인 것을 알 수 있지요.

대표 문제

그림 (가), (나)와 같이 야구 선수가 운동량이 같은 공을 야구 장갑으로 받았다. (가)에서는 야구 장갑을 뒤로 빼면서, (나)에서는 야구 장갑을 움직이지 않은 채로 공을 받았다.

(가)   (나)

공이 야구 장갑에 닿는 순간부터 정지할 때까지, 이에 대한 설명으로 옳은 것만을 〈보기〉에서 있는 대로 고른 것은?

보기

ㄱ. (가)에서 야구 장갑에 들어간 공의 속력이 감소하는 동안 공의 운동량의 크기는 감소한다.

ㄴ. 공이 야구 장갑으로부터 받은 충격량의 크기는 (가)에서와 (나)에서가 같다.

ㄷ. 야구 장갑이 공으로부터 받는 평균 힘의 크기는 (가)에서와 (나)에서가 같다.

① ㄱ   ② ㄷ   ③ ㄱ, ㄴ   ④ ㄴ, ㄷ   ⑤ ㄱ, ㄴ, ㄷ

풀이

ㄱ. 운동량은 질량과 속도의 곱입니다. 따라서 속력이 감소하면 운동량의 크기는 감소합니다.

ㄴ. 공이 야구 장갑으로부터 받은 충격량만큼 공의 운동량이 변합니다.

$$F \cdot \Delta t = \Delta mv$$

따라서 (가)와 (나)에서 야구공이 받은 충격량의 크기를 비교하려면 공의 운동량이 얼마나 변했는지를 비교하면 됩니다. 두 공은 동일한 속도로 야구 장갑에 충돌한 다음 결국에는 멈추게 되므로 운동량의 변화량이 서로 같습니다. 즉, 야구공이 받은 충격량의 크기는 (가)에서와 (나)에서가 같습니다.

ㄷ. (가)에서처럼 야구 장갑을 뒤로 빼면서 공을 받으면 야구공과 야구 장갑 사이에 힘이 작용하는 시간이 길어집니다. 보기 ㄴ에서 살펴보았듯이 (가)와 (나)에서 야구공과 야구 장갑이 주고받는 충격량의 크기는 같습니다. 하지만 (가)에서는 힘이 작용하는 시간이 (나)보다 상대적으로 길기 때문에 야구공과 야구 장갑 사이에 주고받는 충격력의 크기는 상대적으로 작습니다.

$$F_{(가)} \cdot \Delta t_{(가)} = F_{(나)} \cdot \Delta t_{(나)}$$

$$\Delta t_{(가)} \rangle \Delta t_{(나)} \rightarrow \therefore F_{(가)} \langle F_{(나)}$$

정답 ③ ㄱ, ㄴ

그림과 같이 수평면 위 A지점에 정지해 있던 질량 6kg인 물체에 수평 방향으로 30N의 일정한 힘을 계속 작용시켜 B지점을 지나는 순간 힘을 제거했더니 물체가 최대 높이까지 올라갔다. A와 B 사이는 수평면이다.

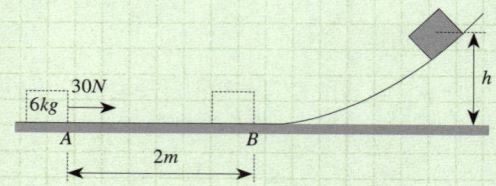

h는? (단, 중력 가속도는 10m/s^2이며, 물체의 크기와 모든 마찰은 무시한다.)

① 0.5m   ② 1m   ③ 1.5m   ④ 2m   ⑤ 2.5m

물체를 A에서 B까지 미는 동안 물체에 해준 일($W_{A \to B}$)의 양만큼 물체는 운동 에너지(E_k)를 얻게 됩니다.

$$E_k = W_{A \to B} = F \cdot s = 30N \times 2m = 60J$$

물체는 B점을 지난 후 경사면을 거슬러 올라가면서 가지고 있던 운동 에너지가 퍼텐셜 에너지로 전환됩니다. 물체가 가지고 있던 60J의 운동 에너지(E_K)가 전부 퍼텐셜 에너지(E_P)로 전환된 순간 물체는 경사면의 최고점에서 순간적으로 멈추게 됩니다.

최고점에서의 퍼텐셜 에너지 = B점에서의 운동 에너지
$$E_P = mgh = 6kg \times 10m/s^2 \times h = 60J$$
$$\therefore h = 1m$$

② 1m

① '물체의 질량'과 '속도'의 곱을 '운동량'이라 한다.

$$운동량 = 질량 \times 속도$$

② 물체에 힘이 작용하면 물체가 가지는 운동량이 변한다.

③ 물체에 작용한 힘의 크기가 클수록, 힘이 작용하는 시간이 길수록, 물체의 운동량을 크게 변화시킬 수 있다.

④ 물체에 작용하는 힘의 크기(F)와 힘이 작용하는 시간($\triangle t$)의 곱을 '충격량'이라 하고, 물체에 가해지는 충격량만큼 물체의 운동량이 변한다.

$$충격량 = F \triangle t$$

$$F \triangle t = \triangle(mv)$$

⑤ 모든 충돌에서 충돌하는 두 물체는 같은 크기의 '충격력(F)'과 '충격량($F \triangle t$)'을 서로 반대 방향으로 주고받는다.

⑥ 충돌의 상황에서 힘이 작용하는 시간을 길게 하면, 물체에 가해지는 충격력의 크기를 줄일 수 있다.

⑦ 외력이 작용하지 않는 상황에서, 충돌 전후에 두 물체의 운동량의 합은 변하지 않는데 이를 '운동량 보존의 법칙'이라고 한다.

⑧ 물체가 일을 할 수 있는 능력을 '에너지'라고 한다.

⑨ 물체에 힘이 작용하고 힘이 작용한 방향으로 운동하면 힘은 물체에 일을 해줄 수 있는데, 힘이 물체에 일을 해주면 물체가 가지는 운동에너지의 양이 변한다.

$$W = F \cdot s = \triangle E_k$$

⑩ 운동하는 물체는 질량에 비례하고 속력의 제곱에 비례하는 '**운동에너지**'를 가진다.

$$E_K = \frac{1}{2}mv^2$$

⑪ 중력, 탄성력과 같은 힘이 작용하는 공간에 있는 물체는 '**퍼텐셜 에너지**'를 가진다.

$$중력에 의한 퍼텐셜 에너지 = mgh$$
$$탄성력에 의한 퍼텐셜 에너지 = \frac{1}{2}kx^2$$

⑫ 중력과 탄성력의 방해를 이기고 물체에 일을 해주면, 물체의 퍼텐셜 에너지가 증가한다.

⑬ 중력이나 탄성력이 물체에 일을 해주면, 감소한 퍼텐셜 에너지만큼 운동 에너지가 증가한다.

⑬ 마찰이나 저항이 없는 상태에서 중력 또는 탄성력만 일을 할 수 있는 상황에서는, 물체가 가지는 역학적 에너지는 항상 일정한 값을 유지하는데, 이를 '**역학적 에너지 보존의 법칙**'이라고 한다.

제 5 강

시공간에 대한 새로운 이해

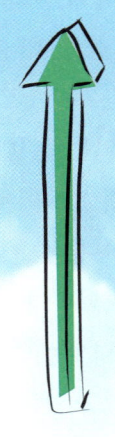

시간에대한 새로운이해

'당신의 시계는 마음과 동기화되어 있다.' 무슨 말일까요? 도대체 무슨 말인지 알아 들을 수 없는 물리 수업 시간에는 한 시간이 1년 같았을 거예요. 하지만 좋아하는 연인과 함께 있을 때나 뒤늦게 공부를 시작한 고3의 시계는 아쉽게도 너무 빨리 가지요. 사람들마다, 자신이 처한 상황에 따라, 시간은 고무줄처럼 늘었다 줄었다 하는 것 같습니다. 하지만 다행히도 거실 벽에 붙어 있는 시계는 중심을 잘 잡고 항상 냉정하게 자기 일을 하고 있습니다. 간혹 배터리가 떨어져서 하루에 두 번만 자기 일을 하는 시계도 있지만 인공위성이 쏘아주는 시간 정보를 받아서 쓰는 휴대폰은 웬만해서 잘 틀리지 않는답니다.

현대 사회에서 시간이란 모든 인간 활동의 기준입니다. 그래서 1분 1초도 어긋나서는 안 되죠. 한국에서의 1초라는 시간과 미국, 일본, 유럽, 심지어 달나라에서의 1초는 정확하게 일치해야 합니다. 그래서 사람들은 시간이라는 녀석은 어떤 전지전능한 신이 태초부터 세팅해놓은 절대 변하지 않는 존재라고 인식합니다.

시간이 흐르는 속도가 절대적으로 변하지 않는다는 믿음은 과학에서도 마찬가지였습니다. '시간'이 흐르는 동안 공간 속에서 물체의 위치가 어떻게 변하는지를 설명하는 것이 '역학'입니다. 역학에서 시간과 공간은 우주의 모든 사건들이 펼쳐지는 드라마틱한 현장입니다. 뉴턴 역학에서는 시간과 공간이 어떤 상황에서도 절대적으로 변하지 않는다고 생각했습니다. 일말의 의심도 허락하지 않는 기본 가정이었죠(우리가 4강까지 공부한 역학은 뉴턴에 의해 정립되었다고 해서 뉴턴 역학, 고전 역학이라고 부릅니다).

뉴턴 역학은 우리 주변에서 경험하는 일상적인 운동을 설명하는 데 놀랄 만큼 성공적이었습니다. 공을 던졌을 때 어떻게 날아가는지, 행성들이 언제 어느 쪽 하늘에서 뜨고 지는지를 정확하게 예측합니다. 대단히 놀랍고 성공적인 이론이라고 할 수 있지요.

뉴턴 역학을 통해서 사람들은 자연을 완벽하게 이해할 수 있다고 자신했습니다. 그 당시 물리학자들은 "이제 우리가 더 밝혀낼 것은 없다"고 말할 정도였으니까요. 하지만 19세기 말에서 20세기 초로 넘어가던 시기에 자신만만하던 뉴턴 역학이 설명하지 못하는 현상들이 하나 둘 발견되기 시작합니다. 이때, 당시에는 무명에 가까웠던 한 물리학자가 세상을 뒤흔들 만한 논문을 발표합니다. 모든 것을 설명할 수 있다고 믿었던 뉴턴 역학은 그만 뿌리 채 흔들리고 말지요. 이 무명의 물리학자가 누구였을까요? 바로 아인슈타인(Einstein, Albert 1879~1955)[001]입니다. Einstein이라는 독일어 이름을 단어로 풀어쓰면 'Ein(하나)+stein(돌)'이군요. 우리말로 하면 '한 돌', '일석(一石)'이네요. 참 정겨운 이름입니다. 혹시 우리네 철수나 영희 같은 이름은 아닌지 독일 사람들에게 확인해보고 싶어요. 5강에서는 뉴턴 역학의 기본 가정이 되었던 시간과 공간에 대한 인식들이 아인슈타인에 의해서 어떻게 새로 쓰였는지 살펴보겠습니다. 여러분은 지금까지 가지고 있던 '시간'과 '공간'에 대한 생각들을 고쳐 써야 할지도 모르겠습니다.

이번 장에서는 '사고실험(思考實驗)의 향연'이 펼쳐집니다. 머리로만 하는 실험이라는 거지요. "아~, 진짜!" 하는 탄식이 들리는 것 같네요. 손에 잡히

---

[001] 독일 태생의 미국 이론 물리학자. '특수 상대성 원리' '일반 상대성 원리' '광양자 가설' '통일장 이론' 등을 발표했고 1921년에 노벨 물리학상을 받았다.

는 현상들도 설명하기 어려운데 '시간'과 '공간'에 대한 새로운 이해라니요!! 여러분의 고충을 쌤도 백 퍼센트 이해합니다. 하지만 이번 장은 분명 물리라는 학문의 진수를 맛볼 수 있는 기회를 제공할 겁니다. 그 무엇보다, 대한민국에서 출판된 그 어떤 책보다 상대성 이론을 쉽게 설명했다고 자부합니다. 조금 무모한 자신감이라는 거 알기에 좀 창피하지만……. 여러분에게는 지금 어느 정도 '최면'이 필요하니까요.

자, 출발합시다. 'Red Sun!!'

세상에 이런 일이!!

일정한 속도로 움직이는 기차의 객실에서 객실 바닥을 향해 돌 하나를 떨어뜨렸습니다. 기차에 타고 있는 사람에게는 돌이 객실 바닥을 향해 수직하게 직선으로 떨어지는 것으로 보입니다.

반면, 기찻길 옆에 서 있는 사람에게는 돌이 포물선을 그리면서 떨어지는 것처럼 보일 것입니다.

  관찰자는 자신이 딛고 서 있는 곳을 기준점으로 삼아서 운동하는 물체의 위치를 기록하기 위한 좌표계를 준비합니다. 여러분이 수학 시간에 배운 (x, y) 수직 좌표계를 떠올리면 됩니다. 3차원 공간에서는 (x, y, z) 3차원 좌표계가 필요하겠지요. 이 좌표계는 관찰의 기준에 대해서 정지해 있지요. 예를 들어 기차역의 플랫폼에 서 있는 여학생이라면, 기차의 위치를 기록하는 데 필요한 기준점을 자신이 발로 딛고 서 있는 땅 위에다 정할 것이라는 말입니다. 기준점이 이리저리 움직이면 안 되잖아요. 그러니까 관찰자가 보았을 때 정지해 있는 어떤 점을 기준점으로 잡는다는 말이지요.

  기차를 타고 있는 사람은 동일한 방법으로 관찰의 기준점을 잡습니다. 자신이 딛고 서 있는 기차 객실의 바닥을 기준점으로 삼아서 좌표계를 준비합니다. 결과적으로 이 좌표계는 기차에 고정되어서 기차와 함께 운동하겠죠. 두 사람은 각자의 좌표계를 사용해서 돌의 위치 변화를 기록할 것입니다.

    돌의 운동을 완벽하게 설명하려면 시간에 따라 돌의 위치가 어떻게 변하는지를 구체적으로 묘사해야 합니다. 돌이 움직이는 궤적 위에는 돌의 위치를 나타내는 점들이 기록될 것이고 언제 그곳에 있었는지에 대한 설명이 더해질 것입니다. 서로 다른 공간에 있는 두 관찰자는 각자의 공간에서 시간과 거리를 측정해서 좌표계 위에서 돌의 위치를 결정합니다. 이제 두 관찰자가 만나서 각자가 기록한 돌의 운동 궤적을 비교한다고 합시다. 기차 안에서 돌의 운동을 기록한 사람은 돌이 '자유 낙하'를 했다고 설명할 것입니다. 반면에 기차 밖에서 관찰한 사람은 돌이 '포물선 운동'을 했다고 설명할 것입니다.

기차 안의 관찰자   기차 밖의 관찰자

    그런데 두 사람은 관찰 기록을 자세하게 비교하는 과정에서 대단히 이상한 점을 발견합니다. 돌이 바닥에 도착하는 데 걸리는 시간이 다르게 기록되었기 때문입니다. 하나의 운동을 두 사람이 동시에 관찰했으므로 당연히 결과가 같아야 할 텐데 이상하게도 두 사람이 측정한 시간은 달랐습니다.

여러분은 이런 일이 일어날 수 있다고 생각하세요? 돌이 낙하하는 모습은 관찰자가 기차와 함께 운동하느냐 기차 밖에 정지해 있느냐에 따라 '자유 낙하'와 '포물선 운동'이라는 다른 형태로 관찰될 수 있습니다. 관찰자가 움직이면 속도나 운동 방향이 다르게 보이는 사례는 일상생활에서 쉽게 경험할 수 있잖아요? 예를 들어 움직이는 에스컬레이터를 타고 주변을 보면 정지해 있을 때와는 다르게 보입니다. 하지만 관찰자의 운동 상태가 다르다고 해서 돌이 바닥에 도착하는 시간이 서로 다르게 측정되는 일은 상상할 수가 없습니다.

동시에 바닥에 도착하는 것은
너무나 당연하지!

기차 안의 관찰자　　　　　　　　기차 밖의 관찰자

　왜 우리는 이런 일이 일어날 수 없다고 생각하는 걸까요? 때로는 너무나 당연하게 받아들였던 사실에 대해 질문을 받고 당황할 때가 있어요. 초등학생들을 가르칠 때 그런 경험을 자주 하게 되지요. 그래서 학생이 어릴수록 가르치기가 힘들답니다. 지금이 그런 상황입니다. 자, 그렇다면 질문을 이렇게 바꿔보겠습니다. **돌이 바닥에 동시에 도착했는지를 우리는 어떻게 확인할 수 있을까요?** 이 질문은 우리가 **돌이 바닥에 동시에 도착하는지를 알아보기 위해서 무엇을 측정**하는지를 묻는 것입니다. 답은 **'시간'**이지요. 돌이 운동을 시작한 다음 바닥에 충돌할 때까지 얼마의 시간이 흘렀는지를 측정해서 돌이 바닥에 동시에 도착했는지를 확인합니다. 그리고 하나의 운동을 두 사람이 측정했으므로 당연히 두 사람이 측정한 시간이 같다고 생각하는 것이 상식에 맞습니다.

그럼에도 불구하고…… 만약에, 정말 말도 안 되는 가정이라는 것을 알지만…… 두 사람이 측정한 시간이 진짜 달랐다면, 무슨 일이 벌어진 거라고 생각할 수밖에 없을까요? 만약 이런 일이 벌어졌다면 두 사람이 '**측정한 시간**'을 의심할 수밖에 없습니다. 두 사람이 시간을 재는 데 사용했던 시계의 초침이 돌이 바닥에 도착했을 때 같은 곳을 가리키고 있지 않았다는 것이지요. 어느 한쪽의 시계가 느리게 또는 빠르게 가고 있었다는 말이 됩니다. 인정하기 어렵지만 위의 사건이 실제로 일어난다면, 기차 속의 시계로 측정한 돌의 낙하 시간과 기차 밖의 시계로 측정한 낙하 시간이 다를 수 있다고 말할 수 있습니다.

정말 이런 일이 일어날 수 있을까요? 이런 일은 절대로 일어날 수 없다고 생각하는 것이 지금까지 여러분이 배운 '뉴턴 역학'입니다. 뉴턴 역학에서는 시간과 공간은 절대적인 것이어서 내가 측정한 시간과 길이는 우주의 어느 곳에서 어떤 운동 상태에 있는 관찰자가 측정하더라도 절대 불변이라는 믿음에 기초하고 있습니다. 반면에 아인슈타인의 '상대성 이론(相對性理論)'은 위와 같은 일이 실제로 일어날 수 있다고 주장합니다. 아인슈타인은 기차의 속도가 빛의 속도에 가깝게 대단히 빠르게 움직일 경우, 기차 밖의 관찰자에게는 기차 내부의 시간이 천천히 흐르는 것처럼 보이고 기차의 길이[002]가 짧아져 보일 것이라고 생각했습니다.

002　기차가 운동하는 방향과 나란한 방향의 길이만 짧아진다.

뉴턴 역학에서는, 어떤 공간에서 어떤 운동 상태의 관찰자가 시간과 길이를 측정하더라도 시간의 흐름과 길이가 변하는 일은 없다는 믿음에 기초하고 있습니다. 이러한 믿음을 '시간과 공간의 절대성'이라고 하지요. 그런데 곰곰이 생각해보면 이러한 믿음은 증명된 것이 아니라 당연히 그렇다고 가정하고 출발하는 것입니다. 이런 기본 가정을 수학에서는 '공리(公理)'라고 합니다. 예를 들면 오직 한 직선만이 두 점을 지날 수 있다는 명제를 수학에서는 공리라고 합니다. 이 명제는 증명할 수가 없어요. 하지만 수학자들은 너무나도 자명한 명제이기 때문에 참으로 인정하는 것이지요. 즉, 뉴턴 역학에서는 '어떤 공간에서, 어떤 운동 상태의 관찰자가, 시간과 길이를 측정하더라도 시간의 흐름과 길이가 변하는 일은 없다는 명제를 공리로 인정하고 있었다는 것입니다. 이게 참이 아니라고 하면 문제가 심각해집니다. 말 그대로 뉴턴 역학이 와르르 무너지게 되는 것이지요. 세상의 모든 것을 설명할 수 있다는 자부심에 금이 가면서 요즘 말로 '멘탈 붕괴'가 일어나는 상황이었습니다.

그런데 아인슈타인은 이 시간과 공간의 절대성을 상대성 이론으로 부정해버립니다. 시간과 공간이 관찰자의 속도에 따라서 다르게 측정될 수 있다는 것은 일반인은 물론 아인슈타인과 동시대를 살았던 과학자들에게조차 말도 안 되는 소리로 들렸습니다. 물론 아인슈타인 자신에게도 쉽지 않은 일이었겠지요. 자신이 그동안 공부한 물리학의 기본 전제를 스스로 허물어야 하는 일이었으니까요. 그는 1922년 도쿄에서 열렸던 강연에서 상대성 이론을 연구하던 당시를 회고하며 이렇게 말했답니다.

"거의 1년간을 효과도 없는 고민에 시간을 소비할 수밖에 없었습니다. 시간과 공간에 대한 수수께끼는 쉽게 풀리지 않을 것 같았습니다."

상대성 이론이 주장하는 것은 사실일까요? 이런 일이 실제로 일어날 수 있을까요? 상대성 이론이 사실이라는 증거들은 이미 실험에 의해 검증되었습니다. 심지어 여러분의 손에 쥐어져 있는 휴대폰도 상대성 이론 덕분에 제대로 작동하고 있습니다. 믿기지 않는다고요? 그렇다면 간단하게 상대성 이론이 사실이라는 증거를 소개하겠습니다.

대단히 빠른 속력으로 지구 주변을 공전하는 인공위성과 지상의 기지국이 통신을 할 때 상대성 이론을 고려해서 시간의 오차를 보정해주지 않으면 통신 오류가 발생합니다. 이 말은 실제로 인공위성 내부의 시계는 지구에서 볼 때 지상의 시계보다 느리게 간다는 것을 말합니다. 상대성 효과가 아인슈타인의 상상의 세계에서만 존재하는 게 아니라 실제로 일어나는 현상이라는 것이지요. 휴대폰은 GPS 위성으로부터 위치 정보를 수신해서 자신의 위치를 파악하고 주변의 어떤 기지국과 통신할지를 결정합니다. 따라서 GPS 위성이 상대성 효과로 인해서 오작동을 하면 휴대폰이 제대로 작동하지 않을 것입니다. **상대성 효과는 실제 우리 주변에서 지금 이 순간에도 벌어지고 있는 현실**입니다.

아인슈타인의 상대성 이론은 인류가 과학이라는 학문을 발전시키기 시작한 이래 너무나 당연하게 받아들였던 시간과 공간의 절대성을 깨뜨렸습니다. 시간과 공간에 대한 기본 가정들을 새로 쓰게 된 것이지요. 그렇다고 뉴턴 역학이 더 이상 존재할 필요가 없어진 것은 아닙니다. 행성의 운동이나 지상에서 벌어지는 익숙한 운동들은 뉴턴 역학을 정확하게 설명해줍니다. 다만 **대단히 빠른 운동이 일어나는 세계는 상대론을 이용해서 설명해야 합니다.** 즉, 상대론은 뉴턴 역학보다 설명할 수 있는 현상의 폭이 더 넓다는 뜻이지요. 뉴턴 역학은 상대적으로 느린 세계, 상대론은 느린 세계와 빠른 세계를 모두 설명할 수 있는 조금 더 보편적인 이론이라고 할 수 있겠습니다. 지금도 뉴턴 역학은 자동차를 만들고 비행기를 띄우는 데 제 역할을 묵묵히 잘하고 있답니다.

아인슈타인은 '특수 상대성 이론'과 '일반 상대성 이론'이라는 두 가지 상대론을 발표했습니다. **상대성 이론은 관찰자의 운동 상태가 다를 경우 운동을 어떻게 해석해야 하는지를 고민하는 데서 출발**합니다. '특수'와 '일반'의 차이는 무엇일까요? '특수'는 특수한 상황에만 적용할 수 있는 상대성 이론이란 뜻이고, '일반'은 관찰자의 운동 상태와 무관하게 두루 적용할 수 있는 상대성 이론이라는 뜻입니다. 좀 더 구체적으로 설명하면 관찰자가 정지해 있거나 등속 운동을 하는 것과 같이 운동 상태가 변하지 않는 제한된 상황에서만 성립하는 상대성 이론이 '특수 상대성 이론'입니다. 반면에 '일반 상대성 이론'은 관찰자가 가속도 운동을 하는 경우에도 적용할 수 있는 보다 일반화된 상대성 이론을 말합니다. 이번 장에서는 특수 상대성 이론이 등장하기까지의 과정과 그 의미를 살펴보고 일반 상대성 이론에 대해 간략하게 소개하겠습니다.

이것만은 꼭!!

- 상대성 이론 : 관찰자의 운동 상태에 따라 운동에 대한 기술이 어떻게 달라지는지 설명하는 이론
  └ 특수 상대성 이론 : 관찰자들이 정지해 있거나 등속 직선 운동을 하는 제한된 상황에 대한 상대성 이론
  └ 일반 상대성 이론 : 관찰자들이 가속 운동을 하는 상황까지 포함하는 일반적 상황에 대한 상대성 이론

빛의 속도는 유한한가, 무한한가?

상대성 이론은 빛에 대한 과학자들의 연구와 밀접한 관계가 있습니다. 빛이 보여주는 현상을 설명하는 과정에서 뉴턴 역학으로는 설명하기 어려운

문제와 만나게 된 것이지요. 결국 시간과 공간의 절대성을 포기하지 않고는 빛이 보여주는 현상을 설명할 수 없었던 것입니다. 그래서 본격적으로 상대성 이론에 대해 공부하기 전에 빛과 관련된 이야기를 먼저 하려고 합니다.

빛의 속도가 유한한가 아니면 무한한가에 대한 질문은 수세기 동안 많은 지성인들의 중요한 관심사였습니다. **기원전 4세기에 아리스토텔레스는 "빛은 무한히 빠른 속도로 전파되기 때문에 사건이 일어나는 것과 동시에 관찰할 수 있다"고 주장**했어요. 아리스토텔레스는 과학사에서 거의 신적인 존재였기 때문에 사람들은 빛의 속도가 무한히 빠르다는 것을 진리로 받아들였답니다. **11세기에 이슬람 과학자였던 이븐 시나**(Ibn Sina)**와 알 하이삼**(al-Hytham)**은 이와는 반대로 "빛의 속도는 매우 빠르기는 하지만 유한하다"고 생각**했습니다. 따라서 사건을 관찰하는 것은 사건이 일어난 후의 일이라고 주장했어요.

빛의 속도에 대한 지배적인 견해는 '빛의 속도는 무한하다'였지만 정말 그럴까 하는 의심들도 쉽게 사그라지지 않았습니다. 빛의 속도가 무한한가, 유한한가 하는 물음이 왜 중요할까요?

천문학의 입장에서 보면 빛의 속도가 무한하다고 하면 현재 보이는 천문 현상은 '생방송(Live)'이라고 생각하면 됩니다. 만약 어제 저녁에 초신성 폭발을 보았다면 그 빛을 본 순간 초신성이 폭발한 것이지요. 반면에 빛의 속도가 유한하다고 하면 초신성이 폭발할 때 방출된 빛이 지구에 도달하는 데 시간이 걸리기 때문에 밤하늘에 보이는 천문 현상들은 모두 과거의 일인 것이죠.

실제로 빛의 속도는 유한합니다. 진공에서 1초에 30만km를 이동합니다. 그래서 현재 보고 있는 태양도 실제로는 약 8분 전에 존재했던 태양의 모습입니다. 태양이 지금 사라져도 8분이 지나야 그 사실을 알 수 있습니다. 빛의 속도가 유한하다는 사실은 천문학자들에게는 대단한 축복입니다. 왜냐하면 밤하늘만 올려다보면 수십억 년 전에 고향별을 떠난 빛의 화석들을 캘 수 있으니까요. 생물학자들은 공룡 뼈 한 조각을 찾아내려고 뽀얀 먼지를 뒤집어쓰면서 고생하는데 천문학자들은 뜨거운 커피 한 잔을 들고 하늘로 향한 망원경에 눈만 가져다 대면 됩니다. 얼마나 고상합니까?

1638년, 갈릴레이는 빛의 속도를 측정할 수 있는 방법을 고안했습니다. 갈릴레이가 제안한 방법은 간단했어요. 갈릴레이와 그의 조수는 각각 피렌체 근처에 있는 멀리 떨어진 두 언덕에 올라갔습니다. 두 사람은 갓을 씌운 등을 들고 있었어요. 갈릴레이의 조수는 갈릴레이의 등불을 보자마자 갓을 벗겨 등불을 밝히라는 지시를 받았고요. 갈릴레이는 만약 빛이 유한한 속도로 전파되고 있다면 자신이 등불에서 갓을 벗긴 후 건너편 언덕에 있는 조수가 갓을 벗기는 데 시간이 걸릴 것이라고 생각했습니다. 하지만 아쉽게도 시간차를 관찰할 수 없었습니다. 결국 빛의 속도를 측정하고자 하는 실험은 실패하고 말았습니다. 하지만 **갈릴레이는 빛의 속도가 무한하다고 생각하지는 않았습니다.** 두 언덕 사이가 빛의 속도를 측정하기에는 너무 가깝다고 생각했지요. 빛의 속도가 빨라서 시간차를 확인할 수 없을 뿐이지 빛의 속도는 유한하다고 믿었답니다.

a. 등불을 씌운 갓을 벗겨 건너편 언덕에 있는
   조수에게 빛을 보낸다.
c. 조수에게 빛을 보낸 후 조수의 등불을 보게
   될 때까지의 시간 간격을 측정한다.

b. 갈릴레이가 보낸 불빛을 보는 대로 갓
   을 벗겨 갈릴레이에게 불빛을 보낸다.

뢰머

빛의 속도를 측정하려는 갈릴레이의 시도는 후배 과학자들에 의해 계속 이어집니다. **덴마크의 천문학자 뢰머**(Rømer, Ole 1644~1710)**는 목성의 행성인 이오의 이상한 행동을 연구하고 있었습니다. 달이 지구를 규칙적으로 돌고 있듯이 목성의 모든 위성은 규칙적으로 목성을 돌아야 하는데 이오의 공전 주기는 지구에서 관측하면 규칙적이지 않다는 것이 문제였습니다.**

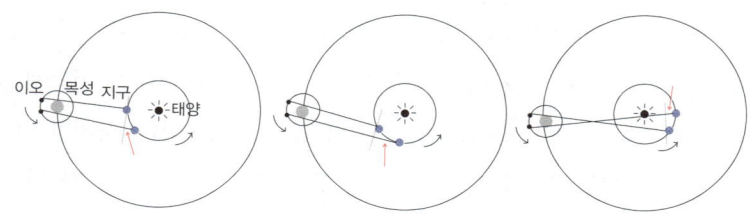

뢰머는 빛의 속도가 유한하다고 가정하고 이오의 불규칙한 공전 주기를 다음과 같이 설명했습니다.

• 이오가 목성의 그림자 속으로 들어갔다가 나오는 데 걸리는 시간은 변하지 않는다.(∵ 이오는 일정한 주기로 공전하므로)

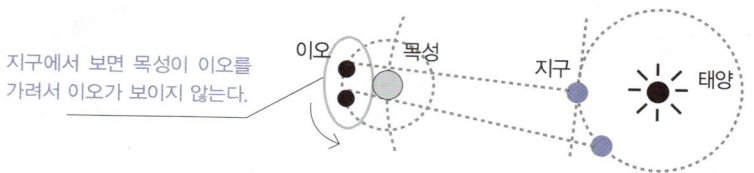

지구에서 보면 목성이 이오를 가려서 이오가 보이지 않는다.

이오가 일정한 주기로 공전한다고 가정하면
이오가 목성의 그림자를 통과하는 데 일정한 시간이 걸려야 한다.

• 이오가 목성의 그림자를 통과하는 동안 지구는 이오로부터 멀어진다.

(∵ 지구도 태양을 중심으로 공전하기 때문이다. 물론 6개월 후에는 가까워질 때도 있다.)

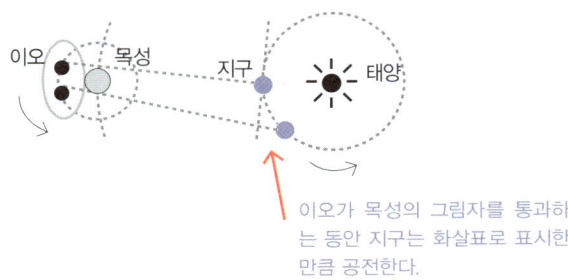

이오가 목성의 그림자를 통과하는 동안 지구는 화살표로 표시한 만큼 공전한다.

• 지구의 공전에 의해 지구가 목성으로부터 멀어짐에 따라, 이오에서 출발한 빛이 지구에 도달하기 위해 이동해야 하는 거리가 길어진다.

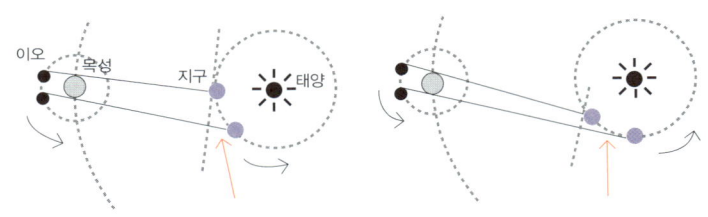

붉은 색 화살표로 표시한 거리가 길어지고 있음에 주목하세요.

• 이오와 지구 사이의 거리가 멀어질수록 이오에서 출발한 빛이 지구에 도착하는 데 걸리는 시간이 길어진다.
• 따라서, 지구에서 측정한 '이오가 목성의 그림자를 통과하는 데 걸리는 시간이 점점 길어진다.'

뢰머는 빛의 속도가 유한하기 때문에 이오와 지구 사이의 거리가 멀어지면 이오를 출발한 빛이 지구에 도달하는 데 걸리는 시간이 길어진다고 설명했습니다. 그는 길어지는 시간과 지구가 이오로부터 멀어진 거리를 이용해서 빛의 속도를 계산한 결과, 초속 19만 킬로미터라고 추정했습니다. 물론 현재 알려져 있는 빛의 속도와는 오차가 크지만 이 연구를 통하여 빛의 속도가 유한하다는 주장이 일반적으로 받아들여졌습니다. 혹시 이 설명이 잘 이해되지 않는다고 해서 실망할 필요는 없습니다. 여기에서는 자세한 실험에 대한 이해가 중요한 것이 아니라 뢰머라는 과학자에 의해 '빛이 유한한 속도를 가진다'는 것이 관측에 의해 증명되었다는 사실이 중요하니까요.

천상의 물질 에테르는 존재하는가?

자, 빛의 속도가 유한하다는 것은 밝혀졌고, 이제 과학자들에게는 빛이 전파되는 데 필요한 매질이 무엇이냐를 밝히는 일이 과제로 남았습니다. 당시에 **빛이 장애물의 뒤를 돌아서 전파되는 '회절'**이라는 현상과 **빛이 서로 간섭해서 밝고 어두운 무늬를 만들어내는 '간섭'** 현상이 실험으로 밝혀지면서, **빛도 소리와 마찬가지로 진동이 공간으로 퍼져나가는 '파동' 현상의 일종이라고 인식**되었습니다.

소리가 전파되기 위해서 공기라는 매질이 필요하듯이 빛이 공간에서 전파되기 위해서는 매질의 역할을 하는 무엇인가가 존재해야 하는데 당시에는 **빛의 전파에 관여하는 매질의 존재가 발견되지 않고 있었답니다.** 특히 태양과 지구 사이에 비어 있는 공간을 통해서 빛이 전파되므로, 우주 공간은 빛의 매질이 되는 물질들로 채워져 있을 것이라고 생각했지요. **과학자들은 우주 공간을 채우고 있을 것으로 생각되는 이 물질을 '에테르'라고 불렀습니다.**

앞에서 '에테르'에 대해 배운 적이 있지요. 아리스토텔레스의 자연철학을 소개할 때 에테르는 천상의 구성 물질이라고 했습니다. 물론 아리스토텔레스의 자연철학에서 이야기하는 에테르와 빛의 전파 매질로서의 에테르는 다른 존재입니다. 과학자들이 상징적인 의미로 이름만 빌린 것이지요.

마이컬슨

여러 과학자들이 에테르의 존재를 확인하기 위해서 노력했습니다. 그중 미국의 과학자인 마이컬슨(Michelson, Albert 1852~1931)과 몰리(Morley, Edward 1838~1923)의 실험은 대단한 파장을 불러일으킵니다. 참고로 이 두 사람은 미국이라는 나라에서 배출한 최초의 노벨상 수상자랍니다. 당시 미국은 과학 연구의 후진국이었습니다. 유럽이 자연 과학 연구의 선두주자였지요. 불행하게도 유럽은 1, 2차 세계 대전을 겪으면서 연구 환경이 붕괴되고 맙니다. 과학자들은 안정된 연구 환경을 찾아 미국으로 건너가지요. 결국 세계 대전 후에 미국은 자연 과학 연구의 최전선으로 급부상하게 됩니다.

몰리

물리학자들은 정밀한 측정에 의해 빛이 진공[003]**에서 초당 30만km를 전파하는 속도를 가지고 있음을 알아냈습니다. 파동의 전파 속도는 파동의 매질을 기준으로 측정한 속도**입니다. 따라서 빛은 에테르에 대해서 초당 30만km의 속도로 전파됩니다. 그런데 만약 빛을 방출하는 광원이 움직인다거나 관찰자가 움직일 경우 빛의 속도는 어떻게 될까요? 뉴턴 역학에서 익숙한 속도의 합성 원리는 다음과 같습니다.

---

003 물론 당시에는 에테르 말고는 다른 물질이 전혀 존재하지 않는 상황을 가정한 것이었다.

공의 속도와 자동차의 속도가 더해져서 관찰자에게는 공이 더 빠르게 날아오는 것으로 보입니다. 당연히 빛의 속도도 동일한 원리로 설명될 것입니다.

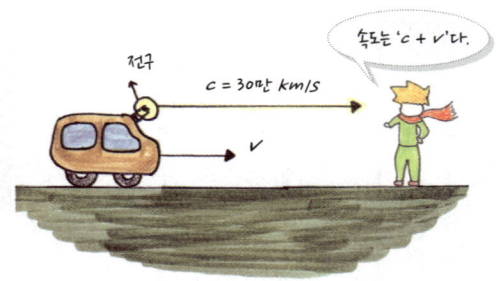

빛의 속도와 자동차의 속도가 더해져서 관찰자는 빛의 속도가 자동차의 속도만큼 더 빨라져 보일 것입니다. 이처럼 뉴턴 역학에서는 빛의 속도도 역학의 속도 합성 원리를 따른다고 생각했습니다.

과학자들은 빛의 속도가 위와 같이 합성되는 결과를 실험으로 확인할 수만 있으면 간접적이지만 에테르가 존재한다는 증거가 될 수 있다고 생각했습니다. 아니면 최소한 빛의 속도(c)의 기준이 되는 절대적인 기준점이 존재한다는 증거는 찾을 수 있다고 생각했습니다. 마이컬슨과 몰리는 에테르를 찾아내기 위해 다음과 같은 실험을 설계했습니다.

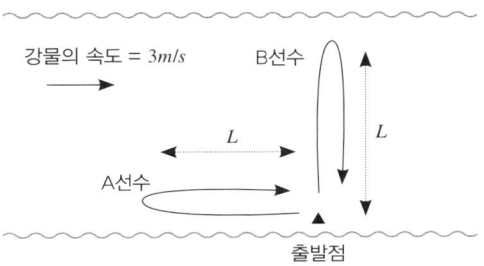

너비가 L인 강이 있다고 가정합니다. 강물에 대하여 초속 5미터로 수영할 수 있는 두 선수가 있어요. 강물은 초속 3미터로 오른쪽으로 흐릅니다. A선수는 강둑을 따라 강물을 거슬러 올라갔다가 출발점으로 되돌아오고, B선수는 강 건너편에 있는 지점을 왕복합니다.

어떤 선수가 경기에서 이길지가 궁금하겠지만 결과는 여러분의 수학 실력에 맡기겠습니다. 여기서 기억할 것은 두 선수가 동일한 거리(2L)를 왕복하는 데 걸리는 시간이 다르다는 사실입니다.

이번에는 비슷한 방식의 경주를 빛을 이용해서 설계해봅시다. 수영 선수의 역할을 '빛'에게 맡기고 강물의 역할은 에테르에게 맡깁니다. 수영 선수가 물에서 수영하는 상황과 빛이 에테르에서 전파되는 상황이 닮았지요. 이제 등장인물들이 정해졌으므로 실험을 실시한 장소를 물색해야겠습니다. 마이컬슨과 몰리는 에테르의 존재를 확인하고 싶었어요. 따라서 실험 장소는 에테르가 존재하고 수영 선수가 흐르는 강물에서 수영을 하듯이 빛이 에테르가 흐르는 환경에서 전파되어야 합니다. 구체적으로는 에테르가 흐르는 방향과 나란한 방향과 수직한 방향으로 빛이 운동할 수 있는 조건을 만들어야 합니다. 그래서 두 사람은 다음 그림과 같은 실험 장치를 고안했습니다.

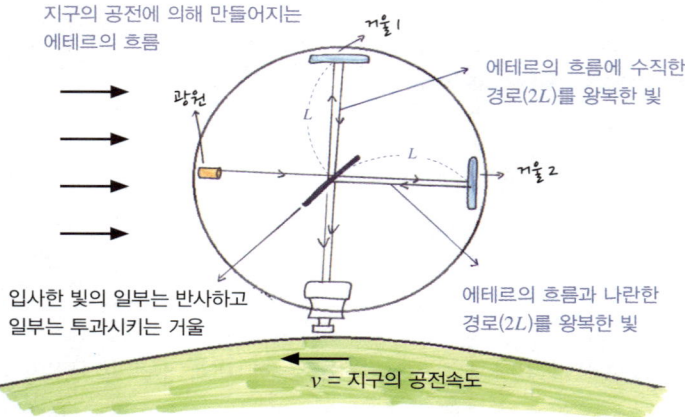

지구의 공전에 의해 만들어지는 에테르의 흐름

거울 1

에테르의 흐름에 수직한 경로(2L)를 왕복한 빛

광원

L

L

거울 2

입사한 빛의 일부는 반사하고 일부는 투과시키는 거울

에테르의 흐름과 나란한 경로(2L)를 왕복한 빛

v = 지구의 공전속도

뉴턴 역학에 따라 빛의 속도를 합성하면, '지구의 공전 방향과 나란한 방향으로 왕복하는 빛'과 '수직한 경로로 왕복하는 빛'은, 지구 위의 관찰자가 볼 때 전파 속도가 다르게 보입니다. 따라서 실험 장치에서 동일한 거리(2L)를 왕복하는 데 걸리는 시간에 차이가 생길 수밖에 없습니다.

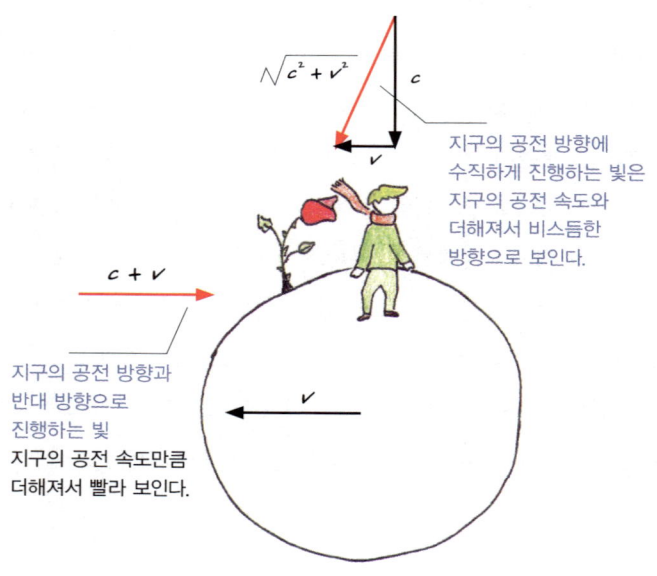

$\sqrt{c^2 + v^2}$

c

v

지구의 공전 방향에 수직하게 진행하는 빛은 지구의 공전 속도와 더해져서 비스듬한 방향으로 보인다.

$c + v$

지구의 공전 방향과 반대 방향으로 진행하는 빛
지구의 공전 속도만큼 더해져서 빨라 보인다.

v

시간차를 측정하는 자세한 방법에 대한 설명은 생략하겠습니다. 이 실험에서 중요한 부분이 아니니까요. 이 실험에서 중요한 내용은 에테르가 존재하거나 빛의 속도에 기준이 되는 절대적인 기준점이 존재한다면 서로 다른 경로로 운동한 빛 사이에 시간차가 발생해야 한다는 사실입니다. 결과적으로 이 실험 장치를 사용하면 빛의 속도 합성이 뉴턴 역학의 원리를 따르는지를 확인할 수 있습니다.

마이컬슨과 몰리는 실험 결과를 확인하고 낙담했습니다. **예상과는 달리 서로 다른 경로를 왕복한 두 빛 사이에는 전혀 시간차가 발생하지 않았습니다.** 과학자들은 다양한 방법으로 에테르가 존재하는지, 관찰자의 속도에 따라 빛의 속도가 다르게 측정되는지를 실험했지만 결과는 같았습니다. 실험 결과는 상식적으로 납득이 되지 않았습니다. 왜냐하면 **광원이 움직이든 관찰자가 움직이든 빛의 속도는 항상 초당 30만km로 측정**되었기 때문입니다.

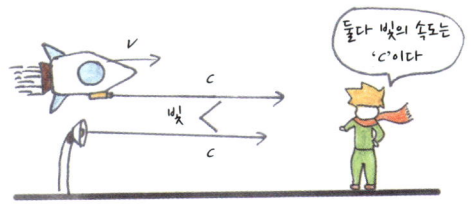

뉴턴 역학의 속도 합성 법칙에 따르면 v의 속도로 관찰자를 향해 접근하는 우주선에서로 방출되는 빛의 속도는 $c+v$로 측정되어야 함에도 불구하고 실제 실험 결과는 광원의 속도와 무관하게 빛의 속도는 c로 측정되었습니다.

그리고 광원은 정지해 있고 관찰자가 움직이는 경우에도 마찬가지였습니다. 뉴턴 역학에 따르면 위의 그림처럼 광원을 향해 접근하는 관찰자가 빛의 속도를 측정하면 빛의 속도에 관찰자의 운동 속도가 더해져서 빛의 속도는 $\frac{3}{2}c(=c+\frac{1}{2}c)$로 측정되어야 합니다. 하지만 실제 실험에서는 관찰자의 운동 속도에 관계없이 빛의 속도는 c로 측정되었습니다.

다음 그림은 변광성을 이용한 빛의 속도 측정 실험입니다. 실험 결과에 따르면 진공에서의 빛의 속도는 광원의 속도와 관찰자의 속도와 무관하게 1초에 30만km로 측정되었습니다.

이러한 실험 결과는 뉴턴 역학으로는 도무지 설명할 수가 없었습니다. 에테르가 존재할 것이라는 믿음도 흔들렸지요. 아인슈타인은 '깊은 고민'에 빠졌습니다. 그도 '뉴턴 역학'을 통해서 과학을 배운 사람이었기 때문에 뉴턴 역학의 틀에서 이 현상을 설명할 수 있는 방법을 고민했거든요. 실제로 당시의 유명한 과학자들은 뉴턴 역학의 틀 안에서 에테르와 빛의 속도 합성에 대한 난제를 해결하기 위해서 노력했답니다.

아인슈타인은 시간과 공간에 대한 뉴턴 역학의 기본 개념을 다시 쓰지 않으면 이 문제는 해결되지 않는다고 생각했습니다. 다음의 글을 아인슈타인이 특수 상대성 이론을 완성하는 데 큰 도움을 주었던 베쏘(Besso, Michele 1873~1955)와의 일화입니다.

"어느 아름다운 날이었습니다. 나는 베쏘를 찾아가서 이렇게 말했습니다. '나는 요즘 도무지 알 수 없는 문제를 한 가지 갖고 있네. 오늘은 자네에게 그 고민거리를 들고 왔네.' 그리고 나는 그와 여러 가지 토론을 시도해 보았습니다. 토론이 진행되던 중 나는 갑자기 머릿속이 환해지면서 깨달음을 얻었습니다. 그 깨달음은 '시간과 공간의 개념에 대한 재해석'이었습니다."

이날 이후 5주 만에 아인슈타인은 특수 상대성 이론을 완성했습니다. 아인슈타인은 기존의 시간과 공간에 대한 이해에는 근본적인 오류가 있고 우리가 시간과 공간에 대한 개념을 제대로 파악한다면 빛의 속도에 대해 올바른 역학적 설명이 가능하다고 믿었습니다. 간혹 책을 읽다 보면 아인슈타인이 당시에, 물리학의 주류를 이끄는 학자가 아니었다는 점을 들어서 그가 물리를 잘 몰라서 상대성 이론을 만들어냈다는 식으로 폄하하는 글이 발견되기도 합니다. 마치 소가 뒷걸음치다가 쥐를 잡았다는 식으로 말이죠. 쌤은 이런 글을 읽으면 대단히 불쾌합니다. 왜냐하면, 아인슈타인의 놀라운 통찰력은 공부만 열심히 한다고 해서 반드시 얻어지는 건 아니지만, 공부를 열심히 하지 않으면 개발되지 않는 능력이기 때문입니다. 요즘 세태를 보면 기발한 아이디어만 있으면 창의력이 '짠' 하고 나타나는 것처럼 생각하는데, 이것은 큰 착각입니다. 사람들에게 널리 알려진 창의적인 인재들은 해당 분야에서 최소한 10년 이상 전문적인 지식을 쌓은 베테랑이었답니다. 여러분도 그 점을 잊지 말았으면 좋겠어요. 배움이 없이는 창의력도 없으니까요.

빛의 속도와 매질에 대한 어려운 실험들을 살펴보았습니다. 실험 내용들을 속속들이 알려고 하지 마세요. 그냥 과학에 대한 역사를 읽는다 생각하면 됩니다. 빛에 대한 과학자들의 드라마 정도라고 할까요. 여러분이 여기에서 꼭 알아야 할 내용은 두 장의 그림이면 충분합니다. 그림에서 말하는 것은 이거예요.

✓ **빛의 속도는 관찰자가 얼마의 속도로 움직이든지, 광원이 얼마의 속도로 움직이든지 관계없이 c 이다.**

✓ **빛의 속도는 우리가 지금까지 배운 속도의 합성 방법(뉴턴 역학의 방법)으로는 설명할 수 없다.**

개념정리

- 빛의 속도는 유한하다. 진공에서 초당 30만km의 속력으로 전파된다.
- 빛의 속도(c)에 절대적인 기준이 되는 매질은 존재하지 않는 것으로 보인다.
  - ↳ 관찰자와 광원의 속도에 무관하게 진공에서 빛의 속도는 초당 30만km라는 실험 결과가 나왔다.
  - ↳ 뉴턴 역학으로는 빛의 속도 합성을 설명할 수 없다.

특수 상대성 이론의 기본 원리

아인슈타인은 두 가지 기본 원리에서 출발해서 특수 상대성 이론을 전개했습니다.

첫 번째 기본 원리는 **'상대성 원리'**입니다. 앞에서 언급한 적이 있는 예를 다시 들겠습니다. 기차 객실에서 돌을 자유 낙하시키는 운동을 가지고 설명해보겠습니다.

기차 객실 안에서 돌의 운동을 관찰한 결과와, 기차 밖에서 관찰한 결과는 다릅니다. 이때 결과가 다르다는 것은 관찰자의 운동 상태에 따라 돌의 속력과 운동 방향이 다르게 보인다는 것을 의미합니다. 기차 안의 관찰자에게는 돌이 자유 낙하하는 것으로 보이고, 기차 밖의 관찰자에게는 포물선 운동을 하는 것으로 보입니다. 하지만 두 관찰자가 돌의 가속도를 구한 다음에 뉴턴의 운동 법칙($F=ma$)을 적용해서 돌에 작용하는 힘을 구해보면, 두 관찰자는 돌에 같은 힘이 작용한다고 말할 것입니다. 즉, **관찰자가 서로 다른 운동 상태에 있다 하더라도 두 사람의 운동 상태가 변하지 않는다는 조건을 만족하면, 돌의 운동은 동일한 운동 법칙**(예, 힘과 가속도의 법칙)**에 의해 설명되고 그 결과도 같다**는 것입니다.

이처럼 '상대성 원리'는 관찰자의 운동 상태가 달라도, 등속 운동을 하는 관찰자들은 동일한 물리 법칙을 사용할 수 있다는 것을 뜻합니다. 상대성 원리는 다른 말로 하면 '물리 법칙이 절대적'이라고 주장하는 것과 같습니다.

물리학자들은 물리 법칙은 단순해야 아름답다는 믿음을 가지고 있습니다. 그런 면에서 상대성 원리는 너무나 당연한 기본 가정이라고 할 수 있습니다. 지구에서 성립하는 물리 법칙이 지구와는 다른 운동 상태를 가지고 있는 화성이나 금성에서는 성립하지 않는다면 난감하겠죠. 그렇게 되면 우주를 구성하고 있는 수천 억 개 천체들을 설명하려면 딱 그만큼의 물리 법칙이 있어야 할 테니까요. 지금까지 물리학자들의 경험에 따르면 물리학은 단순함을 좇아 발전해왔습니다. 고대 그리스 시대부터 중세까지 천동설은 태양계 행성들의 운동을 정확하게 설명할 수 있었습니다. 하지만 천동설의 설명은 너무나 복잡했습니다. 천동설에 대한 연구와 자료의 정리를 적극적으로 후원했던 스페인의 왕 알폰소 10세는 이렇게 말했다고 합니다. "만일 전능한 신이 창조를 시작하기 전에 나와 의논했다면, 좀 더 단순한 우주를 만들라고 권했을 것이다."

상대성 이론의 두 번째 기본 원리는 **'광속도 불변의 원리'**입니다. 광속도 불변의 원리는 앞에서 이미 다루었답니다. 진공에서의 빛의 속도는 광원과 관찰자의 속도에 무관하게 항상 30만km/s라는 것입니다. 아래의 그림을 앞에서 본 적이 있지요?

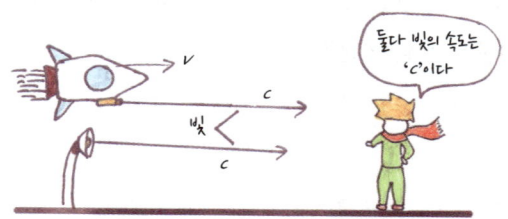

움직이는 광원에서 출발한 빛과 정지해 있는 광원에서 출발한 빛의 속도가 광원의 속도와는 관계없이 'c'로 동일하게 측정된다는 것입니다. 뉴턴 역학에서는 v로 다가오는 광원에서 출발한 빛의 속도는 '$c+v$'가 될 것으로 생각했으나 '마이켈슨-몰리의 실험'을 포함한 여러 실험을 통해서 **광원의 속도나 관찰자의 속도는 빛의 속도 측정에 아무런 영향을 주지 못한다**는 것이 밝혀졌다고 했습니다.

심지어 빛의 속도보다는 느리지만 엄청나게 빠른 속도인 $1/2c$의 속도로 광원을 향해 접근하는 우주선에서 빛의 속도를 측정해도 빛의 속도는 'c'입니다.

마음이 불편하죠? 거짓말인 것 같고요. 하지만 사실입니다. 이제는 의심하지 말고 받아들여야 할 때입니다. 빛의 속도는 항상 'c'라고.

특수 상대성 이론의 두 가지 기본 가정은, 너무나도 상식적인 '상대성 원리'와 상식과는 거리가 멀어 보이는 '광속 불변의 원리'로 이루어져 있습니다. 아마도 **관찰자의 운동 상태에 관계없이 보편적으로 물리 법칙이 적용되는 우주를 갖고 싶은 인간의 욕망이 광속 불변의 원리라는 황금 열쇠를 찾아냈나 봅니다.** 과학자들은 광속 불변의 원리라는 황금 열쇠를 가지고 단순한 물리 법칙이 연출해내는 아름다운 우주를 볼 수 있는 물리학의 창을 열었습니다.

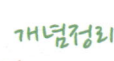

특수 상대성 이론의 두 가지 기본 원리

• 등속 운동을 하는 관찰자에게는 동일한 물리 법칙이 적용된다.
  ↳ 운동하는 물체에 작용하는 힘은 등속 운동을 하는 모든 관찰자에게 동일하게 관찰된다.
  ↳ 관찰자가 등속 운동을 한다는 조건만 만족한다면, 관찰자들이 동일한 물리 법칙(힘과 가속도의 법칙, 운동량 보존 법칙, 에너지 보존 법칙 등)을 사용할 수 있다.
• 광속도 불변의 원리
  ↳ 광원과 관찰자의 속도에 무관하게 진공에서의 빛의 속도는 초당 30만 km로 일정하다.

천천히 흐르는 시간 : 시간 팽창

시계는 주기적인 운동을 이용해서 시간을 측정하는 도구입니다. 쌤이 중고등학교를 다니던 시절에는 집집마다 괘종시계가 한 대씩 있었습니다. 괘종시계에는 동그란 시계추가 달려 있고, 시계추는 주기적인 진자 운동을 합니다. 일정한 주기로 반복되는 시계추의 진자 운동은 톱니바퀴의 회전 운동으로 바뀌고, 서로 맞물리는 톱니바퀴의 톱니수를 조절하면 1초마다 한 칸씩 움직이는 초침의 운동이 만들어집니다. 예전에는 괘종시계 하나면 충분했는데, 정보 통신 기술이 발달하면서 보다 정밀하게 시간을 측정할 수 있는 방법이 필요해졌지요. 그래서 최근에는 세슘 원자(^{133}Cs)가 일정한 진동수의 빛을 방출하는 성질을 가지고 있다는 점을 이용해서, 원자시계(原子時計)를 제작합니다. 현재 세계 각 지역의 표준 시간은 세슘 원자시계를 기준으로 정해집니다.
이제는 시계가 톱니바퀴의 기계적인 운동을 이용해서 시간을 측정하는 장치라는 고정 관념을 버려야 할 때가 된 것 같습니다. 일정한 주기로 반복되는 운동이 있다면 그것이 무엇이든 시간을 재는 도구가 될 수 있습니다.

그래서 우리도 특수 상대성 이론을 설명하는 데 필요한 시계를 직접 제작해보도록 하겠습니다.

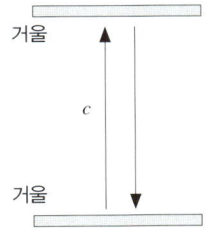

이 시계는 그림과 같이 두 개의 거울을 마주 보게 하고 아래쪽 거울에는 빛을 방출하는 광원과 위쪽의 거울에 반사되어 되돌아오는 빛을 감지하는 센서를 설치합니다. 광속도 불변의 원리에 따라 빛의 속도는 일정한 값을 가집니다. 따라서 거울 사이의 간격만 변하지 않으면, 빛이 거울 사이를 왕복하는 데 걸리는 시간은 일정합니다. 마치 시계의 초침이 항상 일정한 시간 간격으로 눈금 사이를 움직이기 때문에 시간을 측정할 수 있는 것처럼, 빛이 거울 사이를 일정한 시간 간격으로 왕복하는 현상을 이용하면 시간을 측정할 수 있습니다. 우리는 이 시계를 '빛시계'라고 부르겠습니다.

빛시계는 두 거울 사이를 빛이 왕복하는 데 걸리는 시간을 '기본 단위'로 해서 시간을 측정합니다. 예를 들어 빛시계에서 빛이 거울을 한 번 왕복하는 데 걸리는 시간을 '1초'라고 정의했다고 합시다.

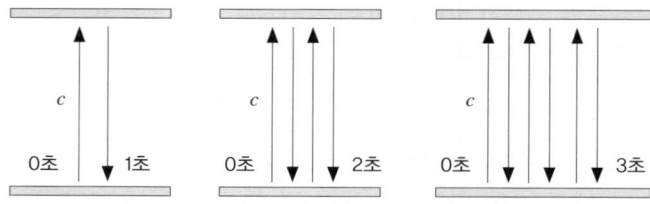

이 경우에는 빛시계의 기본 단위가 '1초'가 되는 것입니다. 빛시계가 두 번 진동하면 2초가 되고, 세 번 진동하면 3초가 됩니다. 빛시계가 진동한 횟수만 세면 시간을 잴 수 있는 것이지요.

- 빛시계는 빛이 거울 사이를 일정한 시간 간격으로 왕복하는 현상을 이용해서 시간을 측정하는 장치이다.

이제 빛시계를 가지고 특수 상대성 이론에 따른 **시간 팽창 효과**를 설명해보겠습니다. 과학자들은 시간이 늘어져서 천천히 흐른다는 의미로 '시간 팽창 효과'라는 이름을 붙였습니다. 어려운 설명들이 꼬리를 물고 이어지기 때문에 조금 어려울 수 있겠지만 용기를 내서 도전해봅시다. 여러분은 지금 우주의 비밀을 알고 있는 1%의 지구인이 되는 데 근접해 있습니다. 어려운 과제에 도전하는 것을 두려워하지 않아야 실력이 향상된답니다.

그림과 같이 승차장과 기차의 객실에 빛시계를 설치했습니다. 두 사람에게 빛시계는 각자 서 있는 바닥에 정지해 있고, 빛시계에서 빛은 수직하게 두 거울 사이를 왕복합니다.

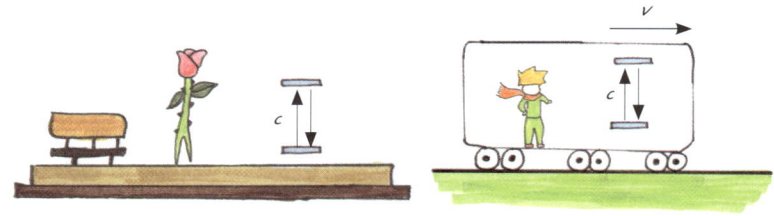

　승차장에 정지해 있는 관찰자가 볼 때 기차는 일정한 속도 v로 등속 직선 운동을 합니다. 따라서 승차장에 있는 관찰자가 움직이는 기차 내부의 빛시계를 보면, 빛은 거울 사이를 비스듬하게 왕복하는 것으로 관찰됩니다.

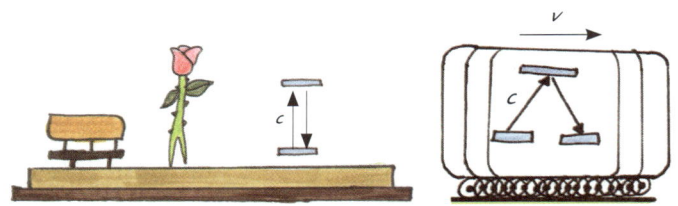

만약 빛시계의 사용법을 이렇게 약속했다고 합시다.

'빛이 거울을 한 번 왕복하면 1초가 흐른 것이다.'

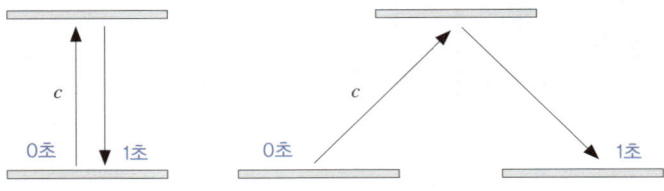

빛시계의 사용법을 이렇게 약속할 경우 움직이는 빛시계를 가지고 시간을 측정하면 빛시계가 정지해 있을 때보다 시계가 느리게 가는 꼴이 됩니다. 왜냐하면 빛이 거울을 왕복하는 동안 움직이는 거리가 길어졌기 때문이지요.

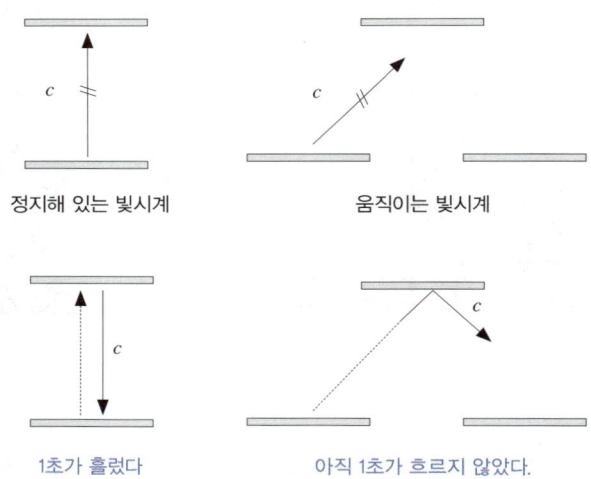

정지해 있는 빛시계   움직이는 빛시계

1초가 흘렀다   아직 1초가 흐르지 않았다.

정리하면, 승차장에 정지해 있는 관찰자가 보았을 때, 기차와 함께 등속 직선 운동을 하고 있는 빛시계는 느리게 작동하는 것으로 보입니다. 다음 그림을 보면 자신이 가지고 있는 빛시계는 1초가 지났는데, 기차 속의 빛시계는 아직 1초가 지나지 않았습니다.

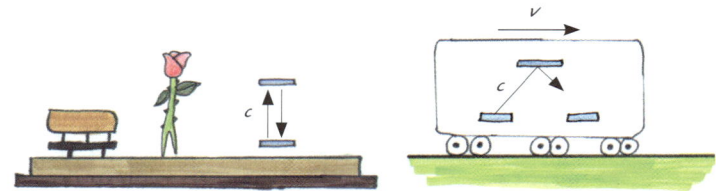

여기에서 주의할 점은 두 가지입니다.

첫째, 정지해 있는 빛시계와 운동하고 있는 빛시계에서 빛의 속도는 'c'로 같다는 것입니다. '광속 불변의 법칙'이죠. 특수 상대성 이론의 가장 중요한 기본 원리입니다.

둘째, 승차장에 정지해 있는 관찰자가 보았을 때, 기차 내부의 모든 운동이 느린 화면으로 보인다는 것입니다. 즉, 시계의 작동만 느려지는 것이 아니라, 시간 자체가 천천히 흐르기 때문에 기차 내부에서 일어나는 모든 물리 현상이 느려집니다. 물론, 기차 밖에 정지해 있는 관찰자가 볼 때 이렇게 보인다는 것입니다.

그렇다면 기차에 타고 있는 관찰자의 눈에는 기차 안에 있는 빛시계가 어떻게 보일까요?

기차에 타고 있는 관찰자에게는 빛시계가 정지해 있으므로 빛이 거울 사이를 수직하게 왕복하는 것으로 보일 것입니다. 이번에는 기차에 타고 있는 관찰자가 승강장에 있는 빛시계를 보면 어떻게 보일까요?

기차에 타고 있는 사람이 차창 밖을 보면 승차장 위의 모든 물체들이 기차가 움직이는 방향의 반대 방향으로 운동하는 것으로 보일 것입니다. 따라서 기차에 타고 있는 사람이 보면, 승차장에 설치되어 있는 시계가 느리게 작동하는 것으로 보일 뿐만 아니라 승차장에서 일어나는 모든 운동이 느린 화면으로 보입니다. 결국 기차 여행을 마치고 두 사람이 만나면 싸움이 나겠네요. 서로 상대방의 시계가 느리게 작동했다고 주장할 테니까요.

이것만은 찍!!

- 승차장에 정지해 있는 관찰자가 움직이는 기차 내부를 보면, 기차 내부의 빛시계는 천천히 작동하고 기차 안의 모든 운동은 느린 화면으로 보인다.
  └ 시간이 천천히 흐르는 것으로 보인다.
- 기차에 타고 있는 사람이 승차장을 보면, 마찬가지로 승차장의 빛시계는 천천히 작동하고, 기차 밖의 모든 운동은 느린 화면으로 보인다.
  └ 시간이 천천히 흐르는 것으로 보인다.

뉴턴 역학의 시대에는 절대적으로 변하지 않는 우주 시계가 존재한다고 믿었습니다. 우주 시계는 우주에 존재하는 모든 시계의 기준이 된다고 생각한 것이지요. 그래서 세상의 모든 시계는 항상 같은 시각을 가리키고 있다는 것이 시간에 대한 기본 인식이었답니다. 그런데 아인슈타인의 특수 상대성 이론에 의해 운동하고 있는 공간에서 시간의 흐름이 느려진다는 주장이 제기되고 실험과 관측을 통해서 사실임이 밝혀지자 과학자들뿐만 아니라 일반 사람들도 대단한 충격을 받았답니다. 이제 시간은 시계를 보는 사람에 따라 상대적인 것이 되었습니다. 나의 시간과 당신의 시간이 다를 수 있답니다.

그런데 왜 우리는 시간이 느려지는 것을 경험하지 못할까요? 혹시 기차밖 세상이 느린 화면으로 보인 적이 있나요? 일상생활에서 경험하는 속도로 움직일 때는, 시간이 느려지는 효과는 거의 없다고 생각해도 된답니다. 뒤에서 수식으로 증명해드릴 겁니다. 즉, **상대성 이론에 따른 시간 팽창 효과는 대단히 빠른 운동에는 유의미하지만 느리게 운동하는 경우에는 무시할 수 있다는 것입니다. 그래서 여러분은 일상생활에서 시간 팽창 효과를 경험하지 못하는 것입니다.**

그렇다면 지상에서 가장 빠르게 운동하는 사람이라고 할 수 있는 초음속 전투기 조종사들은 시간 팽창 효과를 경험할까요? 빛의 속도는 대단히 빠릅니다. 1초에 30만 km를 움직이니까요. 초음속 전투기는 1초에 340m 이상을 비행합니다. 하지만 빛의 속도와 비교하면 비행기의 속도는 약 0.0001%에 불과합니다. 그래서 전투기 조종사들도 조종석 바깥의 세상이 느린 화면으로 보일 정도의 시간 팽창 효과를 경험할 수는 없답니다.

결과적으로 뉴턴 역학은 틀린 이론이라기보다는 적용할 수 있는 범위가 제한적인 이론이라고 할 수 있겠네요. 우리가 일상적으로 경험하는 운동에서는 뉴턴 역학이 운동을 정확하게 설명해주고 예측해줍니다. 상대성 이론은 빠른 운동과 느린 운동을 모두 설명할 수 있다는 점에서 뉴턴 역학보다는 좀 더 일반적인 이론이라고 할 수 있겠습니다.

다음에 이어질 내용은 시간 팽창 효과를 수식으로 증명하는 내용입니다. 수식이 등장하면 일단 두렵지요? 상대성 이론은 경험 세계와 일치하지 않는 내용이라 받아들이기가 어려울 거예요. 그래서 지금까지의 내용만 잘 이해해도 대단한 성공입니다. 다음에 이어질 내용이 부담스러운 사람은 점프해서 길이 수축에 대한 이야기로 넘어가도 됩니다.

적용

진동 주기가 1초인 진자를 승차장과 기차에 각각 설치했다. 기차는 속도 v로 등속 직선 운동을 하고 있다.(단, 기차의 속도는 빛의 속도에 근접할 정도로 빠르다).

가. 승차장에 정지해 있는 관찰자가 자신의 시계를 사용해서 기차에 있는 진자의 주기를 측정했다면 주기는 얼마로 측정될까?

나. 기차를 타고 있는 관찰자가 기차에 있는 진자의 주기를 측정하면 얼마로 측정될까?

풀이

승차장에 정지해 있는 관찰자에게 움직이는 기차 내부의 시간은 천천히 흐르는 것으로 관찰됩니다. 그래서 진자의 운동도 느린 화면으로 보이겠죠. 따라서 승차장에 있는 관찰자가 **자신의 시계로 기차 안에 있는 진자의 주기를 측정하면** 진자의 주기는 1초보다 길게 측정될 것입니다. 승차장에 정지해 있는 관찰자는 자신이 가지고 있는 진자보다 기차 안에 있는 진자가 천천히 진동하는 것으로 보입니다.

이번에는 기차를 타고 있는 사람이 기차 안에 있는 진자의 주기를 측정하면 어떻게 될까요? 이 문제의 답은 간단합니다. 정확하게 1초로 측정됩니다. 느려지고 빨라지고 고민할 필요가 없습니다. 기차 안에 있는 관찰자에게 진자는 정지한 상태에서 진동하고 있으니까요. 만약 기차 안에 있는 관찰자가 측정한 진자의 주기가 1초가 아닌 값을 가진다면 심각해집니다. 물리학의 모든 이론을 다시 써야 하는 상황이 되거든요.

특수 상대성 이론의 두 가지 기본 원리 중에서 첫 번째 원리가 '**상대성의 원리**'라고 했습니다. **등속 운동하는 어떤 공간에서든지 동일한 물리 법칙이 적용**된다는 것이지요. 따라서 승차장에 있는 관찰자와 기차를 타고 있는 관찰자가 자신이 가지고 있는 진자의 주기를 측정하면 같은 값이 나와야 합니다. 동일한 물리 법칙의 지배를 받으니 당연히 결과도 같아야죠.

시간 팽창 공식

이번에는 기차가 운동하는 속도에 따라, 기차 안에 있는 빛시계가 기차 밖에 있는 빛시계보다 얼마나 느려지는지 알아보겠습니다. 일단 수학을 사용해서 계산하는 내용이 나오면 부담스럽고 어렵게 느껴질 거예요. 하지만 여기에서 사용되는 수학적 지식이라고 해봐야 삼각형에서 '피타고라스 정리'를 사용하는 것밖에 없습니다. 용기를 내어 도전해봅시다.

기차를 타고 있는 관찰자가 기차 객실에 설치되어 있는 빛시계를 보고 있습니다. 빛시계는 관찰자에 대해서 정지해 있습니다. 빛시계에서 빛이 거울 사이를 왕복하는 데 걸리는 시간(t_0)을 계산합니다.

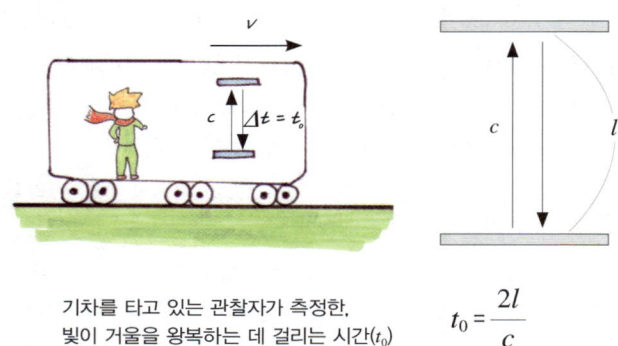

기차를 타고 있는 관찰자가 측정한,
빛이 거울을 왕복하는 데 걸리는 시간(t_0)

$$t_0 = \frac{2l}{c}$$

빛시계에서 빛은 $2l$만큼의 거리를 움직입니다. 따라서 왕복하는 데 걸리는 시간(t_0)은, 거리($2l$)를 빛의 속도(c)로 나누어서 구할 수 있습니다.

$$t_0 = \frac{2l}{c} \quad ①$$

t_0 : 기차를 타고 있는 관찰자가 측정한, 빛이 거울을 왕복하는 데 걸리는 시간

이번에는 승차장에 정지해 있는 관찰자가 기차 안에 있는 빛시계를 보고 있습니다. 빛시계는 관찰자에 대해서 속도 v로 운동하고 있습니다. 빛시계에서 빛이 거울 사이를 왕복하는 데 걸린 시간(t)을 계산합니다.

먼저 빛이 두 거울 사이를 왕복하면서 움직인 거리를 구합니다.

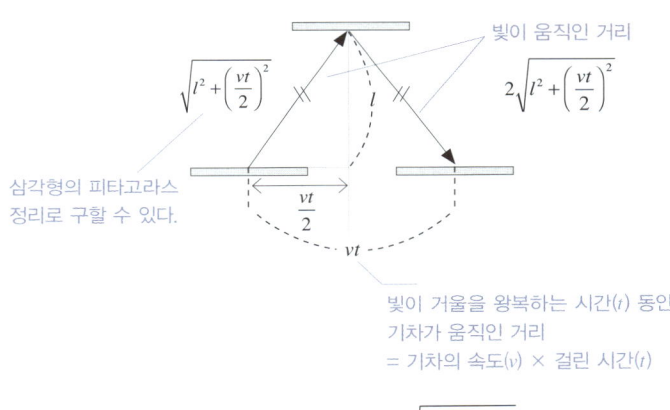

빛이 움직인 거리

$\sqrt{l^2 + \left(\dfrac{vt}{2}\right)^2}$　　l　　$2\sqrt{l^2 + \left(\dfrac{vt}{2}\right)^2}$

삼각형의 피타고라스
정리로 구할 수 있다.

$\dfrac{vt}{2}$

vt

빛이 거울을 왕복하는 시간(t) 동안
기차가 움직인 거리
= 기차의 속도(v) × 걸린 시간(t)

빛이 움직인 거리 = $2\sqrt{l^2 + \left(\dfrac{vt}{2}\right)^2}$

따라서 빛이 거울 사이를 왕복하는 데 걸리는 시간(t)은 빛이 움직인 거리를 빛의 속도로 나누면 됩니다.

$$t = \frac{2\sqrt{l^2 + \left(\dfrac{vt}{2}\right)^2}}{c} \quad ②$$

t : 승차장에 정지해 있는 관찰자가 측정한, 빛이 거울을 왕복하는 데 걸리는 시간

식 ①과 ②를 정리하면 t와 t_0 사이의 관계식이 구해집니다.

$$t = \frac{t_0}{\sqrt{1-\left(\dfrac{v}{c}\right)^2}}$$

t_0 : 기차를 타고 있는 관찰자가 측정한, 빛이 거울을 왕복하는 데 걸리는 시간

t : 승차장에 정지해 있는 관찰자가 측정한, 빛이 거울을 왕복하는 데 걸리는 시간

'빛이 거울 사이를 왕복하는 데 걸리는 시간'을 두 명의 관찰자가 측정했습니다. 한 사람은 기차를 타고 있고, 한 사람은 기차 밖 승차장에 정지해 있습니다. 하나의 사건을 두 사람이 동시에 관찰하고 있는 것이지요. 기차를 타고 있는 관찰자가 보면 빛시계는 정지해 있었습니다. 반면에 승차장에 정지해 있는 관찰자가 보면 빛시계는 기차와 함께 등속 운동을 하고 있습니다. 두 사람이 하나의 사건을 동시에 관찰했지만 측정된 시간은 서로 달랐습니다.

기차에 타고 있는 관찰자가 측정한 시간은 t_0이고, 기차 밖에 있는 관찰자가 측정한 시간은 t입니다. 위에서 유도한 식은 하나의 사건에 대한 두 관찰자의 측정값이 얼마나 다른지를 보여줍니다.

$$t = \frac{t_0}{\sqrt{1-\left(\frac{v}{c}\right)^2}} = \frac{1}{\sqrt{1-\left(\frac{v}{c}\right)^2}} \times t_0 \longrightarrow t > t_0$$

식에서 $\dfrac{1}{\sqrt{1-\left(\frac{v}{c}\right)^2}}$ 은 항상 1보다 큰 값[004]이기 때문에 항상 '$t > t_0$'가 성립합니다. 동일한 사건을 측정했음에도 불구하고, 기차 밖에 정지해 있는 관찰자가 측정한 시간(t)이, 기차를 타고 있는 관찰자가 측정한 시간(t_0)보다 길게 측정된다는 것입니다. 즉, 승차장에 정지해 있는 관찰자가, 움직이는 기차 안을 보면 기차 안의 시간이 천천히 흐르는 것으로 보인다는 이야기입니다.

아마도 공식의 의미를 설명하는 것보다는 공식이 적용되는 상황을 보는 것이 이해하기가 쉬울 것 같습니다.

기차의 속도가 $\dfrac{4}{5}c$라고 합시다. 이 정도의 속도라면 시간 팽창 효과가 확실하게 나타납니다. 기차의 객실에는 일정한 주기로 진동하는 진자가 설치되어 있습니다. 승차장에 있는 관찰자와 기차를 타고 있는 관찰자는 각자의 시계를 가지고 진자의 주기를 측정합니다.

---

004 열차의 속도(v)는 빛의 속도(c)보다 빠를 수 없기 때문에 $\dfrac{v}{c}$ 는 항상 1보다 작다. 따라서 $\sqrt{1-\left(\frac{v}{c}\right)^2}$ 은 1보다 작고 $\dfrac{1}{\sqrt{1-\left(\frac{v}{c}\right)^2}}$ 은 1보다 크다.

기차를 타고 있는 관찰자가 진자의 주기를 측정했더니 진자는 0.3초를 주기로 진동했습니다.

이번에는 승차장에 정지해 있는 관찰자가 자신의 시계로 진자의 주기를 측정한다고 합시다. 진자의 주기는 얼마로 측정될까요?

앞에서 유도한 식은 이 상황에서 사용하면 됩니다. 유도한 식에 기차의 속도를 대입하면 기차 밖에 정지해 있는 관찰자가 자신의 시계로 측정한 시간을 알 수 있습니다.

$$v = \frac{4}{5}c, \ t = \frac{t_0}{\sqrt{1-\left(\dfrac{v}{c}\right)^2}} \ \rightarrow \ t = \frac{5}{3}t_0$$

t_0 : 기차를 타고 있는 사람의 시계로 측정한 시간

t : 기차 밖에 정지해 있는 사람의 시계로 측정한 시간

$$t_0 = 0.3s \ \rightarrow \ t = \frac{5}{3} \times 0.3s = 0.5s$$

기차를 타고 있는 사람이 측정한 진자의 주기가 0.3초이므로, 승차장에 정지해 있는 사람이 진자의 주기를 측정하면 0.5초로 측정될 것입니다. 승차장에 정지해 있는 관찰자에게는 기차 안에서 일어나는 운동이 느린 화면으로 보이는 것입니다.

마지막으로 일상생활에서는 시간 팽창 효과를 느끼지 못하는 이유를 수식으로 설명해보겠습니다.

$$t = \frac{t_0}{\sqrt{1-\left(\dfrac{v}{c}\right)^2}}$$

빛의 속도는 대단히 빠릅니다. 1초에 30만km를 움직이니까요. 그런데 우리가 일상생활에서 경험하는 속도는 빛의 속도와 비교하면 대단히 느립니다. 사람들이 엄청나게 빠르다고 생각하는 초음속 비행기의 속도조차도 빛의 속도(c)의 약 0.0001%에 불과하니까요. 따라서 우리가 일상생활에서 경

험하는 속도로는 $\frac{v}{c}$값은 0에 가깝다고 할 수 있습니다. 따라서 시간 팽창 공식에 $\frac{v}{c} = 0$을 대입하면 다음과 같은 결과가 나옵니다.

$$\frac{v}{c} = 0 \rightarrow t = \frac{t_0}{\sqrt{1 - \left(\frac{v}{c}\right)^2}} = t_0$$

$$t = t_0$$

일상생활에서 경험하는 속도로 움직일 때는, 시간이 느려지는 효과는 무시할 수 있다는 결과가 나옵니다.

적용

철수는 $\frac{4}{5}c$의 속도로 비행할 수 있는 우주선을 타고 20광년 떨어진 외계 행성으로 우주여행을 떠났다. 철수가 외계 행성에 도착했을 때 몇 살이 되어 있을까?

풀이

외계 행성은 지구로부터 20광년 떨어져 있습니다. 20광년이란 빛의 속도(c)로 비행했을 때 20년이 걸리는 거리를 말합니다. 만약 외계 행성까지의 거리를 D라고 한다면 다음의 식이 성립합니다.

$$\frac{거리}{속력} = 시간 \rightarrow \frac{D}{c} = 20년$$

따라서 지구에서 볼 때 $\frac{4}{5}c$의 속도로 비행할 수 있는 우주선을 타고 20광년 떨어진 외계 행성까지 여행하는 데는 25년이 걸립니다.

$$\frac{\text{거리}}{\text{속력}} = \text{시간} \rightarrow \frac{D}{\left(\frac{4}{5}c\right)} = \frac{5}{4} \cdot \frac{D}{c} = \frac{5}{4} \times 20\text{년} = 25\text{년}$$

그래서 **지구에 있는 시계로 볼 때**, 25년이 흐른 후에 우주선은 외계 행성에 도착할 것입니다. 따라서 지구에 있는 사람들은 철수가 35살이 되는 해에 외계 행성에 도착할 거라고 생각할 것입니다. 하지만 여기에서 고려하지 않은 것이 있는데, 우주선 내부에서 일어나는 '**시간 팽창 효과**'입니다. 철수는 $\frac{4}{5}c$나 되는 빠른 속도로 비행하고 있기 때문에 철수가 타고 있는 우주선 내부의 시간은 천천히 흐릅니다. 앞에서 배운 식을 이용해서 우주선 내부의 시계가 얼마나 느려지는지 구해봅시다.

$$t = \frac{t_0}{\sqrt{1-\left(\frac{v}{c}\right)^2}}, \quad v = \frac{4}{5}c$$

t: 지구에 있는 시계로 측정한 우주선의 여행 시간

t_0: 우주선에 있는 시계로 측정한 우주선의 여행 시간

$$t = \frac{t_0}{\sqrt{1-\left(\frac{4}{5}\right)^2}} = \frac{5}{3}t_0 \rightarrow t_0 = \frac{3}{5}t$$

지구에 있는 시계로 측정한 우주선의 여행 시간(t)이 25년이므로 위 식에 대입하면 우주선 내부의 시계로 측정한 우주선의 여행 시간(t_0)을 구할 수 있습니다.

$$t_0 = \frac{3}{5}t = \frac{3}{5} \times 25\text{년} = 15\text{년}$$

따라서, 철수가 외계 행성에 도착했을 때 지구의 시간은 25년이 흘렀지만 우주선 내부의 시간은 15년이 흐른 셈입니다. 그러니까 철수는 25살에 외계 행성에 도착하게 됩니다.

만약 철수가 외계에 도착하자마자 다시 지구를 향해 돌아온다면 철수는 몇 살에 지구에 도착하게 될까요?

갈 때와 마찬가지로 올 때 걸리는 시간은 지구 위의 시계로 측정하면 25년이 걸리고 우주선 안의 시계로는 15년이 걸립니다. 따라서 지구에서 기다리고 있던 사람들은 철수가 가는 데 25년, 오는 데 25년이 걸려서 총 50년 만에 지구로 되돌아오는 광경을 보게 됩니다. 우주선 밖에서 기다리던 사람들은 10살이던 철수가 60살 노인이 되어 있을 것이라고 생각할 거예요. 하지만 우주선 내부의 시계로는 가는 데 15년, 오는 데 15년이 걸려서 지구로 돌아오는 데 총 30년이 걸렸습니다. 우주선 속에 있는 철수는 나이를 30살만 먹은 것이죠. 우주선에서 내리는 철수는 40살의 아저씨입니다. 사람들은 아마도 깜짝 놀랄 것입니다. 너무나 젊은 철수의 모습에 말이죠. 우주선 속의 시간이 천천히 흐른다는 것은 시계만 천천히 작동한다는 뜻이 아닙니다. 우주선 속의 모든 사건들이 천천히 일어난다는 것이죠. 세포의 노화까지도!!

길이의 수축

뉴턴 역학에서는 어떤 물체의 길이가 $1m$로 측정되었다면 이 물체가 정지해 있든, 운동하고 있든, 또 우주 어디에 있든 그 길이가 $1m$로 변하지 않는다고 생각했습니다. 이것을 '공간의 절대성'이라고 합니다. 하지만 **특수 상대성 이론에 따르면 고속으로 운동하는 물체의 길이는 짧아진다고 설명**합니다. **운동하는 물체의 속도에 따라 물체의 길이가 다르게 측정된다는 것**이지요. 시간의 팽창 효과에 이어 다시 한 번 상식이 깨어지는 아픔을 견뎌야 할 것 같습니다.

상대성 효과에 의한 '길이의 수축'을 증명하는 것은 고등학생들에게는 어려운 과제입니다. 어려운 증명 과정에 실망하지 말고 결과만을 기억해도 괜찮습니다. 물체의 속도에 따라 측정되는 물체의 길이가 변한다는 사실을 아는 것만으로도 충분합니다.

기차의 길이를 측정하는 과정을 통해서 상대성 효과에 의한 길이 수축을 설명해보겠습니다.

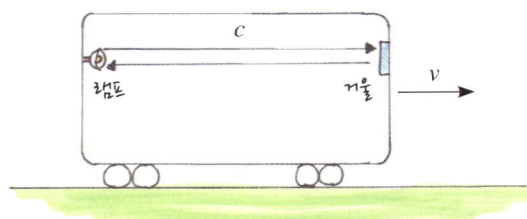

기차 객실의 뒤편에 램프를 설치하고 앞 편에는 거울을 부착합니다. 램프에서 방출된 빛은 거울에 반사되어서 다시 램프로 되돌아옵니다. 기차는 오른쪽으로 속도 v로 등속 직선 운동을 하고 있습니다.

먼저 기차를 타고 있는 관찰자가 기차의 길이를 측정해보도록 하겠습니다.

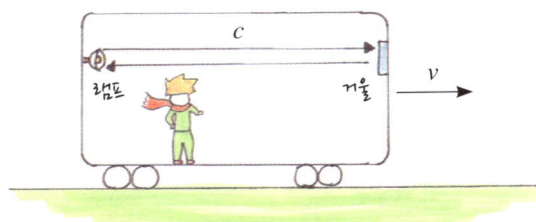

기차를 타고 있는 관찰자가 측정한 기차의 길이를 l_0라고 하고, 빛이 기차 객실을 좌우로 왕복하는 데 걸린 시간을 t_0라고 하면, 다음의 식이 성립합니다.

$$t_0 = \frac{2l_0}{c} \ \text{①} \ (c = \text{빛의 속도})$$

이번에는 기차 밖에 정지해 있는 관찰자가 기차의 길이를 측정합니다.

그런데 이 경우에는 조금 문제 상황이 복잡합니다. 왜냐하면 빛이 램프에서 거울을 향하는 동안에 거울이 램프로부터 멀어집니다. 또한 거울에서 빛이 반사된 후에 램프로 되돌아갈 때에는 램프가 빛을 향해 거리를 좁혀옵니다.

기차 밖에 정지해 있는 관찰자가 측정한 기차의 길이를 l이라 하고, 빛이 램프를 출발해서 거울에 도착하는 데 걸리는 시간을 t_1이라고 합시다. 빛이 거울을 향하는 동안 기차가 vt_1만큼 멀어지므로 빛이 램프에 도착하기까지 움직인 거리는 $l + vt_1$입니다. 따라서 다음의 식이 성립합니다.

$$t_1 = \frac{l + vt_1}{c} \rightarrow t_1 = \frac{l}{c - v}$$

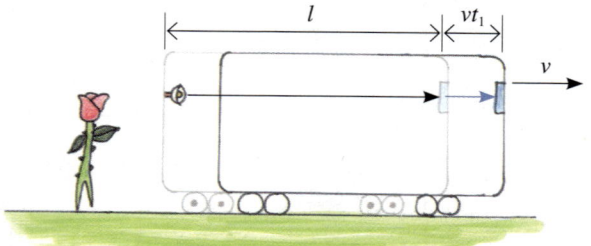

다음은 거울에 반사된 빛이 램프로 돌아오는 과정입니다.

빛이 거울에 반사되어 다시 램프로 되돌아오는 데 걸리는 시간을 t_2라고 합시다. 빛이 거울을 향하는 동안 기차가 vt_2만큼 거리를 좁히므로 빛이 램프에 도착하기까지 움직인 거리는 $l-vt_2$입니다. 따라서 다음의 식이 성립합니다.

$$t_2 = \frac{l - vt_2}{c} \quad \rightarrow \quad t_2 = \frac{l}{c + v}$$

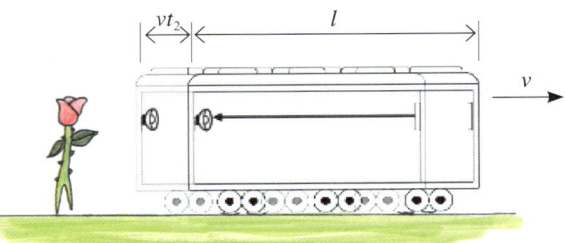

빛이 객실을 왕복하는 데 걸린 전체 시간을 t라고 하면,

$$t = t_1 + t_2 = \frac{l}{c - v} + \frac{l}{c + v} = \frac{2cl}{c^2 - v^2} \quad ②$$

(c= 빛의 속도)

식 ①과 ②를 시간 팽창의 공식에 대입합니다.

$$t = \frac{t_0}{\sqrt{1 - \left(\dfrac{v}{c}\right)^2}} \quad \rightarrow \quad \frac{2cl}{c^2 - v^2} = \frac{1}{\sqrt{1 - \left(\dfrac{v}{c}\right)^2}} \times \frac{2l_0}{c}$$

t_0 : 기차를 타고 있는 사람의 시계로 측정한 시간

t : 기차 밖에 정지해 있는 사람의 시계로 측정한 시간

식을 정리하면 다음과 같은 길이 수축에 대한 공식을 얻을 수 있습니다.

$$l = \sqrt{1 - \left(\frac{v}{c}\right)^2} \cdot l_0$$

l_0 : 기차를 타고 있는 관찰자가 측정한, 기차의 길이

l : 기차 밖에 정지해 있는 관찰자가 측정한, 기차의 길이

$\sqrt{1 - \left(\frac{v}{c}\right)^2}$ 이 1보다 작은 값이므로[005] 항상 $l < l_0$를 만족합니다. 기차 밖에 정지해 있는 관찰자가 움직이는 기차의 길이를 측정하면 기차의 길이가 짧게 측정된다는 이야기지요.

정지해 있는 관찰자가 볼 때 움직이는 기차의 길이가 짧아져 보이는 것과 마찬가지로, 기차를 타고 있는 사람은 기차 밖의 모든 물체들이 운동하는 것으로 보이기 때문에 차창 밖의 모든 물체들의 길이가 짧아져 보입니다. 기차가 멈춘 후에 두 사람이 만나면 다툼이 나겠네요. 이번에는 서로 상대방이 짧아졌다고 할 테니까요!

___
005 열차의 속도(v)는 빛의 속도(c)보다 빠를 수 없기 때문에 $\frac{v}{c}$는 항상 1보다 작다. 따라서 $\sqrt{1 - \left(\frac{v}{c}\right)^2}$ 은 1보다 작다.

이외에도 길이 수축과 관련해서 주의할 내용을 정리해보겠습니다.

첫째, 운동 방향과 나란한 방향의 길이만 수축됩니다. 기차 문제를 예로 들면, 기차가 움직이면 기차의 길이는 짧아져 보이지만 기차의 높이는 변하지 않습니다.

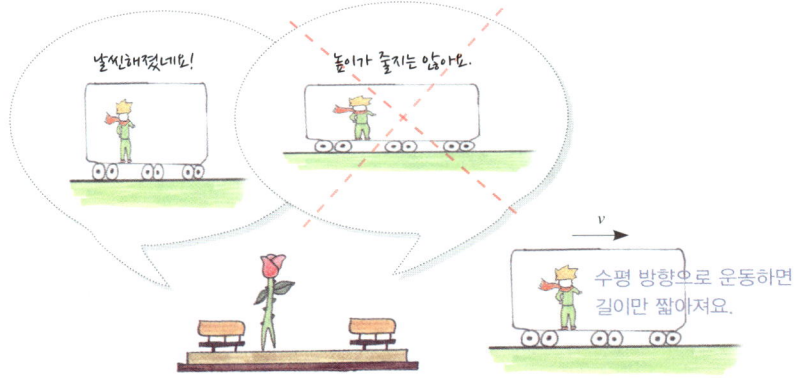

둘째, 일상생활에서는 길이 수축을 경험할 수 없습니다. 시간 팽창 효과에서와 마찬가지로 일상생활에서 경험하는 물체의 운동은 빛의 속도와 비교하면 대단히 느린 운동입니다.

$$\frac{v}{c} \simeq 0 \rightarrow \sqrt{1 - \left(\frac{v}{c}\right)^2} \simeq 1$$

따라서, 길이 수축 공식은 사람들의 일상적인 경험 세계에서는 다음과 같이 쓸 수 있습니다. 길이가 수축되는 현상을 볼 수 없다는 이야기입니다.

$$l = l_0$$

지금까지 특수 상대성 이론에 따른 시간 팽창과 길이 수축에 대한 공부를 했습니다. 관찰자의 속도에 따라 시간의 흐름이 달라지고 측정되는 길이가 달라지는 현상은 결과적으로 시간과 공간이 서로 영향을 주고받는다는 것을 의미

합니다. 뉴턴 역학에서는 시간과 공간이 서로 독립적이라고 생각했지만 특수 상대성 이론에서는 시간과 공간을 따로 떼어서 생각하는 것이 아무 의미가 없습니다. 그래서 상대성 이론에서는 시간과 공간을 합쳐서 '시공간'이라는 표현을 사용합니다. 시간과 공간이 하나의 시공간으로 엮여 있다고 보는 것이죠.

질량과 에너지의 새로운 관계

뉴턴 역학에 따르면, 로켓에 힘을 가하여 계속 가속하면 속도가 점점 빨라져서 빛의 속도를 넘어설 수 있습니다. 뉴턴 역학에서는 물체가 가질 수 있는 속도의 '한계값'이라는 게 존재하지 않습니다. 반면에 상대성 이론에 따르면 물체에 아무리 큰 힘이 작용해도 빛의 속도를 넘어설 수 없다고 합니다.

스위스와 프랑스의 국경 지대에는 '유럽원자핵공동연구소'(CERN)[006]가 있습니다. 이 연구소에는 총 길이 $26.7km$에 달하는 입자 가속기에서 양성자를 가속시켜 충돌시키는 실험을 합니다. 이 과정에서 양성자는 빛의 속도의 99.99991%에 근접할 정도로 가속됩니다. 뉴턴 역학에 따르면 전하에 전기력이 계속 작용하면 전하는 계속 빨라져야 합니다. 그런데 실제로 입자 가속기에서 아무리 큰 힘을 가해도 양성자는 광속에는 이를 수 없습니다. 이상하게도 양성자의 속도가 빨라질수록 양성자를 가속시키는 데 더 큰 힘이 필요하더라는 것이죠.

참고로 CERN은 인류가 만든 가장 거대한 실험 장치입니다. 사진은 CERN

---

006 European Organization of Nuclear Research(Conseil Europeenne pour la Recherche Nucleaire)

의 입자 가속기에 설치된 입자 검출기인데요. 양성자나 납 이온 등을 고속으로 충돌시킨 다음 쪼개지거나 새롭게 생성되는 입자들을 찾아내는 장치입니다.

사진 아래편에 사람들이 보입니다. 입자 검출기의 크기가 어마어마합니다. 눈에 보이지도 않는 극미(極微)의 세계를 탐구하기 위해서 세상에서 가장 거대한 실험 장치를 만들었다는 것이 아이러니하지 않나요? 두 번째 사진은 CERN과 입자 가속기를 찍은 항공사진입니다.

검은색 점선이 있는 부분에 연구소 건물이 있는데요, 연구소 부지의 가로 세로 폭이 $2km$ 정도가 됩니다. 검은색 점선 오른편에 있는 커다란 원이 입자 가속기입니다. 평균 지하 $100m$ 깊이에 터널을 뚫고 길이 $26.7km$에 달하는 거대한 입자 가속기를 설치해놓았습니다.

다시 본론으로 돌아갑시다. 앞에서 이상하게도 양성자의 속도가 빨라질수록 양성자를 가속시키는 데 더 큰 힘이 필요하다고 했습니다. 그 이유는 무엇일까요? 뉴턴의 운동 법칙에 따르면 질량이 무거운 물체일수록 가속시키는 데 큰 힘이 필요합니다. 그렇다면 양성자가 빨라질수록 양성자의 질량이 증가하기라도 한다는 것일까요? 그렇습니다. 양성자의 속도가 빨라지면 양성자의 질량이 점점 증가합니다. 실제로 양성자가 빛의 속력에 99.99991%에 근접하면 양성자의 질량은 양성자가 정지해 있을 때의 질량보다 약 745배 정도 증가하는 것으로 측정되었습니다.

일상생활에서 물체의 질량이 변화한다는 것은 매우 생각하기 어려운 일입니다. 설탕 10g을 물 90g에 섞으면 설탕물 100g이 됩니다. 물질을 연소시킬 때도 반응 물질과 연소 후에 생성되는 물질의 질량을 비교하면 같다고 배웠습니다. 이것이 '질량 보존의 법칙'이고 **자연 과학의 기초가 되는 법칙**이었습니다. 그런데 특수 상대성 이론에 의하면, 운동하는 물체의 속도에 따라서 물체의 질량이 변한다고 합니다. 그리고 실제로 실험을 통해서 사실임이 입증되었습니다. CERN에서 양성자의 질량이 증가하는 현상이 측정되었다고 했지요.

특수 상대성 이론은 질량 보존의 법칙마저 흔들어버렸습니다. 지난 2005년은 UN이 정한 '세계 물리의 해'(World Year of Physics 2005)였습니다. 과학자의 단체도 아닌 UN이 왜 2005년을 물리의 해로 정했을까요? 1905년은 아인슈타인이 특수 상대성 이론을 포함한 세 편의 위대한 논문을 발표한 해입니다. 아인슈타인의 논문 발표 100주년을 기념하기 위해 2005년을 '세계 물리의 해'로 선포한 것이지요. 그만큼 아인슈타인의 과학적 업적이 대단했다는 뜻입니다.

특수 상대성 이론에 의하면, 속도가 증가하면 질량이 증가합니다.[007]

$$m = \frac{m_0}{\sqrt{1 - \left(\dfrac{v}{c}\right)^2}}$$

m : 속도 v로 운동하는 물체의 질량

m_0 : 정지해 있는 물체의 질량

c : 빛의 속도

---

007 특수 상대성 이론의 두 가지 기본 원리인 '상대성 원리'와 '광속 불변의 원리'를 수학적으로 전개하면 질량이 속도에 따라 변한다는 공식을 유도할 수 있다.

만약, 물체의 속도가 $\frac{3}{5}c$ 라면,

$$m = \frac{m_0}{\sqrt{1-\left(\frac{3}{5}\right)^2}} = \frac{5}{4}m_0$$

운동하는 물체의 질량은 정지해 있을 때 질량의 $\frac{5}{4}$ 배로 증가합니다. 따라서, 물체의 속도가 광속에 접근하게 되면 질량은 무한대로 증가하기 때문에 물체의 속도가 빨라질수록 물체를 가속시키는 데 무한대로 큰 힘이 필요하다는 결론에 이르게 됩니다. 즉, 아무리 큰 힘을 작용해도 물체의 속도는 빛의 속도로 빨라질 수 없습니다. 그런데 얼마 전 CERN에서 빛보다 빠른 입자가 발견되었다는 놀라운 소식이 발표된 적이 있습니다. 이것이 사실이라면 다시 한 번 물리학의 모든 개념을 새로 써야 하는 엄청난 사건이 터질 형국이었던 것이죠. 하지만 정밀한 자료 검증 결과 측정상의 오차 때문에 발생한 해프닝으로 마무리되었다고 합니다. 불행하게도 관련된 연구원들이 문책 당했다는 소식도 들리는군요. 그만큼 과학계에는 충격적인 소식이었던 것이죠.

질량이 변할 수 있다는 사실 때문에 질량 보존의 법칙이 휴지통에 버려지지는 않습니다. 앞에서 시간 팽창과 길이 수축에 대한 공부를 할 때도 마찬가지였지만, 질량 보존의 법칙은 여전히 유용한 과학 원리입니다. 왜냐하면 운동하는 물체의 질량이 변하는 상황은 물체의 속도가 빛의 속도에 근접할 정도로 빠를 때에만 가능하기 때문입니다. 우리가 일상적으로 경험하는 세계에서는 운동하는 물체의 질량이 변하는 일은 일어나지 않습니다.

정말 중요한 것은 특수 상대성 이론이 질량 보존의 법칙과 에너지 보존의 법칙이 한 몸통이었다는 것을 보여주었다는 사실입니다. 물체를 가속시킨다는

것은 4강에서 공부했듯이 물체에 일을 해준다는 의미입니다. 에너지를 공급해준다는 뜻이지요. 그런데 물체에 해준 일 전부가 물체의 속력을 증가시키는 데 사용되지 않고, 일부가 물체의 질량 증가에 사용된다는 것은 질량과 에너지가 본질적으로 같은 것이라는 말이 됩니다.

결과적으로 아인슈타인의 특수 상대성 이론 덕분에, 질량이 에너지로 전환될 수 있고 에너지가 질량으로 바뀔 수도 있다는 것이 밝혀졌습니다. 질량과 에너지는 실은 같은 것이며, 질량이 에너지로 바뀌거나 에너지가 질량으로 바뀔 수 있다는 원리를 '질량과 에너지의 등가성'[008]이라고 합니다. 이 원리를 식으로 나타내면 아인슈타인의 과학 업적을 상징하는 너무나 유명한 식이 등장합니다.

$$E = mc^2$$

$$m = \frac{m_0}{\sqrt{1 - \left(\dfrac{v}{c}\right)^2}}$$

E : 물체가 가지는 에너지　　　m : 속도 v로 운동하는 물체의 질량

m : 물체의 질량　　　　　　　m_0 : 정지해 있는 물체의 질량

c : 빛의 속도　　　　　　　　c : 빛의 속도

위의 식에서 **질량(m)은 물체의 속도에 따라 변하는 값이고요, 질량-에너지 등가식($E=mc^2$)은 물체가 가지는 총에너지를 구하는 식**입니다.

질량-에너지 등가성이 별나라 이야기처럼 들리지요? 질량과 에너지가 원래 같은 존재라니. 하지만 질량-에너지 등가성은 생각보다 여러분의 생활 가까운 곳에서 사람들의 생활에 큰 도움을 주고 있답니다. 우리나라에서 사용하는 전체 전기 에너지의 1/3이상을 차지하는 것이 원자력 발전입니다.

---

008 등가성(等價性)이란 같은 물리량이라는 뜻이다. 질량과 에너지는 같은 물리량이다.

원자력 발전은 원자로 내부에서 인공적으로 우라늄 원자핵을 붕괴시키는데요. 우라늄 원자핵은 붕괴되어 가벼운 원자핵으로 바뀌는 과정에서 질량이 감소하면서 질량-에너지 등가 원리에 따라 에너지가 발생합니다. 이 에너지를 사용해서 전기를 생산하는 것이 원자력 발전이지요.

적용

운동하는 물체는 정지해 있는 물체보다 큰 에너지를 가진다. v의 속도로 운동하는 물체는 정지해 있는 물체보다 얼마나 많은 양의 에너지를 가지는지 구하시오.

풀이

운동하는 물체와 정지해 있는 물체가 가지는 에너지의 차는 무엇일까요? 여러분이 알고 있는 바로는 '운동 에너지'입니다. 우리는 앞에서 운동 에너지 값은 $E_k = \frac{1}{2}mv^2$으로 배웠습니다. 그렇다면 이 문제의 답은 '$\frac{1}{2}mv^2$'일까요? 답을 먼저 말해주면, **'맞을 수도 있고 틀릴 수도 있다'**입니다. 빛의 속도보다 대단히 느린 속도로 운동하는 물체에게는 맞는 답이고 빛의 속도에 근접해서 빠르게 운동하는 물체에게는 틀린 답입니다. 자, 쌤과 함께 풀어봅시다. 쌤의 풀이를 따라갈 수 있는 것만으로도 대단한 성공입니다.

아인슈타인의 질량-에너지 등가식은 물체가 가지는 에너지의 총량을 나타내는 식입니다. 따라서 운동하는 물체의 에너지(E)는 다음과 같습니다.

$$E = mc^2$$

이 식에서 질량(m)은 속도에 따라 변하는 값입니다.

$$m = \frac{m_0}{\sqrt{1 - \left(\dfrac{v}{c}\right)^2}}$$

따라서 정지해 있는 물체의 에너지를 구하기 위해서는 속도가 0인 물체의 질량을 구해야 합니다.

$$v = 0 \; \rightarrow \; m = \frac{m_0}{\sqrt{1 - \left(\dfrac{v}{c}\right)^2}} = m_0$$

구한 질량을 질량–에너지 등가식에 대입하면 정지해 있는 물체의 에너지를 구할 수 있습니다.

$$m = m_0 \; \rightarrow \; E = mc^2 = m_0 c^2$$

정지해 있는 물체의 에너지는 아인슈타인의 질량–에너지 등가식($E = mc^2$)에 물체의 정지 질량(m_0)을 대입한 값임을 알 수 있습니다. 즉, **정지한 물체가 가지는 에너지는, 물체의 정지 질량**(정지한 물체가 가지는 질량)**을 모두 에너지로 변환시켰을 때 얻을 수 있는 에너지량을 의미**한다고 할 수 있습니다.

마지막으로 운동하는 물체와 정지해 있는 물체의 에너지 차를 구하면 다음과 같습니다.

$$\Delta E = mc^2 - m_0 c^2 = \frac{m_0 c^2}{\sqrt{1 - \left(\dfrac{v}{c}\right)^2}} - m_0 c^2 = \left(\frac{1}{\sqrt{1 - \left(\dfrac{v}{c}\right)^2}} - 1\right) m_0 c^2 \quad ①$$

그런데 우리가 일상적으로 경험하는 운동들은 빛의 속도보다 대단히 느린 운동입니다. 속도 v는 c보다 아주 작기 때문에 위에서 파란색 점선으로 표시한 부분은 다음과 같이 어림할 수 있습니다(이 어림식은 대학에서 배우게 됩니다. 여기에서는 결과만 기억해도 되겠습니다).

$$\frac{1}{\sqrt{1 - \left(\dfrac{v}{c}\right)^2}} - 1 \simeq \frac{v^2}{2c^2} \quad ②$$

그리고 ②를 ①에 대입하면 이렇게 됩니다.

$$\Delta E = mc^2 - m_0 c^2 = \frac{1}{2} m_0 v^2$$

많이 보던 식이죠? 우리가 앞에서 배웠던 운동 에너지 공식입니다.

즉, 우리가 물체의 운동 에너지 식으로 배웠던 $\frac{1}{2}m_0v^2$은 물체의 속도가 빛의 속도 보다 대단히 느린 조건에서만 사용할 수 있는 공식이라는 것을 알 수 있습니다. 그리고 물체의 속도가 빠른가 느린가에 관계없이 일반적으로 성립하는 운동 에너지 공식은 다음의 식이라는 것도 알 수 있습니다.

$$운동\ 에너지 = \Delta E = mc^2 - m_0c^2 = \left(\frac{1}{\sqrt{1-\left(\frac{v}{c}\right)^2}} - 1\right)m_0c^2$$

정리하면, 우리가 지금까지 물체의 운동을 기술하는 기본 법칙으로 믿어왔던 뉴턴 역학은 사실은 빛의 속도보다 대단히 느린 운동에서만 성립합니다. 반면에 특수 상대성 이론은 물체의 속도가 빠른가 느린가에 관계없이 물체의 운동을 설명할 수 있는 보다 일반적인 이론입니다.

• 운동하는 물체의 질량은 속도가 빨라지면 증가한다.

$$m = \frac{m_0}{\sqrt{1-\left(\frac{v}{c}\right)^2}}$$

• 물체의 속도가 빨라지면 물체가 가지고 있던 에너지의 일부가 질량으로 변한다.

• 질량과 에너지는 본질적으로 같은 것이며 질량이 에너지로, 에너지가 질량으로 변환될 수 있다는 것을 '**질량-에너지 등가성**'이라고 한다.

• 질량-에너지 등가성에 따라 물체가 가지는 에너지는 다음의 식으로 나타낼 수 있다.

$$E = mc^2$$

이 식에서 질량은 속도에 따라 변하는 값이다.

　　1896년의 일입니다. 프랑스 물리학자 베크렐(Becquerel, Antoine-Henri 1852~1908)[009]은 광물에 자외선을 쬐었을 때 발생하는 '형광 현상'에 관심이 있었습니다. 그래서 그의 책상 서랍에는 늘 실험에 사용할 여러 가지 광물이 잔뜩 들어 있었지요. 베크렐이 바쁜 일 때문에 실험을 하지 못하는 사이, 그것들은 오랫동안 서랍 속에 보관되어 있었습니다. 그 서랍 속에는 빛이 들어가지 않게 잘 포장된 사진 건판(디지털 카메라가 나오기 전에 사용하던 사진 필름과 같은 역할을 하는 판이라고 생각하면 되겠습니다)도 같이 들어 있었죠. 얼마 후, 바쁜 일이 끝나고 베크렐은 실험을 재개하기 위해서 서랍 속에 두었던 사진 건판을 꺼냈습니다. 그런데 이상하게도 사진 건판에서는 이미 빛에 노출된 것처럼 심하게 뿌연 점들이 발견되었습니다.

　　서랍 속에 보관된 다른 사진 건판을 확인해보아도 마찬가지였답니다. 그는 이것이 서랍 속에 있는 어떤 광물과 관계가 있다는 것을 직감으로 알아챘습니다. 그래서 사진 건판에 영향을 준 광물이 무엇일지 조사했고, 결국 '우라늄'이라는 광물이 사진 건판에 영향을 주었다는 것을 알게 되었지요. 베크렐은 우라늄 광물에서 사진 건판에 영향을 줄 수 있는 빛이 방출된다는 결론을 내렸습니다. 즉 **우라늄 광물 내부에서 빛의 형태로 에너지가 방출되고 있다는 것**이지요.

　　폴란드 출신의 프랑스 물리학자인 피에르 퀴리의 부인이었던 마리 퀴리

---

009 프랑스의 물리학자. 1895년 이래 파리 이공과 대학 교수로 파리 박물관 교수를 겸했다. 자기선광(磁氣旋光)·인광(燐光)·형광(螢光)·적외선(赤外線) 스펙트럼·방사능의 발견 등의 연구가 있다. 방사선의 전리(電離)작용을 연구하여 그 일부가 전기장(電氣場)이나 자기장(磁氣場)에 의해 굴곡하므로 X선과는 다르다는 것을 확인했다. 1903년 퀴리 부부와 노벨 물리학상을 수상했다.

(Curie, Marie 1867~1934)[010]는 베크렐의 발견에 관심이 많 았습니다. 마리 퀴리는 스스로 에너지를 방출하는 다양한 종류의 물질들을 찾아내고 분류했습니다. 우리는 이러한 물질들을 '방사성 물질'

마리 퀴리

베크렐

이라고 합니다. 과학자들은 방사성 물질이 방출하는 빛 에너지의 원천이 무엇일지 궁금했습니다. 이 에너지는 고갈되지도 않고 쉴 틈 없이 무한정으로 방출되고 있었으며 그래서 당시의 과학자들은 이 광물들을 집집마다 보급해서 방출되는 에너지로 물을 데우면 난방 문제가 해결될 것이라고 생각할 정도였습니다. 물론 당시에는 방사성 물질에서 방출되는 인체에 해로운 방사능에 대한 정보가 부족했지요. 과학자들은 방사성 물질의 에너지원을 설명하기 위해서 원자핵 내부의 구조를 조사하기 시작했고 아인슈타인의 '질량-에너지 등가 원리'를 사용하면 방사성 물질의 에너지원을 성공적으로 설명할 수 있다는 것을 알게 되었습니다.

우라늄과 같은 방사성 물질들은 원자핵이 불안정하기 때문에 스스로 원자핵을 붕괴시켜서 안정된 원자핵으로 바뀝니다. 이때 **붕괴되기 전 원자핵의 질량과, 붕괴된 후에 생성되는 새로운 원자핵과 방출되는 입자들의 질량을 비교하면 질량이 보존되지 않고 줄어든다는 사실이 발견되었습니다.** 즉, 방사성 물질들의 핵변환에서 질량이 사라지고 에너지가 방출된다는 사실이 밝혀진 것이지요. 아인슈타인의 질량-에너지 등가 원리를 사용하면 방사성 원소가 방출

---

010 폴란드 태생의 프랑스 물리학자·화학자. 뢴트겐과 베크렐의 연구에 영향을 받아 방사능을 연구했고, 화학 분석을 통해 1898년 폴로늄과 라듐을 발견했다(최초로 발견된 방사성원소). 1903년 남편 피에르 퀴리, 베크렐과 공동으로 노벨 물리학상을 수상했다. 노벨상 2회 수상자이다.

하는 에너지의 정체를 잘 설명할 수 있었습니다. 그리고 사라지는 질량과 방출되는 에너지의 양도, 질량-에너지 등가식($E = mc^2$)으로 정확하게 설명할 수 있었습니다.

질량-에너지 등가식에서 질량에 곱해지는 빛의 속도(c)[011]는 상당히 큰 값이기 때문에 매우 소량의 질량이 에너지로 전환되어도 대단히 많은 양의 에너지로 바뀝니다.

2차 세계대전으로 유럽이 포화에 휩싸였을 때 아인슈타인은 나치의 유대인 탄압을 피해서 미국으로 이주해 있었습니다. 아인슈타인은 질량-에너지 등가 원리를 이용해서 방사성 물질을 인공적으로 붕괴시킬 경우 엄청난 에너지를 짧은 순간에 발생시켜서 엄청난 파괴력을 가진 무기를 만들 수 있다고 생각했습니다. 그는 나치가 이 새로운 무기를 먼저 만들어낸다면 인류에게는 재앙이라고 생각했습니다. 그래서 그는 동료 과학자들과 함께 미국 대통령에게 독일보다 먼저 원자폭탄을 개발할 것을 권고하는 편지를 보냈지요. 미국은 전쟁을 피해 이주해온 뛰어난 과학자들을 동원해서 원자폭탄 개발 프로젝트를 비밀리에 진행합니다. 이 프로젝트가 바로 '맨해튼 프로젝트'랍니다. 많은 노벨상 수상자들이 이 프로젝트에 참가했고, 결국 미국이 독일보다 먼저 원자폭탄을 개발하게 됩니다.

하지만 유럽의 전세는 이미 연합국 쪽으로 기울고 있었습니다. 굳이 원자폭탄을 사용할 필요가 없었지요. 결국 원자폭탄은 유럽이 아닌 아시아에 떨어지게 됩니다. 유럽에 원자폭탄을 투하하기에는 부담스러웠던 것이지요. 일본의 나가사키와 히로시마에 원자폭탄이 투하되었고, 수많은 민간인들이 순식간에 생명을 잃었습니다. 원자폭탄은 피해 범위가 워낙 광범위한 무기

---

011 $c = 3 \times 10^8 m/s$

이기 때문에 군사 작전 지역에만 제한적인 피해를 줄 수 있는 무기가 아니었습니다. 말 그대로 한 나라를 통째로 날려버릴 수 있는 무서운 무기였죠.

아인슈타인은 전후에 자신이 미국의 대통령에게 원자폭탄 개발을 권고했던 일을 몹시 후회했습니다. 그리고 그 일에 대한 반성으로 평화 운동에 힘을 쏟았습니다.

특수한 상황을 넘어 일반적 해법으로

지금까지 상대성 이론에 대해 배운 내용은 모두 특수 상대성 이론입니다. '특수'라는 것은 특수한 상황에서 성립하는 이론이고, '일반'이라는 것은 확장해서 더 보편적으로 적용할 수 있는 이론을 말합니다. 상대성 이론은 관찰자의 운동 상태가 다를 때, 관찰자마다 동일한 운동 법칙이 성립하도록 하려면 운동을 어떻게 기술해야 하는지를 설명해주는 이론입니다.

지금까지 우리가 배운 특수 상대성 이론은 관찰자들의 운동 상태가 변하지 않는(정지 또는 등속 직선 운동) 특수한 경우만 생각했습니다. 당장 지구만 하더라도 자전과 공전을 하니까 등속 운동을 하지 않습니다. 태양이나 별도 마찬가지입니다. 등속 운동이라는 특수한 상황에 대한 상대성 이론은 그만큼 설명할 수 있는 범위가 특수하고 좁습니다. 따라서 보다 일반적이고 흔한 운동 상황인 가속도 운동을 하는 관찰자들에 대해서도 보다 일반적으로 성립하는 상대성 이론이 필요합니다.

특수 상대성 이론이 뉴턴 역학이 다져놓은 물리학의 기반을 흔들어놓고서 "우리 이론은 특수한 상황에서만 성립해"라고 말한다면 대단히 무책임한 일 아니겠습니까? 하지만 걱정하지 않아도 됩니다. 물리학자들은 우주의 모든 원리를 하나의 식으로 설명하려는 일반화에 대한 강한 집착을 타고난 사람들입니다.

아인슈타인은 가속도 운동을 하는 관찰자들에게도 성립하는 일반 상대성 이론을 만들어냅니다. 특수 상대성 이론이 시간과 공간의 절대성에 대한 개념을 새로 썼다면, 일반 상대성 이론은 중력 현상에 대한 개념을 새롭게 정의하였습니다. 현대 천문학은 일반 상대성 이론을 이용하여 우주를 설명합니다. 지금부터 일반 상대성 이론의 세계로 떠납시다.

개념정리

- **특수 상대성 이론 : 운동 상태가 변하지 않는**(정지 또는 등속 직선 운동) **관찰자가 운동을 기술하는 방법에 대한 이론**

  └ 정지해 있는 관찰자가 매우 빠르게 운동하는 사람을 보면, 운동하는 사람의 시간이 천천히 흐르는 것으로 관찰된다.(시간 팽창)

  └ 정지해 있는 관찰자가 매우 빠르게 운동하는 물체를 보면, 운동하는 물체의 길이가 짧아져 보인다.(길이 수축)

  └ 시간과 공간은 분리해서 생각할 수 없다. 시간과 공간은 합쳐서 시공간을 이룬다.(시공간)

  └ 질량과 에너지는 상호 변환될 수 있다.(질량-에너지 등가 원리)

브라헤와 케플러의 태양계 모형

아인슈타인의 일반 상대성 이론을 공부하기 전에 인간의 과학사에서 중력 이론이 발달해온 역사를 되짚어보겠습니다. 이야기는 브라헤(Brahe, Tycho

1546~1601)[012]와 케플러(Kepler, Johannes 1571~1630)[013]의 이야기에서부터 시작합니다.

브라헤

덴마크 귀족 가문에서 태어난 브라헤는 관측 천문학의 정확성을 한 단계 발전시켰다는 평가를 받습니다. 그가 천문 관측 분야에서 큰 명성을 얻자 덴마크 왕이었던 프레데리크 2세는 덴마크 해안에서 10킬로미터 떨어진 벤 섬을 내어 주고 그곳에 천문 관측소를 지을 수 있도록 재정을 지원합니다. 이 관측소는 '우라니보르크'(Uraniborg, 하늘의 성)라고 불리었는데요, 해마다 규모가 커져서 한때 덴마크 총생산의 5%를 사용할 정도였다고 합니다.

케플러

우라니보르크에는 도서관, 제지 공장, 인쇄소, 연금술사의 실험실, 용광로가 지어졌으며 수많은 노예들이 일했습니다. 관측탑에는 천체를 관측하고 별과 행성들의 천구상의 좌표를 측정하는 데 사용되었던 관측 장비들이 있었습니다. 당시에는 망원경이 발명되기 전이었기 때문에 모든 관측은 맨눈으로 이루어졌답니다. 관측의 정밀도를 높이기 위해서 모든 천체 관측 장비들을 네 벌씩 제작했고 동시에 네 개의 관측팀이 하나의 천체를 관측하는 방법으로 측정의 오차를 최소화했습니다. 그 덕분에 브라헤는 그보다 앞선 시대의 가장 정확한 기록보다 다섯 배나 정확한 관측 자료를 축적할 수 있었지요.

브라헤의 든든한 후원자였던 프레데리크 왕이 죽은 뒤 새 왕으로 즉위한

---

012 덴마크의 천문학자. 주로 행성의 위치 관측에 전념하여, 망원경이 개발되기 이전 시대에 가장 뛰어난 천체 관측 자료를 남겼다.

013 독일의 천문학자. 화성에 관한 정밀한 관측 기록을 기초로 화성의 운동이 태양을 중심으로 하는 타원 운동임을 확인하고, 혹성의 운동에 관한 케플러의 법칙을 발견하는 등, 근대 과학 발전의 선구자가 되었다. 저서에 『우주의 신비』, 『광학』 등이 있다.

벤 섬

우라니보르크

크리스티안 4세가 새로운 왕으로 즉위하자, 새 왕은 브라헤의 연구를 지나치게 사치스러운 것으로 생각했습니다. 결국 왕실의 지원은 중단되었고, 브라헤는 신성로마제국의 황제인 루돌프 2세의 지원을 받기 위해 프라하로 이주합니다. 그리고 그곳에서 새로운 조수인 요하네스 케플러와 운명적으로 조우하게 됩니다.

브라헤와 케플러는 완벽하게 역할을 분담했습니다. **과학적 진보는 관찰과 이론을 모두 필요로 합니다. 브라헤는 당대의 천문학자 중에서 가장 방대한 관측 자료를 보유하고 있었고, 케플러는 그 관찰 결과를 훌륭하게 해석할 수 있는 수학적 능력을 가지고 있었습니다.** 케플러는 태어날 때부터 근시와 난시로 고통 받을 만큼 시력이 좋지 못했습니다. 하지만 관측 자료의 수학적 해석을 통해서 브라헤보다 천체 운동의 비밀에 더 근접할 수 있었습니다.

브라헤와 케플러의 공동 작업이 시작된 지 몇 달이 지나지 않아 브라헤는 갑작스럽게 세상을 떠나고 맙니다. 살아 있는 동안 그는 케플러를 포함한 다른 사람들과 관측 자료를 공유하려 들지 않았습니다. 브라헤가 죽자 케플러는 브라헤의 방대하고 정밀한 관측 기록을 손에 넣을 수 있었습니다. 그 당시 태양 중심설은 행성의 정확한 위치를 예측하지 못하는 약점을 가지고 있었습니다.

케플러는 브라헤의 관측 자료만 있다면 8일 안에 이 문제를 해결할 수 있다고 자신했습니다. 하지만 이 작업을 완성하기 위해서 그는 전지 크기의 종이로 900여 장이 넘는 고통스러운 계산을 거쳐야 했고, 총 8년이라는 시간이 걸렸습니다. 케플러는 8년간의 고된 작업을 통해서 행성 운동에 대한 가장 기본적인 전제 조건을 부정하지 않고서는 태양 중심 모형으로 행성의 운동을 설명할 수 없다는 결론에 도달하게 되었지요.

케플러는 행성은 원이나 원의 조합으로 만들어진 궤도를 따라 돈다는 고대의 생각을 버려야 한다고 생각했습니다. 천문학자들은 천동설을 지지하든, 지동설을 지지하든 한결같이 원 궤도를 고집했습니다. 하지만 **케플러는 수년에 걸친 데이터 분석을 통해서 행성의 궤도는 원 궤도가 아니라 타원 궤도임을 알아냅니다.** 코페르니쿠스는 행성들이 지구가 아닌 태양을 중심으로 공전한다고 주장했습니다. 물론 그가 주장한 것은 옳았지만 원 궤도에 집착했기 때문에 행성들의 운동을 정확하게 예측하지는 못했습니다. 그러나 케플러는 종래의 선입견과 가정을 모두 버리고, 오로지 브라헤의 관측 자료를 바탕으로 자신만의 모델을 구축했습니다. 그러자 케플러가 발견한 새로운 행성 궤도는 관측의 결과와 정확하게 일치했습니다. 그는 행성 궤도의 비밀을 풀어낸 순간, "오, 전능하신 하느님, 제가 당신 다음으로 당신이 했던 생각을 해냈습니다"라고 소리쳤다고 합니다.

다음은 케플러의 행성 운동의 법칙입니다.

케플러의 제1법칙은 '타원 궤도의 법칙'입니다. 행성들은 원이 아닌 타원 궤도를 따라 태양 주변을 공전한다는 것입니다. 태양은 이들 궤도의 정확한 중심에 있는 것이 아니라 타원의 두 초점 중에서 한 곳에 위치해 있습니다.

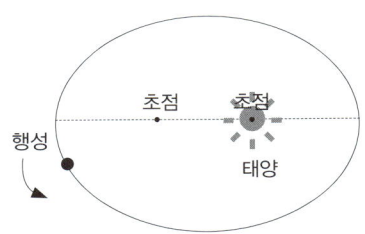

케플러의 제2법칙은 '면적 속도 일정의 법칙'입니다. 행성들은 일정한 속도로 공전하는 것이 아니라 태양에 가까운 궤도를 돌 때는 빠르게 운동하고, 태양에서 먼 궤도를 돌 때는 느리게 운동한다는 것입니다. 케플러는 행성의 공전 속도와, 행성과 태양 사이의 거리 사이에 규칙성이 있다는 것을 알아냈습니다. 아래 그림과 같이 행성과 태양을 연결하는 가상의 선분이 같은 시간 동안 쓸고 지나가는 면적은 항상 같습니다.

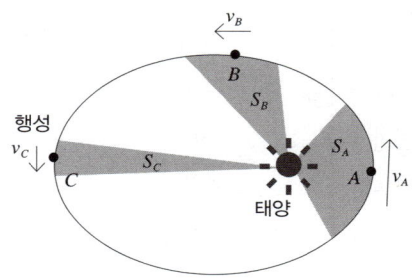

면적 속도 일정의 법칙 : $S_A = S_B = S_C$

공전 속도 : $v_A > v_B > v_C$

태양으로부터의 거리 : $A < B < C$

케플러의 제3법칙은 '조화의 법칙'입니다. 과학 법칙의 이름이 꽤 문학적이지요? 행성들의 공전 주기들 사이에 규칙성이 존재한다는 것을 '조화'라고 표현한 것이랍니다. 행성의 공전 주기(T)의 제곱과 행성 궤도의 긴 반지름(a)의 세제곱이 비례한다는 규칙입니다. 따라서 태양에서 먼 곳에 있는 행성일수록 공전 주기가 길게 되죠.

$$T^2 \propto a^3$$

예를 들어 지구의 공전 궤도 반지름을 '1'이라고 하면, 해왕성의 공전 궤도 반지름은 지구의 30배 정도 됩니다. 조화의 법칙을 적용하면 해왕성의 공전 주기가 약 164년 정도 된다는 것을 알 수 있답니다.

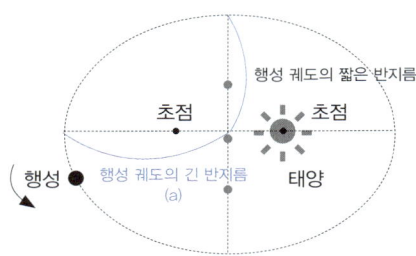

케플러의 행성 운동의 법칙은 태양을 중심으로 공전하는 행성들의 운동을 정확하게 예측하는 데 성공했지만, 행성들과 태양 사이에 존재하는 상호 작용이 무엇인지에 대한 정보를 제공해주지는 못했습니다.

만유인력의 법칙 : 뉴턴의 중력 이론

3강에서 배웠듯이, 뉴턴은 케플러의 행성 운동의 법칙과 천체 관측 자료들을 종합하여, 질량을 가진 물체들 사이에 작용하는 인력이 어떤 규칙에 따라 작용하는지를 밝혀냅니다. 질량을 가진 물체들은 서로 끌어당깁니다. 힘의 크기는 두 물체가 가지는 질량의 곱에 비례하고 거리의 제곱에 반비례합니다.

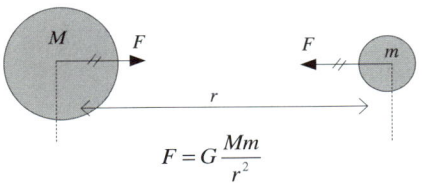

$$F = G\frac{Mm}{r^2}$$

M, m : 물체의 질량, r : 두 물체 사이의 거리

만유인력(萬有引力)**이라는 표현은,** (질량을 가진) **모든 물체는 본디 서로 끌어 당긴다는 의미가 강조된 표현이고요, 일반적으로 질량을 가진 물체들 사이에 주고받는 인력을 가리키는 용어로는 '중력'이라는 표현을 사용합니다.**

수업 시간에 학생들에게 중력을 가르치다 보면 학생들이 대개 다음의 두 가지 내용을 궁금해 하더군요. 간단하게 소개하겠습니다.

첫 번째는, "중력이 질량을 가진 물체들 사이에 작용하는 인력이라면, 주변에 있는 수많은 물체들이 끌어당기는 힘을 왜 느끼지 못하는 걸까?" 하는 것입니다.

이 질문에 대한 답은 중력의 크기를 한 번 계산해보면 쉽게 찾을 수 있습니다. 예를 들어, 질량이 $1kg$인 두 물체가 $1m$ 거리에 떨어져 있다고 할 때, 두 물체 사이에 작용하는 중력의 크기를 구해보겠습니다.

$$F = G\frac{Mm}{r^2} = \frac{(6.673\times10^{-11}Nm^2/kg^2)\times1kg\times1kg}{(1m)^2} = 6.673\times10^{-11}N$$

$$G = 6.673 \times 10^{-11}Nm^2/kg^2, \ M = m = 1kg, \ r = 1m$$

두 물체 사이에 작용하는 중력값은 $6.673\times10^{-11}N$입니다. 사람의 감각 기관으로 느끼기에는 너무나 작은 크기의 힘이죠. 이처럼 중력은 대단히 약한 힘입니다. **자연계에 존재하는 힘**(상호 작용)**에는 '중력, 전자기력, 강한 상호 작용, 약한 상호 작용'이 있습니다. 이 힘들을 '자연계의 네 가지 기본 힘'이라고 합니다.** '강한 상호 작용(강력)'과 '약한 상호 작용(약력)'은 원자핵을 구성하는 작은 입자들의 결합과 붕괴 과정에서 작용하는 힘입니다. 뒷장에서 배우게 됩니다. 네 가지 기본 힘을 크기 순서대로 나열하면 다음과 같습니다.

강력(1) 〉 전자기력(10^{-2}) 〉 약력(10^{-14}) 〉 중력(10^{-40})

괄호 안의 숫자는 강력의 크기를 1로 했을 때 상대적인 크기를 비교한 것입니다. **강력이나 전자기력과 비교하면 중력은 거의 0에 가까운 힘입니다.** 중력의 작용을 느끼려면, 지구나 달, 태양처럼 엄청난 덩치로 질량이 모여야 합니다. 그래서 중력은 천체의 운동 같은 거시적인(매우 큰) 세계에서 그 효과가 두드러집니다. 전자기력은 전기를 띠고 있는 알갱이들 사이에 작용하는 힘입니다. 중력에 비하면 대단히 강한 힘이죠. 그래서 조금만 전기를 띠고 있어도 먼지가 달라붙고 서로 끌어당기는 것을 체감할 수 있는 거예요. **물질은 수없이 많은 원자들로 구성되는데요, 중심에 양전하를 띠는 원자핵이 있고 원자핵의 주변을 전자가 둘러싸고 있는 구조입니다.** 원자가 서로 결합해서 분자를 이루고 분자들이 서로 결합해서 물질이 만들어지는 과정에서, 전자기력은 원자와 분자를 결합시켜주는 역할을 합니다. 원자가 가지는 양전하와 음전하의 크기는 같아서 원자는 전기적으로 중성입니다. 그런데 원자가 전자를 얻거나 잃을 경우, 또는 전자가 한쪽으로 치우칠 경우 원자는 전기를 띠고 주변의 원자들과 결합하게 되지요. 마지막으로 강력과 약력은 원자핵을 구성하는 소립자들의 결합과 변환에 관계하는 힘입니다. 원자핵은 더 작은 입자들의 결합으로 만들어지는데 이 입자들을 결합시켜서 원자핵이 존재할 수 있게 해주는 힘이 강력입니다. 앞에서 방사성 원소에 대해서 간단하게 언급한 적이 있죠. 약력은, 방사성 원소의 원자핵이 붕괴되는 과정에서 입자의 변환에 관여하는 힘입니다.

두 번째는 "왜 질량을 가진 물체에는 서로 끌어당기는 힘이 작용하는가?"입니다. 이 질문은 꽤 심오합니다. 모든 자연 현상의 궁극적인 원인이 무엇인지를 묻는 것이니까요. 왜 입자들이 질량이라는 양을 가지고 왜 전기라는 성질을 띠는지를 설명할 수 있는 과학자는 없습니다. 그리고 질량을 가진 입자들이 왜 서로 끌어당기는 상호작용을 주고받는지에 대해서 대답할 수 있는 과학자도 없습니다.

과학자들은 질량을 가진 입자들이 서로 인력을 주고받는 것은 질량을 가진 입자들의 기본 속성으로 인정하고 들어갑니다. 그리고 이들이 어떤 규칙에 의해 상호작용을 주고받는지를 설명하는 것이 현시점에서 과학이 할 수 있는 역할이라고 생각합니다.

물론 질량을 가진 입자들이 왜 서로 끌어당기는지 묻는 것이 과학적 탐구의 대상이 아니라는 것은 아닙니다. 실제로 이 질문에 대한 답을 구하기 위해서 연구하는 과학자들이 있습니다. 소립자 물리학에서는 입자에게 질량을 부여해주는 '힉스 입자'라는 녀석을 찾아내기 위해 거대한 입자 가속기를 돌리고 있지요. 힉스 입자가 발견되고 나면 질문에 대한 답이 나올까요? 누군가가 "힉스 입자는 왜 입자들에게 질량을 부여해주는 역할을 하나요?"라고 물으면 과학자들은 어떻게 답해야 할까요? 진리에 대한 탐구는 종착역이 없을 것 같습니다.

과학은 자연 현상의 근원적인 원리와 본질이 무엇인지를 탐구합니다. 그리고 그와 동시에 현재 수준에서 알고 있는 과학적 원리들을 가지고 자연현상이 일어나는 이유를 설명하고 미래의 일을 예측합니다. 그런 면에서 중력 이론은 '왜 질량을 가진 물체들이 서로 끌어당기는지?' 그리고 '왜 주변의 공간을 휘게 하는지?'를 설명하지는 못하지만 천체의 운동을 설명하고 지구 위에서 일어나는 다양한 운동을 설명하는 데 자신의 역할을 잘 수행하고 있습니다.

케플러의 행성 운동의 법칙은, 행성들이 태양 주변을 어떻게 공전하는지 정확하게 설명할 수 있었지만, 행성이 태양 주위를 공전하게 하는 힘의 정체가 무엇인지는 설명하지 못했습니다. 뉴턴은 케플러의 행성 운동의 법칙을 바탕으로 행성과 태양 사이에 작용하는 힘(상호작용)을 정확하게 규명함으로

써 태양계 행성의 운동의 현상과 원인을 모두 설명할 수 있는 중력 이론을 만들어냈습니다. 그래서 케플러의 행성 운동의 법칙은 뉴턴의 중력 이론으로 모두 유도될 수 있답니다.

개념 넓히기

다음은 뉴턴의 중력 이론을 사용해서 케플러의 행성 운동의 제3법칙인 '조화의 법칙'을 유도해내는 과정입니다.

지구는 타원 궤도로 태양 주변을 공전하지만 거의 원에 가깝기 때문에 지구가 원 궤도를 따라서 태양을 공전한다고 가정할 수 있답니다. 만약 태양이 지구를 끌어당기는 힘이 갑자기 사라진다면 지구는 어떻게 될까요? 아마도 궤도를 벗어나 우주 미아가 되겠지요. 즉, 태양이 지구를 끌어당기는 중력이 지구가 원운동을 하는 원인입니다. 물리에서는 원운동을 하게 하는 힘을 '구심력'이라고 부릅니다. 정리하면, 지구가 태양 주변을 공전하는 이유는 태양이 지구를 끌어당기는 '중력'이 구심력의 역할을 해주기 때문입니다.

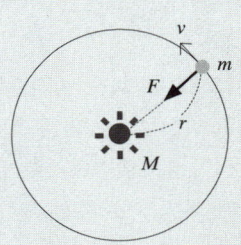

F : 중력
r : 지구의 공전 궤도 반지름
v : 지구의 공전속도
M : 태양의 질량
m : 지구의 질량

회전하는 물체가 회전 궤도를 유지하기 위해 필요한 구심력의 크기는 물체의 속도와 질량, 회전 반경에 따라 달라집니다. 줄에 물체를 매달아서 회전시킨다고 생각해보세요. 아니면 집에 있는 재료를 사용해서 그림처럼 회전 운동을 연출해보세요. 물체를 회전시키는 데 큰 힘이 필요한 상황을 쉽게 이해할 수 있을 거예요.

무거운 물체일수록 회전시키는 데 큰 힘이 필요합니다. 등속 원운동은 수시로 운동 방향이 바뀝니다. 질량이 큰 물체일수록 관성이 크다고 배웠습니다. 따라서 무거운 물체를 원운동 시키려면 큰 힘이 필요합니다. 그리고 회전 속도가 빠를수록 원운동을 유지하는 데 큰 힘이 필요합니다. 물체가 너무 빨리 회전하면 실이 끊어질 수도 있겠지요. 그만큼 큰 힘이 작용한다는 뜻입니다. 사진은 육상 종목 중 하나인 '해머던지기'입니다.

무거운 쇠공을 줄에 매달아서 두세 바퀴 회전시킨 후 던져서 멀리 날아간 사람이 우승하는 경기이지요. 무거운 쇠공을 빠르게 회전시키려면 큰 힘이 필요하기에 해머던지기 선수에게는 뛰어난 근력이 필요합니다.

마지막으로 큰 회전 반경으로 원운동을 시키려면 큰 힘이 필요합니다. 물체를 같은 속도로 회전시키는 데 한쪽은 작은 원을 그리고 한쪽은 큰 원을 그린다면 어느 쪽이 큰 힘이 필요할까요? 수식으로 설명하지 않아도 느낌이 오지요? 위에서 설명한 내용들을 수식으로 표현하면 구심력의 크기는 이렇게 정리할 수 있습니다.[014]

$$F = m\frac{v^2}{r} = 구심력$$

---

014 구심력의 공식은 등속 원운동을 하는 물체의 가속도를 구해서 유도할 수 있다.

이제 지구의 공전 문제에 구심력의 크기 공식을 적용해봅시다. 앞에서 살펴보았듯이 지구의 공전에서 구심력의 역할을 하는 힘은 태양이 지구를 끌어당기는 '중력'입니다.

$$구심력 = 중력 \quad \leftrightarrow \quad F = m\frac{v^2}{r} = G\frac{Mm}{r^2}$$

이 식에 지구의 공전 주기 식을 대입하면,

$$지구의 공전 주기, \quad T = \frac{2\pi r}{v}[015]$$

$$r^3 = \frac{GM}{4\pi^2} \cdot T^2$$

즉, 케플러의 제3법칙인 '조화의 법칙'과 같은 결과가 나옵니다. 공전 궤도 반지름의 세제곱과 공전 주기의 제곱이 비례합니다.

뉴턴은 행성과 태양 사이에 작용하는 힘이, 지구 위에 있는 물체들이 지구로부터 받는 힘과 같은 힘이라고 믿었습니다. 그는 천상의 운동 법칙과 지상의 운동 법칙이 따로 존재하지 않으며 하나의 일반적인 운동 법칙으로 설명되어야 한다고 생각했습니다.

뉴턴의 '중력 이론(만유인력의 법칙)'과 '세 가지 운동 법칙'은 뉴턴 역학의 뼈대가 되었습니다. 중력 이론은 운동의 원인을 설명해주었고, 운동 법칙은 운동을 설명하는 일반적인 방법을 보여주었습니다. 뉴턴 역학은 과학자들뿐만 아니라 일반인들의 사고에 지대한 영향을 끼쳤답니다. 사람들은 뉴턴 역

---

015 지구의 공전 궤도 반지름이 r이므로 공전 궤도의 길이는 $2\pi r$이다. 지구가 v의 속도로 공전하므로 지구가 태양 주변을 한 바퀴 공전하는 데 걸리는 시간(공전주기)은 $T = \frac{2\pi r}{v}$이다.

학이 설명하는 방식으로 시간과 공간을 이해했습니다. 모든 자연 현상을 뉴턴 역학으로 설명할 수 있다는 자신감을 가졌지요. 그래서 운동의 초기 조건만 정확하게 주어지면 어떤 운동이라도 정확하게 예측할 수 있다는 결정론적인 사고방식을 가지게 되었습니다. 이러한 사고방식은 과학의 울타리를 넘어 사람들의 세계관까지 변화시켰답니다.

"인간이 세상의 모든 것을 이해하고 인간의 조작에 의해 모든 것의 미래를 결정할 수 있다."
"과학자들이 더 이상 할 일이 없다. 우리는 모든 것을 알아냈다."

하지만 영원할 것 같던 뉴턴 역학의 시대는, 아인슈타인이라는 무명의 과학자가 발표한 한 편의 논문으로 인해 예상치 못했던 거대한 도전을 받게 됩니다. 아인슈타인은 특수 상대성 이론을 통해 뉴턴 역학이 운동을 설명할 때 기본 가정으로 삼았던 시간과 공간의 절대성을 부정했습니다. 특수 상대성 이론은, 비록 등속 운동을 하는 특수한 상황에 한정된 이야기이긴 했지만, 정지해 있는 관찰자와 운동하는 관찰자가 측정하는 시간과 길이가 다를 수 있다는 것을 보여주었거든요. 충격은 여기에서 그치지 않았습니다. 아인슈타인은 특수 상대성 이론을 확장해서 가속도 운동을 하는 경우에도 성립하는 '일반 상대성 이론'을 발표합니다. 일반 상대성 이론은 시간과 공간에 대한 새로운 인식을 완성하는 의미를 넘어서 중력에 대한 개념까지 다시 정의하게 만들었습니다. 결국 뉴턴의 만유인력 법칙은 지배적인 중력 이론의 자리를 '일반 상대성 이론'에 내어주게 됩니다.

　멈춰 있던 버스가 갑자기 출발하면 버스에 타고 있던 승객들은 자신의 몸이 뒤로 쏠리는 것을 느낍니다. 승객들은 누군가 뒤에서 자신을 잡아당기지 않았는지 뒤돌아보지만 아무도 뒤에서 끌지 않았습니다.

　분명히 아무도 뒤에서 끌어당기지 않았는데 왜 승객들의 몸이 뒤로 쏠리는 걸까요? 버스 안의 승객은 이 정체 모를 힘을 어떻게 설명해야 할지 막막합니다. 반면에 버스 밖에서 관찰하고 있는 관찰자가 이 상황을 설명하는 데는 무리가 없습니다. 우리는 앞에서 **물체에 작용하는 힘의 크기와 방향이 일정하면 등가속도 운동을 한다**고 배웠습니다. 버스 밖에 있는 관찰자가 보면, 버스를 타고 있는 승객들은 버스와 함께 등가속도 운동을 하는 것으로 보일 것입니다. 따라서 승객들에게는 버스의 주행 방향으로 일정한 크기의 힘이 작용한다고 생각할 것입니다.

정지해 있는 관찰자들은 가속도 운동을 하고 있는 버스와 승객의 운동을 설명하는 데 어떤 어려움도 없습니다. 하지만 버스와 함께 가속도 운동을 하고 있는 관찰자는 자신의 몸을 뒤로 쏠리게 하는 미스터리한 힘의 정체를 설명할 길이 없지요. 과학자들은 뉴턴 역학으로는 가속도 운동을 하는 관찰자에게 느껴지는 이 힘의 정체를 설명할 수 없다는 것을 알고 궁여지책으로 **'관성력'**이라는 가상의 힘을 도입합니다. 왜냐하면 아무 대책도 없이 "뉴턴 역학은 가속도 운동을 하는 공간에서는 성립하지 않습니다"라고 말할 수는 없으니까요. 비록 조금 궁색하기는 해도 '관성력'이라는 가상의 힘만 도입하면 가속도 운동을 하는 공간에서도 운동을 설명하는 데 아무런 문제가 생기지 않잖아요? 이 정도 궁색함은 참고 넘어갈 수 있다고 생각한 것이지요. 이처럼 가속도 운동을 하는 관찰자가 느끼는 가상의 힘을 '관성력'이라고 합니다.

자, 이제 관성력에 대해서 조금 더 자세하게 공부해봅시다.

　등가속도 운동을 하고 있는 버스를 탄 관찰자는 버스 손잡이가 일정한 각도로 기울어진 채로 정지해 있는 것을 보았습니다. 관찰자는 손잡이가 정지해 있으므로 손잡이에 작용하는 알짜힘은 0이라고 생각할 것입니다. 그는 손잡이에 작용하는 모든 힘을 찾아 화살표로 나타내보았습니다.

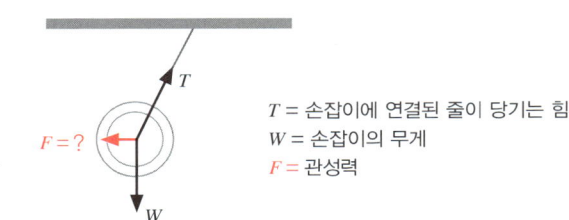

T = 손잡이에 연결된 줄이 당기는 힘
W = 손잡이의 무게
F = 관성력

　버스를 타고 있는 관찰자는 'F'라는 가상의 힘을 동원하지 않고는 손잡이가 기울어진 것을 설명할 수가 없습니다. 눈을 씻고 찾아봐도 누가 손잡이를 뒤로 잡아당겼는지 알 수는 없지만 손잡이가 뒤로 기울어진 것은 사실이므로 '관성력'이라는 가상의 힘이 작용했다고 설명하는 것입니다. 이 힘의 이름이 관성력이 된 이유는, 손잡이가 마치 버스가 가속되는 것에 저항해서 뒤로 버티는 인상을 주기 때문입니다. 손잡이의 관성 때문에 손잡이가 뒤로 기울어졌다고 보는 것이지요.

이번에는 버스 밖에 정지해 있는 관찰자의 입장에서 손잡이가 기울어지는 현상을 설명해봅시다. 버스 밖에 정지해 있는 관찰자에게는 손잡이에 두 개의 힘이 작용하는 것으로 보일 것입니다.

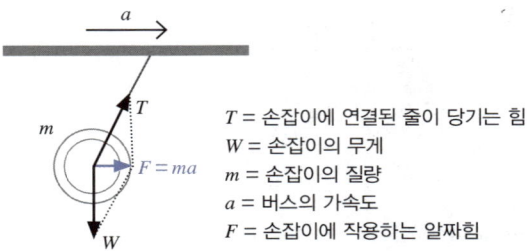

T = 손잡이에 연결된 줄이 당기는 힘
W = 손잡이의 무게
m = 손잡이의 질량
a = 버스의 가속도
F = 손잡이에 작용하는 알짜힘

'줄이 당기는 힘(T)'과 '지구가 끌어당기는 힘(W)'이 더해져서 손잡이에 작용하는 알짜힘(F)이 되는 거죠. 손잡이는 버스와 동일한 가속도로 등가속도 운동을 하고 있으므로 손잡이에는 일정한 크기의 알짜힘이 작용하고 있다고 설명할 것입니다.

손잡이의 질량은 m이고 버스와 같은 가속도 a로 가속되고 있습니다. 따라서 버스 밖에 정지해 있는 관찰자는 손잡이에 작용하는 알짜힘의 크기가 'ma'라고 설명할 것입니다.

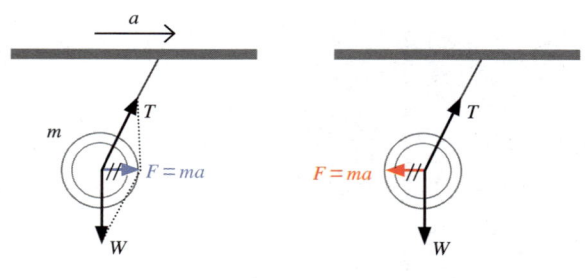

버스 밖에 정지해 있는 관찰자   버스를 타고 있는 승객

이제 두 관찰자가 각자 파악한 힘들을 비교·정리해봅시다.

위의 버스 그림에 다시 한 번 주목합시다. 그림을 보면 버스 밖의 관찰자는 손잡이에 'ma'만큼의 알짜힘이 작용해서 손잡이가 가속도 운동을 한다고 설명할 것입니다. 반면에, 버스와 함께 등가속도 운동을 하고 있는 관찰자는 버스가 가속되는 방향의 반대 방향으로 'ma'만큼의 관성력이 작용하고 있다고 설명할 것입니다.

이것만은 꼭!!

- 가속도 운동을 하는 관찰자는, 가속되는 방향의 '반대 방향'으로 '관성력'을 느낀다.
- 관찰자가 느끼는 관성력의 크기는 물체의 질량(m)에 관찰자의 가속도(a)를 곱한 만큼이다.

예) 버스와 함께 가속도 a로 등가속도 운동을 하는 관찰자는, 질량이 m인 버스 손잡이에 버스가 가속되는 방향의 반대 방향으로 ma만큼의 관성력이 작용하는 것처럼 느낀다.

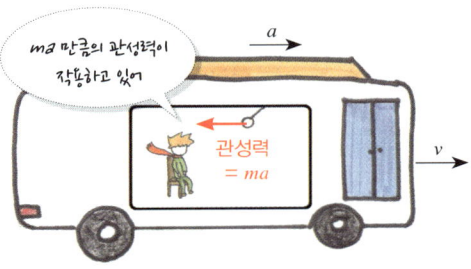

ma 만큼의 관성력이 작용하고 있어

관성력 = ma

관성력과 중력

　놀이공원에 가면 수직으로 자유 낙하하는 스릴이 넘치는 놀이기구를 탈 수 있습니다. 놀이기구가 낙하하는 동안 쌤은 오장육부가 몸 속에서 둥둥 떠다니는 것 같은 느낌이 듭니다. 여러분도 마찬가지일 테죠? 놀이기구가 자유 낙하하는 그 짧은 시간 동안, 우리 몸은 중력 으로부터 자유로워져서 붕 떠오르는 것 같은 느낌을 받게 되고, 지구 위에서 무중력 상태를 경험하게 됩니다.

　간단한 실험을 하나 해볼까요? 물론 직접 해보는 게 아니라 일종의 '사고 실험'입니다. 사고실험이란 실행 가능성에 구애받지 않고, 정말 온전히 머릿 속에서 수행되는 실험이라는 것, 알고 있죠?

　엘리베이터 바닥에 체중계를 설치하고, 그 위에 올라섭니다. 엘리베이터 를 출발시키고 체중계의 눈금 변화를 봅니다. 엘리베이터의 움직임에 따라 체중계의 눈금에도 변화가 일어날까요? 만일 그렇다면 어떤 변화일까요? 엘 리베이터가 위층을 향해 출발할 때 엘리베이터는 위쪽으로 가속됩니다. 이 경우 엘리베이터를 타고 있는 승객은 가속되는 방향의 반대 방향으로 관성력을 느끼게 되는데요. 관성력 때문에 체중계에서 측정되는 몸무게에도 변화가 생깁니다.

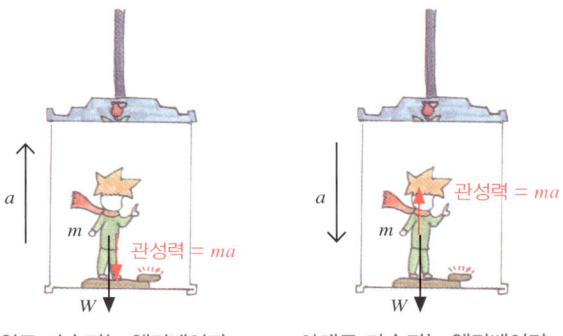

위로 가속되는 엘리베이터　　　아래로 가속되는 엘리베이터

　엘리베이터가 가속되는 방향의 반대 방향으로 관성력이 작용하기 때문에 위로 가속되는 엘리베이터를 탄 사람은 관성력만큼 체중계의 눈금이 증가합니다. 반면에 아래로 가속되는 엘리베이터를 탄 사람은 관성력만큼 체중계의 눈금이 감소합니다. 체중계의 눈금이 감소했다는 것은 몸무게가 줄어든 것과 같은 효과를 거둔 셈이 됩니다. 만약, 엘리베이터가 아래 방향으로 점점 빠르게 가속된다면 체중계의 눈금은 점점 감소하다가 급기야 중력과 관성력이 같아져서 몸무게가 0이 되는 상황이 벌어질 수도 있을 것입니다. 매달린 줄이 끊어져서 엘리베이터가 자유 낙하를 하는 상황이 바로 그런 상황이죠.

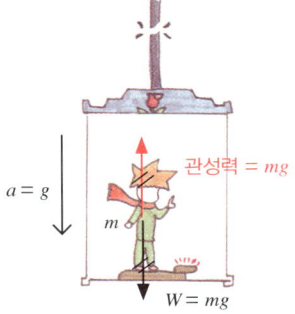

자유 낙하하는 엘리베이터

자유 낙하를 하면 엘리베이터는 아래 방향으로 중력 가속도로 가속됩니다. 따라서 엘리베이터 안에 타고 있는 사람은 중력과 같은 크기의 관성력을 느끼게 되지요. 결국 중력이 작용하지 않는 것과 같은 상황을 경험하게 됩니다.

이번에는 다음과 같은 사고실험을 해봅시다. 엘리베이터 내부에서는 바깥을 전혀 볼 수 없습니다. 또한 엘리베이터가 움직일 때 진동이나 소음이 전혀 발생하지 않아서 엘리베이터를 타고 있는 사람은 외부에 대한 정보를 전혀 얻을 수 없습니다. 엘리베이터는 자유 낙하를 하고 있고, 엘리베이터를 타고 있는 사람은 태어날 때부터 엘리베이터를 벗어나본 적이 없습니다. 이 신기한 엘리베이터는 지표면에 설치되어 있습니다.

이 경우 엘리베이터에 타고 있는 사람은 중력이라는 개념을 가지고 있을까요? 이 사람은 중력의 작용을 한 번도 경험해본 적이 없기 때문에 지구에 중력이 존재하지 않는다고 생각할 것입니다. 결국 **엘리베이터에 타고 있는 사람은 '중력'과 '관성력'을 구분할 방법이 없다**는 결론에 이르게 됩니다. 아인슈타인은 이러한 사고실험을 통해서 '중력이란 무엇일까?'에 대한 근본적인 의문을 던집니다.

원래 일반 상대성 이론은 가속도 운동을 하는 관찰자가 운동을 설명하는 방법을 밝혀내는 것이 목적이었습니다. 그런데 가속도 운동을 하는 관찰자가 관성력과 중력을 구분할 방법이 없으며 중력과 관성력이 본질적으로 같은 것이라는 생각을 하게 되면서 '일반 상대성 이론'은 결과적으로 '중력을 새롭게 정의하는 이론'으로 바뀌게 됩니다.

일반 상대성 이론의 두 가지 기본 원리

특수 상대성 이론에는 '상대성 원리'와 '광속 불변의 원리'를 바탕으로 한 두 가지 기본 원리가 있었습니다. 마찬가지로 일반 상대성 이론도 두 가지 기본 원리에서 출발합니다.

첫째는 **'상대성 원리'**입니다. 일반 상대성 이론의 '상대성 원리'는 특수 상대성 이론보다 확장된 의미를 가집니다. 특수 상대성 이론에서의 상대성 원리는, 등속 운동을 하는 모든 공간에는 동일한 물리 법칙이 적용되어야 한다는 내용이었다면, 일반 상대성 이론에서는 가속 운동을 하든 등속 운동을 하든 모든 관찰자에게 물리 법칙이 동등하게 적용되어야 한다는 것입니다. 다른 말로 하면 관찰자의 운동 상태와 무관하게 우주는 동일한 물리 법칙이 지배하는 세계여야 한다는 뜻입니다.

두 번째는 **'등가 원리'**입니다. 엘리베이터 문제에서 살펴보았듯이 관성력에 의한 효과와 중력에 의한 효과를 구별할 방법이 없다고 했습니다. 결국, '관성력'과 '중력'은 본질적으로 같다는 생각이 바로 '등가 원리'입니다.

아인슈타인은 이처럼 '상대성 원리'와 '등가 원리'를 기본 원리로 삼아 관찰자의 운동 상태와 무관하게 시공간의 특성을 설명할 수 있는 '일반 상대성 이론'을 탄생시켰습니다.

일반 상대성 이론과 중력

아인슈타인이 일반 상대성 이론을 발표했을 때, 소수의 뛰어난 이론 물리학자들만이 일반 상대성 이론의 진정한 의미를 이해할 수 있었다고 해요. 그만큼 난해한 이론이었다는 뜻이겠죠? 다음은 일반 상대성 이론에 대한 재미있는 에피소드입니다.

천재 과학자였던 아인슈타인조차도 특수 상대성 이론을 발표한 후 일반 상대성 이론을 완성하는 데 8년이라는 고통스러운 시간이 필요했습니다. 연구 과정에서 지인들에게 "연구에 대한 스트레스로 미쳐 가고 있다"고 하소연할 정도였습니다. 일반 상대성 이론이 물리학자들에게도 얼마나 어려운 이론인가는 다음과 같은 일화에 잘 나타나 있습니다. 아인슈타인 의 일반 상대성 이론을 지지하는 증거를 찾아낸 것으로 유명한 에딩턴 (Eddington, Stanley 1882~1944)[016]은 『수학적 상대성 이론 *The Mathematical Theory of Relativity*』이라는 책을 썼는데, 아인슈타인은 이것을 모든 언어로 된 상대론에 대한 글 중 가장 훌륭한 것이라고 극찬했습니다. 이에 스스로 상대론의 권위자라고 생각하고 있던 실버스테인[017]이 에딩턴에게 말했다고

에딩턴

합니다. "당신은 세상에서 일반 상대성 이론을 가장 잘 이해하고 있는 세 사람 중 한 사람일 것입니다." 에딩턴 은 아무 말도 하지 않고 물끄러미 실버스테인을 바라보 았습니다. 실버스테인은 겸손해할 필요 없다는 말을 덧 붙였습니다. 그러자 에딩턴은 이렇게 말했답니다. "그게 아니라 지금 세 사람 중에 다른 한 사람은 누군지 생각 하고 있는 중입니다."

재미있는 에피소드지만 에딩턴은 참 짓궂은 사람이라는 생각이 듭니다.

---

016 영국의 천체 물리학자. 1914년 케임브리지 천문대장·우주론·천체 물리학을 이론적으로 개척하 여 항성(恒星)의 질량과 광도(光度)의 관계를 이론적으로 증명하고, 상대성 이론을 연구하였다. 저서에 『팽창하는 우주』가 있다.

017 루드윅 실버스테인(Ludwik Silberstein, 1872~1948) 폴란드계 미국인 물리학자.

에피소드를 통해서 알 수 있는 사실은 일반 상대성 이론을 이해하기 위해서는 대단히 뛰어난 수학적 능력이 필요하다는 것입니다. 따라서 지금부터 시작되는 일반 상대성 이론에 대한 설명이 도대체 무슨 말인지 모르겠다고 느끼더라도 실망할 필요가 없습니다. 일반 상대성 이론은 우리의 경험 세계와는 너무나 동떨어진 이야기이기 때문에 이해하기 어려운 것이 당연합니다. 일반 상대성 이론을 완벽하게 이해하겠다는 것은 욕심입니다. 그냥 '중력이라는 힘을 이런 방식으로도 설명할 수도 있구나!' 하는 정도의 이해 수준이면 충분합니다.

뉴턴 역학에서는, 공간은 시간과 독립적으로 존재하고, 중력의 세기로 인해 공간의 성질이 영향을 받는 일은 없다고 생각했습니다. 반면에 일반 상대성 이론에서는 중력이 시공간을 굽게 만든다고 주장합니다. 중력이 시공간을 굽게 만든다는 말이 무슨 의미일까요?

상대성 이론은 시간과 공간의 속성을 측정하는 문제에 대한 이론입니다. 특수 상대성 이론은 관찰자가 등속 운동을 할 때 관찰자의 속도에 따라 시간과 공간에 대한 측정값이 어떻게 달라질 수 있는지를 설명해줍니다. 그리고 일반 상대성 이론은 등속 운동뿐만 아니라 관찰자가 가속도 운동을 하는 상황에까지 적용할 수 있는 보다 일반적인 상대성 이론인 것이죠. 따라서 중력이 시공간을 굽게 만든다는 말의 의미를 알기 위해서는, 뉴턴의 중력 이론과 아인슈타인의 일반 상대성 이론이 공간에 대해 어떤 상반된 인식을 가지고 있는지를 먼저 비교해보는 것이 도움이 될 것입니다.

중력이 강한 공간   에서 '자'를 사용해서 물체의 길이를 측정하는 상황을 예로 들어서 설명해보겠습니다. **뉴턴의 중력 이론에서는 중력의 크기가 물체**

---

018 태양과 같이 질량이 대단히 큰 천체 주변에서는 중력이 매우 강하게 작용한다.

의 길이를 측정하는 도구인 '자'에 영향을 주지 않는다고 설명합니다. 조금 더 정확하게 말하면 측정의 기준이 되는 '좌표계'가 중력의 영향을 받지 않는 것이지요. 우리는 3차원 수직 좌표계를 사용하는 데 익숙합니다. x, y, z 좌표를 사용해서 물체의 길이를 표현할 수 있죠. 중력이 강한 태양 주변에 간다고 이 좌표계가 휘거나 줄어들지 않는다는 것이죠.

반면에 일반 상대성 이론에서는 중력에 의해 측정 도구인 '자'가 휠 수도 있다고 설명합니다. 중력이 강한 공간에서는 우리가 사용하는 좌표계 자체가 굽는다는 것이죠. 앞에서 중력은 관성력과 구분할 수가 없다는 것이 일반 상대성 이론의 기본 원리라고 했지요. 따라서 **중력이 강한 공간이라는 것은 관찰자가 큰 가속도로 운동하는 상황과도 일치**합니다. 즉, 중력이 강한 공간, 큰 가속도로 운동하는 관찰자는, 굽어 있는 좌표계로 시공간[019]을 측정하게 된다는 것입니다.

그렇다고 해서 중력이 강한 공간에 있으면 여러분이 들고 있는 '자'가 엿가락처럼 휘어 있는 것으로 보이는 건 아닙니다. 뫼비우스의 띠 위에 개미가 한 마리 올라가 있다고 생각해보세요. 뫼비우스의 띠는 실제로는 휘어진 공간이지만 개미는 자신이 딛고 있는 공간이 굽어 있다는 것을 인식하지 못합니다. 개미에게 뫼비우스의 띠는 평평하고 곧은길로 보일 것입니다.

중력에 의해 휘어진 공간에서 진행하는 빛은 뫼비우스의 띠 위에 있는 개미와 같습니다. 빛은 휘어진 공간을 직진합니다. 빛이 인간과 같은 지각 능력을 갖고 있다고 하면, 빛은 자신이 진행하고 있는 공간이 휘어져 있다는 것을 인식하지 못합니다. 그는 자신의 공간에서 직진하고 있을 뿐입니다.

---

019 상대성 이론에서는 관찰자의 속도에 따라 시간과 공간에 대한 측정값이 변화한다고 했다. 뉴턴 역학에서는 시간과 공간은 서로 영향을 주지 않는 독립적인 값들이었다. 그런데 상대성 이론에서는 관찰자의 속도에 따라 측정되는 시간이 변화한다. 즉, 관찰자의 속도 속에 포함되어 있는 공간에 대한 값(예, 거리)과 시간이 서로 영향을 주고받는다는 것이다. 그래서 시간과 공간은 서로 분리해서 생각할 수 없고 '시공간'이라는 개념으로 설명해야 한다는 뜻이다.

일반 상대성 이론은 공간의 휘어짐으로 중력을 설명합니다. 질량은 주변의 공간에 영향을 준다는 것입니다. 질량이 큰 물체 주변에서 강한 중력이 작용하는 이유는 질량이 큰 물체일수록 주변의 공간을 더 많이 휘게 하기 때문이라는 것이지요.

그림은 시공간에 대한 이해를 돕기 위해서 2차원의 공간을 이용하여 질량에 의한 시공간의 변형을 설명한 것입니다.

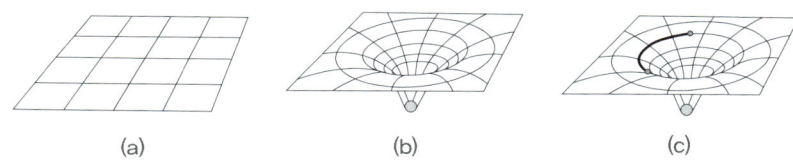

| (a) | (b) | (c) |

(a)처럼 공간에 아무것도 없으면 시공간은 방해를 받지 않아 평평합니다. 반면에 (b)와 같이 물체가 존재하면 2차원 시공간이 심하게 변형된다는 것을 보여줍니다. (b)는 질량이 큰 태양에 의해 휘어진 공간을 나타냅니다. 마치 아이들이 뛰어노는 트램펄린 위에 무거운 볼링공이 놓여 있을 때 바닥이 휘어진 것과 비슷한 모양입니다. (c)는 트램펄린의 비유를 좀 더 확장해서 볼링공이 태양을 나타내고 지구를 나타내는 작은 공이 볼링공의 주위를 도는 모습을 나타낸 것입니다. 즉, 중력을 받아 운동하는 물체는 질량이 휘어놓은 공간에서 신나게 롤러코스터를 타는 꼴인 것이죠.

일반 상대성 이론으로 설명할 수 있는 현상들

뉴턴의 중력 이론은 천체의 운동을 성공적으로 설명해주는 훌륭한 이론이었습니다. 그래서 물리학자들은 아인슈타인이 새롭게 만든 이론을 받아들이기 위해 뉴턴의 중력 이론을 버릴 이유가 없었답니다. 결국 아인슈타인은 뉴턴의 이론으로는 설명이 되지 않는 상황을 설명해야 했습니다. 그래야만 일반 상대성 이론의 '쓸모'를 증명할 수 있다고 생각한 것이지요. 아인슈타인은 '뉴턴의 이론은 중력이 매우 클 경우에는 현상을 정확하게 예측하지 못할 것'이라고 생각했습니다. 따라서 아인슈타인은 자신의 생각이 옳다는 것을 증명하기 위해서 중력이 매우 큰 상황을 찾아내서 일반 상대성 이론과 뉴턴의 중력 이론을 동시에 시험해보는 것이 가장 좋은 방법일 거라고 생각했지요.

지구상에서는 뉴턴의 중력 이론과 아인슈타인의 중력 이론이 모두 성공적으로 물체의 운동을 설명할 수 있었기 때문에 우열을 가릴 수 없었습니다. 결국 아인슈타인은 뉴턴의 중력 이론에서 결점을 찾아내기 위해서는 대단히 강한 중력이 작용하는 극단적인 상황이 필요하고, 이러한 환경은 지구가 아닌 우주에서 찾아야 한다고 생각했습니다. 그래서 태양에 가장 가까이 있는 수성의 운동에 주목합니다. 태양 주변의 중력이 지구와는 비교할 수 없을 만큼 강하다는 것을 알고 있었기 때문이지요.

아인슈타인은 수십 년 동안 천문학자들을 괴롭혀 온 수성의 이상한 행동을 일반 상대성 이론으로 설명해보기로 결심합니다. 당시 천문학자들의 정밀한 관측에 따르면 수성의 공전 궤도는 뉴턴의 중력 이론으로 예상한 궤도와 차이를 보였습니다. 처음 이 현상이 발견되었을 때 천문학자들은 수성의 이상한 행동이 태양계를 이루는 다른 행성들의 중력 작용 때문이라고 생각했습니다. 하지만 다른 행성들의 중력을 고려하더라도 뉴턴의 중력 이론으로는 수성의 이상 행동을 정확하게 설명할 수 없었습니다.

문제가 해결되지 않자 과학자들은 수성 궤도 안쪽에 소행성이 존재할 가능성을 조사했습니다. 하지만 아인슈타인은 수성의 이상한 행동이, 발견되지 않은 소행성 때문이 아니라 뉴턴의 중력 법칙에 문제가 있기 때문이라고 생각했습니다. 그는 일반 상대성 이론을 이용하여 수성의 궤도를 계산해보 았습니다. 그 결과 관측 결과와 정확하게 일치하는 결과가 나왔습니다.

새로운 과학 이론이 진정으로 받아들여지기 위해서는 일반적으로 두 가지 시험을 통과해야 합니다. 첫 번째 시험은, 이론이 실제 관측 결과와 일치해야 한다는 것입니다. 아인슈타인의 중력 이론은 수성 궤도의 변형을 정확하게 설명했으므로 이 시험을 통과했습니다. 두 번째 시험은 아직 한 번도 관측하지 못한 사실을 그 이론이 예측하고 예측한 대로 실제로 관측되어야 한다는 것입니다.

아인슈타인은 일반 상대성 이론을 이용하여 중력과 빛의 상호작용을 연구한 결과, 별이나 질량이 큰 행성 주변을 지나가는 모든 빛은 중력에 의해 별이나 행성 쪽으로 경로가 휘어져야 한다는 결론을 얻었습니다. 따라서 일반 상대성 이론에 의거, 빛이 질량이 큰 천체 주변을 지나갈 때 경로가 휘는 정도를 계산한 다음, 실제 관측값과 일치하는지만 확인하면 일반 상대성 이론은 두 번째 시험을 통과할 것으로 생각했지요.

1912년 초, 아인슈타인은 뛰어난 천문학자인 에르빈 프로인트리히(Freundlich, Erwin 1885~1964)[020]와 중력에 의해 빛의 진행 경로가 휘는 정도를 측정하는 관측에 대하여 의논했습니다. 처음에 그들은 태양계에서 가장 질량이 큰 행성인 목성의 중력이 먼 별에서 오는 빛을 휘어지게 할 만큼 크지 않을까 생각했습니다. 그러나 아인슈타인이 계산해본 결과 목성은 지구의 300배나 되는 질량을 가지고 있지만 빛이 휘어지는 정도를 관측하기에는 중력이 너

---

020 독일의 천문학자(1885~1964). 아인슈타인과 함께 큰 질량 근처를 지나는 빛의 경로를 측정하기로 하고, 일식 때 별들의 사진을 찍기 위해 준비했다. 아인슈타인의 도움으로 1914년 8월 21일에 크리미아에서 일어날 일식 때 태양 근처의 별들을 촬영하기 위해 관측 여행을 준비했지만 애석하게도 일식을 관찰하기 전에 1차 세계대전이 발발했고, 그는 간첩 혐의를 받아 러시아의 포로가 된다.

무 작다는 것을 알게 되었습니다. 결국 그들은 목성보다 1천 배나 큰 질량을 가지고 있는 태양에 주목합니다.

결국 태양 가장자리에 위치해 있는 별빛을 관측하기 위해서는 강한 태양 빛이 달에 의해 가려지는 개기 일식이 일어나는 짧은 순간에 태양 가장자리의 별빛을 관측해야 했습니다.

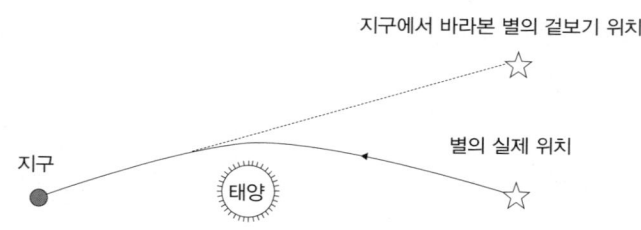

하지만 개기 일식은 흔하게 일어나는 현상이 아니며 일어나는 장소와 현지의 날씨도 관측에 큰 영향을 주었습니다. 아인슈타인의 이론을 검증하기 위한 관측팀은 여러 차례 실패를 거듭합니다. 유럽과 유럽의 식민지가 제1차 세계대전의 화염에 휩싸였기 때문이죠. 그래서 1914년 처음으로 관측팀이 만들어진 이후 아인슈타인의 이론이 옳음을 증명해주는 관측값을 얻는 데까지 무려 5년이라는 시간이 걸렸습니다.

1919년, 에딩턴이 이끄는 관측팀은 태양 주위의 별들로부터 오는 빛들이 아인슈타인이 이론적으로 계산한 값과 정확하게 일치하는 값으로 휘어진다는 것을 확인했습니다. 이로써 아인슈타인의 중력 이론은 뉴턴의 이론을 넘어서는 보다 일반적인 중력 이론으로 인정받게 됩니다.

일반 상대성 이론으로 설명할 수 있는 현상 중에서 비교적 최근의 것으로 '중력 렌즈 효과'라는 것이 있습니다. 우주에는 우리 은하와 같은 은하를 1000개 이상 포함하고 있는 은하단이 있습니다. 사진은 지구로부터 26억 광

허블 우주 망원경

Abell 1689 은하단(중력 렌즈 효과)

년 떨어진 'Abell 1689 은하단'을 허블 우주 망원경[021]으로 찍은 것입니다. 26억 광년 떨어져 있으므로 지금 우리가 보는 모습은 26억 년 전의 모습인 셈이지요.

그런데 허블 우주 망원경으로 찍은 이 사진을 보면 이상하게도 잘린 원호를 많이 볼 수 있습니다. 이것이 바로 100년 전쯤에 아인슈타인이 내놓은 일반 상대성 이론에 대한 가장 직접적인 증거입니다.

일반 상대성 이론은 절대적인 시간과 공간이 존재하지 않고 물질, 즉, 에너지가 존재하는 양에 따라 시공간의 모습이 결정된다고 설명합니다. 따라서 얼마나 많은 은하들과 질량이 모여 있는지에 따라 시공간의 형태가 상대적으로 달라집니다. 일반 상대성 이론에 따르면 큰 질량을 가진 은하들이 많이 모여 있는 은하단 영역은 시공간이 매우 심하게 휘어져 왜곡되어 있어야 합니다. 이런 경우 은하단 뒤쪽의 더 먼 우주에서 오는 빛은 우주 공간을 날아오다가 이 휘어진 공간을 따라 구부러집니다. 이것을 '중력 렌즈 효과'라고 합니다.

은하단 사진에서 노란색과 흰색으로 보이는 은하들은 지구로부터 26억

---

021 천체로부터 오는 빛은 대기권을 통과하면서 대기에 의해 흡수되고 반사되기 때문에 천체로부터 오는 다양한 파장의 빛 중에서 일부만을 볼 수 있다. 그래서 과학자들은 보다 정밀한 관측을 위해서 지구 대기권 밖에 망원경을 설치할 계획을 세웠다. 그리고 이 망원경의 이름은 우주 팽창의 증거를 찾아낸 뛰어난 관측천문학자였던 허블의 이름을 따서 '허블 우주 망원경'으로 명명했다.

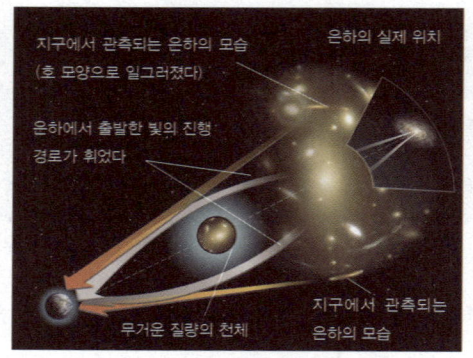

년 가량 떨어져 있는 은하들이고, 잘린 원호 모양(그림에 화살표 표기한 부분)으로 보이는 은하들은 노란색과 흰색으로 보이는 은하들 뒤편에 위치한 은하들입니다. 노란색과 흰색 은하의 뒤편에 있는 은하에서 출발한 빛이 노란색과 흰색 은하들 주변의 휘어진 공간을 통과하면서 모양이 왜곡되어 잘린 원호 모양으로 관찰되는 것입니다.

천문학자들은 중력 렌즈 효과에 의해서 빛이 휘어진 정도를 측정해서 중력 렌즈 효과를 일으킨 천체의 질량을 계산할 수 있다는 것을 알게 되었지요. 그래서 중력 렌즈 효과는 우주의 비밀을 밝혀내는 데 대단히 중요한 연구 수단이 되고 있습니다.

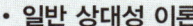

- **일반 상대성 이론**
  - ↳ 중력과 관성력은 구분할 수 없다..(등가 원리)
  - ↳ 일반 상대성 이론은 뉴턴의 중력 이론을 대체하는 보다 일반적인 중력 이론이다.
  - ↳ 질량을 가진 물체는 주변의 공간을 휘게 한다.
  - ↳ 공간의 휘어짐으로 중력의 작용을 설명하는 것이 일반 상대성 이론이다.
  - ↳ 일반 상대성 이론으로 설명할 수 있는 현상에는, 중력에 의해 빛의 경로가 휘어지는 현상과 중력 렌즈 현상이 있다.

다음은 뮤온(muon)에 관한 글의 일부분이다.

뮤온은 지구 대기권에 도달한 우주선(cosmic ray)이 공기와 충돌해서 만들어지는 입자입니다. 대기권에서 생성되는 뮤온들은 2.2×10^{-6}초라는 짧은 시간 동안 스스로 붕괴되어 다른 입자로 변합니다. 그래서 과학자들은 뮤온들이 광속의 약 99%에 해당하는 빠른 속력으로 운동함에도 불구하고 지표면에 도달하기 전에 모두 붕괴될 것이기 때문에 지표면에서 뮤온이 검출할 수는 없을 것이라고 생각했습니다. 하지만 예상과는 달리 우주선에 의해 생성된 뮤온들은 지표면에서 쉽게 검출되었습니다.

과학자들은 지표면에서 뮤온이 검출되는 이유를 특수상대성이론을 이용하여 다음과 같이 설명하였습니다.

그림은 에베레스트 산 정상 부근에서 발생한 뮤온을 나타낸 것으로, 지표면의 정지 좌표계에서는 운동하는 뮤온의 시간이 ⬚ (가) ⬚ 흐르기 때문에 뮤온은 붕괴되기 전에 지표면에 도달할 수 있습니다. 또한 뮤온과 함께 움직이는 좌표계에서는 정상과 지표면 사이의 거리가 ⬚ (나) ⬚ 때문에 뮤온은 붕괴되기 전에 도달할 수 있습니다.

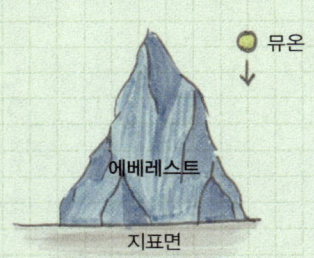

뮤온

에베레스트

지표면

빈칸 (가), (나)에 들어갈 알맞은 말을 옳게 짝지은 것은?

	(가)	(나)		(가)	(나)
①	빠르게	길어지기	②	빠르게	짧아지기
③	느리게	길어지기	④	느리게	짧아지기
⑤	느리게	같기			

풀이

(가) 정지해 있는 관찰자가 매우 빠르게 운동하는 물체를 보면, 운동하는 물체의 시간이 천천히 흐르는 것으로 보이는데 이를 특수 상대성 이론의 '시간 팽창' 효과라고 합니다. 뮤온은 광속의 약 99%에 달하는 빠른 속도로 운동하기 때문에 지표면에 정지해 있는 관찰자가 볼 때 뮤온 시계는 천천히 흐르는 것으로 보이고 뮤온은 붕괴되기 전에 지표면에 도달하게 됩니다.

(나) 정지해 있는 관찰자가 매우 빠르게 운동하는 물체를 보면, 물체의 길이가 짧아져 보이는데 이를 특수 상대성 이론의 '길이 수축' 효과라고 합니다. 광속의 약 99%의 속도로 운동하는 뮤온의 입장에서는 반대로 지구가 동일한 속도로 운동하는 것으로 보일 것입니다. 따라서 뮤온의 입장에서는 지표면까지의 거리가 '길이 수축' 효과에 의해 짧아지기 때문에 뮤온이 붕괴되기 전에 지표면에 도달할 수 있습니다.

정답 ④

그림 (가)는 지표면에서 어린 왕자가 물체를 놓는 것을, (나)는 무중력 상태인 우주 공간에서 등가속도 운동하는 우주선 바닥에 서 있는 어린 왕자가 물체를 놓는 것을 나타낸 것이다. (나)에서 어린 왕자는 우주선의 운동 상태를 알 수 없다.

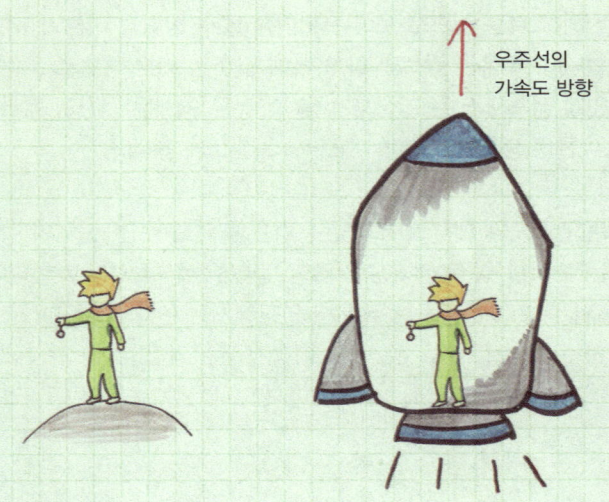

우주선의
가속도 방향

이에 대한 설명으로 옳은 것만을 〈보기〉에서 있는 대로 고른 것은?

보기

ㄱ. (가)에서 물체에는 중력이 작용한다.
ㄴ. (나)에서 어린왕자가 물체를 관찰할 때, 물체는 등가속도 운동한다.
ㄷ. (나)에서 어린왕자는 물체에 작용하는 힘이 중력인지 관성력인지 구별할 수 없다.

① ㄴ ② ㄷ ③ ㄱ, ㄴ ④ ㄱ, ㄷ ⑤ ㄱ, ㄴ, ㄷ

ㄱ. (가)에서 물체를 놓으면 지표면을 향해 낙하합니다. 따라서 (가)에서는 중력이 작용하고 있다는 것을 알 수 있습니다.

ㄴ. (나) 어린 왕자가 타고 있는 우주선이 등가속도 운동을 하고 있기 때문에 우주선이 가속되는 방향의 반대 방향으로 일정한 크기의 관성력이 작용합니다. 따라서 우주선을 타고 있는 어린 왕자가 물체를 관찰하면 바닥을 향해 등가속도 운동을 하는 것으로 관찰됩니다.

ㄷ. 일반 상대성 이론은 중력과 관성력은 본질적으로 구별할 수 없다고 설명합니다. 이 문제에서도 어린 왕자가 우주선이 가속도 운동을 하고 있다는 사실을 모르고 어린 왕자에게 우주선 외부에 대한 정보가 주어지지 않는다면 어린 왕자는 분명히 지표면에서와 마찬가지로 우주선 바닥 쪽으로 중력이 작용하고 있다고 생각할 것입니다. 즉, 등가속도 운동을 하는 우주선 내부에서는 관성력과 중력을 구분할 방법이 없습니다.

정답 ⑤ ㄱ, ㄴ, ㄷ

① **상대성 이론** : 관찰자의 운동 상태에 따라 운동에 대한 기술이 어떻게 달라지는지를 설명하는 이론.

- **특수 상대성 이론** : 관찰자들이 정지해 있거나 등속 직선 운동을 하는 제한된 상황에 대한 상대성 이론.
- **일반 상대성 이론** : 관찰자들이 가속 운동을 하는 상황까지 포함하는 일반적 상황에 대한 상대성 이론.

② **광속도 불변의 원리** : 진공에서의 빛의 속도는 관찰자가 얼마의 속도로 움직이든지, 광원이 얼마의 속도로 움직이든지 관계없이 c로 일정하다.

빛의 속도 $c = 300,000 km/s$

③ **시간 팽창 효과** : 정지해 있는 관찰자가 매우 빠르게 운동하는 사람을 보면, 운동하는 사람의 시간이 천천히 가는 것으로 관찰되는 현상.

시간 팽창 효과는 상대적이어서 운동하는 사람의 입장에서는 정지해 있는 관찰자의 시간이 천천히 가는 것으로 보인다.

④ **시간 팽창 공식**

$$t = \frac{t_0}{\sqrt{1 - \left(\dfrac{v}{c}\right)^2}}$$

t_0 : 속도 v로 운동하는 관찰자가 측정한 시간

t : 정지해 있는 관찰자가 측정한 시간

⑤ **길이 수축 효과** : 정지해 있는 관찰자가 매우 빠르게 운동하는 물체를 보면, 운동하는 물체의 길이가 짧아져 보이는 현상. 길이 수축은 운동 방향으로만 일어나고 운동 방향과 수직한 방향의 길이는 수축되지 않는다.

길이 수축 효과는 상대적이어서 운동하는 사람의 입장에서는 정지해 있는 물체의 길이가 짧아져 보인다.

⑥ **길이 수축 공식**

$$l = \sqrt{1 - \left(\frac{v}{c}\right)^2} \cdot l_0$$

l : 속도 v로 운동하는 관찰자가 측정한 길이

l_0 : 정지해 있는 관찰자가 측정한 길이

⑦ **질량 에너지 등가성** : 질량과 에너지는 본질적으로 같은 것이며 질량이 에너지로, 에너지가 질량으로 변환될 수 있다.

⑧ 운동하는 물체의 질량(m)은 속도가 빨라지면 증가한다.

$$m = \frac{m_0}{\sqrt{1 - \left(\dfrac{v}{c}\right)^2}} \qquad m_0 : \text{정지해 있는 물체의 질량}$$

⑨ 질량-에너지 등가성에 따라 물체가 가지는 에너지(E)는 다음과 같다.

$$E = mc^2, \qquad m = \frac{m_0}{\sqrt{1 - \left(\dfrac{v}{c}\right)^2}}$$

⑩ 가속도 운동을 하는 관찰자는 가속되는 방향의 반대방향으로 **'관성력'**을 느낀다.

⑪ '중력'과 '관성력'은 본질적으로 구분할 수 없다.**(등가 원리)**

⑫ 질량을 가진 물체는 주변의 공간을 휘게 한다.

⑬ **'일반 상대성 이론'**은 공간의 휘어짐으로 중력의 작용을 설명하는 중력 이론이다.

⑭ 뉴턴의 중력 이론은 중력이 강한 곳에서는 성립하지 않는다. 중력이 강하고 약하고에 관계없이 중력의 작용을 설명할 수 있는 **'보다 일반적인 중력 이론'**이 **'일반 상대성 이론'**이다.

제 6 강

대폭발 우주론과 물질의 기원

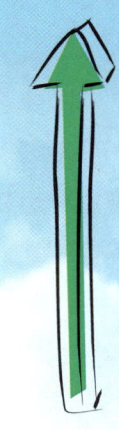

대폭발 우주론과
물질의 기원

"기원전 6백 년경에 중국 창조신화에서는 '판구'라는 위대한 창조자가 알에서 나와 넓은 평원에서 망치와 정을 이용하여 산과 골짜기를 만들었다고 한다. 땅을 다 만든 후에 그는 하늘에 태양과 달 그리고 별을 만들었다. 할 일을 다 끝내고 그는 곧 죽어버렸다. 위대한 창조자의 죽음은 이 창조신화에서 매우 중요한 부분을 차지한다. 왜냐하면 그의 신체 조각이 세상을 완성하는 데 꼭 필요했기 때문이다. 판구의 두개골은 세상을 덮는 하늘이 되었고, 살은 흙이 되었으며, 뼈는 암석이 되었고, 피는 강과 바다가 되었다. 그의 마지막 숨결은 바람과 구름이 되었고, 땀은 비가 되었다. 머리카락은 땅에 떨어져 식물이 되었고, 머리카락 사이에 살던 벼룩은 인류가 되었다고 한다. 우리의 탄생이 창조자의 죽음을 필요로 했기 때문에 우리는 영원히 슬픔 속에 살아가도록 저주를 받았다는 것이다."[001]

많은 민족들이 세상이 열리는 날에 대한 신비로운 신화를 가지고 있습니다. 거의 모든 민족들이 우주 창조에 대한 신화를 가지고 있죠. 이 세상이 어디에서 유래되었는지를 궁금해 하는 것은 사람들의 지적인 호기심이라기

---

001 『빅뱅』, 사이먼 싱 지음, 곽영직 옮김, 영림카디널, p14.

보다 본능이 이끄는 물음인 것 같습니다. 옛날부터 사람들은 "우주는 어떻게 만들어졌을까? 물질은 무엇으로 만들어졌을까?"를 궁금해 했습니다. 고대 그리스와 로마의 철학자들은 이러한 질문에 대한 답을 찾는 것이야말로 과학과 철학이 존재하는 이유라고 생각했어요. 우주와 물질의 근원을 밝혀내고 싶은 열망은 몇 천 년의 시간이 흐른 오늘날에도 여전히 자연과학을 공부하는 사람들의 마음에 큰 공명을 일으키는 것 같습니다.

우리는 앞 강의에서 운동은 어떻게 설명할 수 있는지, 운동이 왜 일어나는지, 운동의 원리를 설명할 수 있는 법칙은 무엇인지를 배웠습니다. 그리고 시야를 좀 더 넓혀서 시간과 공간에 대한 상대론적 이해를 바탕으로 천체의 운동을 지배하는 중력 법칙에 대해서 공부했습니다. 지금까지 이어진 공부의 흐름을 보면 우리는 주변에서 볼 수 있는 익숙한 운동에서 출발해서 점점 더 크고 넓은 세상을 설명하기 위한 도전을 하고 있는 것 같습니다.

이제 우주의 탄생 비밀과 물질의 기원을 설명하기 위한 본격적인 도전을 시작할 분위기가 무르익었습니다. 무릇 물리학을 공부하는 사람이라면 최소한 우주의 탄생과 물질의 기원에 대해서 설명할 수 있는 내공 정도는 가져야하지 않을까요?

6강에서는 우주의 탄생 비밀과 우주를 구성하는 물질의 기원을 설명하기 위한 천체물리학자들의 도전을 살펴보겠습니다. 천문학의 역사를 쌤과 함께 따라가다 보면 어려운 과학 개념들이 이야기의 흐름 속에서 훨씬 쉽게 다가올 거예요. 그럼, 이제 출발해볼까요?

천문학자는 두 부류로 나눌 수 있습니다. 관측 천문학자와 이론 천문학자로 말입니다. 관측 천문학자는 망원경을 사용해서 천체에 대한 관측 자료를 수집하고, 이론 천문학자들은 우주의 기원과 미래를 설명하기 위한 이론적 모델을 만듭니다. 사람들에게 많이 알려져 있는 대폭발 우주론(빅뱅 우주론)도 이론 천문학자들이 만들어낸 이론적 모델 중 하나입니다. 두 부류의 천문학자들은 서로 경쟁하는 관계가 아니라 공생하는 관계에 가깝습니다. 관측 천문학자들은 무수히 많은 별들을 아무런 전략도 없이 무작위로 관측할 수 없습니다. 자신이 지지하는 우주 모델이 필요로 하는 관측 데이터를 수집하기 위해 관측하는 대상을 선별하고 집중하는 전략을 사용합니다. 이론 천문학자들은 관측 천문학자들이 생산하는 관측 데이터를 사용해서 자신의 모델을 검증하고 수정합니다.

우주의 기원과 미래를 설명할 수 있는 이론적 모델은 '물리학의 법칙'에 기반을 두어서 만들어집니다. 우주를 구성하는 천체들은 질량 덩어리입니다. 스스로 빛을 내는 별(항성), 별의 주위를 도는 행성, 행성의 주위를 도는 위성들은 서로 중력을 주고받으면서 규칙적인 천체 운동을 반복합니다. 수천억 개의 별들이 중력에 끌려 무리를 이루면 은하가 되고 가까이 있는 은하들은 은하단을 만듭니다. 우리는 앞 강의에서 뉴턴의 중력 이론과 아인슈타인의 일반 상대성 이론이라는 두 가지 중력 이론을 배웠습니다. 별과 은하는 엄청난 질량을 가진 천체들이기 때문에 이들이 만들어내는 중력은 매우 강합니다. 그래서 우주에 대한 이론적 모델은 아인슈타인의 일반 상대성 이론을 사용해서 우주의 기원과 미래를 설명합니다.

이번 강의에서는 일반 상대성 이론에 의해 촉발된 우주론의 발달 과정을 살펴보겠습니다. 교과서에 수록된 내용들을 천문학의 역사에 대한 이야기로 엮어서 설명해볼 텐데요. 공부한다는 생각보다는 소설을 읽듯이 이야기의 흐름에 재미를 느끼려고 노력해보기 바랍니다.

우주의 미래 : 아인슈타인과 프리드먼의 우주 모델

아인슈타인은 우주의 미래가 어떻게 될지 궁금했습니다. 그래서 그는 일반 상대성 이론을 전체 우주 규모에 적용해서 우주의 미래를 예측해보았습니다. 아인슈타인은 정적이고 변하지 않는 우주에 대한 믿음을 가지고 있었습니다. 하지만 일반 상대성 이론으로 예측한 결과는 우주가 서서히 종말에 이르게 된다는 것이었습니다. 천체들이 중력에 의해 점점 가까워지고 결국에는 이웃한 은하들이 합쳐져서 별들이 서로 충돌해서 소멸한다는 것이지요. 아인슈타인은 믿을 수가 없었습니다. 결국 그는 자신의 일반 상대성 이론 방정식에 '**우주 상수**(cosmological constant)'라는 새로운 상수를 더해서 일반 상대성 이론을 수정하였습니다. 정적이고 영원한 우주라는 결과를 얻기 위해서 자신의 이론을 인위적으로 수정한 것이지요. 원하는 결과를 얻기 위해 방정식을 의도적으로 수정한 아인슈타인의 행동은 많은 논란을 불러일으켰습니다.

아인슈타인의 우주 모델에 따르면 우주는 정적이고 변하지 않아야 합니다. 하지만 천체들이 주고받는 중력은 본질적으로 서로 끌어당기는 힘이기 때문에 정적인 우주를 유지하기 위해서는 별들이 서로 끌어당기는 중력에 대항할 수 있는 반발력이 존재해야 했습니다. 일종의 반중력(밀어내는 중력)이 필요했던 것이지요. 다행히 아인슈타인은 자신의 일반 상대성 이론 방정식을 수학적으로 검토해본 결과 방정식에 상수를 하나만 더해주면 천체들끼리 서로 밀어내는 효과를 설명할 수 있다는 것을 발견하게 됩니다. 이 상수가 바로 '우주 상수'인 것이죠. 아인슈타인은 우주가 팽창하지도 수축하지도 않는 상태가 되도록 우주 상수의 값을 정했습니다.

아인슈타인의 우주 모형에 대한 논문을 흥미 있게 읽은 프리드먼(Friedmann, Alexander 1888~1925)은 우주 상수의 역할에 의문을 가지게 되었습니다. 프리

프리드먼

드먼은 아인슈타인에게 왜 우주 상수가 필요했는지를 알고 있었습니다. 아인슈타인은 우주가 정적이고 변하지 않아야 한다는 믿음을 가지고 있었기 때문에 중력에 의한 우주의 붕괴를 막으려면 천체들을 서로 멀어지게 하는 무엇인가가 필요하다고 생각했던 것입니다. 그 역할을 할 수 있는 것이 '우주 상수'였고요. 하지만 프리드먼은 일반 상대성 이론의 방정식에 우주 상수를 인위적으로 더하는 것이 마음에 들지 않았습니다. 그래서 그는 아인슈타인과 전혀 다른 접근을 시도하기로 결심했지요. 프리드먼은 이런 생각을 했습니다.

'우주가 정적이고 변하지 않아야 한다는 믿음을 버리면 어떻게 될까? 우주가 팽창하고 있다고 가정한다면 굳이 우주 상수를 사용하지 않고도 중력에 의해 붕괴되지 않는 우주 모델을 만들 수 있지 않을까?'

프리드먼의 아이디어는 다음의 예로 쉽게 설명할 수 있습니다.

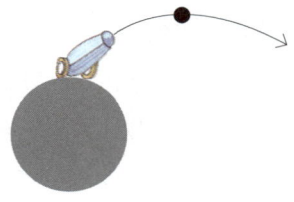

지구에서 우주를 향해 포탄을 발사한다고 합시다. 지구와 포탄 사이에는 서로 끌어당기는 인력이 작용함에도 불구하고 지구의 인력에서 벗어날 수 있을 만큼 빠른 속도로 발사되면 지구의 구속으로부터 벗어날 수 있습니다. 그림에서 지구와 포탄의 관계를 별과 별 사이의 관계로 바꿔서 설명해봅시다. 별과 별 사이에는 서로 끌어당기는 중력이 작용합니다. 하지만 **처음부터 별들이 서로 멀어지는 방향으로 운동하고 있었다면 중력이 작용함에도 불구하고 별들 사이의 거리가 가까워지지 않을 수 있습니다.** 아인슈타인은 우주가 정적이고 영원히 변하지 않는 상태를 유지해야 한다고 생각했기 때문에 천체들이 서로 끌어당기는 힘에 대응해서 천체들이 서로 반발하는 효과가 필요했지만, 프리드먼처럼 우주가 원래부터 서로 멀어지는 방향으로 팽창하고 있었다고 가정하면 굳이 중력에 대응하는 반발력과 같은 효과는 생각할 필요가 없어집니다. 당연히 우주 상수는 필요하지 않게 되는 것이죠.

프리드먼은 자신의 아이디어를 구체화해서 우주 상수가 없는 일반 상대성 이론 방정식을 이용하여 **세 가지 가능성을 가진 우주 모델을 제시**했습니다. 첫 번째 가능성은 주어진 공간 안에 많은 별들이 포함되어 있어 우주의 평균 밀도가 높은 경우입니다. 이 경우 우주 공간에 많은 별들이 존재하므로 작용하는 중력의 세기가 클 것이고, 우주는 팽창을 멈추고 점점 수축하게 될 것입니다. 과학자들은 이 우주를 '닫힌 우주'라고 부릅니다. 두 번째 가능성은 별들의 평균 밀도가 작은 경우입니다. 이 경우 별들 사이의 중력이 약하기 때문에 우주는 중력을 이기고 영원히 팽창할 것입니다. 과학자들은 이 우주를 '열린 우주'라고 부릅니다. 마지막으로 세 번째 가능성은 평균 밀도가 닫힌 우주와 열린 우주의 중간 값 정도를 가지는 경우입니다. 이 경우에는 중력 때문에 팽창 속도가 점점 줄어들겠지만 영원히 팽창이 멈추지는 않습니다. 긴 시간이 흐르면 팽창의 속도는 대단히 느려져서 우주의 크기는 일정하게 유지됩니다. 우주가 한 점으로 붕괴하지도 않고 무한대로 팽창하지도 않는 것이지요. 이런 우주를 과학자들은 '편평한 우주'라고 부릅니다.

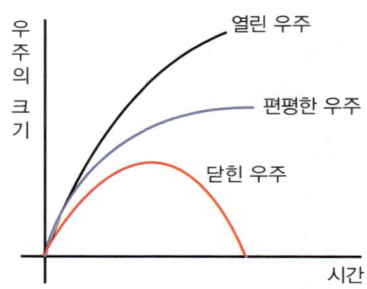

프리드먼의 세 가지 우주 모델에 대한 이해를 돕기 위해서 다시 한 번 지구에서 우주를 향해 포탄을 발사하는 상황에 빗대어 설명해보겠습니다.

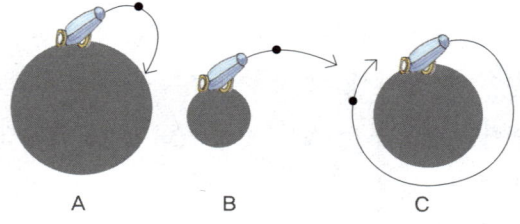

A   B   C

그림과 같이 크기가 다른 행성 위에서 포탄을 같은 속력으로 우주를 향해 발사한다고 가정해봅시다. A와 같이 질량이 큰 행성에서는 포탄이 공중으로 올라가다가 큰 중력 때문에 다시 지구로 떨어져버립니다. 이 경우는 팽창하다가 큰 밀도 때문에 수축해서 붕괴해버리는 '닫힌 우주'와 유사합니다. B는 행성의 크기가 작아서 중력의 크기가 약하기 때문에 포탄이 행성의 인력을 벗어나서 행성으로 되돌아오지 않을 것입니다. 이 경우는 영원히 팽창하는 '열린 우주'와 유사합니다. 마지막으로 C는 행성의 크기가 적당해서 포탄이 인공위성처럼 행성 주위를 공전하게 되는 경우입니다. 이 경우 포탄과 행성의 거리는 일정하게 유지됩니다. 이것은 수축하지도 팽창하지도 않는 '편평한 우주'와 유사합니다.

프리드먼이 제시한 세 가지 우주 모델의 공통점은 우주가 변해간다는 '**역동적인 우주 모델**'이라는 것입니다. **영원히 정지해 있는 우주가 아니라 진화하는 우주**라는 것이지요. 우리의 우주가 프리드먼이 제시한 세 가지 우주 모델 중에서 어떤 우주로 진화해갈지는 전적으로 우주의 밀도에 달려 있습니다. 보통 편평한 우주로 진화하는 우주의 밀도를 '**임계 밀도**'라고 합니다. 그래서 우주의 밀도가 임계 밀도보다 작으면 열린 우주가 되고, 임계 밀도보다 크면 닫힌 우주가 되는 것이지요. 현재 천문학자들의 관측에 의하면 우리는 우주가 가지고 있는 전체 에너지 중에서 4% 정도만 정체를 알고 있다고 합니다. 나머지 96%가 정체를 알 수 없는 물질과 에너지라는 것이지요. 따라서 현재로서는 우리의 우주가 닫힌 우주가 될지, 열린 우주가 될지, 편평한 우주가 될지 알 수 없는 상황이라고 합니다.

정상 상태 우주론과 대폭발 우주론의 경쟁

프리드먼은 아인슈타인에 필적할 만한 우주 모델을 내놓았지만 아인슈타인과 공정한 경쟁을 펼칠 기회를 얻지 못했습니다. 아인슈타인은 이미 과학계의 슈퍼스타였고 프리드먼은 아인슈타인과 겨루기에는 과학자로서의 명성이 많이 부족했기 때문이죠. 그래서 그의 우주 모델은 제대로 알려지지 못했고 동료 천문학자들에게 외면 당했습니다. 정적이고 영원한 우주가 상식이었던 시대에 프리드먼의 우주 모델은 너무 급진적이었던 것이죠. 결국 프리드먼은 자신의 이론에 대한 정당한 대접을 받지 못하고 숨을 거두게 됩니다. 하지만 다행스럽게도 팽창하고 진화하는 우주에 대한 생각은 벨기에의 신부이자 천문학자였던 르메트르(Lemaitre, Georges 1894~1966)에 의해 재조명됩니다.

르메트르

프리드먼의 우주 모델은 기본적으로 우주가 팽창의 연장선 위에 있다고 가정합니다. 우주의 밀도에 따라 팽창이 계속 유지될지(열린 우주), 팽창을 멈추고 수축할지(닫힌 우주), 팽창 속도가 점점 느려져서 일정한 크기를 유지할지(편평한 우주)가 결정되겠지만 세 가지 우주 모델은 공통적으로 우주는 아주 먼 과거부터 팽창하고 있었다는 가정에 기초하고 있습니다. 르메트르는 우주가 아주 먼 과거부터 팽창하고 있었다면 시간을 계속 과거로 되돌리면 우주의 크기가 한 점으로 수렴될 것이라고 생각했습니다. 그리고 우주의 모든 에너지가 매우 작은 공간에 집중되어 있던 그 순간에 우주는 엄청난 대폭발을 일으켜서 팽창을 시작했을 것이라고 생각했습니다. 이것이 바로 오늘날 '**빅뱅 우주론**'이라고 불리는 '**대폭발 우주론**'의 시작이었습니다. '대폭발 우주론'은 우주의 모든 질량과 에너지가 한 점에 모여 있다가 급격히 폭발하여 팽창했다고 주장합니다.

'우주론'은 우주의 기원과 미래를 설명하기 위한 이론입니다. 르메트르에 의해 대폭발 우주론이 주목받게 되면서, 우주가 태어나거나 소멸되는 것이 아니라 정적이고 영원히 변치 않는다는 '**정상 상태 우주론**'과, 우주는 대폭발로부터 시작되었다고 주장하는 '**대폭발 우주론**'을 중심으로 치열한 논쟁이 벌어졌습니다.

논쟁에서 승리하기 위해서는 증거가 필요했습니다. 즉, 현재 관측되는 우주를 더 잘 설명할 수 있는 우주론이 승리하게 되는 것이지요. 결국 두 우주론의 운명이 관측 천문학자들의 손에 달려 있다는 뜻이지요. 망원경으로 볼 수 있는 밤하늘의 별빛들은 과연 누구의 손을 들어주었을까요?

- **'대폭발 우주론'**은 우주의 모든 질량과 에너지가 한 점에 모여 있다가 급격히 폭발하여 팽창하였다고 주장한다.
- **프리드먼의 세 가지 우주 모델** : 우주는 먼 옛날부터 팽창하고 있다는 가정에 기초.
  - **열린 우주** : 우주의 밀도가 작아서 영원히 팽창하는 우주.
  - **닫힌 우주** : 우주의 밀도가 커서 팽창을 멈추고 수축하는 우주.
  - **편평한 우주** : 우주가 팽창하는 속도가 점점 느려져서 우주의 크기가 일정하게 유지되는 우주.
- **'대폭발 우주론'**은 역동적으로 진화하는 우주 모델이다.

우주 팽창의 증거

  아주 먼 옛날에는 하늘에서 벌어지는 여러 사건들이 경외와 두려움의 대상이었습니다. 사람들은 갑자기 태양이 사라졌다 나타나는 일식 현상을 큰 재앙이 닥칠지 모른다는 경고로 생각했고, 갑자기 밤하늘에 나타나서 몇날 며칠을 밝게 빛나다가 사라지는 초신성은 나라와 부족의 미래를 이끌 새로운 영웅의 탄생을 알려주는 신들의 메시지라고 생각했습니다. 천상의 세계에서 일어나는 일들은 모두 신앙의 대상이 되었지요.

  하지만 어느 시대에나 진실이 무엇인지 의심하는 사람들은 있게 마련입니다. 일식이 일어날 때 희미하게 드러나는 달의 실루엣을 보고 일식은 달이 태양을 가리는 현상일지 모른다고 의심하는 사람들이 생겨났습니다. 그들은 기록을 남겨 일식의 비밀을 밝혀내기 위한 단서를 후대에 남겼어요. 몇 대에 걸친 기록들은 일식이 신의 뜻이 아니라 천체의 규칙적인 운동에 의해 일정한 주기로 반복되는 사건임을 알려줍니다. 어떤 사람은 신의 뜻을 더 잘 파악하기 위해서 우주를 관측하고, 어떤 이는 신앙에 의해 가려져 있는 자연 법칙을 알아내기 위해 밤하늘을 올려다보았을 것입니다. 천문학은 이렇게 시작되었답니다. 우주에 대한 사람들의 호기심은 끊임없이 샘솟는 샘물 같았습니다. 렌즈와 망원경의 발명은 사람들의 시선을 보다 먼 우주로 이끌었지요. 하나의 별이라고 생각했던 희미한 작은 점이 실제로는 수천 억 개의 별이 모여 있는 은하라는 것이 밝혀지면서 천문학자들은 경쟁적으로 새롭게 발견한 은하들에게 이름을 부여했습니다. 망원경을 사용해서 더 멀리 있는 천체를 볼 수 있게 되면서 "과연 우주는 얼마나 클까?"라는 물음은 더 강한 공명으로 천문학자들의 심장을 울렸습니다.

그래서 천문학자들은 더 멀리 볼 수 있는 거대한 망원경을 만들기 시작했지요. 그리고 **보다 정확하고 객관적인 관측 기록을 남기기 위해서 밤하늘의 별들을 사진으로 찍기 시작**했습니다.[002] 천문학의 길에 요행이나 지름길은 애초부터 존재하지 않았습니다. 우주의 비밀은 처음부터 망원경을 통한 관측을 통해 밝혀질 운명이었습니다.

영국의 천문학자인 허긴스(Huggins, William 1824~1910)와 그의 아내 마거릿(Huggins, Margaret 1848~1915)은 아무리 성능이 좋은 망원경을 사용해도 밤하늘에서 옆으로 운동하는 천체들만 관측할 수 있고 지구를 향해 다가오거나 멀어지는 천체의 운동에 대해서는 어떤 정보도 얻을 수 없다는 것을 알고 있었습니다. 그러나 곧 그들은 분광기[003]를 이용하면 지구에 접

---

002 사진으로 별과 은하에 대한 관측 기록을 남기기 전에는 관측 결과를 다음과 같은 문장으로 기록했다. '히드라자리 알파별은 사자자리 감마별보다는 훨씬 흐리고 마차부자리 베타별보다는 조금 흐리다.' 이러한 기록 방식은 관찰하는 사람의 주관이 끼어들 여지가 많아 기록이 모호하고 객관적이지 않다는 단점이 있었다.

003 여러 파장의 빛이 섞여 있는 혼합광을 파장별로 분리해주는 장치. 여러분이 가장 쉽게 접할 수 있는 분광기로는 프리즘이 있다.

마거릿 허긴스　　　　　윌리엄 허긴스　　　　　도플러

근하거나 멀어지는 별의 운동도 관측할 수 있다는 것을 알게 됩니다. 이들 부부의 아이디어는 오스트리아의 물리학자인 도플러(Doppler, Christian 1803~1853)가 발견한 물리법칙을 망원경에 접목한 것이었습니다. 이 기술을 이용하면 대단히 멀리 있는 별이 지구를 향해 접근하는지 멀어지는지에 대한 정보를 얻을 수 있다는 장점이 있었습니다.

　우리는 구급차가 사이렌을 울리며 지나갈 때 소리의 높낮이가 변하는 것을 경험하게 됩니다. 소리를 내는 물체가 관측자에게 다가올 때에는 소리의 파장이 짧아져서 높은 음으로 들리고, 소리를 내는 물체가 관측자로부터 멀어질 때는 파장이 길어져서 낮은 음으로 들리게 되는데요. 이와 같이 소리를 내는 물체와 관측자의 운동 상태에 따라 소리의 높낮이와 파장이 변하는 현상을 '도플러 효과'라고 합니다.

도플러 효과는 소리뿐만 아니라 빛의 경우에도 동일하게 발생합니다. 그림처럼 관측자를 향해 다가오는 천체가 방출하는 빛의 스펙트럼은 파장이 짧아져서 파란색 쪽으로 치우치는데 이를 '청색 편이'라고 합니다. 반대로 관측자로부터 멀어지는 천체가 방출한 빛의 스펙트럼은 파장이 길어져 붉은 색 쪽으로 치우치는데 이를 '적색 편이'라고 합니다.

스펙트럼이 적색 쪽으로 치우침(적색 편이)

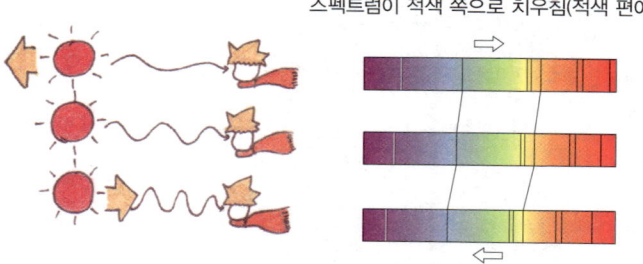

스펙트럼이 청색 쪽으로 치우침(청색 편이)

이처럼 도플러 효과에 의해서 별로부터 방출되는 빛의 스펙트럼이 청색이나 적색 쪽으로 치우치는 현상을 '도플러 편이'라고 합니다. 지구로부터 멀리 떨어져 있는 별로부터 방출되어 지구에 도달하는 빛의 세기는 대단히 약합니다. 그래서 천문학자들은 일단 대형 망원경을 사용해서 빛을 모아 밝기를 증가시킵니다. 그런 다음 빛을 분광기에 통과시켜서 파장에 따라 띠처럼 펼쳐진 스펙트럼을 만들어내지요. 마지막으로 별빛의 스펙트럼에 사진 건판을 노출시키면 별빛의 스펙트럼이 촬영된 사진을 얻을 수 있습니다.

이렇게 촬영한 스펙트럼 사진을 분석해서 천문학자들은 별이 움직이는 방향과 별의 속력을 계산해냅니다. 별이 움직이는 방향은 앞에서 설명했듯이 청색 편이가 일어나는지 적색 편이가 일어나는지를 보면 알 수 있습니다. **청색 편이가 일어났다면 지구를 향해 접근하는 별이고, 적색 편이가 일어났다면 지구로부터 멀어지는 별입니다.** 다음으로 **별이 움직이는 속력은 도플러 편이에 의해 스펙트럼의 파장($\Delta\lambda$)이 얼마나 이동했는지를 측정하면 알아낼 수 있습니다.** 별이 움직이는 속력이 빠를수록 도플러 편이가 심하게 일어나기 때문에 스펙트럼의 파장이 도플러 효과에 의해 얼마나 변했는지를 측정하면 별의 속력을 계산할 수 있습니다.

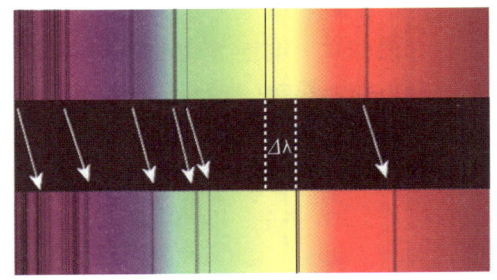

$\Delta\lambda$를 측정하면 별이 움직이는 속력을 알 수 있다.

빛의 스펙트럼

가. 고온 고밀도의 기체 혹은 고체는 연속 스펙트럼을 방출한다.

일상생활에서 보는 빛은 여러 파장의 빛이 혼합된 전자기파이다. 태양광을 백색광
(white light)이라고 하는 것은 거의 연속적으로 무수히 많은 수의 파장이 섞여 있기
때문이다. 그래서 태양광을 프리즘으로 나누어보면 보라색으로부터 빨간색까지 연
속적인 색깔 분포를 볼 수 있다. 이렇게 빛을 파장에 따라 나누어서 펼쳐놓은 그림
을 '**스펙트럼**'이라고 하며 펼쳐진 빛들이 연속적으로 이어진 스펙트럼을 '**연속 스
펙트럼**(continuous spectrum)'이라고 한다.

고온 고밀도의 기체 또는 고체는 구성 입자들 사이의 상호작용이 활발해서 다양한
파장의 빛이 방출되어 연속 스펙트럼이 발생한다. 태양광, 백열등, 응집된 물질로부
터 방출되는 빛은 연속 스펙트럼이다. 특히, 별은 뜨겁고 밀도가 높은 기체 덩어리이
기 때문에 연속 스펙트럼을 방출한다.

**나. 연속 스펙트럼의 빛이 저온 저밀도의 기체를 통과하면 연속 스펙트럼에 어
두운 흡수선**(흡수 스펙트럼)**이 나타난다.**

연속 스펙트럼에 검은 선(흡수선)이 있는 것을 흡수 스펙트럼(absorption spectrum)
이라고 한다. 이것은 연속 스펙트럼의 빛이 희박한 기체를 통과하는 중에 특정한 파
장의 빛이 기체에 흡수되기 때문에 발생한다. 태양광을 자세히 관찰하면 여러 군데
에 흡수선이 있음을 알 수 있다. 이것은 태양 빛이 태양의 대기를 통과하면서 특정
한 파장의 빛이 기체에 흡수되기 때문에 일어나는 현상이다. 흡수 스펙트럼을 분석
해보면 빛을 흡수한 기체의 종류를 알아낼 수 있다.

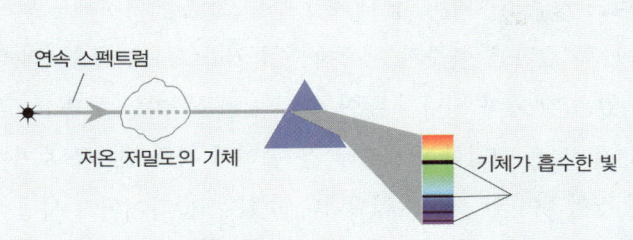

연속 스펙트럼

저온 저밀도의 기체

기체가 흡수한 빛

다. 고온 저밀도의 기체는 선 스펙트럼(방출선)을 방출한다.

기체의 전기 방전에 의한 빛이나 별에서 방출된 에너지로 뜨거워진 기체 덩어리가 방출하는 스펙트럼은 기체를 구성하는 원자 고유의 선 스펙트럼(line spectrum)을 나타낸다. 선 스펙트럼은 마치 사람의 지문과 같아서 별이 방출하는 선 스펙트럼을 분석하면 별을 구성하는 원소가 무엇인지 알아낼 수 있다. 중학교에서 배운 원소의 불꽃 반응도 동일한 원리라고 할 수 있다.

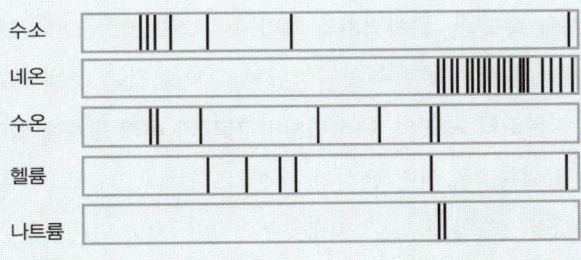

수소
네온
수온
헬륨
나트륨

1912년 슬라이퍼(Slipher, Vesto 1875~1969)는 그동안 아무도 해내지 못했던 별이 아닌 은하의 도플러 편이를 측정하는 데 성공합니다. 슬라이퍼는 안드로메다 성운을 대상으로 도플러 편이를 측정하여 안드로메다의 스펙트럼에서 청색 편이를 발견했습니다. 그 후 몇 년 동안 슬라이퍼는 더 많은 은하의 도플러 편이를 측정하였는데 그 결과는 놀랍게도 모든 은하들이 대단히 빠른 속도로 움직이고 있으며 몇 개의 은하를 제외하고는 대부분의 은하에서 적색 편이가 관측된다는 것이었습니다. 이는 **대부분의 은하가 지구로부터 멀**

어지고 있다는 것을 의미합니다. 대폭발 우주 모델을 지지하는 학자들은 슬라이퍼의 관측 결과를 우주가 팽창하는 증거라고 확신했습니다. 슬라이퍼의 발견이 있은 지 얼마 지나지 않아 미국의 천문학자인 허블(Hubble, Edwin Powell 1889~1953)은 정밀한 천체 관측을 통해서 적색 편이를 보이는 은하들의 운동에 경향성이 있음을 밝혀냅니다. 허블은 슬라이퍼가 사용하는 망원경보다 17배나 더 많은 빛을 모을 수 있는 구경 100인치짜리 망원경을 보유하고 있는 윌슨 산 천문대에서 관측을 시작했습니다. 허블은 천문대에 필요한 물품을 나르는 당나귀 짐꾼에서 시작해서 세계에서 가장 뛰어난 천문 사진가가 된 휴메이슨(Humason, Milton 1891~1972)과 팀을 이루었습니다. 휴메이슨은 여러 은하의 도플러 편이를 촬영했고 허블은 은하들까지의 거리를 측정하고 은하의 속도를 계산했습니다. 허블은 자신이 수집한 데이터를 가지고 '**은하의 속도**'와 '**은하까지의 거리**'를 그래프로 나타내보았습니다. 허블은 그래프의 점들이 직선 추세선[004] 근처에 배열되는 것을 보고 깜짝 놀랐습니다. 이는 '**은하의 속도**'와 '**은하까지의 거리**'가 비례 관계에 있다는 것을 의미하기 때문입니다. 즉, 어떤 은하가 다른 은하보다 2배 멀리 떨어져 있다면 이 은하는 대략 2배의 속도로 지구로부터 멀어지고, 3배 먼 은하는 3배의 속도로 멀어지고 있다는 것을 의미하는 것이었지요.

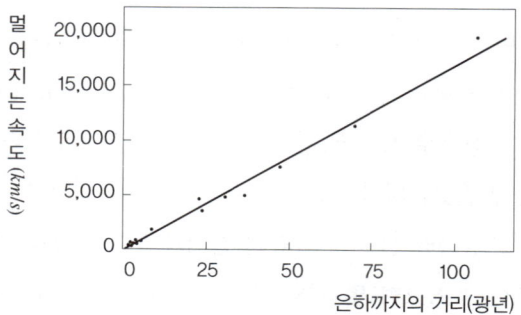

004 2강의 123쪽에서 추세선을 사용해서 두 값의 관계(비례, 반비례 등)를 알아내는 방법을 배웠다.

은하는 임의의 방향으로 아무렇게나 움직이는 있는 것이 아니라 지구로부터의 거리에 비례하는 속도로 지구로부터 멀어지고 있었습니다. 과학자들은 이 관측 결과가 우주가 팽창하고 있다는 결정적 증거라고 생각했습니다. 허블은 이 관측 결과를 「외계 은하 성운의 시선 속도와 거리 사이의 관계」라는 제목의 논문으로 발표했습니다. 그리고 허블이 밝혀낸 '은하의 속도'와 '은하까지의 거리'가 비례한다는 관계는 '허블 법칙'이라고 불리게 되었습니다.

허블의 법칙

허블은 우리 은하로부터 멀리 떨어진 은하[005]에서 오는 빛의 적색 편이 현상을 관찰하여 **우리 은하에서 멀리 떨어진 은하일수록 멀어지는 속도가 빠르다**는 것을 알아냈습니다. 그는 여러 은하의 도플러 편이를 관측하여 분석한 결과 '은하의 속도'와 '은하까지의 거리'가 비례 관계에 있음을 밝혀냈습니다. 후배 과학자들은 허블의 공로를 인정하여 이것을 '허블의 법칙'으로 부르기로 하였답니다. 우리 은하로부터 거리 r 만큼 떨어진 곳에 있는 은하의 멀어지는 속력 v는 허블의 법칙에 따라 다음과 같이 나타낼 수 있습니다.

$$v = Hr$$
$$H = 70.8 \pm 1.6 km / s / Mpc$$

여기서 H는 허블 상수입니다. 허블 상수는 확정된 상수가 아니라 관측

---

005 우리 은하에 가까이 있는 일부 은하(예, 안드로메다은하)들은 우리 은하를 향해 접근하기 때문에 청색 편이가 관찰된다. 하지만 우리 은하로부터 멀리 있는 은하들은 모두 적색 편이가 관찰된다.

기술의 발달에 따라 계속 수정되어지는 값입니다. 위의 값은 2010년에 이루어진 관측에 의해 수정된 값입니다.

허블 상수의 값은 두 가지 의미를 함축하고 있습니다.

먼저 어떤 은하가 지구에서 $1Mpc$(메가파섹) 거리에 있다면 그 은하의 속력은 약 $70.8km/s$라는 것을 의미합니다. Mpc(메가파섹)은 천문학자들이 천체들 사이의 거리를 나타내는 데 사용하는 단위입니다.

$$1\,Mpc = 3,260,000광년$$

즉, 허블의 법칙을 사용하면 지구에서 은하까지의 거리만 알면 은하의 속도를 알 수 있고 반대로 은하의 속도를 알면 그 은하까지의 거리를 구할 수 있습니다.

개념정리

메가파섹(Mpc)과 연주시차

지구가 태양을 중심으로 공전하기 때문에 지구에서 관측한 천체의 위치가 1년을 주기로 변하는 현상이 발생합니다. A천체는 지구에서 볼 때 북두칠성 부근에서 관측되며 북두칠성과 비교해보면 상대적으로 지구에 가까운 별입니다. 지구가 태양을 중심으로 공전하기 때문에 지구가 ①에 있을 때 A가 관측되는 위치와 지구가 ②에 있을 때 관측되는 위치가 달라지는 현상이 발생합니다.

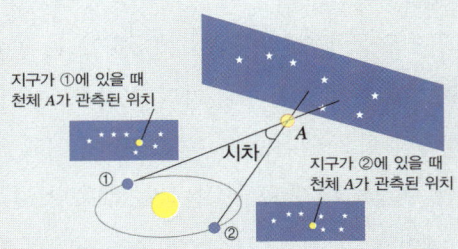

지구가 ①에 있을 때
천체 *A*가 관측된 위치

지구가 ②에 있을 때
천체 *A*가 관측된 위치

시차

①

②

A

그림에서 ①-*A*-②가 이루는 각을 '**시차**'라고 합니다. 별의 시차는 별이 지구에 가까울수록 크고 멀수록 작은 값을 가집니다.

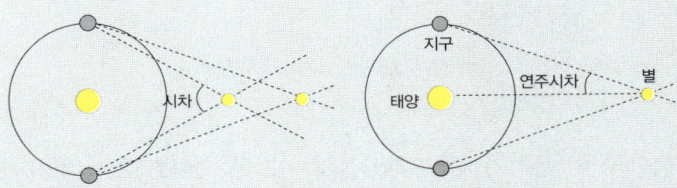

지구에서 가까운 별은 시차가 크다.

시차의 1/2을 연주시차라고 한다.

지구에서 태양까지의 거리를 알고 있기 때문에 별의 시차를 측정하면 피타고라스 정리를 이용해서 손쉽게 별까지의 거리를 계산해낼 수 있습니다. 하지만 별들이 지구로부터 대단히 멀리 있기 때문에 측정되는 별들의 시차는 대단히 작은 값을 가집니다. 예를 들어 시차가 대단히 큰 별에 속하는 센타우루스자리 알파별의 경우에도 시차는 1.52초에 불과합니다. 여기에서 '초'라는 단위는 우리가 익숙하게 알고 있는 '도(°)'의 1/3600에 해당하는 미세한 값입니다.

$$1°(도) = 60'(분), 1'(분) = 60''(초)$$

천문학자들은 지구-별-태양이 이루는 각을 '**연주시차**'라고 하며 연주시차가 1″(초)인 별까지 거리를 1(파섹)으로 정했습니다. 1(파섹)은 3.26광년으로 빛의 속도로 운동하면 3.26년이 걸려서 도달할 수 있는 거리이며 1(메가파섹)은 백만 파섹을 나타내는 값으로 빛의 속도로 운동하면 326만 년이 걸려서 도달할 수 있는 거리입니다.

$$1Mpc = 3,260,000광년$$

허블 상수의 두 번째 의미는 우리에게 우주의 나이를 알려준다는 것입니다. 대폭발 우주론에서는 우주의 모든 질량과 에너지가 한 점에 모여 있다가 급격히 폭발하여 팽창했다고 주장합니다. 따라서 지구로부터 $1Mpc$만큼 떨어져 있는 은하는, 대폭발 이후 일어난 우주의 팽창에 의해 지구와는 $1Mpc$만큼 멀어졌다고 말할 수 있습니다. 즉, 이 은하는 대폭발 이후 현재까지 $1Mpc$의 거리를 운동한 셈이고 이 은하가 $1Mpc$의 거리를 운동하는 데 걸린 시간이 바로 '우주의 나이'라고 할 수 있는 것이죠.

허블 상수는 $1Mpc$ 떨어져 있는 은하가 약 $70.8km/s$의 속력으로 멀어지고 있다는 것을 알려줍니다.

$$H = 70.8 \pm 1.6 km/s/Mpc$$

따라서 만약 이 은하가 약 $70.8km/s$의 일정한 속력으로 움직였다고 가정한다면, 이 은하가 $1Mpc$의 거리를 움직이는 데 걸린 시간이 우주의 나이입니다. 은하가 $1Mpc$의 거리를 움직이는 데 걸린 시간은 다음의 식으로 쉽게 구할 수 있습니다.

$$우주의\ 나이 = \frac{은하까지의\ 거리(d)}{은하의\ 속력(v)}$$

허블의 법칙 공식을 위의 식에 대입하면 우주의 나이를 구할 수 있습니다.

$$우주의\ 나이 = \frac{은하까지의\ 거리(d)}{은하의\ 속력(v)} = \frac{d}{Hd} = \frac{1}{H}$$

허블 상수의 역수($\frac{1}{H}$)가 우주의 나이라는 것을 알 수 있습니다. 즉, 허블 상수를 구하는 것은 우주의 나이를 구하는 작업이라고 할 수 있겠네요. 현재까지 수정된 허블 상수 값에 따르면 우주의 나이는 약 137억 년으로 추정하고 있습니다.

대폭발 우주론을 지지하는 천문학자들에게 허블의 법칙은 천군만마와 같은 존재였습니다. 허블의 법칙이 발표된 후 '대폭발 우주론'과 '정상 상태 우주론'의 경쟁은 대폭발 우주론의 우세로 급격히 기울기 시작했습니다.

팽창하는 우주

대폭발 우주 모델에서는 은하가 실제로 공간에 대해 움직이는 것이 아니라 은하가 존재하는 공간 자체가 팽창하는 것으로 설명합니다. 다음의 그림과 같이 풍선에 동전을 붙인 후 풍선을 불어봅시다. 풍선에 붙인 동전을 은하라고 생각하고 동전이 붙어 있는 풍선이 은하와 은하 사이에 존재하는 공간이라고 생각해봅시다. 풍선이 부풀어 오르면서 동전과 동전 사이의 거리가 점점 멀어지는 것을 알 수 있습니다.

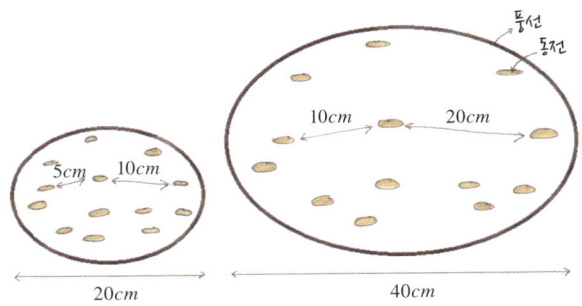

이처럼 우주의 모든 공간이 팽창한다고 생각하면 팽창하는 우주 공간에 있는 은하도 우주와 함께 팽창해서 결국에는 은하를 구성하는 천체들이 흩어져버릴지도 모른다는 생각을 할 수 있습니다. 그러나 천문학자들의 연구

에 따르면 실제로는 은하 내에 존재하는 거대한 중력 때문에 은하 내에서는 우주의 팽창 효과가 일어나기 어렵다고 합니다. 그래서 **공간의 팽창은 은하 내부 공간에서는 일어나지 않고 은하와 은하 사이의 공간에서 집중적으로 일어납니다.**

또한 풍선 표면의 한 동전을 우리 은하라고 생각하면 풍선이 부풀어 오름에 따라 마치 우주의 모든 은하가 지구에서 멀어지는 것으로 보입니다. 그렇다면 지구가 우주의 중심이라는 뜻일까요? 마치 모든 은하가 우리를 중심으로 멀어지는 것처럼 보일 것이고 우리가 살고 있는 곳에서 우주의 팽창이 시작된 것처럼 보일 수 있습니다. 하지만 풍선이 부풀어 오르면 풍선 표면에 붙어 있는 모든 동전들 사이의 거리가 멀어지므로 우주의 모든 점은 모두 자신이 우주의 중심이라고 여기게 됩니다. 그래서 대폭발 우주론에서는 관찰자가 우주의 어느 위치에 있든지 자신의 위치를 우주의 중심으로 생각할 수 있기 때문에 우주의 중심이라는 개념을 사용하지 않습니다.

아인슈타인은 허블의 관측 결과가 우주가 팽창하고 있다는 것을 증명함에 따라 자신의 우주론을 재검토했습니다. 결국 1931년 아인슈타인은 허블의 관측 결과를 받아들여 자신의 우주론이 틀렸으며 프리드먼과 르메트르가 주장한 팽창하는 우주 모델이 옳았다는 것을 인정하게 됩니다.

- **도플러 편이** : 도플러 효과에 의해서 별로부터 방출되는 빛의 스펙트럼이 청색이나 적색 쪽으로 치우치는 현상.
  - **청색 편이** : 관측자를 향해 다가오는 천체가 방출하는 빛의 스펙트럼은 파장이 짧아져서 파란색 쪽으로 치우치는 현상.
  - **적색 편이** : 관측자로부터 멀어지는 천체가 방출한 빛의 스펙트럼은 파장이 길어져 붉은 색 쪽으로 치우치는 현상.

- 대부분의 은하에서 별빛의 스펙트럼이 적색 편이 되어 있으므로 대부분의 은하가 우리 은하로부터 멀어지고 있다.
- **허블의 법칙** : '은하의 속도(v)'와 '은하까지의 거리(r)'는 비례한다.

$$v = Hr(H : 허블 상수)$$

  - 멀리 있는 은하일수록 우리 은하로부터 빠른 속력으로 멀어진다.
  - 허블 상수의 역수는 우주의 나이를 의미한다.

$$우주의 나이 = \frac{1}{H}$$

적용

자료1은 실험실에서 수소 기체의 흡수 스펙트럼을 촬영한 것이고, 자료2는 미지의 세 천체에서 촬영한 별빛의 스펙트럼입니다.

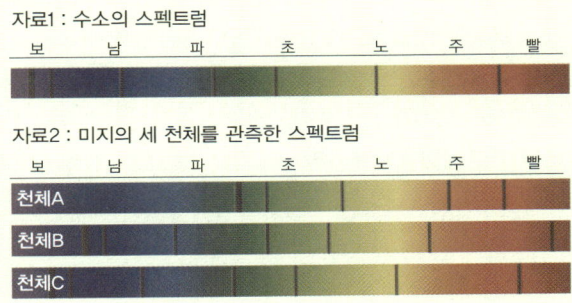

자료1 : 수소의 스펙트럼

자료2 : 미지의 세 천체를 관측한 스펙트럼

가. 자료1과 자료2를 해석하여 천체 A, B, C의 운동 방향을 설명하시오.

나. 세 천체 중에서 지구로부터 가장 멀리 있는 천체는 어느 것인지 설명하시오.

실험실에서 측정한 수소 기체의 스펙트럼은 정지해 있는 광원에서 측정한 수소 기체의 흡수 스펙트럼이므로 도플러 편이가 일어나지 않았습니다. 그래서 이 스펙트럼은 천체 관측을 통해 얻은 스펙트럼에서 도플러 편이가 얼마나 일어났는가를 판단하는 기준으로 사용할 수 있습니다. 자료1에는 수소 기체 고유의 흡수선이 촬영된 것을 확인할 수 있습니다. 만약 천체 관측을 통해 얻은 스펙트럼에 동일한 간격의 흡수선이 나타난다면 이 천체에는 수소 기체가 존재한다고 생각할 수 있습니다.

가. 천체 A~C의 흡수선을 보면 자료1에서 볼 수 있는 수소 기체의 흡수선과 간격이 동일한 흡수선이 존재한다는 것을 알 수 있습니다. 따라서 세 천체에는 공통적으로 수소 기체가 존재합니다. 그런데 세 천체에 나타나는 흡수선이 모두 적색 쪽으로 치우쳐 있다는 것을 알 수 있습니다. 즉, 세 천체에는 모두 도플러 효과에 의해 '적색 편이'가 나타나고 있습니다. 따라서 천체 A, B, C는 지구로부터 멀어지고 있는 은하입니다.

나. 도플러 편이에 의해 흡수선의 파장이 얼마나 이동했는지를 보면 천체가 운동하는 속력을 알 수 있습니다. 자료2에서 천체 A, B, C의 흡수선이 적색 쪽으로 치우친 정도를 비교해보면 A > B > C 순인 것을 알 수 있습니다. 도플러 편이가 심할수록 천체의 속력이 빠르므로 천체의 속력은 A > B > C 순입니다. 허블의 법칙에 따르면 지구로부터 멀리 있는 천체일수록 지구로부터 멀어지는 속력이 빠르다고 했습니다. 따라서 지구로부터 멀어지는 속력이 가장 빠른 천체 A가 지구로부터 가장 멀리 있는 천체입니다.

원자보다 작은 세계에서 우주의 기원을 찾다

허블에 의해 우주가 팽창하고 있다는 결정적인 증거가 제시되었지만 그렇다고 대폭발 우주론이 당장 지배적인 우주론이 될 수 있는 것은 아니었습니다. 대폭발 우주론이 정상 상태 우주론과의 경쟁에서 유리한 고지를 선점

한 것은 분명했지만 대폭발 우주론이 지배적인 우주론이 되기 위해서는 현재 우리가 살고 있는 우주가 어떤 과정을 거쳐서 만들어졌는지를 설명할 수 있어야 합니다. 특히 우주를 구성하는 여러 가지 물질들이 우주의 진화 과정에서 어떻게 생성된 것인지를 밝혀내는 것이 대폭발 우주론이 해결해야 할 가장 중요한 과제였습니다. 예를 들면, 지구의 지각에는 산소, 규소, 알루미늄, 철이 많고 바다에는 수소와 산소, 대기는 질소와 산소가 대부분을 차지합니다. 그런데 시선을 지구 밖으로 돌려보면 지구의 물질 분포는 대단히 예외적이라는 것을 알 수 있습니다. 분광기를 사용해서 별빛을 분석해본 결과 천문학자들은 우주에는 수소가 가장 풍부하고 그 다음으로 많은 원소가 헬륨이라는 것을 알게 되었지요. 다음 표는 우주를 구성하는 원소들의 양을 측정한 결과입니다.

원소	상대적 존재량
수소	10,000
헬륨	1,000
산소	6
탄소	1
다른 모든 원소	1이하

즉, 수소와 헬륨이 우주에 존재하는 모든 원소의 약 99.9%를 차지한다는 것이지요. 그런데 왜 지구에는 0.1% 이하의 비율에 불과한 산소, 알루미늄, 규소, 철 같은 원소들이 풍부한 것일까요?

대폭발 우주론이 우주의 기원을 설명할 수 있는 대표 이론으로 이름값을 할 수 있으려면 위의 질문에 답할 수 있어야 했습니다. 그리고 더 나아가서 "수소나 헬륨은 어떻게 만들어졌는지? 수소나 헬륨을 구성하는 더 작은 입자들은 무엇인지? 그것들은 대폭발 이후에 일어난 우주 팽창의 과정에서 어떻게 생성되었는지?"에 대해서 설명할 수 있어야 했습니다.

우주론을 연구하는 과학자들은 아주 큰 규모의 사건들을 다루는 데 익숙합니다. 예를 들면 일반 상대성 이론을 사용해서 거대한 천체 사이에 작용하는 중력을 설명하고 수백만 광년 떨어진 별들의 속도를 측정하여 우주의 팽창을 설명하는 식으로 말이죠. 하지만 **우주에 존재하는 다양한 물질들이 어떻게 만들어졌는지를 설명하려면 물질을 구성하는 아주 작은 입자들의 세계를 들여다볼 필요가 있습니다.** 원자를 구성하는 입자들은 무엇인지? 이 입자들이 주고받는 힘은 무엇인지? 더 작은 입자들로 쪼갤 수는 없는지? 세상에서 가장 큰 규모의 사건들을 연구하는 과학자들이 아이러니하게도 가장 작은 규모의 사건들을 연구하는 과학자들의 도움이 필요한 상황을 맞게 된 것이지요.

지금부터 우리는 우주의 탄생을 알리는 대폭발 이후에 우주를 구성하는 수많은 물질들이 어떻게 생성되었는지를 공부할 거예요. 그런데 이것들을 공부하려면 원자보다 작은 입자들에 대한 지식이 조금 필요하답니다. 자, 여러분은 지금부터 $10^{-10}m$보다 작은 세계(원자핵 크기)에서 10^{23}보다 큰 세계(은하의 크기)까지 여행하게 됩니다. 멀미가 날 것 같다고요? 마음 단단히 먹고 출발해봅시다.

원자핵 물리학

원자의 내부 구조를 이해하려는 연구는 물리학자와 화학자들이 방사성 물질들을 발견하면서부터 시작되었습니다. 방사성 물질에 대해서는 5강에서 질량-에너지 등가성을 설명하면서 소개한 적이 있습니다. 과학자들은 우라늄이나 라듐과 같은 물질들이 끊임없이 에너지를 가진 무엇인가를 방출하는 현상을 발견했고 이러한 성질을 가지는 물질들을 '**방사성 물질**'[006] 이라고 부르기로 했습니다. 과학자들은 우선 방사성 물질들이 방출하는 것이 무엇인지를 조사해보았습니다. 그 결과 방사성 물질이 '**알파선**'[007] 과 '**베타선**'이라는 두 종류의 입자와, '**감마선**'[008] 이라는 전자기파를 방출하는 것을 알아냈습니다. 과학자들은 방사성 물질이 방출하는 두 가지 입자의 흐름과 전자기파를 '**방사선**'이라고 부르기로 했습니다. 즉, 방사성 물질이란 물질 내부로부터 방사선을 방출하는 성질을 가진 물질로 정의할 수 있겠습니다.

방사성 물질이 발견된 후 과학자들은 오히려 자신들의 능력이 퇴보하는 것 같은 무력함을 느꼈습니다. 왜냐하면 불과 수년 전까지만 해도 여러 과학자들의 노력으로 수많은 원소들의 물리적, 화학적 성질들이 밝혀짐에 따라 원소의 성질에 대한 연구는 거의 완성되어 간다고 생각했기 때문이지요. 하지만 과학자들은 방사성 물질들이 어떤 원리로 끊임없이 방사선을 방출하는지를 설명할 수가 없었습니다. 결국, 방사성 물질의 이상한 행동을 설명하기 위해서는 원자 내부에서 일어나는 일에 대해 설명할 수 있어야 한다는 결론을 내리게 됩니다.

비슷한 시기에 과학자들은 고체나 액체 외에 기체에서도 전류가 흐를 수 있다는 것을 발견합니다. 영국의 과학자 톰슨(Thomson, Joseph John 1856~1940)은 기체에 흐르는 전류를 연구하는 과정에서 (−)전기를 띤 음전하의 흐름, 전자를 발견하게 됩니다. 톰슨은 전자의 발견을 통해서 물질을

---

006 '방사(放射)'라는 말은 중심으로부터 사방으로 무엇인가가 내뻗어 나온다는 뜻이다. 중학교에서 태양 복사 에너지라는 것을 배웠다. '방사'와 '복사'는 같은 의미를 가지는 한자어이다.
007 알파선은 빠른 속도로 가속된 헬륨 원자핵의 흐름이고 베타선은 빠른 속도로 가속된 전자의 흐름이다.
008 감마선은 파장이 가장 짧은 전자기파. 정형외과에서 골절 유무를 조사하기 위해서 사용하는 X선보다 더 파장이 짧고 투과력이 큰 전자기파이다. X선이 뼈에 생긴 골절을 조사하는 데 사용된다면, 감마선은 콘크리트 구조물 등에 생긴 미세한 균열을 조사하는 데 사용된다.

구성하는 원자 내부 세계를 다음과 같이 상상했습니다.

"전자는 음전하를 띠고 있고 대단히 작아서 눈에 보이지도 않아. 그러니까 전자는 물질을 구성하는 작은 조각임이 분명해. 결국 원자들의 내부에는 음전하를 띠고 있는 전자들이 들어 있다는 것이지. 그런데 대부분의 입자는 전기적으로 중성이잖아. 그렇다면 분명히 원자 내부에는 양전하를 띠는 입자들이 존재하는 것이 틀림없어."

톰슨은 눈에 보이지 않는 원자 내부의 세계를 설명하기 위해서는 모형 같은 것이 필요하다고 생각했습니다. 그래서 그는 원자의 내부 구조는 균일하게 분포되어 있는 양으로 대전된 물질 사이에 전자들이 수박의 씨처럼 박혀 있는 형태일 것이라고 주장하면서 옆의 그림과 같은 원자 모형을 제안했습니다.

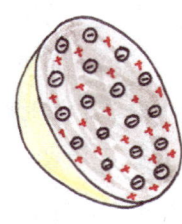

톰슨의 원자 모형

원자의 내부에 음전하와 양전하를 띠고 있는 더 작은 입자들이 존재할 것이라는 톰슨의 주장은 일리가 있었지만 그의 원자 모형은 실험적 증거를 바탕으로 만들어진 것이 아니었습니다. 하지만 원자의 내부 구조를 설명하기 위해서 최초로 모형을 사용했다는 점에서 의미가 있습니다.

과학자들은 톰슨의 원자 모형이 옳은지를 검증하기 위해서는 원자 내부에 들어 있는 것들이 무엇인지 조사해볼 수 있는 도구가 필요하다고 생각했습니다. 예를 들면 빙하지대를 건너는 탐험가들이 빙하가 갈라져 있는 얼음 절벽에 빠지지 않기 위해서 막대로 바닥을 조심스럽게 찔러보면서 전진하듯이 원자의 내부에 무엇이 있는지 찔러볼 수 있는 도구가 있으면 좋겠다고 생각한 것이지요. 뉴질랜드 출신의 물리학자인 러더퍼드(Rutherford, Ernest

1871~1937)는 방사성 물질이 방출하는 방사선 중 하나인 알파선이 원자의 내부 구조를 조사할 수 있는 도구가 될 수 있을 것이라고 생각했습니다. 당시에 **알파선은 양전하를 띠고 있는 헬륨 원자핵의 흐름**이라는 것이 알려져 있었습니다. 러더퍼드는 방사성 물질에서 방출되는 알파선이 빠른 속력으로 가속되어 있기 때문에 알파 입자를 원자를 향해 발사하면 알파 입자가 원자와 충돌해

러더퍼드

서 원자의 내부 구조에 대한 정보가 드러날지도 모른다고 생각했습니다.

　러더퍼드는 알파 입자를 방출하는 라듐을 준비한 다음 라듐의 주변을 납으로 둘러싸고 좁은 틈만 내어놓았습니다. 알파선은 납을 통과하지 못하기 때문에 납 사이에 좁은 틈을 내어놓으면 이 틈을 통해서만 알파선이 방출될 것이고 틈이 향하는 방향을 조절하면 방출되는 알파 입자의 방향을 조절할 수 있었습니다. 그는 알파 입자가 나오는 방향에 얇은 금박을 놓고 알파 입자가 금 원자와 충돌할 때 어떤 일이 일어나는지 조사했습니다.

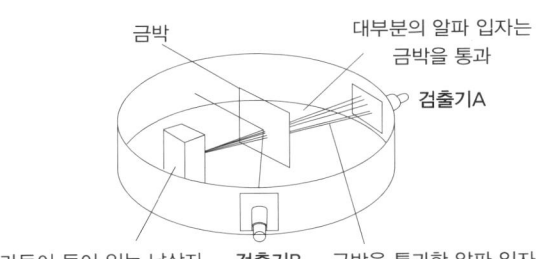

금 원자와 충돌한 알파 입자를 검출하기 위한 검출기

　러더퍼드 연구팀의 계산에 따르면 알파 입자가 가지는 에너지를 고려하면 매우 얇은 금박에 퍼져 있는 양전하들이 알파 입자의 진행 경로를 크게

바꾸기는 어려울 것으로 예측되었습니다. 금 원자의 내부가 톰슨의 원자 모형대로 양전하의 반죽 위에 전자가 박혀 있는 모양이라면, 양전하를 띤 알파 입자가 금박에 충돌하는 상황은 커다란 포탄이 얇은 종잇조각을 향해 발사되는 상황과 같기 때문입니다. 따라서 톰슨의 원자 모형이 옳다면 금박을 향해서 발사된 알파 입자들은 금박을 통과하면서 진행 경로가 살짝 틀어져서 금박 뒤편에 있는 검출기 A에서 검출되어야 합니다.

하지만 연구팀은 실험값에서 놀라운 사실을 발견하게 됩니다. 8천 개의 알파 입자들 중에서 1개의 비율로, 금박에 충돌한 알파 입자가 납 상자 쪽으로 튕겨져서 검출기 B에서 검출되는 것이었습니다. 이것은 얇은 종이 한 장이 대포알을 튕겨낸 것과 같은 믿을 수 없는 상황이었습니다. 러더퍼드는 대부분의 알파 입자들이 진행 경로의 변화 없이 투과되고 극소수의 알파 입자들이 반대 방향으로 튕겨져 나오는 것을 보고 다음과 같은 생각을 했습니다.

"대부분의 알파 입자들의 진행 경로가 변하지 않는 것을 보면 양전하로 대전된 물질이 원자 내부에 고르게 퍼져 있다는 톰슨의 원자 모형은 틀린 것이 분명해. 놀랍게도 실험 결과는 마치 금 원자의 내부가 텅텅 비어 있다고 말해주는 것 같군."

"극소수의 알파 입자들만이 반대 방향으로 튕겨나가는 걸 보면 원자가 가지는 질량의 대부분이 좁은 곳에 모여 있다고 생각할 수밖에 없군. 알파 입자가 큰 에너지를 가지고 있음에도 불구하고 충돌한 후에 반대 방향으로 튕겨나가는 것을 보면, 질량이 좁은 곳에 모여 있을 뿐만 아니라 양전하를 띠고 있는 것이 분명해. 그리고 이곳을 '**원자핵**'이라고 부르는 건 어떨까?"

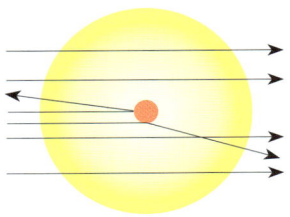

"전자가 원자핵의 주변을 회전하는 모형이라면 원자의 내부가 대부분 비어 있다는 것을 잘 설명할 수 있지 않을까? 마치 태양의 주변을 행성이 회전하는 것처럼 말이지. 태양이 지구를 끌어당기는 중력에 의해 지구가 태양 주변을 공전하듯이, 양전하를 띠고 있는 원자핵이 전자를 끌어당기는 전기력에 의해 전자는 원자핵의 주변을 회전한다고 설명할 수 있어."

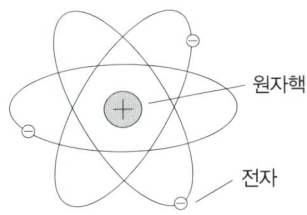

원자의 종류에 따라 원자의 크기에 차이가 있긴 하지만 원자의 크기는 10억 분의 1미터 정도입니다. 그러나 러더퍼드의 실험 결과에 따르면 원자핵의 지름은 원자 지름의 10만 분의 1 정도라고 합니다. 만약 지름이 $1mm$인 점을 하나 찍고 이 점을 원자핵이라고 가정한다면 원자의 크기는 $10m$ 정도입니다. 지름이 $1mm$인 점과 지름이 $10m$인 원 사이에 존재하는 텅 빈 공간이 바로 원자핵과 전자 사이에 존재하는 빈 공간의 상대적인 크기라고 생각하면 되겠네요. 우리 주변에는 딱딱한 물건들이 많습니다. 이 물건들은 모두 수많은 원자들이 모여서 만들어집니다. 그런데 이 원자들의 내부가 거의 텅 빈 공간이라니 놀라울 따름입니다.

러더퍼드의 실험을 통해서 원자의 질량이 대부분 원자핵에 집중되어 있다는 사실이 알려지면서 과학자들은 원자핵의 정체가 궁금했습니다.

"원자핵을 구성하는 더 작은 입자가 존재할까?"
"무거운 원자핵은 가벼운 원자핵과 무엇이 다를까?"

과학자들은 일단 가장 가벼운 원자인 수소의 원자핵을 가지고 연구를 시작했습니다. 왜냐하면 주기율표에서 원자들의 질량을 비교해보았더니 모든 원자들의 질량이 수소의 정수배에 가까웠기 때문입니다.

"질량의 대부분이 원자핵에 모여 있으니까 원자의 질량은 원자핵의 질량이라고 생각할 수 있어. 그런데 모든 원자의 질량이 수소의 정수배라는 것은 혹시 수소의 원자핵이 여러 개 모여서 더 무거운 원자핵이 만들어지는 것은 아닐까?"

과학자들은 수소의 원자핵이 모든 원자핵을 구성하는 기본 단위가 아닐까 의심했습니다. 러더퍼드는 바로 실험에 착수했습니다. 그는 알파 입자를 질소에 충돌시켜보기로 했습니다. 알파 입자가 질소의 원자핵에 충돌해서 질소의 원자핵을 부수면 질소의 원자핵을 구성하는 입자들이 쏟아져 나올 것이라고 생각한 것이지요. 러더퍼드는 질소의 원자핵이 쪼개지면서 수소의 원자핵이 튀어나올 것이라고 예상했습니다. 실험 결과는 예상대로였습니다. 알파 입자를 질소 기체에 쏘았더니 수소의 원자핵이 튀어나오는 것이 관찰되었거든요. 그는 이 실험 결과를 바탕으로 수소 원자핵이 질소뿐만 아니라 다른 원자핵들 속에 공통으로 들어 있는 기본적인 요소라는 결론을 내리게 됩니다. 그리고 수소의 원자핵을 '**양성자**(proton)'라고 부르기로 했습니다.

수소 원자는 한 개의 양성자와 한 개의 전자를 가집니다. 수소 원자는 전기적으로 중성이기 때문에 양성자 한 개가 가지는 전하량과 전자 한 개가 가지는 전하량은 같습니다. 그렇다면 전자를 두 개 가지고 있는 헬륨 원자는 양성자를 몇 개 가지고 있을까요? 헬륨 원자가 전기적으로 중성이기 위해서는 양성자의 수와 전자의 수가 같아야 합니다. 따라서 헬륨 원자는 양성자를 두 개 가져야 합니다. 즉, **전기적으로 중성인 모든 원자들은 양성자와 전자를 같은 수만큼 가지고 있다**는 결론에 이르게 됩니다.

과학자들은 원자핵 속에 '양성자'라는 입자가 들어 있다는 것을 알게 되었고 원자핵이 양전하를 띠는 이유는 양성자 때문이라는 것을 알게 되었습니다. 그렇다면 원자핵 속에는 양성자만 들어 있는 것일까요? 양성자가 원자핵 속에 들어 있는 유일한 입자라면 원자들의 질량은 양성자의 수(또는 전자의 수)에 비례할 것입니다. 하지만 수소보다 무거운 원자들이 가지는 질량을 조사해보면 양성자의 수와 원자의 질량이 비례하지 않는다는 것을 알 수 있습니다.

원소	원자의 질량비	양성자 수	전자 수
수소	1	1	1
헬륨	*4	2	2
리튬	*6	3	3

표를 보면 수소, 헬륨, 리튬의 원자핵에 들어 있는 양성자 수의 비는 1:2:3이고 세 원자의 질량비는 1:4:6입니다. 만약 원자핵 속에 양성자만 들어 있다면 원자의 질량비는 양성자 수의 비와 일치해야 합니다. 결국 과학자들은 원자핵 속에 양성자만 들어 있는 것이 아니라는 결론을 내렸습니다. **원자핵**

속에는 질량이 크고 전기를 띠고 있지 않는 '미지의 입자'[009] 가 들어 있는 것이 분명해 보였습니다.

원소	원자핵의 질량비	양성자 수	전자 수
수소	1	1	1
헬륨	4(양성자2 + 미지의 입자)	2	2
리튬	6(양성자3 + 미지의 입자)	3	3

미지의 입자를 찾는 일은 쉽지 않았습니다. 이 입자는 전기를 띠지 않기 때문에 알파 입자로 원자핵을 깨트리는 실험에서 설령 이 입자가 튀어나오 더라도 검출하기가 어려웠습니다. 전기를 띠는 입자들은 전기장이나 자기장 과 상호작용을 할 뿐만 아니라 다른 물체에 쬐어주었을 때 물체를 대전시키 는 성질을 가지고 있기 때문에 상대적으로 쉽게 검출되지만 전기를 띠지 않 는 미지의 입자를 검출하는 것은 쉽지 않았습니다.

베일에 싸여 있던 미지의 입자는 퀴리 부부의 딸인 졸리오 퀴리(Joliot-Curie, Irène 1897~1956) 덕분에 세상에 모습을 드러냅니다. 그녀는 부모님의 도움으로 연구에 필요한 방사성 물질을 가장 많이 보유하고 있었습니다. 퀴 리는 강한 세기의 알파선을 베릴륨[010]에 쏘았더니 많은 양의 방사선이 방출 되는 것을 발견했습니다. 이 방사선은 전기를 띠고 있지 않았기 때문에 그녀 는 당연히 이것이 감마선이라고 생각했습니다. 그런데 이 방사선을 파라핀 [011]에 쬐어주자 파라핀에서 많은 수의 양성자가 쏟아져 나오는 것을 보고 깜

---

009 헬륨을 예로 들면 미지의 입자가 가지는 질량이 양성자와 비슷하다는 것을 알 수 있다. 그리고 양성 자의 수와 전자의 수가 같으므로 미지의 입자는 전기를 띠지 않는 중성 입자라는 것을 알 수 있다.
010 원자 번호가 4번인 가벼운 금속. 원소 기호는 Be.
011 초의 원료가 되는 물질.

짝 놀랍니다. 왜냐하면 파라핀에 감마선을 쬐어주는 실험을 여러 번 해보았지만 감마선을 파라핀에 쬐어준다고 양성자가 튀어나왔던 적은 없었기 때문입니다. 하지만 아쉽게도 퀴리는 베릴륨에서 방출되는 중성의 방사선이 원자핵 속에 들어 있는 미지의 입자가 튕겨 나오는 것이라고는 생각하지 못했습니다.

졸리오 퀴리

결국 베릴륨에서 방출되는 중성 방사선이 원자핵을 구성하는 미지의 입자라는 것은 러더퍼드의 제자인 채드윅(Chadwick, James 1891~1974)에 의해 밝혀지게 됩니다. 채드윅은 베릴륨에서 방출되는 중성 방사선이 양성자와 비슷한 질량을 가지면서 전기를 띠지 않는 입자라는 점에 근거해서 이 입자가 베릴륨 원자의 원자핵에서 튀어나온 것이 분명하다고 주장했습니다. 그는 이 입자에게 **중성자**(neutron)'라는 이름을 붙여주었습니다.

채드윅

채드윅이 중성자를 발견하면서 원자의 질량비가 양성자 수의 비와 일치하지 않는 이유는 깔끔하게 설명되었습니다. 원자의 질량비와 양성자 수의 비가 일치하지 않은 이유는 원자핵 속에 양성자와 질량이 비슷한 중성자가 들어 있기 때문이었습니다.

원소	원자의 질량비	양성자	전자 수
수소	1	1	1
헬륨	4(양성자2 + 중성자2)	2	2
리튬	6(양성자3 + 중성자3)	3	3

양성자와 전자의 수는 원자의 종류에 따라 변하는 값입니다. 주기율표에는 원자들이 원자 번호 순으로 배열되어 있는데요. **'원자 번호'는 원자가 가지는 양성자의 수**를 의미합니다. 예를 들어 원자 번호가 2번인 헬륨은 양성자를 두 개 가지고 있다는 뜻이지요. 원자의 질량에 대한 정보는 **'질량수'**라는 값으로 나타냅니다. **질량수는 '양성자의 수와 중성자의 수를 더한 값'**입니다. 헬륨의 경우에는 양성자와 중성자를 각각 2개씩 가지고 있기 때문에 질량수는 4입니다. 과학자들은 원자에 대한 정보를 원소 기호에 다음과 같이 표기하기로 약속했습니다.

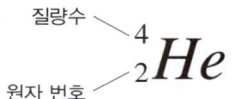

그런데 일부 원자는 같은 원소임에도 불구하고 서로 다른 개수의 중성자를 가지기도 합니다. 수소의 경우에는 보통 중성자가 없지만, 더러 작은 양이지만 두 개의 중성자를 가진 수소가 발견되기도 합니다. 이처럼 같은 수의 양성자와 전자를 가지고 있지만 중성자의 수가 달라서 질량수가 다른 원소를 '동위원소'라고 합니다. 동위원소가 존재하기 때문에 주기율표에 표기된 질량수는 정수가 아닙니다. 동위원소들이 가지는 질량수의 평균값이 표기되기 때문에 질량수가 소수 값으로 표기된답니다.

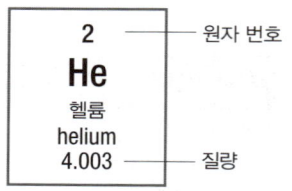

원자의 내부 구조를 이해하게 된 물리학자들은 방사성 물질이 방사선을

방출하는 이유를 설명할 수 있게 되었습니다. 원자핵은 아주 좁은 공간에 양성자와 중성자들이 밀집해 있는 구조를 이루고 있습니다. 아주 좁은 공간에 같은 부호의 전기를 띠는 양성자들이 모여 있다 보니 양성자들이 서로 밀어내는 전기력 때문에 원자핵은 이론적으로는 불안정한 상태라는 것이지요. 그런데 이상하게도 실제 원자핵들은 대부분 안정된 상태를 유지하고 있습니다. 어떻게 이런 일이 가능할까요? **과학자들은 원자핵이 안정된 상태를 유지하기 위해서는 양성자들끼리 밀어내는 힘을 상쇄시키고 양성자와 중성자를 원자핵에 묶어둘 수 있는 힘이 필요**하다고 생각했습니다.

> "양성자들이 서로 밀어내기 때문에 원자핵은 조각조각 쪼개지고 말 거야. 그런데도 양성자들이 좁은 원자핵에 모여 있을 수 있다는 것은 양성자들을 서로 강하게 결속시키는 어떤 힘이 존재하고 있다는 게 분명해. 과연 그 힘은 무엇일까?"

채드윅이 중성자를 발견했던 1932년 당시에는 이런 역할을 할 수 있는 힘에 대해서 알려진 바가 없었습니다. 당시에 자연계에 존재한다고 알려진 힘으로는 중력과 전기력이 있었습니다. 중력은 서로 끌어당기는 힘이니까 원자핵이 쪼개지는 것을 막는 역할을 할 수 있지 않을까 생각할 수 있었습니다. 하지만 중력은 서로 멀어지려는 양성자들을 묶어두기에는 너무 약한 힘이었습니다. 양성자와 중성자의 질량이 너무 작아서 중력은 전기력의 상대가 되지 못했거든요. 결국 과학자들은 중력과 전기력이 아닌 제3의 힘이 원자핵을 구성하는 입자들 사이에 작용하고 있다는 결론을 내렸습니다. 분명히 미지의 힘이 존재한다는 것은 확실해 보였지만 이 힘의 정체를 알지는 못했습니다. 이 힘의 정체는 이로부터 40년 가까운 시간이 흐른 후에야 밝혀집니다.

훗날 과학자들은 이 힘에 '**강한 상호 작용**'이라는 이름을 붙여줍니다. 강한 상호 작용은 원자핵을 구성하는 입자(양성자, 중성자)들을 강하게 결속시키는 힘입니다. 사람들이 이 힘의 존재를 알지 못했던 것은 힘이 작용하는 거리가 너무 짧기 때문입니다. 원자핵의 내부와 같이 대단히 가까운 거리에서는 엄청나게 강한 힘이지만, 거리가 멀어져서 원자핵의 크기를 벗어나면 세기가 급속히 감소해서 무시할 수 있을 정도로 약해집니다.

원자핵의 내부는 용수철을 손으로 압축해서 쥐고 있는 상황에 비유할 수 있습니다. 용수철은 팽창해서 손아귀를 벗어나기를 원하지만 손의 악력을 이길 수 없습니다. 같은 부호의 전기를 띠고 있는 양성자들은 서로 밀쳐내서 원자핵을 조각내고 싶어하지만 양성자들 사이에, 양성자와 중성자 사이에, 그리고 중성자들 사이에 작용하는 강한 상호 작용은 양성자와 중성자를 강하게 결합시켜서 원자핵이 붕괴되지 않도록 하는 것이죠.

이상의 이야기를 정리하면 **원자핵에 중성자가 존재하는 이유는 원자핵을 안정화시키는 데 중성자가 중요한 역할을 하기 때문**입니다. 양성자들 사이에 섞여 있는 중성자들이 강한 상호 작용으로 양성자들을 원자핵에 붙잡아두고 있는 것이죠.

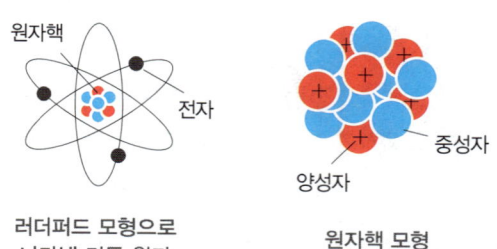

러더퍼드 모형으로
나타낸 리튬 원자

원자핵 모형

원자핵을 안정화시키는 중성자의 역할은 원자들이 무거워질수록 중요해집니다. 왜냐하면 무거운 원자일수록 원자핵에 많은 수의 양성자가 존재하고 양성자의 밀도도 높기 때문입니다. 그래서 가벼운 원자들은 양성자와 중성자의 수가 서로 비슷하지만 원자가 무거워질수록 양성자보다 중성자 수가 많아집니다. 예를 들어 원자 번호가 2번인 헬륨은 양성자와 중성자 수의 비가 같고 원자 번호 26번인 철은 26개의 양성자와 30개의 중성자를 가지며 원자 번호가 88번인 라듐(Ra)은 88개의 양성자와 138개의 중성자를 가지고 있습니다.

무거운 원자핵은 안정된 상태를 유지하기 위해서 상대적으로 많은 수의 중성자가 필요합니다. 하지만 중성자의 역할에는 한계가 있습니다. 그래서 우라늄이나 라듐과 같은 무거운 원자의 원자핵은 스스로 붕괴해서 작은 크기의 안정된 원자핵으로 변하려는 성질을 가집니다. 예를 들어 라듐의 원자핵은 알파 입자(양성자 2개, 중성자 2개로 이루어진 헬륨의 원자핵)를 방출하고, 양성자 86개 중성자 136개를 가진 라돈(Rn)이라는 원자핵으로 바뀝니다.

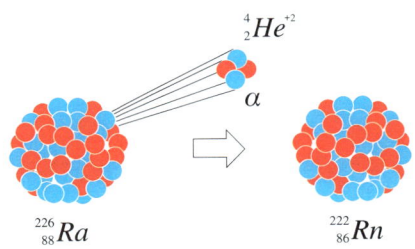

이처럼 덩치가 큰 원자핵이 방사선을 방출하고 작은 원자핵으로 바뀌는 핵반응을 '핵분열'이라고 합니다. 그리고 '방사선'이란 원자핵이 붕괴되어 보다 안정된 원자핵이 되는 과정에서 원자핵 밖으로 방출하는 입자(알파 입자, 베타 입자)와 에너지(감마선)입니다.

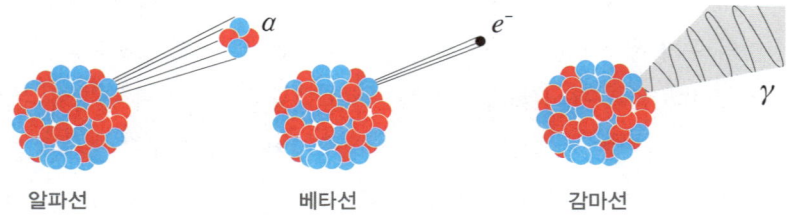

알파선   베타선   감마선

보통 핵반응은 큰 원자핵과 관련이 있지만 수소와 같이 작은 원소에서도 일어날 수 있습니다. 수소 원자핵들이 서로 합쳐져서 덩치가 큰 헬륨 원자핵을 만들 수도 있는데 이처럼 가벼운 원자핵들이 합쳐져서 무거운 원자핵을 생성하는 핵반응을 '핵융합'이라고 합니다. 핵분열을 일으키는 원자들은 대부분 무겁고 불안정한 원자핵이기 때문에 자연 상태에서 스스로 핵붕괴를 일으키지만 수소는 안정된 원자이기 때문에 **핵융합 반응은 엄청나게 높은 온도와 압력의 조건이 갖추어져야 일어납니다.** 이런 조건은 어디에서 가능할까요? 핵융합이 일어날 정도의 높은 압력과 온도 조건은 생각보다 가까이에 존재합니다. 바로 우리가 매일 보는 태양의 중심이죠.

태양의 중심에서는 수소가 헬륨으로 변환되는 핵융합 반응이 일어납니다. 이 핵반응은 3단계로 이루어지는데 먼저 양성자 두 개가 결합해서 중수소라고 알려진 수소의 무거운 동위원소를 형성합니다.

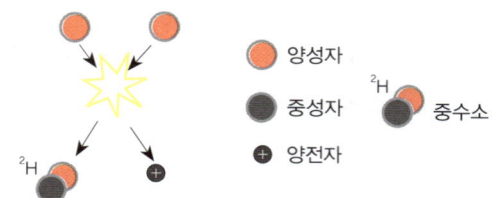

양성자

중성자

양전자

^{2}H 중수소

두 번째 단계에서는 중수소 원자핵이 양성자와 결합해서 헬륨-3(질량수가 3인 헬륨 동위 원소) 원자핵을 형성합니다.

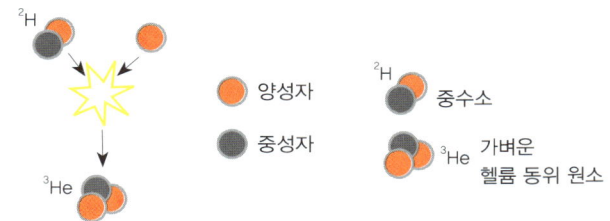

마지막으로 두 개의 헬륨-3 원자핵이 결합해서 헬륨-4를 형성하고 두 개의 양성자를 방출합니다.

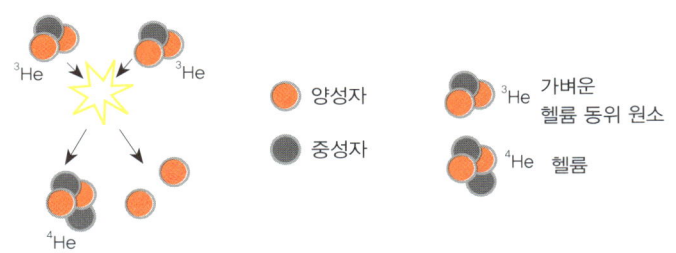

핵분열과 핵융합 반응에 의해서 만들어지는 원자들은 핵반응을 일으킨 원자들보다 안정된 원자들입니다. 결국 모든 핵반응은 보다 안정된 상태의 원자가 되려는 방향으로 일어난다고 할 수 있습니다. 그렇다면 주기율표에 있는 원소들 중에서 가장 안정된 원자는 무엇일까요? 일반적으로 **가장 안정된 원자는 철과 같이 주기율표의 중간쯤에 위치한 원자들**입니다. 따라서 **철보다 가벼운 원자들은 핵융합을 통해서 보다 안정된 원자가 되려 하고 철보다 무거운 원자들은 핵분열을 통해서 보다 안정된 원자가 되려는 경향성을 가집니다.**

지금까지 원자핵 물리학이 발전해온 과정을 공부하면서 원자의 내부 구조가 어떻게 생겼는지, 원자핵 변환은 왜 일어나는지, 방사성 물질은 왜 방사선을 방출하는지를 설명할 수 있게 되었습니다. 하지만 과학자들이 처음 방사성 물질을 발견했을 때 품었던 의문은 아직 완전히 풀리지 않았습니다.

"방사성 물질들이 끊임없이 방출하는 에너지의 근원은 무엇일까요?"

이 물음에 대한 답은 아인슈타인의 질량-에너지 등가 원리에서 찾을 수 있습니다. **핵융합이나 핵분열을 일으킨 원자들의 질량을 조사해보면 핵반응이 일어난 후의 질량이 일어나기 전보다 감소**하는 것을 알 수 있습니다. 예를 들어 양성자 4개가 핵융합 반응에 참여해서 최종적으로 헬륨 원자핵이 만들어졌다고 합시다. 이때 핵반응을 일으킨 양성자 4개의 질량과 핵반응의 최종 산물인 헬륨 원자핵의 질량을 비교해보면 헬륨 원자핵의 질량이 양성자 4개의 질량보다 작습니다. 이러한 현상은 핵분열 반응에서도 마찬가지입니다. 사라진 질량은 어디로 갔을까요? 아인슈타인의 질량-에너지 등가 원리에 따르면 **감소한 질량들은 모두 에너지로 변환**됩니다. 사라진 질량이 얼마의 에너지로 변환되었는지를 알고 싶다면 물리학에서 가장 유명한 식 중 하나인 $E = mc^2$에 대입하면 구할 수 있습니다. 예를 들어 $1kg$의 라듐이 핵분열을 일으켜서 라돈으로 변환되는 과정에서 방출되는 에너지는 무려 TNT 400톤이 폭발할 때 방출하는 에너지와 맞먹을 정도라고 합니다.

지금까지 원자핵 물리학에 대한 기본적인 개념들을 공부했습니다. 교과서에서는 대단히 간단하게 언급하고 넘어가는 이야기를 쌤은 이 책에서 제법 길고 자세하게 다루었습니다. 왜냐하면 새로 개정된 교과서가 우주론에 대한 내용을 너무 간략하게 소개하고 있기 때문에 많은 학생들이 우주론에 대한 공부는 무작정 외워서 해결하려고 하기 때문입니다. 쌤이 천문학과 원자핵 물리학의 역사를 이야기 형식으로 풀어낸 글들을 읽다 보면 자연스럽게 우주론에서 소개되는 여러 가지 과학 개념들의 맥락이 파악될 거예요. 맥락이 파악되고 나면 우주론에 대한 지식들이 훨씬 쉽고 재미있게 느껴질 거라고 생각해요.

이제 다시 우주론에 대한 이야기로 되돌아가야 할 때입니다. 많은 학생들이 지금쯤 '도대체 원자핵 물리학이 천문학이나 우주론과 무슨 관계가 있는 거야' 하고 생각할 것 같아요. 결론부터 말씀드리면 **원자핵 물리학 덕분에 대폭발 우주론은 "우주에 존재하는 모든 물질들이 어떻게 만들어졌는지", "별이 방출하는 에너지의 근원은 무엇인지"에 대해 설명할 수 있었습니다.** 우주론이 우주의 진화에 대한 밑그림을 그렸다면 자세한 풍경은 원자핵 물리학이 채워 넣었다고 할 수 있겠네요. 본격적으로 우주의 기원에 대한 공부를 시작하기 전에 지금까지 배운 원자핵 물리학에 대한 지식들을 정리해봅시다.

이것만은
꼭!!

• 원자는 원자핵과 전자로 이루어져 있다.
• 원자가 가지는 질량의 대부분은 '원자핵'이라는 매우 좁은 공간에 집중되어 있다.
• 원자핵은 양전하를 띠며, 음전하를 띠는 전자는 원자핵의 주변을 회전한다.
• 원자핵은 양성자와 중성자가 결합해서 만들어진다.
• 원자핵을 구성하는 입자들은 '강한 상호 작용'에 의해 강하게 결합되어 있다.

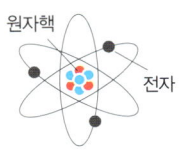

러더퍼드 모형으로
나타낸 리튬 원자

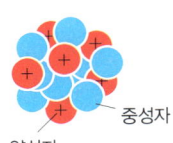

원자핵 모형

- 무거운 원자핵들은 핵분열을 일으켜 가볍고 안정된 원자로 변환되는 과정에서 방사선(알파, 베타, 감마)을 방출한다.

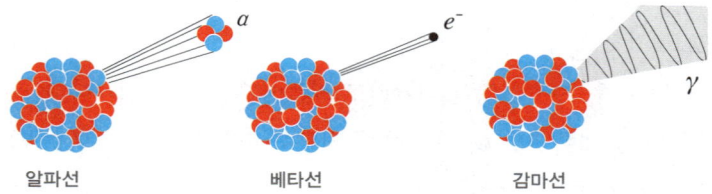

알파선   베타선   감마선

- 가벼운 원자핵들은 높은 온도와 압력 조건에서 핵융합을 일으켜 무겁고 안정된 원자로 변환된다.

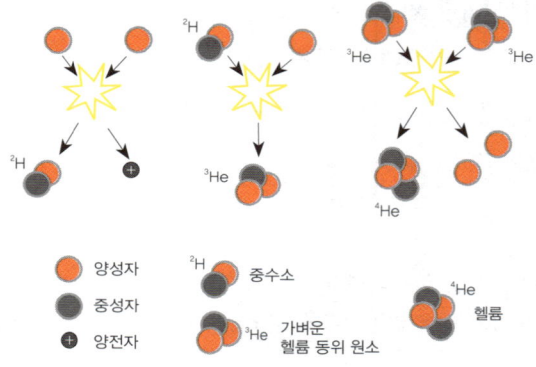

- 핵분열과 핵융합 반응이 일어나는 과정에서 원자핵의 질량이 감소하고 감소된 질량은 에너지로 변환된다.(질량−에너지 등가 원리, $E=mc^2$)

시간을 되돌려 대폭발의 순간으로 돌아가다

원자핵을 구성하는 입자(양성자, 중성자)들은 강한 상호 작용에 의해 결합되어 있습니다. 따라서 두 개의 원자핵이 하나로 합쳐지기 위해서는 강한 상호 작용이 작용할 수 있을 거리까지 원자핵들이 접근해야 합니다. 하지만 원자핵은 양전하로 대전되어 있어서 원자핵들이 가까워지면 서로 밀어내는 전기력이 작용합니다. 전기력의 세기는 거리의 제곱에 반비례하므로 원자핵들 사이의 거리가 가까워지면 전기력의 세기는 엄청나게 강해집니다.[012] 따라서 **원자핵들이 전기력의 방해를 이기고 충돌하기 위해서는 대단히 큰 운동 에너지를 가지고 있어야 합니다.** 원자핵의 운동 에너지는 온도에 의해 결정됩니다. 그래서 **핵융합은 별의 중심과 같은 고온의 조건에서만 일어나는 것이지요.** 참고로 태양의 중심 온도는 대략 1500만 도입니다. 상상할 수 없을 정도로 높은 온도지요.

그렇다고 고온의 조건만 갖추어지면 핵융합이 바로 시작되는 것은 아닙니다. 원자핵은 대단히 작은 입자입니다. 따라서 원자핵들이 서로 정면으로 충돌해서 핵융합을 일으킬 확률은 대단히 낮습니다. 결국 낮은 충돌 확률을 극복하기 위해서는 엄청나게 많은 수의 충돌이 일어나도록 해야 한다는 것이지요. 좁은 공간에 많은 수의 원자핵이 존재하면 서로 충돌하는 횟수가 많아지겠죠. 즉 고온의 조건과 함께 고밀도의 조건도 만족해야 핵융합이 일어난다고 할 수 있습니다.

러시아계 미국 물리학자인 가모(Gamow, George 1904~1968)는 르메트르의

---

012 전기를 띠고 있는 입자들 사이의 거리가 2배 멀어지면 전기력의 세기는 $1/2^2$배로 감소하고, 3배 멀어지면 $1/3^2$로 감소한다. 반대로 거리가 1/2이 되면 힘의 크기는 2^2배로 증가하고 거리가 1/3이 되면 힘의 크기는 3^2배로 증가한다. 따라서 거리가 0에 가까울 정도로 가까워지면 전기력의 크기는 엄청나게 강해질 것이다.

가모

대폭발 우주론에 관심을 가지고 있었습니다. 그는 원자핵 반응에 의해 다양한 원자들이 합성될 수 있다는 원자핵 물리학의 연구 결과를 접한 후 대폭발 우주론에 원자핵 물리학의 지식을 접목하면 대폭발 이후 우주가 팽창하는 과정에서 우주를 구성하는 여러 입자들이 어떻게 만들어졌는지를 설명할 수 있을 것이라고 생각했습니다.

천문학자들의 관측에 따르면 현재 우주에는 수소 원자 만 개당 대략 천 개 정도의 헬륨 원자, 6개의 산소 원자, 1개의 탄소 원자가 존재한다고 합니다. 그리고 나머지 원소들은 모두 합쳐도 탄소 원자의 수보다 적습니다. 가모는 먼저 별 내부에서 일어나는 핵융합에 의해 수소가 더 무거운 원소로 변환될 수 있다는 원자핵 물리학자들의 연구 결과를 검토했습니다. 하지만 별 내부에서 일어나는 핵융합의 속도는 너무 느렸습니다. 당시에는 허블의 법칙에 의해 대략적인 우주의 나이가 계산되어 있었습니다. 우주의 나이가 별들이 헬륨을 만들어온 시간이라고 가정했을 때, 별의 내부에서 만들어졌을 것이라고 추산되는 헬륨의 양은 당시에 우주에서 관측되는 헬륨의 양과는 너무 큰 차이가 났습니다. **별의 내부에서 헬륨을 만드는 속도로는 당시에 우주에 존재했던 헬륨의 양을 설명할 수 없었던 것이지요.**

결국 가모는 별의 내부가 아닌 다른 곳에서 헬륨이 합성될 수 있는지를 검토했고 르메트르의 대폭발 우주론에 주목하게 되었습니다. 그는 대폭발 이후 고온 고밀도 상태의 우주에서는 헬륨이 합성될 수 있는 가능성이 충분하다고 생각했습니다. **대폭발 직후의 우주는 별의 내부에서는 만들어질 수 없는 극단적인 고온 고밀도 상태였을 것이고 별의 내부보다 더 빠른 속도로 헬륨이 합성될 수 있다**고 생각한 것이지요.

가모가 대폭발 이후에 일어나는 원자핵의 합성을 연구하기 위해서 세운

전략은 매우 단순했습니다. 대폭발이 있었다면 우주는 팽창하면서 온도와 밀도가 점점 낮아졌을 것이고 그 결과 현재의 온도와 밀도에 이르게 되었을 것입니다. 따라서 시계를 거꾸로 돌린다면 우주는 수축하면서 온도와 밀도가 상승할 것이고 결과적으로 여러 원소의 원자핵이 합성될 수 있는 온도와 밀도에까지 이르게 될 것이라고 생각했습니다. 모든 핵반응의 결과는 온도와 밀도 조건에 의해 결정되기 때문에 초기 우주의 온도와 밀도 조건을 찾아내는 것은 대단히 중요했습니다.

가모는 먼저 천문학자들이 관측한 별과 은하의 분포를 바탕으로 현재 우주 전체의 평균 밀도를 계산했습니다. 그리고 우주 팽창에 대한 허블의 관측결과를 이용해서 우주가 팽창하는 속도를 알아낸 다음 반대로 우주가 수축할 경우 우주 온도와 밀도가 어떻게 될지 수학적으로 계산했습니다. 계산 결과 우주 초기의 온도와 밀도는 핵융합이 일어날 수 있는 조건을 만족한다는 결과가 나왔습니다.

우주의 시계를 거꾸로 돌리면 우주의 온도는 높아집니다. 고체 상태의 물질을 가열하면 분자들 간의 결합이 깨지면서 액체와 기체가 되고 최종적으로는 원자핵과 전자가 분리되어 플라즈마[013] 상태에 이르게 될 것입니다. 즉, **온도가 높을수록 물질을 구성하는 입자들이 가지는 에너지가 증가해서 한 덩어리로 묶어둘 수가 없는 것이지요.**

가모는 대폭발 이후 초기 우주의 높은 온도 조건에서는 모든 물질들이 가장 기본적인 단위로 나뉘어져 있을 것이라고 생각했습니다. 당시에 물질을 구성하는 가장 기본적인 입자로 알려져 있던 것은 '전자, 양성자, 중성자'였습니다. 따라서 우주 초기에는 모든 물질들이 전자, 양성자, 중성자로 나

---

013 물질의 상태는 고체, 액체, 기체의 세 가지 상태가 있다고 배웠다. 플라즈마 상태는 제4의 상태라고 불리는데, 기체 상태에서 물질이 계속 열과 에너지를 흡수하면 원자핵과 전자가 분리되어 뒤섞이는 상태에 이르게 된다. 이 상태를 '플라즈마 상태'라고 한다.

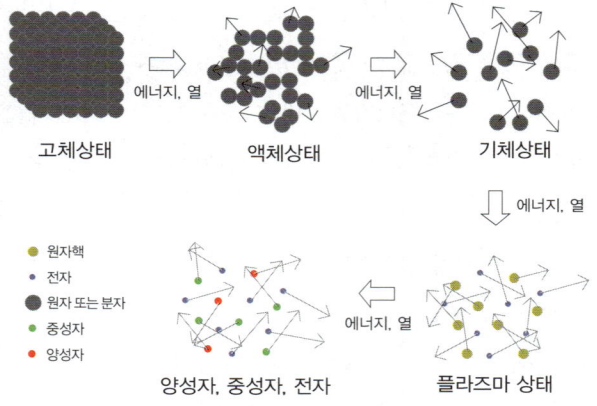

고체상태　　　　　액체상태　　　　　기체상태

- 원자핵
- 전자
- 원자 또는 분자
- 중성자
- 양성자

양성자, 중성자, 전자　　　　플라즈마 상태

누어져 있었을 것이라고 가정했습니다.

　대폭발 이후 초기 우주에는 헬륨 원자핵을 만들어내는 데 필요한 재료인 수소 원자핵(양성자)은 충분했고, 핵융합이 일어날 수 있을 정도로 뜨거웠으며 높은 밀도를 유지하고 있었습니다. 가모는 우주가 팽창하고 냉각되는 과정에서 헬륨 원자핵이 얼마나 만들어질지를 수학적으로 계산하기 시작했습니다. 우주가 팽창하면 온도가 내려가고 밀도가 감소하면서 핵융합 반응은 점점 일어나기 어려운 조건이 되어갑니다. 따라서 헬륨 원자핵의 합성이 가능한 시간 동안 얼마만큼의 헬륨 원자핵이 합성될지를 계산해야 했습니다. 원자핵이 합성되는 양을 계산하는 과정은 대단히 복잡하고 많은 양의 수학적 계산이 필요한 작업이었습니다. 가모와 그의 제자 앨퍼(Alpher, Ralph 1921~2007)[014]는 3년이 넘는 시간 동안 복잡한 계산에 매달린 결과 대폭발 이후 몇 분 만에 헬륨의 원자핵이 합성될 수 있음을 보여주었고 우주 초기

014　랠프 앨퍼는 가모의 연구실에 박사과정 대학원생으로 재학 중인 학생이었다. 하지만 둘의 관계는 스승과 제자라기보다 동료 과학자에 가까웠다. 가모는 뛰어난 과학자임에는 분명했지만 대폭발 이후의 우주를 재구성하는 데 필요한 수학적 능력은 부족했다. 반면 앨퍼는 과학에 대한 지식뿐만 아니라 천재적인 수학 실력을 가지고 있었다. 가모의 연구 업적은 앨퍼의 수학 능력에 큰 도움을 받았다.

에 합성되는 헬륨의 양을 계산해냈습니다. 계산 결과는 실제 관측되는 헬륨의 양과 정확하게 일치했습니다. 가모는 대폭발 우주 모델이 현재 우주에서 관측되는 수소와 헬륨의 비율을 정확하게 설명할 수 있다는 것을 보여주었습니다. 가모의 연구가 의미 있는 이유는 대폭발 우주론으로 실제 우주에서 측정되는 관측 값을 정확하게 설명할 수 있었다는 것입니다. 과학 이론이 인정을 받으려면 그 이론으로 실제 현상을 잘 설명할 수 있어야 합니다. 가모의 연구는 허블의 법칙과 함께 대폭발 우주론을 지지하는 핵심적인 증거가 되었습니다.

대폭발의 결정적 증거 : 우주 배경 복사

가모가 대폭발 우주론으로 현재 우주에서 관측되는 수소와 헬륨의 비를 설명해내면서 대폭발 우주론은 지배적인 우주론으로서의 위상이 더욱 굳건해졌습니다. 대폭발 우주론을 지지하는 과학자들은 대폭발 이후 현재에 이르는 우주의 역사를 보다 자세하게 설명할 수 있기를 원했습니다. 대폭발 우주론이 보다 정교한 이론이 되기 위해서는 더 많은 증거가 필요했고, 우주에 대해서 더 많이 설명할 수 있어야 했습니다.

과학자들은 대폭발 이후 우주에서 벌어졌던 사건들을 재구성해나갔습니다. 대폭발이 일어나고 약 3분이 지나자 우주의 온도는 더 이상 헬륨 원자핵의 합성이 어려울 정도로 낮아졌습니다. 이때부터 약 38만 년이 지날 때까지 우주는 수소와 헬륨 원자핵, 전자, 빛이 뒤섞여서 서로 좌충우돌하는 상태가 유지됩니다. 원자핵들은 서로 충돌하지만 핵융합을 일으키기에는 에너지가 부족했습니다. 원자핵과 전자는 충돌해서 순간적으로 원자를 형성하기도 하지만 온도가 워낙 높은 상태였기 때문에 둘은 결합과 분리를 끊임없이 반복합니다.[015] 빛은 전자와 충돌해서 산란되거나 원자핵과 전자가 결합해서 만들어진 원자에 흡수되어 둘을 분리시킵니다. 그야말로 원자핵, 전자, 빛이 서로 쉴 틈 없이 상호작용을 주고받는 상황이라고 할 수 있습니다.

　대폭발이 일어나고 약 38만 년이 지나자 우주의 온도는 3000K 정도로 냉각됩니다. **온도가 3000K까지 내려가자 전자들이 가지는 에너지가 줄어들면서 원자핵에 포획된 전자들이 원자핵으로부터 벗어나지 못하는 상황이 벌어지기 시작**합니다. 비로소 **원자핵에 전자가 구속되면서 우주에 '원자' 상태의 입자가 등장**했습니다. 우주 공간을 자유롭게 돌아다니던 전자들이 원자핵에 붙들려 원자 내부에 갇히게 되자 빛들은 마침내 자유를 얻게 됩니다. 그동안 전자들은 끊임없이 빛을 흡수하고 산란시킴으로써 빛의 진로를 방해해왔습니다. 우주 공간에서 빛의 진로를 방해하던 방해꾼들이 사라지자 비로소 빛은 방해를 받지 않고 우주 공간을 질주할 수 있게 된 것이지요.

　전자에 의해 빛의 진로가 끊임없이 방해 받는 상태는 '난시'에 비유할 수 있습니다.

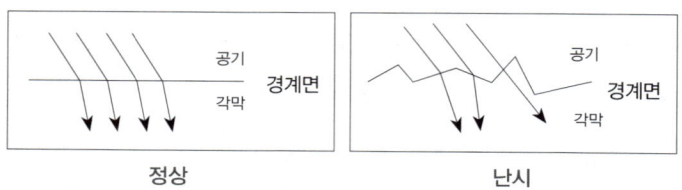

정상　　　　　　　　　　　난시

　난시는 눈의 각막 표면이 울퉁불퉁해져서 사물이 흐려 보이는 증상을 말합니다. 각막의 표면이 고르지 못하면 각막과 공기의 경계면에서 빛이 어지

015　앞에서 우리는 플라즈마 상태에 대해서 배운 적이 있다. 플라즈마 상태란 고온의 상태에서 원자핵이 더 이상 전자를 구속하지 못하고 원자핵과 전자가 분리되어 뒤섞여 있는 상태를 말한다. 플라즈마 상태는 원자핵과 전자가 결합과 분리를 끊임없이 반복하는 대단히 동적인 상태이다. 대폭발 이후 약 3분이 지난 시점부터 38만 년까지는 우주에 존재하는 물질들이 플라즈마 상태에 있었다고 할 수 있다.

럽게 굴절해서 빛의 진행 방향이 제각각 흩어집니다. 그래서 망막에 선명한 상이 맺히지 않고 물체는 뿌옇게 보입니다. 마찬가지 이유로 전자들이 원자핵에 구속되지 않고 우주 공간을 자유롭게 돌아다니던 시기에는 전자에 의해 빛이 어지럽게 산란되어 흩어지기 때문에 우주는 온통 뿌옇고 혼탁한 상태였습니다. 우주는 전자들이 원자핵에 구속되어 더 이상 전자의 진로를 방해할 수 없게 되어서야 비로소 투명해졌습니다.

지금은 지구에서 사라지고 없는 삼엽충과 공룡은 두꺼운 지층 속에 화석으로 남아 있습니다. 과학자들에게 화석이란 과거로 돌아가서 삼엽충과 공룡을 만나게 해주는 타임머신과도 같은 존재입니다. 하지만 화석은 쉽게 사람들에게 모습을 드러내지 않습니다. 고생물학자들은 공룡이 남긴 작은 뼈 조각 하나에도 세상을 다 얻은 듯이 기뻐하고 흥분합니다.

이런 면에서 볼 때 천문학자들은 정말 복 받은 사람들입니다. 왜냐하면 하늘을 향하고 있는 망원경에 눈만 가져다대면 수십 억 년 전에 우주 공간에 뿌려진 빛의 화석을 캘 수 있기 때문입니다. 아기 공룡 둘리의 고향으로 알려진 안드로메다은하는 지구로부터 250만 광년 떨어져 있습니다. 빛의 속도로 운동해도 250만 년이나 걸릴 만큼 먼 거리입니다. 만약 여러분이 현재 망원경으로 안드로메다은하를 보고 있다면 250만 년 전의 안드로메다를 보고 있는 것입니다. **밤하늘에 보이는 별과 은하는 모두 과거의 모습**입니다. 그래서 밤하늘에 보이는 별과 은하를 '빛의 화석'이라고 부르는 것이죠.

과학자들은 밤하늘에서 대폭발 이후 우주 초기의 모습을 볼 수 있지 않을까 기대했습니다. 우주 초기에 존재했던 빛이 광대한 우주 공간을 여행하다가 현재의 지구에 도달할 수 있다고 생각했기 때문이었죠. 우주의 나이가 약 38만 년이 되자 우주가 갑자기 투명해지기 시작하면서 전자는 마지막으로 빛을 산란시켜 우주 공간의 모든 방향으로 빛을 퍼트렸습니다. 천문학자들은 이때 산란된 빛들이 긴 세월 우주가 팽창하는 방향을 거슬러 전파된 결과 현재의 지구에 도달할 수 있다고 주장했습니다. 우주의 나이가 약 38만 년이던 시기에 우주의 온도는 3000K 정도였습니다. 이때 우주 공간에 존재했던 빛들의 파장은 짧았습니다. 고온의 물체는 상대적으로 짧은 파장의 빛을 방출합니다.[016] 당시의 우주 온도가 3000K로 고온의 상태였기 때문에 우주에는 짧은 파장의 빛이 가득했을 것입니다. 하지만 마지막으로 산란된 빛이 우주의 팽창을 거슬러 전파되는 동안 빛의 파장은 길어집니다. 왜냐하면 우주가 팽창하면서 우주 공간 자체가 확장되기 때문이지요. 이것은 풍선의 표면에 그려져 있는 그림이 풍선이 부풀어 오름에 따라 확대되는 것에 비유할 수 있습니다.

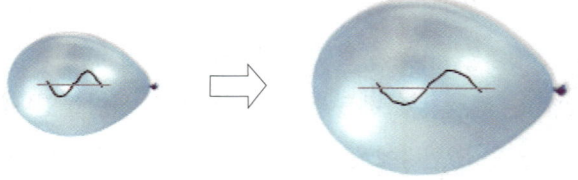

우주 공간이 팽창해서 빛의 파장이 길어진다.

따라서 우주의 나이가 38만 년일 때의 우주의 크기와 현재의 우주 크기를 비교하면 과거에 우주 공간으로 퍼져나간 빛들이 현재에는 파장이 얼마인 빛으로 관측될지를 알아낼 수 있습니다. 과학자들의 계산에 따르면 수 cm 길이의 전파가 우주의 모든 방향에서 검출될 것으로 예상되었습니다. 그리고 과학자들은 이 전파가 우주의 모든 방향에서 마치 배경 그림처럼 검출된다는 의미에서 '**우주 배경 복사**'라는 이름을 붙여주었습니다.

---

016 표면 온도가 6000K인 태양은 가시광선을 주로 방출한다. 하지만 표면 온도가 300K 정도 되는 사람의 피부에서는 파장이 상대적으로 긴 적외선이 방출된다. 이처럼 모든 물체는 표면 온도에 따라 방출하는 빛(복사파)의 파장이 다른데, 표면 온도가 높을수록 짧은 파장의 빛을 방출한다.

우주 배경 복사는 순수하게 이론적으로 예측된 존재였습니다. 만약 천문학자들이 실제로 우주 배경 복사를 발견한다면 이것은 대폭발이 실제로 일어났다는 결정적인 증거가 될 수 있었습니다. 대폭발 우주론으로 우주에 존재하는 수소와 헬륨의 비를 설명하는 데 성공했던 가모와 앨퍼는 1948년 우주 배경 복사가 실제로 존재할 것이라고 주장했습니다. 하지만 당시의 관측 기술로는 우주 배경 복사를 검출할 수 없었습니다. 왜냐하면 당시에는 우주에서 오는 긴 파장의 전파를 관측하는 기술이 없었기 때문입니다. 별은 가시광선 외에도 다양한 파장의 빛을 방출합니다. 렌즈나 거울로 만들어진 광학 망원경은 별이 방출하는 여러 파장의 빛 중에서 가시광선만을 볼 수 있었습니다. 결국 가모와 앨퍼의 시대에는 우주 배경 복사의 존재를 확인할 방법이 없었던 것이지요. 우주 배경 복사는 차츰 과학자들의 관심에서 멀어졌고 마침내 잊혀진 존재가 되었습니다.

우주 배경 복사에 대한 예측은 잊혀졌지만 이와는 별개로 별과 은하로부터 오는 다양한 파장의 빛을 관측해서 천체에 대한 정보를 찾아내는 **전파 천문학**은 비약적으로 발전했습니다. 전파 천문학에서는 광학 망원경 대신에 위성 안테나처럼 생긴 대형 반사판을 가지는 전파 망원경으로 우주로부터 오는 다양한 파장의 빛을 검출합니다.

푸에르토리코 아레시보 천문대

미국 VLA

1960년대 초 미국 뉴저지 주 벨연구소의 전파 천문학자인 펜지어스(Penzias, Arno 1933~현재)와 그의 동료 윌슨(Wilson, Robert 1936~현재)은 각종 잡음의 원인을 제거해 통신 기술을 개선하는 연구를 하고 있었습니다. 잡음의 원인은 매우 다양했습니다. 전자 회로의 결점, 전기 배선의 불량, 안테나의 노후, 심지어 안테나에 쌓이는 비둘기 배설물까지. 그들은 잡음의 원인을 분석해서 통신의 품질을 개선하는 일상적인 연구를 수행하던 중에 아무리 노력해도 해결되지 않는 잡음을 발견했습니다. 그들은 이 잡음이 지구 밖에 있는 천체에서 유입되는 것이라고 생각했습니다. 그런데 이상한 것은 만약 이 잡음이 특정한 천체의 영향이라면 그 천체가 있는 방향에서 큰 세기로 측정되어야 할텐데 이상하게도 이 잡음은 우주의 모든 방향에서 동일한 세기로 지구에 유입된다는 것이었습니다.

펜지어스와 윌슨은 그 당시 가모와 앨퍼가 예측한 우주 배경 복사에 대해서 전혀 알지 못했습니다. 그들은 우주에서 오는 이상한 잡음의 정체가 무엇인지를 연구하던 중 인근에 있는 프린스턴 대학교에 자신들과 비슷한 문제를 연구하는 이들이 있다는 소문을 듣게 됩니다. 천문학자인 디키(Dicke, Robert 1916~1997)와 피블스(Peebles, James 1935~현재)가 우주 전역으로부터 오는 이상한 신호를 찾기 위해 조그마한 안테나를 세우고 있다는 것이었습니다. 펜지어스와 윌슨은 그들이 찾고 있는 그 신호를 이미 자신들이 찾았음을 직감했습니다. 이것이 바로 '우주 배경 복사'였던 것입니다. 펜지어스는 디키에게 전화를 걸어 자신이 우주 배경 복사를 찾았다고 말해주었습니다. 디키는 다음날 펜지어스와 윌슨을 찾아갔습니다. 그들은 펜지어스와 윌슨이 사용한 전파 망원경에 대해 조사하고 자료를 검토하여 그들이 우주 배경 복사를 발견했음을 확인해주었습니다. 펜지어스와 윌슨은 프린스턴의 경쟁자들을 자기도 모르는 사이에 이긴 것이었죠. 1965년 여름에 펜지어스와 윌슨은 그 결과를 학회지에 발표합니다. 600개의 단어로 된 그들의 논문은 관측한 것을 그대로 실었을 뿐 아무런 설명도 덧붙이지 않았습니다. 대신 펜지어스와 윌슨의 관측을 우주 배경 복사와 연결시키는 일은 디키와 프린스턴 연구팀이 논문으로 발표했습니다. 프린스턴 연구팀은 펜지어스와 윌슨이 어떻게 대폭발의 메아리를 발견했는지 설명했습니다. 디키 팀은 이론은 있었지만 관측 자료가 없었던 반면 펜지어스와 윌슨은 이론은 없고 관측 자료만 가지고 있었던 것이지요.

빅뱅 우주론이 발전하는 데 큰 기여를 한 가모와 앨퍼는 1948년에 이미 우주 배경 복사를 예측했습니다. 그러나 펜지어스와 윌슨이 우주 배경 복사를 발견하기까지 10여 년 동안 그 예측은 잊혔습니다. 1964년, 펜지어스와 윌슨은 우주 배경 복사를 발견하고도 처음에는 그것이 무엇인지 알아차리지 못했습니다. 거의 같은 시기에 디키와 피블스는 가모와 앨퍼에 의해 우주 배경 복사가 예측되었다는 것을 모른 채 독립적으로 우주 배경 복사를 예측했습니다. 따라서 이들의 논문에는 우주 배경 복사를 처음 예측한 가모와 앨퍼에 대한 언급이 없었습니다. 가모와 앨퍼는 우주 배경 복사의 발견 소식을 들었을 때 기쁘면서도 씁쓸한 마음을 감출 수 없었답니다. 그들은 디키와 피블스보다 훨씬 전에 빅뱅의 메아리를 예측했지만 그들의 앞선 노력은 제대로 인정받지 못했으니까요. 과학계뿐만 아니라 신문이나 잡지와 같은 대중적인 매체에서도 이들은 철저하게 외면 당했습니다. 가모는 기회가 닿는 대로 우주 배경 복사를 예측한 우선권을 주장하려고 애썼습니다.

1978년, 펜지어스와 윌슨은 노벨물리학상을 받아 우주 배경 복사를 발견한 공로를 인정받았습니다. 10여 년 동안 많은 천문학자들이 우주 배경 복사를 보다 정밀하게 관측했고 대폭발 우주론이 예측한 결과와 정

펜지어스와 윌슨이 우주 배경 복사를 발견한 안테나

확하게 일치한다는 것을 확인했습니다. 펜지어스는 시상식에서 가모와 앨퍼의 공헌에 찬사를 보내면서 역사의 기록을 바로잡았습니다.

수소와 헬륨 원자가 형성되기 시작하면서 마지막으로 전자에 의해 산란되어 우주 전체에 고르게 퍼졌던 빛이 지금도 우주의 모든 방향에서 관측되는데 이 빛을 '우주 배경 복사'라고 합니다.

모든 물체는 표면에서 빛의 형태로 에너지를 방출합니다. 이 빛을 '복사파'라고 하지요.

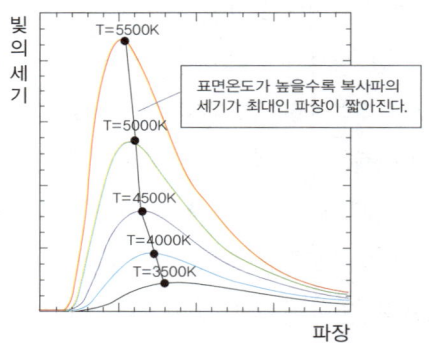

표면온도가 높을수록 복사파의 세기가 최대인 파장이 짧아진다.

물체가 방출하는 복사파는 여러 파장의 빛이 다양한 세기로 섞여서 연속 스펙트럼을 이룹니다. 물체의 표면 온도가 높을수록 복사파의 세기가 최대인 파장이 짧아지고 반대로 물체의 표면 온도가 낮을수록 복사파의 세기가 최대인 파장은 길어집니다. 그래서 물체가 방출하는 복사파의 스펙트럼을 조사하면 물체의 표면 온도를 알 수 있습니다.

우주 배경 복사도 여러 파장의 빛이 스펙트럼을 이루고 있습니다. 위의 그래프는 우주 배경 복사 스펙트럼의 파장에 따른 빛의 세기를 나타낸 것입니

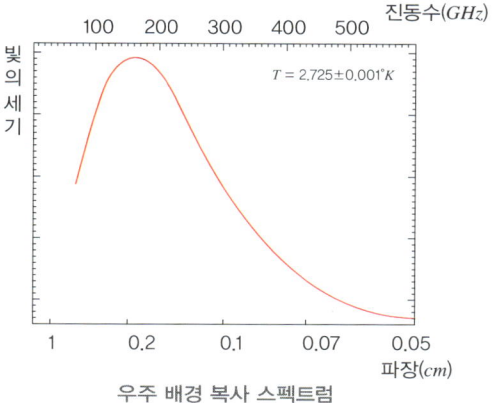

우주 배경 복사 스펙트럼

다. 과학자들의 연구에 따르면 우주 배경 복사 스펙트럼의 그래프는 온도가 $2.7K$ 인 물체가 방출하는 복사파의 스펙트럼 그래프와 정확하게 일치한다는 결과가 나왔습니다. 즉, 현재 우주의 온도는 약 $2.7K$라고 할 수 있다는 것이지요.

우주 배경 복사가 처음 만들어졌을 당시에 우주의 온도는 $3000K$였으나 우주가 팽창하는 동안 점점 식어서 현재는 약 $2.7K$의 온도에 이르게 되었습니다. 우주 배경 복사도 처음에는 파장이 짧았으나 우주의 팽창과 함께 파장이 길어져서 현재에는 약 $2mm$ 파장에서 복사파의 세기가 최대값을 가집니다.

우주 배경 복사의 존재는 대폭발 우주론의 직접적인 증거가 된다는 의미 외에도 대폭발 이후 우주에서 별과 은하가 생성되는 원인을 설명하는 데 중요한 증거가 됩니다. 우주에 별이 생성되기 위해서는 주변보다 질량이 상대적으로 많이 모여 있어서 중력이 강한 곳이 존재해야 합니다. 그래야만 중력이 강한 곳을 중심으로 주변의 물질들이 모여들어서 우주에 최초의 별이 생성될 수 있기 때문이지요. 즉, 초기 우주의 물질 분포는 불균일해야만 별이 생성될 수 있다는 말이지요.

과학자들은 초기 우주에 대한 정보를 담고 있는 우주 배경 복사에는 초기 우

주의 물질 분포에 대한 정보도 담겨져 있을 것이라고 생각했습니다. 우주 배경 복사가 만들어질 때의 **우주의 물질 분포가 불균일했다면 전자라는 물질에 의해 산란되어 발생하는 우주 배경 복사의 세기도 균일하지 않을 것입니다.**

천문학자들은 우주의 모든 방향에서 측정된 우주 배경 복사의 세기가 균일한지 불균일한지를 조사해보기로 했습니다. 그런데 문제가 있었어요. 조사하고자 하는 우주 배경 복사의 세기 차이가 대단히 작은 값이기 때문에 정밀한 측정이 필요했던 것이지요. 지구 표면에서 측정하는 우주 배경 복사는 대기의 영향으로 정밀한 측정이 어려웠습니다. 그래서 과학자들은 보다 정밀한 우주 배경 복사 측정을 위해서 인공위성에서 우주 배경 복사를 측정하는 방법을 선택했습니다. 그 결과 발사된 관측 위성이 COBE와 WMAP입니다.

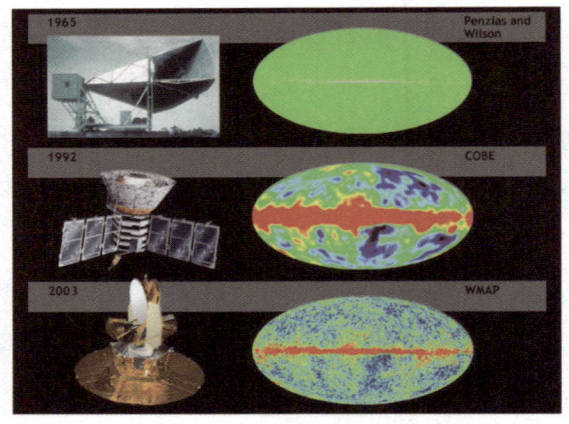

그림은 펜지어스와 윌슨이 지표면에서 측정한 우주 배경 복사, COBE, WMAP이 우주 공간에서 측정한 우주 배경 복사를 비교한 것입니다. 점점 우주 배경 복사의 해상도가 향상되고 있음을 알 수 있지요?

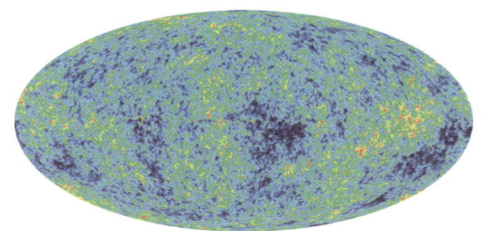

WMAP 위성이 측정한 우주배경복사

사진은 우주 배경 복사의 스펙트럼을 분석해서 구한 우주의 온도를 색으로 표현한 것입니다. 결과를 보면 우주 배경 복사가 균일하지 않다는 것을 알 수 있습니다. 과학자들은 이 사진을 통해서 **우주 초기의 물질 분포가 균일하지 않았으며 이 작은 불균일성이 별과 은하가 생성되는 씨앗의 역할을 했다**고 설명합니다. 오늘날에도 천문학자들은 별과 은하들이 어떻게 형성되었는지 완전히 파악한 것은 아닙니다. 하지만 분명히 우주 초기에 존재했던 물질 분포의 아주 작은 불균일성에서 우주의 진화가 시작되었다는 점에는 의심의 여지가 없다고 주장합니다. 우주 초기에 존재했던 미미한 불균일성이 우주에 존재하는 수많은 은하와 별 그리고 다양한 화학원소, 행성이나 생명체를 탄생시켰다고 말할 수 있습니다.

이것만은 꼭!!

- 가모는 대폭발 우주론에 근거해서, 대폭발 이후 초기 우주가 헬륨의 핵융합이 가능할 정도로 고온 고밀도의 상태였을 것이라고 이론적으로 예측했다.
- 가모가 이론적으로 예측한 수소와 헬륨의 비가 현재 우주에서 관측되는 수소, 헬륨의 비와 일치함으로써 수소와 헬륨의 비율에 대한 성공적인 설명은 대폭발 우주론의 핵심 증거가 되었다.

- 수소와 헬륨 원자가 형성되기 시작하면서 마지막으로 전자에 의해 산란되어 우주 전체에 고르게 퍼졌던 빛이 지금도 우주의 모든 방향에서 관측되는데 이를 '**우주 배경 복사**'라고 한다.
- 대폭발 우주론은 이론적으로 예측했던 우주 배경 복사가 실제로 관측됨으로써 우주 배경 복사는 대폭발 우주론의 핵심 증거가 되었다.
- 우주 배경 복사의 세기가 불균일하다는 것은 초기 우주의 물질 분포가 불균일했다는 증거이며, 초기 우주의 불균일한 물질 분포는 별과 은하가 생성될 수 있는 씨앗이 되었다.

여러분의 고향은 어디인가요?

허블의 법칙, 우주 초기의 핵융합 반응에 의한 수소와 헬륨의 비, 우주 배경 복사는 대폭발 우주론을 지탱해주는 튼튼한 기둥이 되었습니다. 위의 증거들 덕분에 대폭발 우주론이 우주의 기원을 설명해주는 유력한 이론이 될 수 있었지만 아직 우주에는 설명하지 못하는 사건들이 많이 있었습니다.

우주를 구성하는 물질의 대부분은 수소와 헬륨입니다. 하지만 우리가 살고 있는 지구에서 가장 쉽게 찾을 수 있는 원소들은 수소와 헬륨이 아니지요. 그렇다면 우리가 사는 지구를 구성하고 우리의 몸을 구성하는 원소들은 어떻게 만들어진 것일까요? 우주의 나이가 38만 년이 되던 시점에 멈춘 핵융합 반응은 언제 어떻게 다시 점화되었을까요? 우리의 몸을 구성하는 원소들은 어디에서 만들어졌을까요? 우리의 몸을 구성하는 원소들의 고향은 어디일까요?

우주 초기에 생성된 수소와 헬륨 기체들은 아주 작은 차이지만 불균일하게 분포하고 있었습니다. 우주의 나이가 약 10억 년이 되자 물질의 밀도가 상대적으로 높은 곳을 중심으로 서서히 기체들이 무리를 지으면서 수소와 헬륨의 가스 구름이 자라나기 시작했습니다. 이렇게 해서 우주에는 주변보다 밀도가 높은 가스 구름인 '성운'이 등장합니다. 모여드는 기체들에 의해 성운의 밀도는 점점 높아지고 덩달아 중력도 강해지면서 성운을 구성하는 물질들이 성운의 중심으로 수축하기 시작합니다. 성운이 수축하기 시작하면 기체들의 밀도가 높아지고 기체 분자들 간의 충돌이 활발해지면서 성운 중심의 온도는 가파르게 상승합니다. 이렇게 **성운이 수축하면서 고밀도의 기체 덩어리가 성운의 중심에 만들어지는데 이를 '원시별'**이라고 합니다.[017] 원시별이 계속 수축해서 중심부의 온도가 1000만K에 이르면 수소 핵융합 반응이 시작되어 별의 중심에서 헬륨이 만들어지기 시작합니다. 성운이 처음 수축을 시작하고 태양과 같은 별이 탄생하기 위해서는 크기가 1억 분의 1로 줄어야 하고 약 1000만 년의 시간이 걸립니다. 별의 핵융합 반응이 시작되면서 비로소 별은 스스로 빛을 방출하는 별의 면모를 갖추게 됩니다.[018]

별은 전체 일생의 90%를 헬륨을 융합하는 단계에서 보냅니다. 별의 수명과 진화의 경로는 별이 탄생할 때 가지고 있던 질량에 따라 결정됩니다. 태양과 질량이 비슷한 별은 수소가 헬륨으로 융합되는 단계에서 약 100억 년을 머물고 태양보다 무거운 별일수록 헬륨을 융합하는 단계에서 머무는 시간이 짧습니다.

별의 중심에서 헬륨의 핵융합에 필요한 수소가 고갈되면 헬륨의 핵융합 반응이 중단되고 별의 중심부가 중력에 의해 수축하게 됩니다. 별은 외부로

---

017 하나의 성운에서 한 개의 별이 만들어지는 것이 성운 내부에서도 물질 분포가 집중되는 곳을 중심으로 수많은 별들이 탄생하고 장차 은하와 은하단이 만들어진다. 성운은 별과 은하가 탄생하는 인큐베이터와 같은 역할을 한다.

018 별의 중심에서 핵융합이 시작된다고 바로 별이 외부로 빛을 방출하는 것은 아니다. 태양과 비슷한 질량의 별은 중심에서 핵융합이 시작된 후 중심에서 발생한 빛이 태양의 표면에 이르는 데 100만 년이 걸린다. 즉 핵융합이 시작된 후 100만 년이 흘러야 비로소 별의 외부에서 별빛을 볼 수 있다는 것.

팽창하려는 압력과 수축하려는 압력이 균형을 이루고 있습니다. 중심에서 외부로 팽창하려는 압력은 중심부에서 발생하는 핵융합 에너지에 의해 만들어집니다. 반대로 중심을 향해서 수축하려는 압력은 별을 구성하는 물질들에 의한 중력 때문에 발생합니다. 이 두 힘이 균형을 이루면 별의 크기는 일정하게 유지되지만 둘 중 어느 쪽으로 균형추가 기울면 별은 수축 또는 팽창하게 됩니다. 별의 중심에서 헬륨의 핵융합이 중단되면 팽창하려는 압력이 감소하기 때문에 별의 중심부는 중력에 의해 수축되는 것이지요.

별의 중심부가 수축하면 수축에 의해 중심부에서 다량의 열이 발생하고 이 열은 중심부에서 별의 표면 쪽으로 이동하면서 별의 바깥층을 거대한 크기로 팽창시킵니다. 별의 바깥층이 팽창하면 별 표면이 온도가 낮아져서 별의 색깔이 붉은 색으로 변하는데 이와 같이 거대하게 팽창한 붉은 별을 '적색 거성'이라고 합니다. 우리 태양도 약 50억 년 후에는 적색 거성이 될 것이고 지구는 적색 거성이 되는 태양의 내부로 사라질 운명이랍니다.

적색 거성의 바깥층은 팽창하지만 중심부는 계속 수축하는데 중심 온도가 1억K 이상으로 상승하면 헬륨 원자핵 3개가 탄소 원자핵 1개로 융합하는 새로운 핵융합의 단계가 시작됩니다. 이후에 일어나는 별의 진화는 별의 질량이 얼마냐에 따라 많이 달라집니다.

태양과 질량이 비슷한 별은 중심부에 있던 헬륨이 모두 소모되어 탄소로

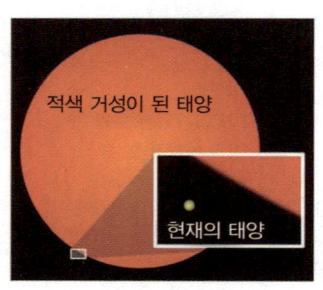

적색 거성이 된 태양

현재의 태양

바뀌면 중심부가 다시 수축을 시작하고 바깥층은 팽창하게 됩니다. 이 단계의 별은 매우 불안정해서 대규모 수축과 팽창 운동을 반복하면서 별의 중심부와 바깥층이 분리되는데요. 이때 핵과 분리된 바깥층을 '행성상 성운'이라 하며, 중심에 남겨져 있는 탄소로 구성된 핵을 '백색 왜성'이라고 합니다.

태양보다 약 10배 이상 무거운 별은 중심부의 온도가 충분히 높아 탄소, 산소, 규소 등을 차례로 융합할 수 있습니다. 원자핵이 무게가 증가할수록 핵의 융합에 필요한 온도가 높아지고 융합하는 데 걸

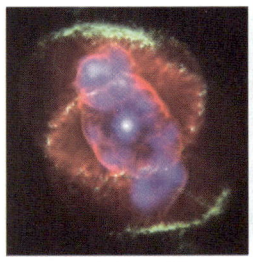
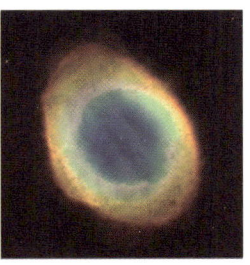

고양이 눈 성운   NGC 6720

리는 시간은 짧아집니다. 마지막으로 **규소가 융합해서 철이 만들어지고 나면 핵융합은 멈추게 됩니다.** 왜냐하면 철은 자연계에서 가장 안정된 원자핵이기 때문입니다.

별의 중심부에 일단 철로 구성된 핵이 만들어지면 에너지의 생성이 중단되고 별은 곧 중력에 의해 수축하기 시작합니다. 별은 중심을 향해 급격히 수축하고 별의 중심에는 수축에 의해 엄청난 양의 에너지가 집중되기 시작합니다. 별의 바깥층이 수축해서 별의 중심부에 이르게 되면 별은 엄청난 폭발을 일으킵니다. 이러한 거대한 폭발 현상을 '초신성'이라고 합니다. 초신성의 밝기는 태양의 수십 억 배에 달하기 때문에 멀리 떨어져 있어도 쉽게 관측됩니다. 그래서 동서양을 불문하고 여러 차례에 걸쳐 초신성의

← 초신성

폭발에 대한 기록이 역사서에 남아 있습니다. 초신성이 폭발한 후 중심에 남게 되는 핵을 '**중성자성**'이라고 하며 이 별의 질량은 태양의 약 2~3배이지만 반지름은 대략 $10km$에 불과합니다.

질량이 태양의 20배가 넘는 무거운 별은 초신성 폭발 후 남은 물질의 질량이 너무 커서 빛도 빠져 나올 수 없는 블랙홀이 됩니다. 블랙홀은 강한 중력으로 모든 것을 빨아들여 삼키는 천체이며 빛이 천체로부터 방출되지 않기 때문에 블랙홀을 직접 관찰하는 것은 불가능합니다. 그러나 블랙홀 주변

에 있는 기체는 강한 중력에 의해 블랙홀로 빨려 들어가면서 고온으로 가열되어 X선을 방출하는데 이 X선을 관측함으로써 블랙홀의 존재를 간접적으로 알아낼 수 있다고 합니다.

별의 진화 단계에서 살펴보았듯이 별의 내부에서 합성되는 원소들의 종류는 별의 질량에 따라 결정됩니다. 태양과 비슷한 질량의 별들은 중심의 온도가 낮아서 탄소보다 더 무거운 원소를 합성할 수는 없습니다. 그러나 태양보다 훨씬 무거운 별들은 탄소, 네온, 산소, 나트륨, 마그네슘, 규소, 황 등을 융합하고 마지막으로 철을 합성하게 됩니다. 철보다 무거운 납이나 우라늄 같은 원소들은 별의 중심에서 일어나는 핵융합으로는 만들어낼 수 없습니다. 핵융합에 의해 철이 합성되고 나면 철은 자연계에서 가장 안정된 원자핵이기 때문에 더 이상 무거운 원자핵을 합성할 수 없기 때문이죠. 철보다 무거운 원소들은 별의 중심에 합성되는 것이 아니라 초신성 폭발 과정에서 만들어집니다. 초신성이 폭발할 때 막대한 양의 중성자가 만들어지는데 이 중성자가 가벼운 원자핵과 충돌해서 무거운 원자핵을 만드는 것이랍니다.

별의 중심부에서 만들어진 무거운 원소들은 행성상 성운이나 초신성 폭발을 통해 외부로 방출되어 우주 공간에 흩어집니다. 우주 공간으로 흩어진 초신성의 잔해들은 다시 새로운 별과 행성이 탄생되는 데 필요한 원료가 됩니다. 우주에는 별이 있어서 무거운 원소가 합성될 수 있었고, 그 덕분에 무거운 원소들로 만들어지는 행성이 탄생하고 생명체의 출현이 가능했습니다. 따라서 여러분의 몸을 구성하는 모든 원소들의 고향은 별의 중심이라고 할 수 있겠네요. 여러분은 모두 초신성의 후예들입니다.

- 별의 중심에서는 헬륨보다 무거운 탄소, 네온, 산소, 나트륨, 마그네슘, 규소, 황 등이 합성되고 마지막으로 철을 합성하게 된다.
- 철보다 무거운 원소들은 초신성 폭발에 의해 합성된다.

기본 입자, 기본 상호작용, 표준 모형

대폭발 우주론과 원자핵 물리학의 지식을 이용해서 우주를 구성하는 물질들이 우주의 진화 과정에서 어떻게 생성되었는지를 살펴보았습니다. 우리가 지금까지 공부한 내용을 대폭발 이후의 시간대에 따라 나열해보겠습니다.

우주의 나이	사건
대폭발~1초	?
1초~3분	헬륨 원자핵의 합성(핵합성의 시대)
3분~38만 년	수소 원자핵, 헬륨 원자핵, 전자, 빛이 뒤섞인 플라즈마 상태의 우주(혼탁한 우주)
38만 년 전후	원자핵과 전자의 결합으로 원자의 탄생, 최후의 산란으로 우주 배경 복사 발생(투명해진 우주)
38만 년~10억 년	물질 분포의 불균형으로 입자들의 무리 짓기(수소와 헬륨 가스 구름 생성)
10억 년~	중력 수축으로 별의 탄생, 별과 은하의 진화 별 내부의 핵융합과 초신성 폭발로 무거운 원소들의 합성

(주의) 우주의 나이는 이론적으로 예측한 대략적인 값입니다.

위의 표를 보면 대폭발이 일어나고 약 1초라는 시간이 흐르는 동안 우주에서 어떤 일이 일어났는지에 대해 공부하지 않았다는 것을 알 수 있습니다.

르메트르, 가모, 앨퍼가 대폭발 우주론을 주장하던 시기에 물질을 구성하는 가장 작은 입자로 알려진 것들은 양성자, 중성자, 전자였습니다. 대폭발 이후 약 1초부터 3분 사이에 양성자와 중성자가 결합해서 헬륨 원자핵이 합성되었던 것으로 보이므로 헬륨 원자핵의 합성이 시작되던 시점(대폭발 이후 1초가 흐른 시점)에는 양성자와 중성자가 이미 존재했을 것입니다. 따라서 과학자들은 "양성자와 중성자는 언제 만들어졌을까? 양성자와 중성자는 더 이상 쪼개질 수 없는 가장 작은 입자일까?" 하는 의문을 품었을 것입니다. 하지만 그 당시로는 양성자와 중성자를 구성하는 더 작은 입자를 조사하기 위한 이론적 연구가 부족했습니다. 대폭발 이후 1초라는 시간이 흐르는 동안 우주에서 어떤 일이 일어났는지는 베일에 싸여 있었지요.

먼저 이론 물리학자들은 대폭발 이후 1초가 지나는 동안, 우주에는 물질을 구성하는 '기본 입자'들이 생성되었고, 기본 입자들이 결합해서 양성자와 중성자가 만들어졌으며 이 시기에는 기본 입자들 사이에 작용하는 자연계의 '기본 상호작용'도 등장했을 것이라고 예측했습니다.

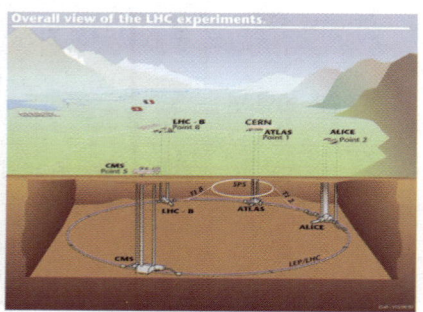

LHC의 주가속기는 둘레가 27km이고 평균 지하 100m 깊이에 원형 터널 형태로 건설되었다. 왼쪽은 LHC 상공에서 찍은 항공사진, 오른쪽은 LHC의 지하 구조를 나타낸 투시도.

LHC에는 대형 건물 크기인 4대의 입자 검출기가 설치되어 있다.

　과거 러더퍼드는 원자를 구성하는 입자가 무엇인지를 찾아내기 위해서 원자에 알파 입자를 충돌시켜 원자핵을 깨트리는 방법을 사용했습니다. 마찬가지 방법으로 과학자들은 양성자나 중성자를 구성하는 더 작은 '기본 입자'가 존재하는지를 알아내기 위해서는 이들을 엄청나게 큰 에너지를 가지도록 가속시킨 다음 서로 충돌시켜서 어떤 입자들이 튀어나오는지를 살펴보는 방법이 가능하다고 생각했습니다. 그 결과 인간이 만들어낸 지구 최대의 실험 장치가 바로 5강에서 소개한 CERN(유럽원자핵연구소)의 LHC(대형 강입자[019] 충돌기)입니다.

　LHC는 양성자를 가속시켜 양성자와 양성자를 충돌시키는 장치입니다. 양성자와 양성자가 충돌할 때의 온도는 태양 중심부의 10만 배 이상이 되고 충돌 후 쏟아져 나오는 수많은 입자들을 검출하기 위해서 거대한 입자 검출기들이 설치되어 있습니다.

---

019 강입자란 물질을 구성하는 기본 입자의 하나인 쿼크의 결합으로 만들어지는 입자를 말한다(쿼크에 대해서는 뒤에서 배우게 된다).

LHC에서는 대폭발 직후 1조 분의 1초($10^{-12}s$)의 상태를 재현하는 것을 목적으로 하고 있습니다. 인공적으로 우주의 대폭발 직후 1조 분의 1초의 시각에 존재했던 에너지 상태를 만들어주면 양성자와 중성자를 구성하는 더 작은 입자들이 얼굴을 드러낼 수 있다고 생각한 것이지요.

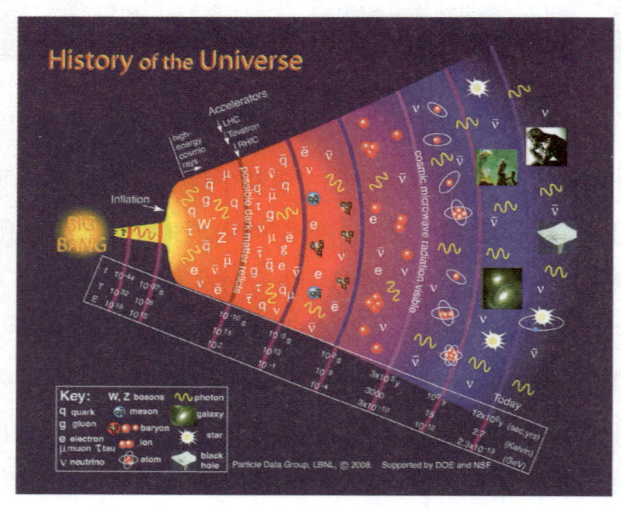

물질을 구성하는 기본 입자를 찾는 연구는 이론 물리학자들의 이론적 연구 결과를 LHC에서 확인하는 방식으로 이루어집니다. 마치 러더퍼드의 원자 모형을 사용해서 원자 내부의 세계를 하나씩 설명해나갔던 것처럼 물질을 구성하는 기본 입자와 그들이 주고받는 상호작용(힘)에 대한 연구에서도 이론적 모델을 만드는 것이 연구의 핵심 과제였습니다. 이론 물리학자들은 이론적 모델에 따라 어떤 입자들이 존재할지를 예측하고 그들은 어떤 힘을 주고받는지를 설명합니다. 그리고 LHC와 같은 입자 가속기를 사용해서 이론적 예측이 맞는지를 실험으로 검증합니다.

현재 물질을 구성하는 기본 입자에 대한 가장 영향력 있는 모형은 '**표준**

모형(Standard Model)'입니다. 이 모형은 물질을 구성하는 기본 입자들의 종류와 그들 사이에 작용하는 힘에 대한 여러 이론들을 집대성한 것으로 물질을 구성하는 기본 입자와 상호작용에 대한 가장 성공적인 이론으로 평가받고 있습니다.

사실 표준 모형은 고등학생이 이해하기에는 너무 어렵습니다. 물리 교과의 교육 과정에서도 표준 모형이 등장하게 된 배경, 기본 입자의 종류, 기본 상호작용에는 어떤 것이 있는지를 소개하는 수준으로 가르칠 것을 요구하고 있답니다. 따라서 여러분도 이 단원에서는 "왜 이렇지?" 하는 물음보다는 "아, 이런 것들이 있구나!" 하는 가벼운 마음으로 공부해도 되겠습니다.

과학자들은 입자 가속기가 발명되면서 물질을 구성하는 기본 입자들의 정체가 쉽게 밝혀질 것이라는 장밋빛 기대를 했습니다. 과학자들의 기대대로 입자 가속기는 새로운 입자들을 찾아내는 성과들을 쏟아내기 시작합니다. 그런데 과학자들은 점점 당황하게 됩니다. 예상과 달리 너무 많은 입자들이 발견되었기 때문이죠. 입자 가속기를 통해 발견한 수백 가지의 새로운 입자들 앞에서 과학자들은 이런 생각을 했을 것 같습니다.

"새로운 입자가 많아도 너무 많아~"

이래서야 물질을 구성하는 기본 입자를 찾아내는 것은 고사하고 찾아낸 새로운 입자들에게 어떤 이름을 붙여야 할지도 고민스러울 지경에 이르게 된 것이지요. 물리학의 가장 큰 장점이라고 한다면 물리학의 지식이 발전해 갈수록 법칙은 단순해지고 설명할 수 있는 범위는 넓어지는 것인데 새로운 입자들이 과학자들의 책상 위에 쌓여갈수록 물리학자들의 고민은 깊어졌습니다.

물질을 구성하는 기본 입자와 상호작용을 규명하려는 연구는 소수의 뛰어난 과학자들이 가진 능력만으로 해결될 수 있는 문제가 아니었거든요. LHC와 같은 대형 입자 가속기를 운영하는 데에는 엄청난 비용이 듭니다. 그래서 입자 가속기를 운영하는 비용을 세계 여러 나라에서 나누어 부담하고 세계 각국의 연구팀들이 서로 협력해서 연구를 진행하지요. 과학의 역사에서 기본 입자와 상호작용에 대한 연구만큼 전 세계 과학자들의 참여를 통해 공동 연구가 진행된 사례는 보기 어렵습니다. 이런 노력 덕분에 물질을 구성하는 기본 입자와 상호작용을 규명하려는 연구는 '**표준 모형**'이라는 대단한 성과를 거둘 수 있었습니다.

　　'**표준 모형**'은 물질을 구성하는 기본 입자들이 무엇이며 이 입자들이 기본 상호 작용을 어떠한 방식으로 주고받는지를 설명하는 이론입니다. 표준 모형을 이용해서 과학자들은 입자가속기가 발견한 수백 가지의 입자들이 어떤 기본 입자들의 조합으로 만들어지는지를 설명할 수 있었고 아직 발견되지 않은 기본 입자들을 이론적으로 예측한 다음 실험을 통해 그 입자를 찾아내기도 했습니다.

　　'**표준 모형**'은 입자를, 물질을 구성하는 '기본 입자'와 입자들 사이에 작용하는 '기본 상호작용(힘)'을 중계하는 '매개 입자'로 분류합니다. 표준 모형을 간략하게라도 이해하기 위해서는 자연계에 존재하는 '기본 입자', '기본 상호작용', '매개 입자'들이 서로 어떤 관계에 있는지를 알아둘 필요가 있습니다.

　　자연계에는 '중력', '전자기력', '강한 상호작용', '약한 상호작용'이라는 네 가지 기본 상호작용이 있습니다. 질량을 가진 입자들 사이에 작용하는 '중력'과 전기를 띠고 있는 입자들 사이에 작용하는 '전자기력'은 여러분이 초·중학교를 거치면서 여러 차례 배운 개념입니다. 그래서 여기에서는 '강한 상호작용'과 '약한 상호작용'이 어떤 힘인지를 살펴보도록 하겠습니다.

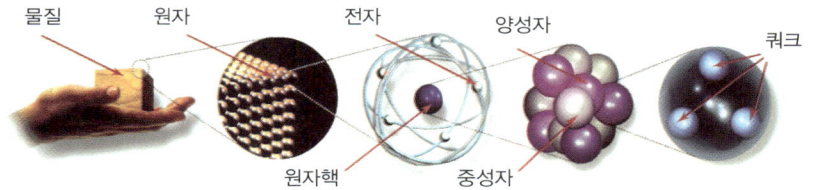

물질　　원자　　　전자　　　　양성자　　　　　쿼크
　　　　　　　　　　원자핵　　　중성자

　　현재까지 **물질을 구성하는 가장 작은 입자라고 여겨지는 것은 '쿼크'와 '전자'입니다.** 원자핵을 구성하는 양성자와 중성자는 쿼크라고 하는 입자들이 결합해서 만들어집니다. 이론 물리학자들은 양성자와 중성자가 쿼크라는 입자들이 강한 상호작용에 의해 결합되어 만들어진다는 이론적 예측을 했고, LHC와 같은 대형 입자 가속기[020]에서 실제로 쿼크라는 입자와 강한 상호작용을 매개하는 **'매개 입자'**를 검출함으로써 양성자와 중성자가 쿼크들의 결합으로 만들어진다는 것이 사실임이 확인되었습니다. 여기에서 매개 입자가 무엇인지에 대해 설명할 필요가 있겠네요.

　　물리에서 **상호작용(힘)은 입자들이 서로 영향을 주고받는 방식을 뜻합니다.** 예를 들면 전자기력은 전기를 띠고 있는 입자들이 전기장과 자기장을 통해서 서로 상호작용을 주고받는다고 설명합니다. 그런데 표준 모형은 전혀 새로운 방식으로 상호작용을 설명합니다. **표준 모형에서는 입자들끼리 매개 입자를 교환하는 것을 상호작용(힘)이라고 설명합니다.** 매개 입자란 힘을 중계하는 입자를 의미하는데요, 예를 들어 전자기력은 전기를 띠고 있는 입자들이 서로 **'광자(빛)'**라는 입자를 매개 입자로 교환함으로써 작용하고, 강한 상호작용은 **'글루온'**이라는 매개 입자를 쿼크들이 교환함으로써 작용한다고 설명합니다. '도대체 이게 무슨 말이야?' 하는 생각이 드는 것은 당연합니다.

020　입자를 고속으로 가속시켜서 가속된 입자가 방출하는 전자기파를 분석하거나 가속된 입자를 서로 충돌시켜 충돌 후에 나타나는 입자들을 검출하는 장치를 말한다.

하지만 조금 유연하게 생각해보면 오히려 매개 입자로 힘의 작용을 설명하는 것이 더 이해하기 쉬운 방법이라고 생각할 수 있습니다. 예를 들어 과학자들은 전기를 띤 입자들은 주변에 전기장을 만들고 그 전기장 속에 다른 전하가 나타나면 전기력이 작용한다고 설명합니다. 그런데 이 상황을 조금 삐딱하게 따져보면 이런 의문을 가질 수 있습니다.

> "도대체 전하는 자신이 만든 전기장에 다른 전하가 걸려들었다는 것을 어떻게 알아냈을까?"

표준 모형에서는 이 의문에 대해서 이렇게 답해줍니다.

> "두 전하는 서로 상대방에게 광자(빛)라는 입자를 보내서 서로의 존재를 알려준다."

표준 모형에서 설명하는 방식도 상당히 설득력이 있다는 느낌이 들지 않나요? 아직 쌤의 생각에 공감하지 못한다면 다음의 예는 어떤가요?

> "물체가 힘을 주고받으면 물체의 속도가 변한다고 배웠어. 그런데 힘이라는 것이 도대체 어떤 것인지 보이지도 잡히지도 않잖아."

표준 모형에서는 이 학생의 답답함을 이렇게 풀어줍니다.

> "물체 사이에 매개 입자라는 입자를 서로 교환하는 것이 힘의 작용이다."

처음보다 매개 입자가 친근하게 느껴지죠? 그렇다면 대성공입니다. 매개 입자를 이용해서 상호작용(힘)을 설명하는 표준 모형의 방식이 여러분의 마음에 들지 확신할 수는 없지만 매개 입자가 실제로 존재하는가에 대한 검증은 이미 이루어졌습니다. 입자 가속기에서 강한 상호작용과 약한 상호작용을 매개하는 입자가 실제로 검출되었기 때문입니다. 즉, **표준 모형의 이론적 예측을 검증하는 방법이란, 입자 가속기를 사용해서 표준 모형이 예측한 '기본 입자'와, 이 기본 입자가 관여하는 기본 상호작용을 매개하는 '매개 입자'를 검출해내는 것**임을 알 수 있습니다.

매개 입자에 대해서는 이 정도만 이해하고 있어도 대단히 훌륭합니다. 자, 이제 강한 상호작용력에 대한 이야기로 돌아갑시다.

강한 상호작용은 자연계에 존재하는 힘 중에서 가장 강력한 힘입니다. 예를 들어 양성자를 구성하는 쿼크들은 네 가지 기본 상호작용에 모두 관여합니다. 그렇다면 쿼크에 작용하는 네 가지 기본 상호작용의 세기를 비교하면 어떨까요? 다음은 기본 상호작용들의 크기를 비교한 것입니다.

상호작용(힘)	상대적 세기	힘이 작용하는 거리(m)
강한 상호작용	10^{38}	10^{-15}
약한 상호작용	10^{36}	10^{-18}
전자기력	10^{25}	∞
중력	1	∞

표를 보면 강한 상호작용이 전자기력보다 10^{13}배 큰 힘이고 중력보다 10^{38}배나 강한 힘이라는 것을 알 수 있습니다. 즉, 전기력이나 중력은 강한 상호작용과 비교하면 무시할 수 있을 만큼 작은 힘입니다. 그리고 표에서 힘이 작용하는 거리를 살펴보세요. 강한 상호작용이 미칠 수 있는 범위가 $10^{-15}m$

라는 것을 알 수 있습니다. 즉, $10^{-15}m$ 보다 멀리 있으면 강한 상호작용은 무시할 수 있을 정도로 약해진다는 것이지요. 원자핵 중에 가장 크기가 작은 수소 원자핵의 크기가 $1.7 \times 10^{-15}m$ 정도가 되므로 **강한 상호작용은 원자핵의 내부에서만 유효한 힘**입니다.

원자핵을 구성하는 입자들을 '**핵자**'라고 합니다. 핵자에는 양성자와 중성자가 있지요. 양성자와 중성자는 각각 3개의 쿼크가 결합해서 만들어집니다. 표준 모형에 따르면 쿼크에는 6가지 종류가 있습니다.

입자	전하량(e)
up 쿼크(위 쿼크)	$\frac{2}{3}$
down 쿼크(아래 쿼크)	$-\frac{1}{3}$
charm 쿼크(맵시 쿼크)	$\frac{2}{3}$
Strange 쿼크(야릇한 쿼크)	$-\frac{1}{3}$
top 쿼크(꼭대기 쿼크)	$\frac{2}{3}$
bottom 쿼크(바닥 쿼크)	$-\frac{1}{3}$

그중 중성자와 양성자를 구성하는 쿼크는 up 쿼크(위 쿼크)와 down 쿼크(아래 쿼크)입니다. **양성자는 up 쿼크 2개와 down 쿼크 1개로 구성되고 중성자는 up 쿼크 1개와 down 쿼크 2개로 구성**됩니다. 양성자와 중성자를 구성하는 쿼크들은 '**글루온**'을 매개 입자로 교환함으로써 강한 상호작용을 합니다. 그리고 각 쿼크들이 가지는 전하량을 합치면 양성자와 중성자가 가지는 전하량이 됩니다.

양성자   중성자

입자	구성하는 쿼크	전하량
양성자	up + up + down	$\frac{2}{3}e + \frac{2}{3}e + (-\frac{1}{3}e) = e$
중성자	up + down + down	$\frac{2}{3}e + (-\frac{1}{3}e) + (-\frac{1}{3}e) = 0$

　강한 상호작용은 과학자들이 핵반응을 연구하는 과정에서 이론적으로 예측되었고 나중에 입자 가속기에서 '**쿼크**'와 강한 상호작용의 매개 입자인 '**글루온**'이 발견되면서 강한 상호작용이 실제로 존재하는 힘이라는 것이 밝혀졌습니다.

전자기력이 (+)와 (−) 전하를 띠고 있는 입자들 사이에서 일어나는 상호작용이듯이, 강한 상호작용은 색전하(color charge)라는 양을 가지고 있는 입자들 사이에서 일어나는 상호작용입니다. 쿼크는 빨강(R), 초록(G), 파랑(B)의 세 가지 색전하(color charge)를 가지는 입자입니다. 그래서 6개의 쿼크들(up, down, charm, strange, top, bottom)은 각각 세 가지 색전하를 가집니다. 예를 들어 up 쿼크의 경우 up 쿼크(R), up 쿼크(G), up 쿼크(B) 세 종류가 있는 것이지요. 쿼크가 강한 상호작용에 의해 결합해서 더 큰 입자를 만들 때는 쿼크들의 색전하 합이 무색(R+G+B)이 되는 방식으로 결합이 일어납니다. 예를 들어 양성자를 구성하는 쿼크들은 아래 그림과 같이 파랑, 빨강, 초록 색전하를 하나씩 가져서 색전하의 합이 무색입니다.

양성자

쿼크가 가지는 색전하에 '전하'라는 단어가 사용되었다고 해서 색전하가 양전하·음전하와 같이 물질의 전기적 성질을 나타내는 값이라고 생각하면 안 됩니다. 쿼크의 색전하는 물질의 전기적 성질과는 무관한 값입니다. 전하를 띠고 있는 입자들 사이에 작용하는 힘이 전자기력인 것처럼, '색전하'라고 하는 양을 가지고 있는 입자들 사이에 작용하는 힘이 '강한 상호작용'인 것이지요.

쿼크는 6종류의 쿼크들(u, d, c, s, t, b)이 각각 반입자[021] 쌍을 가지고, 6종류의 쿼크들과 6종류의 반쿼크(반입자 쿼크)들이 각각 3개의 색전하를 가지기 때문에 우주에는 총 36종의 쿼크가 있는 셈입니다.

이번에는 '약한 상호작용'에 대해서 공부할 차례입니다. 과학자들은 원자핵이 방사선을 방출하고 다른 종류의 원자핵으로 변환되는 과정이 두 가지 패턴으로 일어난다는 것을 발견했습니다. 하나는 알파선을 방출하고 원자 번호가 2, 질량수가 4만큼 감소하는 변환으로 '알파 붕괴'라고 합니다. 다른 패턴은 전자를 방출하고 원자 번호가 1만큼 증가하지만 질량수는 변하지 않는 변환으로 '베타 붕괴'라고 합니다.

---

021 입자 물리학에서는 어떤 입자에 대하여 질량은 같고 전하가 반대인 입자를 반입자(antiparticle) 라고 한다. 입자와 반입자가 만나면 두 입자는 에너지로 변환되고 사라진다.

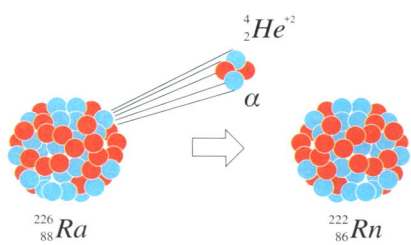

$_{2}^{4}He^{+2}$

α

$_{88}^{226}Ra$　　　　　$_{86}^{222}Rn$

　알파 붕괴는 원자핵을 구성하고 있는 핵자들 중에서 양성자 2개와 중성자 2개가 덩어리로 떨어져 나오는 것입니다. 이 과정에서 방출되는 입자들은 강한 상호작용을 끊고 원자핵 밖으로 방출됩니다.

　그런데 베타 붕괴는 알파 붕괴와는 좀 다른 점이 있었습니다. 베타 붕괴는 원자 번호가 1만큼 증가하므로 양성자의 수가 하나 증가합니다. 그런데 질량수는 변하지 않으므로 양성자와 중성자 수의 합은 변하지 않는다는 것이지요. 결과적으로 중성자 하나가 양성자로 바뀌었다고 생각할 수밖에 없었습니다. 양성자와 중성자의 쿼크 구성은 다릅니다. 양성자는 up 쿼크 2개와 down 쿼크 1개로 구성되고 중성자는 up 쿼크 1개와 down 쿼크 2개로 구성되죠. 따라서 중성자가 양성자로 변했다는 것은 중성자가 가지고 있는 down 쿼크 하나가 up 쿼크로 변했다는 것을 의미합니다.

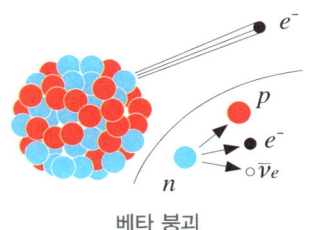

e^-

p

e^-

$\circ\,\overline{\nu}_e$

n

베타 붕괴

　과학자들은 물질을 구성하는 기본 입자인 쿼크가 다른 종류의 기본 입자로 변환될 수 있다는 것을 발견하고 이 변환에 관련된 상호작용(힘)을 조사했습니다. 그 결과 기본 입자를 다른 종류의 기본 입자로 변화시키기 위해서는 '**약한 상호작용**'이라는 힘이 필요하다는 이론적 예측에 이르게 되었습니다. 강한 상호작용이 실제로 존재하는 힘이라는 것을 확인하기 위해서 강한 상호작용을 주고받는 쿼크라는 입자와 쿼크 사이에서 강한 상호작용을 매개하는 글루온이라는 매개 입자의 발견이 필요했듯이, 이론적으로 예측된 약한 상호작용의 존재를 검증하기 위해서는 약한 상호작용에 관여하는 매개 입자를 찾아내야 했습니다. 결국 입자 가속기 실험을 통해서 약한 상호작용을 매개하는 '**W보존**'과 '**Z보존**'이라는 매개 입자들이 발견되면서 약한 상호작용의 존재가 확인되었습니다.

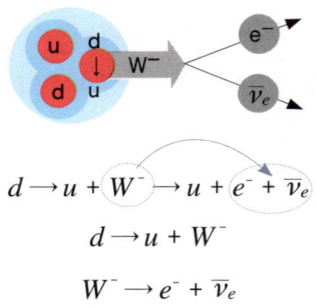

$$d \rightarrow u + W^- \rightarrow u + e^- + \overline{\nu}_e$$

$$d \rightarrow u + W^-$$

$$W^- \rightarrow e^- + \overline{\nu}_e$$

베타 붕괴는 양성자 속의 down 쿼크 1개가 up 쿼크로 변화되면서 전자(e^-)와 전자중성미자($\overline{\nu}_e$)[022]라는 입자를 방출하는 과정입니다. 이처럼 기본 입자를 다른 종류의 기본입자로 변환시키는 힘을 '약한 상호작용'이라고 합니

---

022 중성미자는 전기적으로 중성이고 아주 작은 질량을 가진 입자이다. 중성미자는 약한 상호작용과 중력에만 관여하기 때문에 표준 모형에서는 렙톤으로 분류하는 입자다. 고등학교 수준에서는 중성미자에 대해서 자세하게 다루지는 않는다. 중성미자가 약한 상호작용과 관련된 입자라는 정도만 알고 있어도 된다.

다. 비록 이 힘에 약한 상호작용이라는 이름이 붙여졌지만 이것은 핵반응에 관여하는 상호작용 중에서 상대적으로 강한 상호작용에 비해 약하다는 것이지 약한 상호작용은 결코 약한 힘이 아닙니다. 약한 상호작용은 전자기력이나 중력보다 강한 힘입니다.

표준 모형에서는 약한 상호작용을 주고받는 기본 입자를 '렙톤' 또는 '경입자'라고 합니다. 렙톤에는 아래 표처럼 6가지 종류($e, \nu_e, \mu, \nu_\mu, \tau, \nu_\tau$)가 있으며 각각의 렙톤들이 반입자 쌍을 가지기 때문에 결과적으로 12종의 렙톤이 존재합니다.

입자	전하량(e)
전자 중성미자(ν_e)	0
전자(e)	−1
뮤온 중성미자(ν_μ)	0
뮤온(μ)	−1
타우 중성미자(ν_τ)	0
타우(τ)	−1

렙톤

지금까지 자연계에 존재하는 '기본 상호작용' 중에서 강한 상호 작용과 약한 상호작용에 대해서 공부했습니다. 이제 마지막으로 표준 모형에서 기본 입자를 어떻게 분류하고 있는지 정리해봅시다.

표준 모형에서는 물질을 구성하는 기본 입자를 '**렙톤**'과 '**쿼크**'로 분류합니다. 렙톤과 쿼크는 관여하는 기본 상호작용에서 차이가 있습니다. **렙톤은 자연계에 존재하는 기본 상호작용 중에서 강한 상호작용에는 관여하지 않습니다. 반면에 쿼크는 네 가지 상호작용에 모두 관여합니다.**

렙톤		쿼크	
입자	전하량(e)	입자	전하량(e)
전자 중성미자(ν_e)	0	up 쿼크	$\frac{2}{3}$
전자(e)	−1	down 쿼크	$-\frac{2}{3}$
뮤온 중성미자(ν_μ)	0	charm 쿼크	$\frac{2}{3}$
뮤온(μ)	−1	Strange 쿼크	$-\frac{1}{3}$
타우 중성미자(ν_τ)	0	top 쿼크	$\frac{2}{3}$
타우(τ)	−1	bottom 쿼크	$-\frac{1}{3}$

표준 모형에 따른 '기본 입자'

기본 입자들은 매개 입자를 교환하는 방식으로 상호작용합니다. 기본 상호작용에 따라 교환하는 매개 입자가 다르지요. 다음 표는 '기본 상호작용'별로 매개 입자를 정리한 것입니다.

상호작용(힘)	매개 입자	관여하는 입자
강한 상호작용	글루온	쿼크, 강입자(쿼크로 만들어진 입자)
약한 상호작용	W보존, Z보존	렙톤, 쿼크
전자기력	광자	전하
중력	*중력자	질량

(주의) 중력자는 아직 실험적으로 검출되지 않았다.

지금까지 우리는 물질을 구성하는 기본 입자의 종류와 이들이 주고받는 상호작용(강한 상호작용, 약한 상호작용)에 대해서 공부했습니다. 아마도 표준 모형이라는 높은 산을 넘다 보니 우리가 이 공부를 시작한 이유가 무엇인지를 잊어버린 친구들이 많을 것 같네요.

　우리가 표준 모형에 대한 공부를 시작한 이유는 대폭발이 일어난 후 우주의 나이가 1초가 될 때까지 우주에서 어떤 일이 일어났는지를 알아보는 것이었습니다.

　자, 이제 길고 어려웠던 공부를 마무리해야 할 시간이 된 것 같습니다. 대폭발 이후 우주의 나이가 1초가 되는 동안 물질을 구성하는 기본 입자들이 우주에 나타나게 된 과정을 살펴봄으로써 길고 어려웠던 공부에 마침표를 찍어봅시다.

　현재 우리가 살고 있는 우주라는 시공간은 빅뱅이라고 불리는 대폭발에 의해 탄생되었습니다. 우주의 나이가 초에서 10^{-35}초에서 10^{-32}가 되는 동안 우주는 이전보다 대단히 빠른 속력으로 급팽창하였다가 팽창속도가 다시 줄어들었습니다. 이를 과학자들은 '**급팽창**(inflation)'이라 부릅니다. 이 시기에는 온도가 높아서 보통의 물질 입자들은 존재하지 않았다고 합니다.

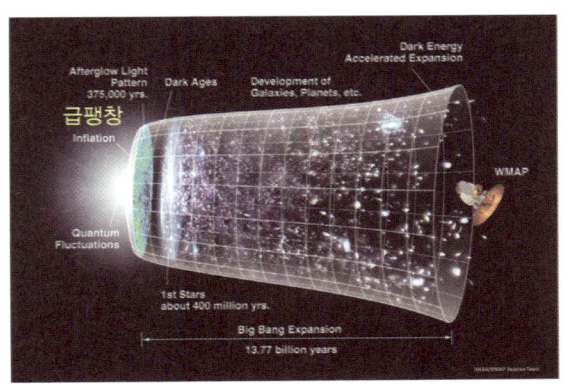

　과학자들은 대폭발 직후에는 자연계에 존재하는 네 가지 기본 힘들이 지

금처럼 독립적으로 존재하지 않았을 것으로 주장하고 있습니다. 중력은 따로 존재했을 것이라고 주장하기도 하지만 나머지 세 가지 힘은 '대통일력'이라는 하나의 힘으로 통합되어 존재했을 것이라고 주장하는 '대통일 이론'이 학계의 주류입니다. 과학자들은 급팽창이 시작되자 대통일력에서 강한 상호작용이 분리된 것으로 추정하고 있습니다.

우주의 나이가 10^{-32}초가 되자 급팽창이 끝나고 우주는 드디어 입자가 만들어질 수 있을 정도로 온도가 낮아졌습니다. 대폭발에 의해 발생한 엄청난 양의 에너지는 모두 빛의 형태로 존재했습니다. 이때부터 **고에너지의 빛으로부터 쿼크와 전자들이 만들어지기 시작했으며 쿼크들은 서로 결합해서 양성자와 중성자 같은 강입자들도 만들어지기 시작**했습니다.

빛으로부터 입자들이 만들어질 수 있다는 것은 '아인슈타인의 질량-에너지 등가 원리'와 '쌍생성'이라는 현상으로 설명할 수 있습니다.

아인슈타인의 질량-에너지 등가성에 따르면, 질량과 에너지가 본질적으로 동일한 존재이며 에너지로부터 질량이 생성될 수도 있고 질량이 에너지로 변환될 수도 있습니다. 즉, **우주의 대폭발에 의해 우주에 나타난 엄청난 양의 에너지로부터 우주를 구성하는 모든 입자들이 만들어졌다는 것입니다.**

대폭발에 의한 에너지는 실제로 '쌍생성'이라는 현상을 통해서 질량을 가진 입자로 변환됩니다. 빛과 빛은 충돌해서 '입자'와 '반입자' 쌍을 만들어냅니다. 이것을 과학자들은 '쌍생성'이라고 하지요.

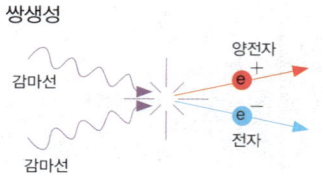

쌍생성

감마선

감마선

양전자
+
e

e
−
전자

두 개의 빛이 충돌해서 쌍생성이 일어날 수도 있고 한 개의 빛이 입자와 충돌한 후 빛으로부터 입자와 반입자 쌍이 만들어질 수도 있습니다. 입자 물리학에서는 어떤 입자에 대하여 질량은 같고 전하가 반대인 입자를 '반입자 (antiparticle)'라고 합니다. 예를 들어 전자의 반입자는 전자와 똑같은 질량에 반대 부호의 전기를 띠고 있는 '양전자'입니다. 또한 양성자의 반입자는 양성자와 같은 질량에 음전하를 띠고 있는 '반양성자'입니다.

반면에 입자와 반입자 쌍이 만나면 질량을 가진 알갱이들은 소멸되고 광자(빛)가 생성되는데 이를 '쌍소멸'이라고 합니다. 이때 광자가 가지는 에너지는 아인슈타인의 질량-에너지 등가 원리($E=mc$)에 따라 소멸된 입자-반입자 쌍의 정지질량 에너지와 같습니다.

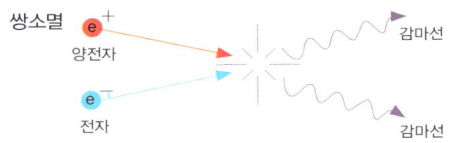

우주의 나이가 10^{-32}초에서 10^{-4}초가 될 때까지 물질을 구성하는 기본 입자들과 그들의 반입자들이 쌍생성에 의해 만들어지고, 만들어진 입자와 반입자들이 쌍소멸에 의해 다시 빛으로 환원되는 복잡한 과정이 반복되었습니다. 그런데 이유가 정확히 밝혀지지는 않았지만 빛이 만들어낸 입자의 수가 반입자보다 약간 많았기 때문에 입자와 반입자가 쌍소멸을 해서 우주에 존재하던 반입자가 모두 사라진 후에도 우주에는 입자들이 남았고 이 입자들이 현재 우주를 구성하는 물질이 되었습니다. 또한 이 시기에는 전자기력과 약한 상호작용이 분리되어 대통일력으로부터 네 가지 기본 상호작용이 모두 분리되어 독립적으로 존재하게 되었습니다.

우주의 온도가 높을 때는 빛이 큰 에너지를 가지고 있기 때문에 질량이 큰 입자가 만들어질 수 있지만 우주가 팽창함에 따라 빛이 가진 에너지가 줄어들기 때문에 질량이 큰 입자는 더 이상 만들어질 수 없습니다. 시간이 10^{-4}초가 되자 빛(광자)이 가진 에너지는 더 이상 쌍생성에 의해 쿼크를 만들지 못할 정도로 감소합니다. 쿼크를 만들어내기에는 에너지가 부족해진 것이죠. 하지만 쿼크보다 질량이 작은 기본 입자들은 여전히 쌍생성에 의해 만들어질 수 있었습니다.

우주의 나이가 1초가 되자 우주는 양성자, 중성자, 전자, 빛이 뒤섞인 상태였습니다. 이제 비로소 양성자와 중성자들이 결합해서 헬륨의 원자핵이 합성되기 시작했습니다. 우주가 점점 냉각됨에 따라 빛이 가지는 에너지가 감소해서 더 이상 전자와 양전자의 쌍생성이 일어나지 않게 되었습니다. 이때부터 전자와 양전자의 쌍소멸만이 일어나게 되고 쌍소멸에 의해 발생하는 에너지는 우주가 냉각되는 속도를 지연시켜줌으로써[023] 우주의 나이가 3분이 될 때까지 양성자와 중성자가 결합해서 헬륨 원자핵이 만들어질 수 있었습니다.

길고 길었던 우주에 대한 탐구가 이제 끝났습니다. 수고 많으셨어요. 우리 주변에서 일어나는 낯익은 운동들을 설명하는 것도 어려워했던 여러분이 어느새 우주의 탄생과 물질의 기원을 설명할 수 있게 되었어요. 지금 여러분에게는 다음의 성경 구절이 가장 어울리는 말인 것 같습니다.

'네 시작은 미미했으나 그 끝은 창대하리라'

길고 어려운 공부를 끝까지 잘 따라와준 여러분이 참 대견스럽습니다.

---

023 쌍생성과 쌍소멸이 동시에 일어날 때는 쌍소멸에 의해 발생한 에너지가 쌍생성에 필요한 에너지원이 되었기 때문에 쌍소멸에 의해 발생한 에너지가 우주의 냉각을 지연시키는 데 아무런 기여를 하지 못했다. 하지만 우주에서 쌍생성이 멈추고 쌍소멸만이 일어나게 되자 쌍소멸에 의해 발생한 에너지가 우주의 냉각을 지연시키는 데 쓰이게 되었다.

- 우주의 대폭발에 의해 발생한 에너지로부터 물질을 구성하는 기본 입자들이 생성되었다.(아인슈타인의 질량−에너지 등가 원리)
- 표준 모형 : 물질을 구성하는 기본 입자인 렙톤과 쿼크에 작용하는 상호작용(강력, 약력, 전자기력)에 대한 이론을 집대성한 이론.
- 렙톤 : 물질을 구성하는 가벼운 기본 입자로 전자, 뮤온, 타우 입자와 각각에 해당하는 3개의 중성미자(전자 중성미자, 뮤온 중성미자, 타우 중성미자)가 있다.
- 렙톤은 강한 상호작용에 관여하지 않으며 약한 상호작용을 주고받는 입자이다.
- 쿼크 : 핵자(중성자, 양성자)를 구성하는 기본 입자로 6종류(u, d, c, s, t, b)가 있다. 3개의 쿼크가 결합해서 양성자(uud), 중성자(udd)를 형성한다.
- 기본 입자 : 물질을 구성하는 기본 입자에는 렙톤과 쿼크가 있다.
- 기본 상호작용 : 자연에 존재하는 네 가지 기본 상호작용으로는 중력, 전자기력, 약한 상호작용, 강한 상호작용이 있다.
- 매개 입자 : 표준 모형에서 기본 입자들은 매개 입자를 교환하는 방식으로 상호작용을 주고받는다. 전자기력의 매개 입자는 빛(광자), 중력의 매개 입자는 중력자, 약한 상호작용의 매개입자는 W·Z보존, 강한 상호작용의 매개 입자는 글루온이다.
- 우주의 대폭발이 일어난 후 우주의 나이가 1초가 될 때까지 우주에서는 빛으로부터 쿼크와 전자가 생성되었고 쿼크들이 결합해서 양성자와 중성자가 생성되었다.

다음은 자연계에 존재하는 기본 힘을 설명한 것이다.

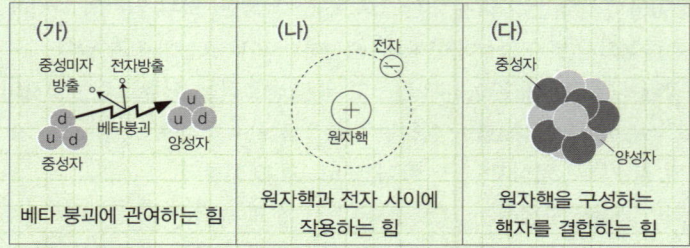

(가)	(나)	(다)
베타 붕괴에 관여하는 힘	원자핵과 전자 사이에 작용하는 힘	원자핵을 구성하는 핵자를 결합하는 힘

강력과 전자기력에 대한 설명을 옳게 짝지은 것은?

	강력	전자기력		강력	전자기력
①	(가)	(나)	②	(가)	(다)
③	(나)	(가)	④	(나)	(다)
⑤	(다)	(나)			

(가) 베타 붕괴는 원자핵 속의 양성자가 중성자로 바뀌면서 전자와 중성미자를 방출하는 핵변환입니다. 그 결과 양성자의 수가 줄기 때문에 원자 번호가 하나 감소하지만 양성자가 감소한 대신 중성자의 수가 하나 늘기 때문에 질량수에는 변화가 없습니다. 베타 붕괴에서 양성자가 중성자로 변환되는 이유는, 양성자를 구성하는 3개의 쿼크 중에서 down 쿼크 하나가 up쿼크로 되기

때문입니다. 즉, 기본 입자의 종류에 변화가 일어난다는 것이지요. 이처럼 기본 입자의 종류를 변환시키는 데 관여하는 상호작용은 약한 상호작용입니다.

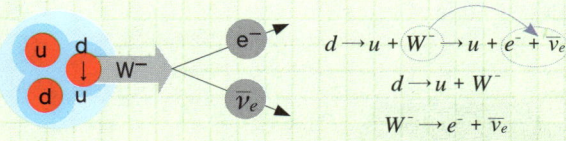

$$d \rightarrow u + W^- \rightarrow u + e^- + \bar{\nu}_e$$
$$d \rightarrow u + W^-$$
$$W^- \rightarrow e^- + \bar{\nu}_e$$

down 쿼크는 약한 상호작용의 매개 입자인 W보존을 방출하고 up 쿼크로 바뀌고 W보존은 전자와 중성미자로 붕괴됩니다.

(나) 그림은 러더퍼드 원자 모형에서 양전하로 대전된 원자핵의 주변을 음전하를 띠고 있는 전자가 회전하는 모습을 나타낸 것입니다. 원자핵과 전자는 서로 반대 부호의 전하를 띠고 있기 때문에 원자핵과 전자 사이에 작용하는 전기적 인력이 전자가 원자핵의 중심으로 회전하는 데 필요한 구심력의 역할을 합니다.

(다) 좁은 원자핵 속에 양전하를 띠고 있는 양성자들이 밀집된 상태로 존재할 수 있는 이유는 전기력보다 강한 '강한 상호작용'에 의해 핵자들이 결합되어 있기 때문입니다. 핵자들을 결합시키는 힘은 강한 상호작용입니다.

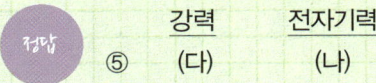

정답 ⑤ | 강력 (다) | 전자기력 (나)

그림 (가)는 빅뱅 이후 우주가 팽창하고 있는 것을 모형으로 나타낸 것이고, (나)는 우리 은하에서 관측한 은하의 후퇴 속도를 은하까지의 거리에 따라 나타낸 것이다.

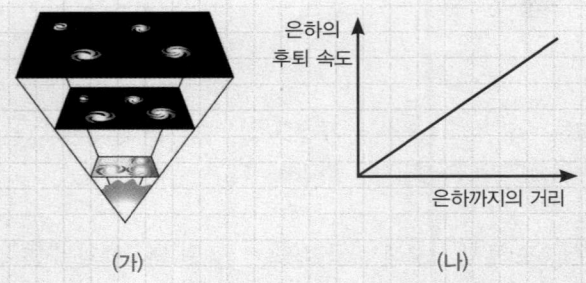

(가)   (나)

이에 대한 설명으로 옳은 것만을 〈보기〉에서 있는 대로 고른 것은?

보기

ㄱ. 과거와 현재의 우주 전체의 밀도는 같다.
ㄴ. 우리 은하에서 거리가 먼 은하일수록 적색 편이가 크게 나타난다.
ㄷ. 허블 상수는 $\dfrac{\text{은하까지의 거리}}{\text{은하의 후퇴 속도}}$ 이다.

① ㄱ   ② ㄴ   ③ ㄷ   ④ ㄱ, ㄴ   ⑤ ㄴ, ㄷ

풀이

ㄱ. 빅뱅(대폭발)이후 우주는 팽창하기 때문에 우주를 구성하는 물질의 양은 변하지 않는데 팽창에 의해 부피가 증가하기 때문에 우주의 밀도는 시간이 흐를수록 감소합니다.

ㄴ. (나)에서 우리 은하로부터의 거리가 먼 은하일수록 은하의 후퇴 속도가 빠르다는 것을 알 수 있습니다. 따라서 거리가 먼 은하일수록 후퇴 속도가 빠르기 때문에 적색 편이가 크게 나타날 것입니다.

ㄷ. 허블의 법칙은 은하까지의 거리가 은하의 후퇴 속도에 비례한다는 것입니다 ($v = Hr$). 따라서 허블 상수(H)는,

$$H = \frac{v}{r} = \frac{\text{은하의 후퇴 속도}}{\text{은하까지의 거리}} \text{ 이다.}$$

정답 ② ㄴ

요약노트

① **정상 상태 우주론** : 우주가 태어나거나 소멸되는 것이 아니라 정적이고 영원히 변치 않는다.

② **대폭발 우주론** : 우주의 모든 질량과 에너지가 한 점에 모여 있다가 급격히 폭발하여 팽창하고 있다. '대폭발 우주론'은 역동적으로 진화하는 우주 모델이다.

③ **프리드먼의 세 가지 우주 모델** : 우주는 먼 옛날부터 팽창하고 있다는 가정에 기초.

 - **열린 우주** : 우주의 밀도가 작아서 영원히 팽창하는 우주.

 - **닫힌 우주** : 우주의 밀도가 커서 팽창을 멈추고 수축하는 우주.

 - **편평한 우주** : 우주가 팽창하는 속도가 점점 느려져서 우주의 크기가 일정하게 유지되는 우주.

④ **우주 팽창의 증거** : 대부분의 은하에서 별빛의 스펙트럼이 적색 편이되어 있으므로 대부분의 은하가 우리 은하로부터 멀어지고 있다.

⑤ **도플러 편이** : 도플러 효과에 의해서 별로부터 방출되는 빛의 스펙트럼이 청색이나 적색 쪽으로 치우치는 현상.

 - **청색 편이** : 관측자를 향해 다가오는 천체가 방출하는 빛의 스펙트럼은 파장이 짧아져서 파란색 쪽으로 치우치는 현상.

 - **적색 편이** : 관측자로부터 멀어지는 천체가 방출한 빛의 스펙트럼은 파장이 길어져 붉은 색 쪽으로 치우치는 현상.

⑥ 대부분의 은하에서 별빛의 스펙트럼이 적색 편이 되어 있으므로 대부분의 은하가 우리 은하로부터 멀어지고 있다.

⑦ **허블의 법칙** : '은하의 속도(v)'와 '은하까지의 거리(r)'는 비례한다.

$$v = H\,r \quad (H: \text{허블 상수})$$

- 멀리 있는 은하일수록 우리 은하로부터 빠른 속력으로 멀어진다.
- 허블 상수의 역수는 우주의 나이를 의미한다.

$$\text{우주의 나이} = \frac{1}{H}$$

⑧ 가모는 대폭발 우주론에 근거해서, 대폭발 이후 초기 우주가 헬륨의 핵융합이 가능할 정도로 고온 고밀도의 상태였을 것이라고 이론적으로 예측하였다.

⑨ 가모가 이론적으로 예측한 수소와 헬륨의 비가 현재 우주에서 관측되는 수소, 헬륨의 비와 일치함으로써 수소와 헬륨의 비율 대한 성공적인 설명은 대폭발 우주론의 핵심 증거가 되었다.

⑩ 수소와 헬륨 원자가 형성되기 시작하면서 마지막으로 전자에 의해 산란되어 우주 전체에 고르게 퍼졌던 빛이 지금도 우주의 모든 방향에서 관측되는데 이를 '**우주 배경 복사**'라고 한다.

⑪ 대폭발 우주론은 이론적으로 예측했던 우주 배경 복사가 실제로 관측됨으로써 우주 배경 복사는 대폭발 우주론의 핵심 증거가 되었다.

⑫ 우주 배경 복사의 세기가 불균일하다는 것은 초기 우주의 물질 분포가 불균일했다는 증거이며, 초기 우주의 불균일한 물질 분포는 별과 은하가 생성될 수 있는 씨앗이 되었다.

⑬ 별의 중심에서는 헬륨보다 무거운 탄소, 네온, 산소, 나트륨, 마그네슘, 규소, 황 등이 합성되고 마지막으로 철을 합성하게 된다.

⑭ 철보다 무거운 원소들은 초신성 폭발에 의해 합성된다.

⑮ 우주의 대폭발에 의해 발생한 에너지로부터 물질을 구성하는 기본 입자들이 생성되었다.(아인슈타인의 질량-에너지 등가 원리)

⑯ **표준 모형** : 물질을 구성하는 기본 입자인 렙톤과 쿼크에 작용하는 상호작용(강력, 약력, 전자기력)에 대한 이론을 집대성한 이론.

⑰ **기본 입자** : 물질을 구성하는 기본 입자에는 렙톤과 쿼크가 있다.

⑱ **렙톤** : 물질을 구성하는 가벼운 기본 입자로 전자, 뮤온, 타우 입자와 각각에 해당하는 3개의 중성미자(전자 중성미자, 뮤온 중성미자, 타우 중성미자)가 있다. 렙톤은 강한 상호작용에 관여하지 않으며 약한 상호작용을 주고받는 입자이다.

⑲ **쿼크** : 핵자(중성자, 양성자)를 구성하는 기본 입자로 6종류(u, d, c, s, t, b)가 있다. 3개의 쿼크가 결합해서 양성자(uud), 중성자(udd)를 형성한다. 쿼크는 네 가지 상호작용에 모두 관여한다.

⑳ **기본 상호작용** : 자연에 존재하는 네 가지 기본 상호작용으로는 중력, 전자기력, 약한 상호 작용, 강한 상호작용이 있다.

㉑ **매개 입자** : 표준 모형에서 기본 입자들은 매개 입자를 교환하는 방식으로 상호작용을 주고받는다. 전자기력의 매개 입자는 빛(광자), 중력의 매개 입자는 중력자, 약한 상호작용의 매개 입자는 $W \cdot Z$보존, 강한 상호작용의 매개 입자는 글루온이다.